"十四五"时期国家重点出版物出版专项规划项目

国家自然科学基金应急项目系列丛书

地矿油行业特色高校 高质量发展与创新人才培养

刘大锰　　熊金玉　　葛建平　　董东林
于　光　　邓雁希　　陈冬霞　　费明明　／著

科学出版社
北　京

内 容 简 介

党的二十大提出，要"深入实施科教兴国战略、人才强国战略、创新驱动发展战略，开辟发展新领域新赛道，不断塑造发展新动能新优势"。教育、科研、人才三位一体，共同支撑我国高校高质量发展，加快建设中国特色、世界一流的大学和优势学科。地矿油行业特色高校在长期办学过程中形成了与能源资源行业密切相关的办学特色和优势学科，与国家能源资源行业产业共同发展进步，产教协同输送了大批优秀人才，校企融合取得了众多领先科技成果。在中国高等教育面向"十四五"的改革发展中，深入研究地矿油行业特色高校高质量发展和创新型人才培养的影响因素、作用机制和模式路径，是加快其"双一流"建设的重要内容，也是促进我国能源资源产业转型升级和国家创新发展的基本保障。本书追溯了地矿油行业特色高校的治理模式演变特征，详细阐述了其高质量发展内涵，系统分析了其创新人才培养模式、师资队伍建设以及高校评估体系中存在的问题，并有针对性地提出了相关对策建议。

本书可作为高等院校管理人员以及高等教育研究人员的参考书，也可以供系统科学、管理科学、社会科学等交叉学科专业的研究人员和技术人员参考。

图书在版编目(CIP)数据

地矿油行业特色高校高质量发展与创新人才培养/刘大锰等著. —北京：科学出版社，2023.12
（国家自然科学基金应急项目系列丛书）
"十四五"时期国家重点出版物出版专项规划项目
ISBN 978-7-03-074811-9

Ⅰ. ①地⋯ Ⅱ. ①刘⋯ Ⅲ. ①高等学校–教学质量–研究–中国 ②高等学校–人才培养–研究–中国 Ⅳ. ①G649.2

中国国家版本馆 CIP 数据核字(2023)第 025663 号

责任编辑：徐 倩／责任校对：贾娜娜
责任印制：张 伟／封面设计：蓝正设计

科学出版社 出版
北京东黄城根北街 16 号
邮政编码：100717
http://www.sciencep.com

北京中科印刷有限公司 印刷
科学出版社发行 各地新华书店经销
*
2023 年 12 月第 一 版 开本：720×1000 1/16
2023 年 12 月第一次印刷 印张：22
字数：440 000
定价：262.00 元
（如有印装质量问题，我社负责调换）

国家自然科学基金应急项目系列丛书编委会

主　编

　　丁烈云　教　授　国家自然科学基金委员会管理科学部

副主编

　　杨列勋　研究员　国家自然科学基金委员会管理科学部

　　刘作仪　研究员　国家自然科学基金委员会管理科学部

编　委（按姓氏汉语拼音排序）

　　程国强　研究员　同济大学

　　方　新　研究员　中国科学院

　　辜胜阻　教　授　中国民主建国会

　　黄季焜　研究员　北京大学

　　林毅夫　教　授　北京大学

　　刘元春　教　授　中国人民大学

　　汪寿阳　研究员　中国科学院数学与系统科学研究院

　　汪同三　研究员　中国社会科学院数量经济与技术经济研究所

　　王金南　研究员　生态环境部环境规划院

　　魏一鸣　教　授　北京理工大学

　　薛　澜　教　授　清华大学

　　赵昌文　研究员　国务院发展研究中心

本书课题组名单

总课题： 新时代行业特色高校治理模式与创新发展研究

承 担 单 位： 中国地质大学（北京）

课题负责人： 刘大锰　教授

课题组成员： 葛建平，董东林，于　光，邓雁希，陈冬霞，费明明，刘晓鸿，
　　　　　　　熊金玉，吴三忙

子课题一： 行业特色高校高质量发展的内涵、机制与路径研究

承 担 单 位： 中国地质大学（北京）

课题负责人： 葛建平　教授

课题组成员： 徐　硕，段　悦，张逸秀，张　琳，柴　松，王申月，张智聪，李勇霖

子课题二： 行业特色高校创新型人才培养的机制与路径研究

承 担 单 位： 中国矿业大学（北京）

课题负责人： 董东林　教授

课题组成员： 孙文洁，林　刚，商丽宝，季　媛，鳄力钦，林新栋，杨　翌，
　　　　　　　李慧哲

子课题三： 行业特色高校师资队伍建设研究

承 担 单 位： 中国地质大学（北京）

课题负责人： 于　光　研究员

课题组成员： 何大义，高世葵，孟庆芬，张　莹，雷　平，黄　启，高正杰，
　　　　　　　苏汇淋，陶　可

子课题四： 供给视角下典型行业特色高校创新型人才培养模式研究

承 担 单 位： 中国地质大学（北京）

课题负责人： 邓雁希　教授

课题组成员： 周　伟，许　浩，杜新波，郭　颖，耿晓洁，林　莉

子课题五： 需求视角下典型行业创新型人才培养模式与路径研究

承 担 单 位： 中国石油大学（北京）

课题负责人： 陈冬霞　教授

课题组成员： 周学智，常小飞，费葳葳，刘成林，姚梦竹，朱　锐

子课题六： 新时代行业特色高校的评估体系研究

承 担 单 位： 中国地质大学（北京）

课题负责人： 费明明　副研究员

课题组成员： 张寿庭，赵乐华，王银宏，刘　江，熊宏愿，孙志成

总　　序

　　为了对当前人们所关注的经济、科技和社会发展中出现的一些重大管理问题快速做出反应，为党和政府高层科学决策及时提供政策建议，国家自然科学基金委员会于 1997 年特别设立了管理科学部主任基金应急研究专款，主要资助开展关于国家宏观管理及发展战略中急需解决的重要的综合性问题的研究，以及与之相关的经济、科技和社会发展中的"热点"与"难点"问题的研究。

　　应急管理项目设立的目的是为党和政府高层科学决策及时提供政策建议，但并不是代替政府进行决策。根据管理科学部对于应急管理项目的一贯指导思想，应急研究应该从"探讨理论基础、评介国外经验、完善总体框架、分析实施难点"四个主要方面为政府决策提供支持。每项研究的成果都要有针对性，且满足及时性和可行性要求，所提出的政策建议应当技术上可能、经济上合理、法律上允许、操作上可执行、进度上可实现和政治上能为有关各方所接受，以尽量减少实施过程中的阻力。在研究方法上要求尽量采用定性与定量相结合、案例研究与理论探讨相结合、系统科学与行为科学相结合的综合集成研究方法。应急管理项目的承担者应当是在相应领域中已经具有深厚的学术成果积累，能够在短时间内（通常是 9～12 个月）取得具有实际应用价值成果的专家。

　　作为国家自然科学基金专项项目，管理科学部的应急管理项目已经逐步成为一个为党和政府宏观决策提供科学、及时的政策建议的项目类型。与国家自然科学基金资助的绝大部分（占预算经费的 97%以上）专注于对经济与管理活动中的基础科学问题开展理论方法研究的项目不同，应急管理项目面向国家重大战略需求中的科学问题，题目直接来源于实际需求并具有限定性，要求成果尽可能贴近实践应用。

　　应急管理项目要求承担课题的专家尽量采用定性与定量相结合的综合集成方法，为达到上述基本要求，保证能够在短时间内获得高水平的研究成果，项目的承担者在立项的研究领域应当具有较长期的学术积累和数据基础。

　　自 1997 年以来，管理科学部对经济、科技和社会发展中出现的一些重大管理问题做出了快速反应，至今已启动 101 个项目，共 833 个课题，出版相关专著57 部。已经完成的项目取得了不少有影响力的成果，服务于国家宏观管理和决策。

应急管理项目的选题由管理科学部根据国家社会经济发展的战略指导思想和方针，在广泛征询国家宏观管理部门实际需求和专家学者建议及讨论结果的基础上，形成课题指南，公开发布，面向全国管理科学家受理申请；通过评审会议的形式对项目申请进行遴选；组织中标研究者举行开题研讨会议，进一步明确项目的研究目的、内容、成果形式、进程、时间节点控制和管理要求，协调项目内各课题的研究内容；对每一个应急管理项目建立基于定期沟通、学术网站、中期检查、结题报告会等措施的协调机制以及总体学术协调人制度，强化对于各部分研究成果的整合凝练；逐步完善和建立多元的成果信息报送常规渠道，进一步提高决策支持的时效性；继续加强应急研究成果的管理工作，扩大公众对管理科学研究及其成果的社会认知，提高公众的管理科学素养。这种立项和研究的程序是与应急管理项目针对性和时效性强、理论积累要求高、立足发展改革应用的特点相称的。

为保证项目研究目标的实现，应急管理项目申报指南具有明显的针对性，从研究内容到研究方法，再到研究的成果形式，都具有明确的规定。管理科学部将应急管理项目的成果分为四种形式，即专著、政策建议、研究报告和科普文章，本丛书即应急管理项目的成果之一。

希望此套丛书的出版能够对我国管理科学政策研究起到促进作用，对政府有关决策部门发挥借鉴咨询作用，同时也能对广大民众有所启迪。

国家自然科学基金委员会管理科学部

2020 年 9 月

前　言

　　能源资源安全关系国家繁荣发展、人民生活改善和社会长治久安，是实现中华民族伟大复兴中国梦的重要保障。2021 年 10 月 21 日，习近平总书记在视察胜利油田时强调"能源的饭碗必须端在自己手里"[①]。党的十九届五中全会提出，要保障能源和战略性矿产资源安全；党的十九届六中全会进一步指示，要保障粮食安全、能源资源安全、产业链供应链安全。党的二十大报告中指出，推进美丽中国建设，要"协同推进降碳、减污、扩绿、增长，推进生态优先、节约集约、绿色低碳发展""立足我国能源资源禀赋，坚持先立后破，有计划分步骤实施碳达峰行动"[②]。

　　地矿油行业特色高校是我国能源资源产业的重要人才供给方，曾隶属于能源资源领域国家相关部委，其学科布局与人才培养服务面向以能源资源行业为主。当前世界政治经济格局正在进行深刻调整，我国与发达国家之间的产业关系已由合作主导转为正面竞争。"双碳"背景下，全球能源结构重构加剧，现阶段我国关键性矿产资源对外依存度较高，能源资源安全形势严峻，行业产业转型升级任务艰巨，亟待来自地矿油行业特色高校的创新人才支持和前沿技术引领。目前我国高等教育已从大众化阶段进入普及化阶段，为加快推进我国地矿油行业特色高校"双一流"建设，进一步提高其对国家能源资源产业转型升级的支撑引领力，以及服务国家战略发展和社会服务的贡献力，不断丰富其高质量发展内涵，促进其可持续发展，在国家自然科学基金委员会（简称国家自然科学基金委）应急管理项目"行业特色高校高质量发展和创新型人才培养"资助下，中国地质大学（北京）刘大锰教授科研团队对地矿油行业特色高校的高质量发展和创新型人才培养展开了系统研究，以关注和回应其实践变革需求。

　　本书系统深入分析了地矿油行业特色高校高质量发展和创新型人才培养的影

　　① 《习近平勉励广大石油工人：再创佳绩、再立新功》，http://www.qstheory.cn/yaowen/2021-10/22/c_1127984643.htm[2023-06-22]。
　　② 《习近平：高举中国特色社会主义伟大旗帜　为全面建设社会主义现代化国家而团结奋斗——在中国共产党第二十次全国代表大会上的报告》，https://www.gov.cn/xinwen/2022-10/25/content_5721685.htm[2023-06-22]。

响因素、作用机制和模式路径，并针对其高质量发展过程中的凸显问题提出了针对性的对策建议。全书共分七章：一是新时代行业特色高校治理模式与创新发展研究，主要包括地矿油行业特色高校概述、治理模式研究、治理环境研究以及治理创新研究四部分内容；二是行业特色高校高质量发展的内涵、机制与路径研究，主要包括行业特色高校高质量发展的内涵与状态、作用机理与机制、模式构建以及路径设计四部分内容。三是行业特色高校创新型人才培养的机制与路径研究，主要包括地矿油行业特色高校创新型人才培养状况、作用机理与运行机制、培养效果评价、培养新思路以及政策建议等内容；四是行业特色高校师资队伍建设研究，主要包括行业特色高校师资队伍的发展现状、存在问题与原因以及对策建议等内容。五是供给视角下行业特色高校创新型人才培养模式研究，主要包括行业特色高校创新型人才培养模式研究现状、基本特征、现状及问题、关键成功因素、国外典型行业特色院校创新型人才培养经验启示、人才培养模式优化等内容。六是需求视角下典型行业创新型人才培养模式与路径研究，主要包括典型行业创新型人才的意义与现状、人才与企业需求契合的关系、人才成长的影响因素、人才培养的模式以及人才培养的路径等内容。七是新时代行业特色高校的评估体系研究，主要包括新时代行业特色高校评估体系的研究现状与问题、国内外研究现状及发展动态分析、评估指标体系建立、评估指标体系的优化及说明、评估体系的应用以及评价改革建议等内容。第一章执笔人为刘大锰、熊金玉［中国地质大学（北京）］，第二章执笔人为葛建平［中国地质大学（北京）］，第三章执笔人为董东林［中国矿业大学（北京）］，第四章执笔人为于光［中国地质大学（北京）］，第五章执笔人为邓雁希［中国地质大学（北京）］，第六章执笔人为陈冬霞［中国石油大学（北京）］，第七章执笔人为费明明［中国地质大学（北京）］。

由于行业特色高校的高质量发展与创新型人才培养是一个需要理论知识不断丰富、办学实践不断深入的复杂问题，限于学识和精力，研究成果难免存在不足之处，敬请各位学者专家和广大读者批评指正。

刘大锰
2023 年 6 月于中国地质大学（北京）

目　　录

第一章

新时代行业特色高校治理模式
与创新发展研究

第一节 地矿油行业特色高校概述

一、地矿油行业特色高校的内涵特征

行业特色高校是我国高等院校的重要组成部分，在长期办学过程中形成了与行业密切相关的办学特色和优势学科，与国家国防、地质、冶金、石油、机械、电子等行业产业共同发展进步，产教协同输送了大批优秀人才，校企融合取得了众多领先科技成果，为产业转型升级和国家创新发展提供了有力保障，历史上曾为我国经济社会的发展做出突出贡献，是现阶段我国科技创新的重要支撑力量。刘献君[1]认为，行业特色高校是指具有鲜明的行业背景、服务面向及相应学科特色的大学。地矿油行业特色高校是行业特色高校中最具有代表性的高校类别之一，本书中特指曾在行业部委管理时期隶属于能源与资源相关主管部门管理，且现今仍具有鲜明行业学科特色和服务面向的公办院校的统称。其内涵特征主要包括以下三点。

（一）曾隶属于国务院能源与资源相关行业部委管理

我国院校类型分化始于 20 世纪 50 年代的院系大调整。新中国成立初期，百废待兴，国家建设急需大量专业性人才，原有高等教育体系培养的人才无法满足社会建设需求，为此，教育部按照中央的指导方针，对存量高校进行院系调整，从综合性大学中分化出大量多科或单科性学院，再通过院系合并发展为单独建制的行业学院和工科学院，确立了以学科门类为依据的分类法。地质类院校、矿业类院校、石油类院校（简称地矿油行业特色高校）由此而生，这三类院校带有浓烈的行业特征，大多曾隶属于地质、矿业、石油等相关行业部委管辖，其学科门类设置初期基本以地质、矿业、冶金、化工、测绘、水文等专业为主，历史上为我国能源与资源行业的发展做出了突出贡献。

自新中国成立以来，我国经济管理体制经历了由计划经济体制向社会主义市场经济体制的转变，我国高等院校的管理体制同样经历了由计划管理到共同治理

的转变。1952 年全国院校第一次大调整后，在计划经济管理体制下，地矿油行业特色高校主要由当时的行业部委主管，1956 年相关部委机构包括地质部（1952 年 8 月设立）、煤炭工业部（1955 年 7 月设立）、石油工业部（1955 年 7 月设立）、冶金工业部（1956 年 5 月设立）、化学工业部（1956 年 5 月设立）。改革开放以来，国务院机构于 1982 年、1988 年、1993 年、1998 年、2003 年、2008 年、2013 年、2018 年先后进行了八次规模较大的改革，能源与资源相关行业部委的设置与职能也随之进行了相应调整。1998 年 3 月，国务院机构改革中，政府职能转变取得重大进展，几乎所有工业专业经济部门被撤销，包括电力工业部、煤炭工业部、冶金工业部、化学工业部、地质矿产部、机械工业部、电子工业部等十个部委，国务院机构组成部门由 40 个精简为 29 个。原能源与资源相关行业部委机构的直属高校改革随之启动，国务院办公厅先后转发教育部等部门《关于调整撤并部门所属学校管理体制实施意见的通知》（1998 年 7 月）、《关于调整国务院部门（单位）所属学校管理体制和布局结构的实施意见》（2000 年 2 月）等文件，按照"共建、调整、合并、合作"八字方针原则，全国院校于 1998 年 7 月至 2000 年 6 月分三次进行全国院校第二次大调整，原地质矿产部、煤炭工业部、石油工业部、冶金工业部、化学工业部等行业部委机构直属高校大部分划归地方政府管理，少部分划归教育部管理。

虽然大部分地矿油行业特色高校不再归属国务院能源与资源相关行业部委管理，且校名、学科布局与服务面向不断发生变化，但其办学仍然具有鲜明的行业背景与服务面向特征，因此，曾隶属于国务院能源与资源相关行业部委管理，是地矿油行业特色高校的典型特征之一。

（二）具有鲜明的地质、矿业、石油等学科集群特色

学科目录在人才培养和学科建设中发挥着指导作用和规范功能，是国家进行学位授权审核与学科管理以及高校或科研机构实施人才培养的参考依据。

我国有计划地按专业培养人才是从 1952 年开始的，之前的高等学院只有院系，不设专业。自 1952 年以来，我国高校能源与资源行业密切相关的学科专业设置进行了多次调整（表 1-1）。1963 年，经国务院批准，由国家计划委员会（简称国家计委）、教育部共同修订的《高等学校通用专业目录》中，地质、矿业归为工科部分，其中地质下设 11 个专业，矿业下设 9 个专业。1980 年 2 月，第五届全国人大常委会第十三次会议审议通过《中华人民共和国学位条例》，确定了我国学士、硕士、博士三级学位制度，并对学位的学科门类与学位授予标准等做了规定。1983 年 3 月，国务院学位委员会第四次会议决定公布了《高等学校和科研机构授予博士和硕士学位的学科专业目录（试行草案）》，这是我国第一版真正意义上的学科目录；随后国务院学位委员会分别于 1990 年、1997 年、2011 年、2022 年对我国研究生学科专业目录进行了四次分类调整及修订。现今地矿油行业特色高校中，其特色学科主要集中在 0705 地理学、0709 地质学、0818 地质资源与地质工程、0819 矿业工程、0820 石油与天然气工程等五个学科中。

表 1-1　我国高校能源与资源行业密切相关学科专业目录调整统计表

	工科部分	专业名称
1963 年版	1.地质	010101 地质测量与找矿；010102 金属及非金属矿产地质与勘探；010103 石油及天然气地质与勘探；010104 煤炭地质与勘探；010105 水文地质与工程地质；010106 地球物理勘探；010107 金属及非金属矿产地球物理勘探；010108 石油及天然气地球物理勘探；010109 石油及天然气矿场地球物理；010110 煤田地球物理勘探；010111 探矿工程
	2.矿业	010201 采矿；010202 选矿；010203 矿山测量；010204 矿井建设；010205 矿山机电；010206 采矿工业经济与组织；010207 油气井工程；010208 油气田开采；010209 石油工业经济与组织
	一级学科	二级学科名称及代码
1990 年版	0705 地理学	070501 自然地理学；070502 地貌学与第四纪地质学；070503 人文地理学；070504 区域地理学；070505 环境地理学；070506 地图学与遥感；（020127）经济地理学
	0709 地质学	070901 矿物学；070902 岩石学；070903 沉积学（含：古地理学）；070904 矿床学；070905 地球化学；070906 古生物学及地层学；070907 古人类学；070908 构造地质学（含：地质力学）；070909 地震地质学；（081607）数学地质
	0816 地质勘探、矿业、石油	081601 矿产普查与勘探；081602 煤田、油气地质与勘探；081603 水文地质与工程地质；081604 应用地球物理；081605 应用地球化学；081606 探矿工程；081607 数学地质；081608 遥感地质；081609 采矿工程（地下开采、露天开采）；081610 矿物加工工程；081611 矿山建设工程；081612 矿山工程力学；081613 矿山机械工程；081614 油气钻井工程；081615 油气田开发工程；081616 石油、天然气储运工程；081617 石油、天然气机械工程；081618 安全技术及工程；（070707）海洋地质；0816S1 环境地质
	一级学科	二级学科名称及代码
1997 年版	0705 地理学	070501 自然地理学；070502 人文地理学；070503 地图学与地理信息系统
	0709 地质学	070901 矿物学、岩石学、矿床学；070902 地球化学；070903 古生物学与地层学（含：古人类学）；070904 构造地质学；070905 第四纪地质学
	0818 地质资源与地质工程	081801 矿产普查与勘探；081802 地球探测与信息技术；081803 地质工程
	0819 矿业工程	081901 采矿工程；081902 矿物加工工程；081903 安全技术及工程
	0820 石油与天然气工程	082001 油气井工程；082002 油气田开发工程；082003 油气储运工程
2011 年版	一级学科	
	0705 地理学；0709 地质学；0818 地质资源与地质工程；0819 矿业工程；0820 石油与天然气工程	
2022 年版	一级学科	
	0705 地理学；0709 地质学；0818 地质资源与地质工程；0819 矿业工程；0820 石油与天然气工程	

资料来源：《中国教育年鉴（1949—1981）》；教育部官网

注：2011 年版和 2022 年版一级学科没有调整，国家不再公布二级学科

地矿油行业特色高校成立之初，因其主要服务面向为能源与资源行业，因此，其学科布局带有明显的地质、矿业、石油等行业学科特征。长期以来，行业高校与行业发展一直相伴相随，因此，地矿油行业特色高校的学科集群核心仍然为地质、矿业、石油等相关学科专业，并在长期办学过程中逐渐形成了自己的特色学科优势。据教育部、财政部、国家发展和改革委员会《关于公布第二轮"双一流"建设高校及建设学科名单的通知》（2022年2月），中国地质大学（北京）、中国地质大学（武汉）的地质学、地质资源与地质工程获批为"双一流"建设学科；中国矿业大学（北京）、中国矿业大学的矿业工程、安全科学与工程获批为"双一流"建设学科；中国石油大学（北京）、中国石油大学（华东）的石油与天然气工程、地质资源与地质工程获批为"双一流"建设学科。

（三）具有鲜明的能源与资源行业服务面向特征

地矿油行业特色高校最初就是为新中国建设的战略需要而建立，主要服务面向为能源与资源行业。1949~1992年，我国地矿油行业特色高校的办学模式具有较强的行业计划管理特点，其主要办学特点为由行业主管部门"统一招生、免费上学、统包分配"，培养的毕业生主要面向能源与资源行业。1996年1月，人事部颁布《国家不包分配大专以上毕业生择业暂行办法》，高校毕业生包分配制度被正式取消。不包分配的正式实施是从1996年开始的，并在1998年后开始大规模实施，到2000年全面停止了包分配制度，改为以毕业生与用人单位双向选择为主。

1998年以来，随着高等教育领域改革的持续深入，原地矿油行业特色高校的办学方向与学科布局逐渐产生了变化，但其学科布局的核心仍然为地、矿、油等特色优势学科，各类人才培养方案中，其服务面向仍然以能源与资源行业为主。例如，2019年中国地质大学（武汉）毕业生在自然资源相关行业就业人数占全部毕业生的33.55%；2019年中国地质大学（北京）毕业生在自然资源相关行业就业人数占全部毕业生的40%以上，其中地勘行业为31%，能源行业为9.19%。因此，具有鲜明的能源与资源行业服务面向特征是地矿油行业特色高校的第三个重要特征。

二、地矿油行业特色高校办学的规律性认识与历史贡献

我国地矿油行业特色高校是新中国成立初期在高度集中的计划经济体制下形成并发展起来的，其办学历程与能源资源的行业发展及时代背景息息相关，是我国能源资源行业的主要人才培养单位，历史上曾对我国的经济建设和社会发展做出了突出贡献。

从高等教育管理体制改革视角来看，我国行业特色高校的发展经历了三个阶段，分别为初步发展阶段（1949~1978 年），改革调整阶段（1978~2012 年）和创新发展阶段（2012 年至今），其管理体制经历了从管理到治理的嬗变。不同历史时期，时代背景不同，行业发展特点不同，地矿油行业特色高校的办学特点也不同，对我国经济建设和社会发展的历史贡献也有所区别，三者之间存在非常好的联动性。

（一）初步发展阶段（1949~1978 年）

1949~1978 年，我国经济社会先后经历了 1950~1952 年国民经济恢复时期、1953~1957 年第一个五年计划时期、1958~1965 年第二个五年计划和国民经济调整时期、1966~1976 年"文化大革命"时期、1977~1978 年拨乱反正时期。

在新中国大规模经济建设初期，地质工作在国民经济社会发展中的先行作用和基础作用凸显。毛泽东在 20 世纪 50 年代就指出，对地质工作"要提早一个五年计划，一个十年计划，不然，一马挡路，万马不能前行！"[1]。1957 年，刘少奇说："地质工作是国家很要紧的工作，要建设我们的国家，就必须要有地质工作。没有地质工作，我们就象瞎子一样，不知道哪里有铁，哪里有煤，哪里有什么矿藏。"[2]在这一时期，能源与资源行业相关部委的主要任务是找油找矿，重点解决煤、铁、石油和有色金属的资源问题，为国家实施"一五"计划至"四五"计划进行矿产资源储备，包括石油普查与勘探，煤、铁及有色金属的矿产普查与勘探，水力资源和综合流域开发的地质勘测工作等。

1949~1978 年，我国矿产资源勘查、水文地质、工程地质等工作均取得重大进展与突破。据国家统计局相关统计（表 1-2），1978 年底我国能源生产总量为 62 770 万吨标准煤，是 1949 年的 26.4 倍，其中原煤、原油、水电的生产总量分别是 1949 年的 19.3 倍、870.5 倍、27.4 倍；天然气生产更是从无到有，1978 年天然气的年度生产总量为 1820.33 万吨标准煤，是 1957 年（9.86 万吨标准煤）的 184.6 倍。

表 1-2　1949~1978 年我国能源生产总量年度统计表

年份	能源生产总量/万吨标准煤	原煤生产总量/万吨标准煤	原油生产总量/万吨标准煤	天然气生产总量/万吨标准煤	水电生产总量/万吨标准煤
1949	2 373.05	2 284.98	17.09	—	70.98
1952	4 871.00	4 710.26	63.32	—	97.42

---

① 《地球科学为何要先行》，https://www.gmw.cn/01gmrb/2001-03/26/GB/03%5E18732%5E0%5E-GMB1-210.htm[2022-07-12]。

② 中共中央文献编辑委员会. 刘少奇选集（下卷）. 北京：人民出版社，1985: 317。

续表

年份	能源生产总量/万吨标准煤	原煤生产总量/万吨标准煤	原油生产总量/万吨标准煤	天然气生产总量/万吨标准煤	水电生产总量/万吨标准煤
1957	9 861.00	9 358.09	207.08	9.86	285.97
1965	18 820.23	16 565.12	1 618.86	146.83	489.42
1977	56 390.36	39 268.53	13 388.41	1 612.93	2 120.49
1978	62 770.00	44 127.31	14 876.49	1 820.33	1 945.87

资料来源：国家统计局

为支持国家建设的需要，1951 年 11 月中央人民政府教育部在北京召开全国工学院院长会议，以华北、华东、中南三地区为重点，拟定工学院调整方案，调整方针为"以培养工业建设人才和师资为重点，发展专门学院和专科学校，整顿和加强综合大学"。1952 年开始，全国高校相关院系第一次大调整（1957 年结束），钢铁、地质、矿冶、石油等行业院校开始大规模组建，并按照当时国家和行业部委的要求进行分类人才培养。1952~1977 年，受苏联计划经济模式影响，我国地矿油行业特色高校办学具有典型的行业计划管理特征，高校办学自主权较小。在管理体制上，中共中央、国务院颁发《关于加强高等学校统一领导、分级管理的决定（试行草案）》（1963 年）中，明确提出了实行中央统一领导，中央和各省（自治区、直辖市）两级管理的制度；在办学自主权上，其专业设置、招生人数、教学计划、教学大纲、生产实习、毕业分配、财务管理、人事管理，均由教育部与行业主管部门统一安排。这一时期，我国地矿油行业特色高校的学科专业布局比较单一，多为单科性高校，办学主要目的是为国家培养能源与资源行业急需的专业人才。

1953~1978 年，在极差的物质条件下，全国高校累计培养的 13.6535 万名地质、矿业、测绘/水文专业毕业生（表 1-3），带着"哪里需要哪安家"的红心奔赴五湖四海，基本满足了当时经济建设和社会发展对专业人才的需要，对新中国的工业化建设起步起到了巨大的推动作用。大庆油田、胜利油田、大港油田相继被发现，使我国甩掉了"贫油"的帽子；中条山斑岩型铜矿、招远金矿、白云鄂博大型铁矿和特大型稀有稀土金属矿床等陆续探明，我国铁矿和煤矿储量大幅增加，五大煤炭基地和武汉钢铁基地、包头钢铁基地等十大钢铁基地相继建立；发现了铀矿和稀土矿床，为"两弹一星"成功发射提供了资源基础，奠定了稀土、钨、锡、钼和锑的优势矿产地位，使中国工业有了"粮食"。这一时期，我国地矿油行业特色高校的历史贡献主要在于为新中国初步建立现代工业体系输送了大批专业人才，极大地改变了我国矿产资源匮乏和工程技术极度薄弱的状况。

表 1-3　1953~1978 年我国高校能源资源相关专业分类毕业生人数

年度	地质/人	矿业/人	冶金/人	化工/人	测绘/水文/人
1953~1957	9 344	7 139	3 063	4 820	1 969
1958~1965	24 775	29 121	22 842	39 602	5 018
1966~1976	16 570	25 592	19 232	36 954	2 990
1977~1978	6 186	6 588	5 273	10 166	1 243
累计	56 875	68 440	50 410	91 542	11 220

资料来源：《中国教育年鉴（1949—1981）》

1977~1978 年，我国高等教育开始恢复正常招生。1977 年 10 月，国务院批转教育部《关于一九七七年高等学校招生工作的意见》《关于高等学校招收研究生的意见》，我国高校统一考试招生制度正式恢复。1977 年 11 月，教育部、中国科学院联合发出《关于一九七七年招收研究生具体办法的通知》，我国研究生招生工作从此着手恢复。截至 1978 年底，我国地矿油行业特色高校已建成初具规模的人才培养体系，并在师资培养、基础建设、实验室建设等方面都取得了明显进展。

（二）改革调整阶段（1978~2012 年）

1978 年 12 月，中共中央召开了十一届三中全会，拉开了中国改革开放的序幕。1978~2012 年，我国制定实施了六个五年计划（"六五"计划至"十一五"计划），初步建立起社会主义市场经济体制基本框架，基本解决了人民生活的温饱问题，实现了总体小康的战略目标。

1. 1978~1992 年

1978~1992 年，我国经济体制处于计划经济体制向社会主义市场经济体制的转轨时期。

对内改革，对外开放，改革开放成为这一时期我国经济社会的主旋律。我国改革开放首先从农村开始，城市改革紧随其后，之后是金融领域改革。这一时期通过改革，我国经济体制的格局和国民经济运行机制都发生了重大变化，为以后进一步深化改革奠定了基础。在国民经济运行机制方面，国务院组织机构于 1982 年、1988 年进行了两次较大规模的调整，地质矿产部（1982 年原地质部更名为地质矿产部，1988 年国务院机构改革仍保留）、石油工业部（1978 年设立，1988 年撤销，部分职能归属新组建的能源部）、煤炭工业部（1988 年撤销，部分职能归属新组建的能源部）等行业部委职能开始发生转变，地质勘查、油气、煤炭行业改革开始启动。

在地质勘查行业，部分地质成果商品化、地质勘查单位企业化或经营管理企业化、地质队伍社会化的"三化"改革方向开始启动。1986年3月，第六届全国人大常委会第十五次会议通过《中华人民共和国矿产资源法》。1985~1987 年，地质矿产部先后颁布《关于简政放权、搞活地质队的暂行规定》《地质工作体制改革总体构想纲要》等，明确提出部分地质成果商品化、地质勘查单位企业化或经营管理企业化、地质队伍社会化的"三化"改革方向。

在油气行业，随着原油产量包干制、对外合作开采海洋石油试行、石油工业部改组等多项举措的先后实施，行业部委职能开始发生转变。1981年6月3日，国务院批准实施"1亿吨原油产量包干"，由石油工业部承包，实施5年。1982年1月，《中华人民共和国对外合作开采海洋石油资源条例》颁布，这是我国第一个为行业开放而专门颁布的法律条例。1983 年，中共中央、国务院批准成立中国石油化工总公司，将原分属石油工业部、化学工业部、纺织工业部和20个省市的炼油、石油化工、化纤企业并入，打破部门、地区、行业界限，中国石油化工总公司实行董事会领导下的总经理负责制，总公司直属国务院领导。1988 年，经国务院批准，石油工业部改组为中国石油天然气总公司，归当年新成立的能源部领导，这是石油工业管理体制从国家政府行政部门向市场经济实体转变的一次重大变革。

在煤炭行业，乡镇煤矿开始快速发展，骨干煤炭企业原煤产出总承包制开始实施。1983年4月，国务院批转《煤炭工业部关于加快发展小煤矿的八项措施的报告》，乡镇煤矿在国家政策支持下得到快速发展。1985 年起，国家上划主要产煤省（区）一批骨干煤炭企业，全行业实施六年投入产出总承包，企业自主经营权逐步扩大，多种经营的发展思路逐渐形成。1988年4月，煤炭工业部撤销，成立中国统配煤矿总公司和东北内蒙古煤炭工业联合公司。

这一时期，我国教育体制改革也在同步进行。在高等教育领域，高考及研究生招生开始恢复，学士、硕士、博士三级学位制度正式建立，教育体制改革开始启动，高校办学自主权开始扩大。1980年2月，第五届全国人大常委会第十三次会议审议通过《中华人民共和国学位条例》，确定了我国学士、硕士、博士三级学位制度。1985年5月，《中共中央关于教育体制改革的决定》颁布，教育体制改革开始启动，高校办学自主权开始扩大。

1978~1992 年，我国地矿油行业特色高校的办学特点主要表现在以下两个方面。

（1）高校开始恢复招生，国际交流逐渐增多，但办学模式仍具有较强的行业计划管理特点。这一时期高校学生的招生、培养、分配仍然主要由国家教育委员会（简称国家教委）和行业部委统辖管理，具有"统一招生、免费上学、统包分配"的办学特点，呈现较强的行业计划管理特点。1985年5月《中共中央关于教育体制改革的决定》颁布后，高校办学自主权逐步扩大，部分地矿油行业特色高校开始由单一的地质、矿业、石油院校转向多科性大学办学方向，其学科布局、人才培养模式逐渐开始进行调整，国际交流逐渐增多①。

（2）研究生教育开始恢复，人才培养质量开始逐步提升。1978 年 12 月，武汉地质学院北京研究生部成立；1986 年 4 月，国家教委正式批准武汉地质学院试办研究生院，是当时全国 33 所研究生院之一。据国家教委公布的首批（1981 年 11 月）、第二批（1984 年 3 月）、第三批（1986 年 7 月）、第四批（1990 年 10 月）研究生学位授予单位名单，我国地质学学科及地质勘探、矿业、石油学科博士学位授权点主要分布在能源与资源行业相关部委的直属高校中，少数分布在南京大学、北京大学等综合性高校及中国地质科学院、中国科学院地学部等科研机构中（图 1-1）。由此，我国地矿油行业高校的研究生培养力度开始逐渐加大，人才培养质量开始逐渐提升。

2. 1992~2012 年

1992 年 1 月 18 日至 2 月 21 日，邓小平先后赴武昌、深圳、珠海和上海等地视察，并且在沿途发表了重要谈话，被称为邓小平南方谈话，中国经济体制开始转向市场经济。1992 年 10 月，党的十四大召开，确定建立社会主义市场经济体制。1993 年 11 月，党的十四届三中全会审议通过《中共中央关于建立社会主义市场经济体制若干问题的决定》。1992~2012 年，随着我国社会主义市场经济体制的正式确立，我国国内生产总值（gross domestic product，GDP）开始大幅增长（图 1-2），2010 年我国 GDP 超过日本，成为世界第二大经济体；2012 年人均 GDP 为 38 354 元，约合 6100 美元。国家统计局数据显示，"六五"期间（1981~1985 年）我国 GDP 平均增长 10.6%，"七五"期间（1986~1990 年）平均增长 7.9%，"八五"期间（1991~1995 年）平均增长 12.3%，"九五"期间（1996~2000 年）平均增长 8.6%，"十五"期间（2001~2005 年）平均增长 9.8%，"十一五"期间（2006~2010 年）平均增长 11.3%。1992~2012 年，国民经济进入高速发展时期，GDP 平均增速保持为两位数。

1992~2012 年，随着我国经济的快速发展，矿产资源消费稳步增长，尤其是 2001 年 12 月我国加入世界贸易组织后，石油、铁、铜、铝、钾盐等大宗矿产的需求旺盛，相关领域投资持续增长，能源与资源行业进入快速发展时期。这一时期，我国能源消费结构以煤炭和石油等化石能源为主（图 1-3），原煤占比最高（66%~76%），原油占比第二（17%~24%），天然气等清洁能源占比非常低（<5.5%）。

---

① 据中国地质大学、中国石油大学、中国矿业大学、河北地质大学、成都理工大学、原长春地质学院校史资料。

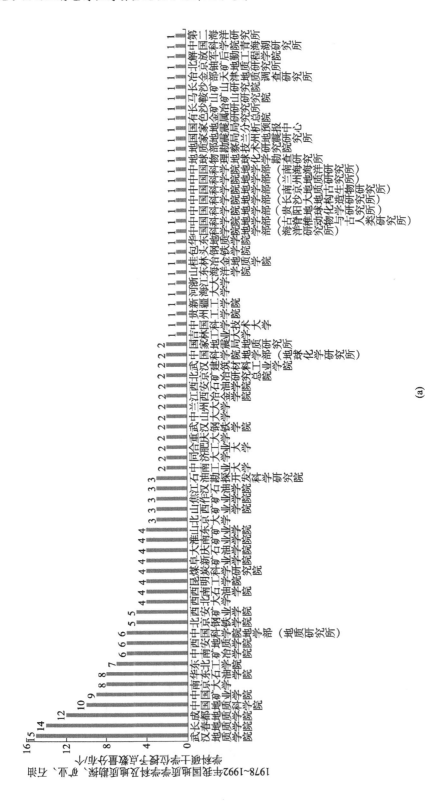

(a)

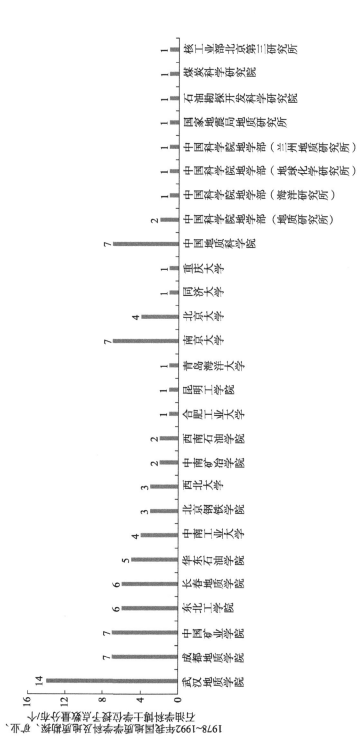

(b)

图 1-1　1978~1992年我国地质、矿业、石油相关学科专业研究生学位点分布情况

资料来源：国家教委公布的第一至第四批次研究生硕士学位授予单位名单

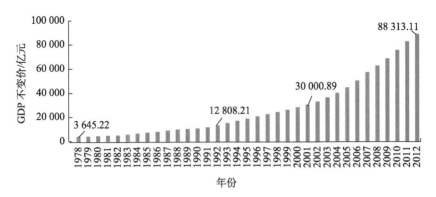

图 1-2　1978~2012 年我国 GDP（不变价）增长情况
资料来源：国家统计局

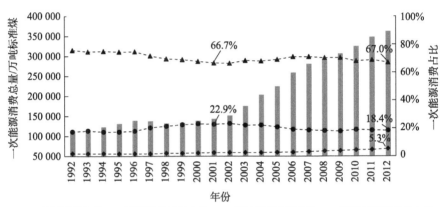

图 1-3　1992~2012 年我国一次能源消费总量结构变化
资料来源：国家统计局

这一时期，国有企业"计划点菜，财政买单，银行掏钱"的原资源配置方式难以适应市场经济体制，国有企业改革力度开始逐渐加快。1999 年 9 月，党的十五届四中全会通过《中共中央关于国有企业改革和发展若干重大问题的决定》，该决定明确提出，"用三年左右的时间，使大多数国有大中型亏损企业摆脱困境，力争到本世纪末大多数国有大中型骨干企业初步建立现代企业制度"。

在地质勘查领域，地质勘查队伍管理体制改革和矿业权市场改革两线并行，2006~2012 年全国地质勘查投入增长迅速，地质找矿成效显著。1999 年 4 月 30 日，国务院印发《地质勘查队伍管理体制改革方案》，地勘队伍正式进入改革期。处于市场经济体制过渡期的地质工作，明确划分为公益性和商业性两部分；组建中国地质调查局，承担国家基础性、公益性、战略性地质和矿产勘查工作，属国家事业单位，组成精兵加现代化设备"野战军"；其余地质勘查单位逐步改组成按照市场规则运行和管理的经济实体，承担商业性地质工作，搞多种经营，分流人员，逐步走向企业化。1998 年 2 月，《矿产资源勘查区块登记管理办法》《矿产资源开采登记管理办法》《探矿权采矿权转让管理办法》等法律法规相继出台，我国矿业权市场建设逐渐完善。1998 年，地质矿产部撤销，设立国土资源部。

　　2006 年 1 月，《国务院关于加强地质工作的决定》出台，2006 年 7 月，财政部、国土资源部印发《中央地质勘查基金（周转金）管理暂行办法》（财建〔2006〕342 号），中央地质勘查基金（周转金）开始建立，之后各省区市也先后建立基金，地质工作迎来又一个春天。2006~2012 年，全国地质勘查总投入增长迅速（图1-4），2012 年达到峰值 1296.80 亿元。2011 年 12 月，国务院办公厅转发国土资源部等部门《找矿突破战略行动纲要（2011—2020 年）》，找矿突破战略开始实施。

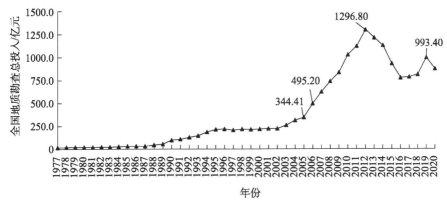

图 1-4　1977~2020 年我国地勘行业总投入

资料来源：1977~2000 年数据来源为《关于 1950—2000 年我国地质勘查费投入情况初步分析报告》（2002 年 12 月中国矿业联合会地质矿产勘查分会第二届学会年会）；2000~2005 年数据来源为《中国国土资源年鉴》；2006~2020 年数据来源为《中国矿产资源报告》

　　在煤炭开采领域，开始试点放开煤炭价格，实行全国统配煤矿属地管理，整合淘汰小煤矿，组建大集团大煤矿，煤炭开采业固定资产投资增长迅速。1992 年，国家决定放开国有重点煤矿统配价格，取消补贴。1995 年，煤炭业开始企业化改制试点。1996 年 8 月，第八届全国人大常委会第二十一次会议通过《中华人民共和国煤炭法》及其配套法规和规章。1998 年，煤炭工业部撤销，设立国家煤炭工业局，2001 年更名为中国煤炭地质总局。1998 年 12 月，国务院发布《国务院关于关闭非法和布局不合理煤矿有关问题的通知》，截至 1999 年底，全国共关闭33 220 家小煤矿。2000 年后，我国煤炭开采业投资增长（图 1-5），煤炭开采和洗选业固定资产投资在 2012 年达到峰值 5370.24 亿元。

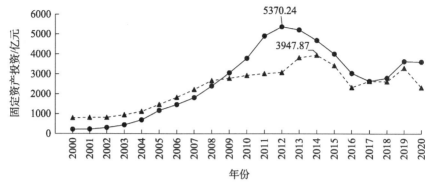

图 1-5　　2000~2020 年煤炭开采业及油气开采业固定资产投资（不含农户）

资料来源：国家统计局

在油气开采领域，国有企业改革进一步加剧，1998 年中国石油天然气总公司和中国石油化工总公司世纪大重组，主辅分离，改制分流，现代企业制度开始正式建立。1998 年 3 月至 7 月，国务院通过行政资产划拨和互换，将中国石油天然气总公司和中国石油化工总公司改组为两个大型石油石化集团。这次重组是一次较为彻底和深刻的体制调整，有效实现了政企分开和资源优化配置，真正实现了上下游、产销和内外贸的一体化。1998 年 7 月 27 日，中国石油天然气集团公司（简称中石油）、中国石油化工集团公司（简称中石化）两大集团公司同时挂牌成立，成为自主经营、自负盈亏的法人实体。1999 年，中石油、中石化、中国海洋石油总公司（简称中海油）联袂进行重组改制，陆续组建了各自的股份公司（核心业务），并于 2000~2001 年先后在海外成功上市（股份公司），国有石油公司的产权改革取得历史性突破。

1992~2012 年，我国油气开采业固定资产投资总体呈稳步增长态势（图 1-5），原油与天然气产量大幅增加，但仍难以满足国家经济建设的需要。自 1993 年起，我国成为石油净进口国，原油对外依存度不断扩大（图 1-6），2009 年对外依存度 52.5%，超过 50% 国际警戒线。2016 年，我国规定了 24 种战略性矿产资源，并开始采取行动，以保障我国能源资源安全。

1992~2012 年，随着国家经济管理体制的变化和行业企业的快速发展，叠合政府机构改革和职能转变，我国高校办学体制管理改革和总体发展战略也随之发生连锁变化。全国院校第二次大调整（管理体制）开始启动，高校开始具有独立法人资格（《中华人民共和国高等教育管法》，1998 年），其后勤社会化改革、招生与毕业生就业改革也都取得明显成效，高校办学自主权进一步扩大；同时，随着"211 工程""985 工程"的相继启动以及高校扩招的启动实施，我国高校的

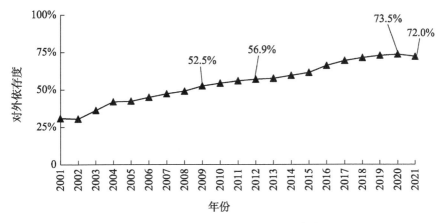

图 1-6　2001~2021 年我国原油对外依存度

资料来源：国家统计局；海关总署；地矿油行业特色高校课题组整理

办学质量逐渐提高，办学规模迅速扩大，为国家经济建设和科技创新提供了强有力的人才支撑。

（1）在 1998 年全国高校启动第二次大调整前，受计划经济体制影响以及国民经济发展需要，中央各行业部委办大学（"条"），地方省市也办大学（"块"），形成了中央各办学部委之间、部委与地方之间在办学和管学上的"条块分割"，重复办学、资源浪费的弊病较为突出。为此，国家教委于 1994 年（上海）、1995年（南昌）、1996 年（北戴河）、1998 年（扬州）相继召开了四次高等教育管理体制改革座谈会，明确要求淡化和改革高校单一的隶属关系，加强省级政府统筹，并提出了"共建、调整、合作、合并"八字方针。1995 年 7 月，国务院办公厅转发国家教委《关于深化高等教育体制改革的若干意见》，明确提出"争取到 2000年或稍长一点时间，基本形成举办者、管理者和办学者职责分明，以财政拨款为主多渠道经费投入，中央和省、自治区、直辖市人民政府两级管理、分工负责，以省、自治区、直辖市人民政府统筹为主，条块有机结合的体制框架"。1998 年，国务院颁发了《关于调整撤并部门所属学校管理体制改革的决定》。教育部、财政部、国家计委等有关部门在各地的配合下，先后于 1998 年 7 月、1999 年上半年、2000 年上半年对国务院部门（单位）所属院校进行了三次大的调整，基本上解决了行业部委办学体制问题，我国高教管理体制改革取得了历史性重大突破，少部分划归教育部管理，大部分实行中央与地方共建、以地方管理为主。至此，由中央和省级政府两级办学、以地方管理为主的新体制的框架基本确立，高校办学自主权进一步扩大。

（2）1992 年以后，尤其是 2001 年我国加入世界贸易组织后，我国经济社会持续快速发展，各行各业都亟待大量具有高等教育学历的优秀人才，提高高等教育办学质量，扩大高等教育规模成为当务之急。

1993 年 2 月，中共中央、国务院印发《中国教育改革和发展纲要》，明确指出"要集中中央和地方等各方面的力量办好 100 所左右重点大学和一批重点学科、专业"。1995 年 11 月，经国务院批准，国家计委、国家教委、财政部联合发布了《关于印发〈"211 工程"总体建设规划〉的通知》，明确提出要"面向 21 世纪，重点建设 100 所左右的高等学校和一批重点学科"。"211 工程"是新中国成立后由国家立项、在高等教育领域进行的规模最大、层次最高的重点建设工作。为进一步加快我国高水平大学建设，提高高等教育水平，1998 年 5 月，江泽民同志在庆祝北京大学建校 100 周年大会上郑重宣布："为了实现现代化，我国要有若干所具有世界先进水平的一流大学"①。1999 年，国务院批转教育部《面向 21 世纪教育振兴行动计划》，重点支持北京大学、清华大学等部分高校创建世界一流大学和高水平大学，"985 工程"正式启动建设。与"211 工程"相比，"985 工程"的建设目标更明确，改革和投入力度更大，二者共同构成了中国特色高水平大学建设的主要支撑。自启动以来，先后有 112 所高校进入"211 工程"，39 所高校进入"985 工程"，其办学条件、学科建设水平和育人能力大幅提升，不仅为我国培养了大批高素质优秀人才，还显著提升了我国高等教育的国际影响力。

《面向 21 世纪教育振兴行动计划》中还明确提出，到 2010 年，"高等教育规模有较大扩展，入学率接近 15%，若干所高校和一批重点学科进入或接近世界一流水平"。自 1999 年高校扩招正式启动实施以来，我国高校招生人数迅速增加（图 1-7），高等教育毛入学率明显增加，2002 年我国高等教育毛入学率达到 15%，标志着我国高等教育从精英教育阶段开始进入大众化阶段。高校扩招提高了整体国

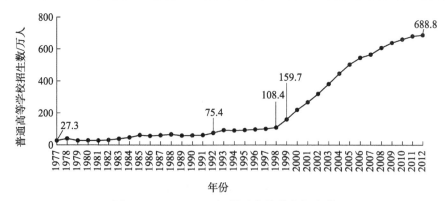

图 1-7   1977~2012 年普通高等学校招生数

资料来源：国家统计局

---

① 《北大探索建设世界一流高等学府》，http://www.moe.gov.cn/jyb_xwfb/moe_2082/zl_2019n/2019_zl51/201907/t20190711_389923.html[2022-07-15]。

民素质，拉动了经济发展，但同时也直接或间接地导致了高校人才培养质量下降、大学生难就业等问题。2006 年，关于扩招的国家政策开始发生转变。2007 年 1 月，教育部部长周济在教育部 2007 年度工作会议上的讲话中表示，要"坚决贯彻中央的要求和部署，适当控制招生增长幅度，切实把高等教育的重点放在提高质量上"。2012 年 3 月，《教育部关于全面提高高等教育质量的若干意见》（教高〔2012〕4 号）中明确提出，要"坚持内涵式发展""稳定规模，保持公办普通高校本科招生规模相对稳定"。

1992~2012 年，我国地矿油行业特色高校的办学特点主要表现如下。

（1）高校办学自主权进一步扩大，行业计划办学色彩逐渐褪色。1985 年《中共中央关于教育体制改革的决定》颁布后，原行业直属高校由行业主管部门"统一招生、免费上学、统包分配"的办学模式开始进行改革调整。1998~2000 年，国家相关部门分三次对行业部委直属高校进行管理体制改革，大部分划归地方政府管理，少部分划归教育部管理，地矿油行业特色高校的办学自主权进一步扩大，其办学理念、学科布局和人才培养模式不断改革调整，行业计划办学色彩逐渐褪色。

（2）人才培养数量快速增加，人才培养质量进一步提高。1999 年高校正式开始扩招后，设置地质、矿业、石油等学科专业的高校数量快速增加，如设置地学专业的高校由 1997 年的 57 所快速增加到 2013 年的 141 所，地矿油行业特色高校人才培养数量快速增加。同时，随着主辅修制、双学位制、第二学位制、导师制、理科基地实验班等多种人才培养模式的推行，以及重点学科建设的逐渐展开，研究生招生人数逐年增加，地矿油行业特色高校的人才培养质量进一步提高。

（3）服务国家和社会经济发展能力逐步拓展，除人才培养功能外，科研服务功能逐渐凸显，为我国上天、入地、下海、登极提供了理论指导和科学技术支撑。1992~2012 年，尤其是 1999 年扩招以后，地矿油行业特色高校除了为我国"九五"至"十一五"时期国民经济发展提供人才支撑外，其科研服务功能开始逐渐凸显，科研实力明显增强，多项科研成果获国家科学技术进步奖、国家自然科学奖、国家技术发明奖等国家级奖励以及行业相关奖励，为我国战略性矿产勘查、极地研究、大洋钻探、地质灾害、可燃冰开采、南水北调、西气东输、西电东送、天眼工程、深海探测等多个领域提供了重要的理论指导和必要的技术支撑。

（三）创新发展阶段（2012 年至今）

2012 年 11 月 8 日至 14 日，中国共产党第十八次全国代表大会在北京召开，以习近平同志为核心的党中央开始谱就中国特色社会主义生态文明建设的新时代篇章。2012 年以来，我国 GDP 年均实际增长率开始缓慢回落为一位数，经济发展由高速增长转为中高速增长，经济发展步入新常态。2012 年以来，我国统筹推进经济建设、政治建设、文化建设、社会建设、生态文明建设五位一体总体布局，协调推进全面建成小康社会①、全面深化改革、全面依法治国、全面从严治党"四个全面"战略布局，坚定实施科教兴国战略、人才强国战略、创新驱动发展战略、乡村振兴战略、区域协调发展战略、可持续发展战略、军民融合发展战略"七大战略"，坚决打好防范化解重大风险攻坚战、精准脱贫攻坚战、污染防治攻坚战"三大攻坚战"，着眼于全面建成小康社会、实现社会主义现代化和中华民族伟大复兴。

在经济领域，我国经济结构开始转向创新驱动。2012 年以来，随着国际、国内矿产品价格下跌，国内部分重要矿产产能过剩，矿业市场企业对矿产勘查投资下降较快。尤其是中央地质勘查基金（周转金）自 2014 年后停止运行，中央财政对固体矿产勘查投入削减等，使得地勘行业的可持续发展形势比较严峻。2013 年后，中央发布了一系列有关企业和事业单位体制改革的文件。2015 年，地勘单位正式进入分类改革时期。2018 年 3 月，自然资源部成立，主要职责包括负责管理地质勘查行业和全国地质工作，以及矿产资源管理工作等。自然资源部大力强化了地质工作相关产品的开发与应用，显著提升了服务能力，以助力"一带一路"倡议、乡村振兴等国家重大发展战略和生态文明建设。

当前我国地质事业正处于转型发展关键时期，服务领域不断拓展，并且正在探索中积蓄转型升级新动能。其中在常规业务领域是持续创新，包括矿产资源勘查（地质勘查、油气矿产勘查、非油气矿产勘查）、矿产资源开发利用等；在新兴业务领域则是不断拓展，包括矿山生态修复和绿色发展（矿山生态修复、绿色勘查、绿色矿山）、矿产资源管理（矿产资源规划管理、地质勘查管理、矿产资源储量管理、矿业权管理、生态保护红线划定及管理、古生物化石保护管理）、地质资料管理与服务等。

政治经济领域的深入改革对我国高等教育领域产生了重要影响，高考招生制度改革、"双一流"建设、本科振兴计划、研究生教育改革等一系列措施开始实行。尤其是在 2019 年，我国高等教育毛入学率首次超过 50%，标志着我国高等教育发展已由大众化阶段进入到普及化阶段，高校内涵式高质量发展成为主旋律。2014 年 9 月，《国务院关于深化考试招生制度改革的实施意见》发布，吹响了自 1977 年恢复高考以来力度最大的一轮高考改革号角。2015 年 10 月 24 日，国务院印发《统筹推进世界一流大学和一流学科建设总体方案》。"双一流"建设是中共中央、国务院作出的重大战略决策，也是中国高等教育领域继"211 工程""985 工程"之后的又一国家战略。2018 年 8 月，教育部印发《关于加快建设高水平本科教育 全面提高人才培养能力的意见》，确立了 2018~2023 年建设高水平本科教育的阶段性目标和到 2035 年的总体目标。2020 年，教育部、国家发展和改革委

---

① 2020 年 10 月底，随着全面建成小康社会取得决定性进展，党的十九届五中全会对"四个全面"战略布局作出新的表述，将"全面建成小康社会"调整为"全面建设社会主义现代化国家"。

员会、财政部联合印发《关于加快新时代研究生教育改革发展的意见》，开启了新时代研究生教育发展新篇章。

2012 年至今，地矿油行业特色高校的办学特点主要体现为以下两点。

（1）办学同质化现象严重。2012 年以来，虽然我国资源配置已由政府为主体的"政策性"单一资源配置转向以市场为主体的"竞争性"多元资源配置，但绝大多数公立高校的办学经费仍然以国家财政拨款为主。学科评估结果对办学经费有较大影响。我国高校学科评估于 2002 年开始实施（4 年一次），其评估体系中各项指标倾向于研究型高校（高校分类评估暂未进行）。为争取更多办学经费，我国高校纷纷向研究型、综合性大学看齐，中国地质教育相关高校逐渐开始"去行业化"，办学定位逐渐趋同，学科布局与人才培养目标同质化现象较为严重。

（2）除了人才培养和科研服务，社会服务功能和文化传承创新功能开始逐渐凸显。2015 年 10 月，国务院印发的《统筹推进世界一流大学和一流学科建设的总体方案》明确了我国高校具有四大功能定位：人才培养、科学研究、社会服务和文化传承创新。2012~2018 年，我国地矿油行业特色高校特别是地质教育相关高校在振兴乡村（地质公园、地学旅游）、特色扶贫等领域的社会服务功能逐渐凸显，同时文化传承创新功能进一步加强。

三、地矿油行业特色高校高质量发展面临的严峻挑战

2019 年，我国高等教育毛入学率达到了 51.6%，标志着我国高等教育已从大众化阶段进入普及化发展阶段，如何进行内涵式高质量发展成为各类高校首要面临的难题。

长期以来，地矿油行业特色高校一直是我国能源与资源行业的主要人才供给方，其学科布局核心主要为地质、矿业、石油等相关行业学科专业，毕业生就业也大多集中在能源与资源行业。2012 年以来，随着生态文明建设的逐步推进，我国能源与资源行业企业面临巨大的压力与挑战，其转型升级发展过程中对传统专业人才的需求减少，对创新人才的需求不断增加。新时期我国地矿油行业特色高校应如何进行有效治理，才能在满足能源与资源行业企业人才需求和行业前沿科技引领需求的同时，实现自身的高质量发展，成为一个具有重要理论研究和实践意义的问题。

高校治理体系和治理能力现代化是高校实现高质量发展的基本保障。本书将从行业高校的治理模式、高质量发展内涵、创新人才培养路径机制、师资队伍建设、创新人才培养供给侧与需求侧特点、高校评估体系建设等多个角度，对其高质量发展与创新人才培养现状进行系统分析，并就相关问题提出相应对策建议，以保障我国的能源资源安全，并为我国生态文明建设夯实人才基础。

四、关于本书样本高校的说明

本书中，地矿油行业特色高校特指在行业部委管理时期隶属于能源与资源相关主管部门管理且现今仍具有鲜明行业学科特色和服务面向的公办院校的统称。关于高校的分类，我国目前尚无统一的划分方案。新中国成立以来，我国高等院校先后进行了多次调整，产生了众多的高校分类标准，廖苑伶和周海涛[2]对其进行了综合研究。按学位授予层次划分，高校可分为博士授予点高校、硕士授予点高校、学士授予点及专科类院校；按重点与非重点划分，高校可分为"985 工程"、"211 工程"和一般普通本科院校；按管理体制划分，高校可分为部属高校和省属高校；按办学资本属性划分，高校可分为公办高校和民办高校；按办学形式和服务对象划分，高校可分为普通高校、成人院校；按学科门类划分，高校可分为综合性院校、理工科院校、师范类院校、外语类院校等；按人才培养定位划分，高校可分为研究型高校、应用型高校和职业技能型高校。目前我国高校的分类管理正处于创新发展时期，主体趋势是分层与分类发展相结合，高等教育已进入新的结构布局调整期。

此书样本高校选择时，为方便读者理解，同时为更好地进行对比分析，采取了混合法，大致将样本高校分为三类（表 1-4），分别为部属地矿油行业特色高校（简称部属高校）（8 所）、省属地矿油行业特色高校（简称省属高校）（24 所）、设置有地质、矿业、石油相关学科专业的 985 综合性高校（简称 985 综合性高校）（10 所），合计 42 所。根据研究内容的需要，本书各章节选用的样本高校数量和名称略有不同。

表 1-4　样本高校清单

类别	样本高校名称	数量/所
部属高校	中国地质大学（北京）、中国地质大学（武汉）、中国矿业大学（北京）、中国矿业大学、中国石油大学（北京）、中国石油大学（华东）、北京化工大学、北京科技大学	8
省属高校	（1）地质类 5 所：成都理工大学（原成都地质勘探学院）、河北地质大学（原宣化地质学校）、长安大学（前身之一：原西安地质学校）、桂林理工大学（原桂林地质学校）、东华理工大学（前身之一：原抚州地质学院）（2）石油化工类 8 所：西南石油大学（原四川石油学院）、东北石油大学（原东北石油学院）、西安石油大学（原西安石油学院）、长江大学（前身之一：原江汉石油学院）、青岛科技大学（前身之一：原山东化工学院）、武汉工程大学（前身之一：原武汉化工学院）、南京工业大学（前身之一：原南京化工学院）、常州大学（前身之一：原江苏石油化工学院）（3）煤炭有色冶金类 11 所：山东科技大学（前身之一：原山东矿业学院）、河南理工大学（原焦作矿业学院）、西安科技大学（原西安矿业学院）、安徽理工大学（前身之一：原淮南矿业学院）、太原理工大学	24

续表

类别	样本高校名称	数量/所
省属高校	（前身之一：原山西矿业学院）、昆明理工大学（前身之一：原昆明工学院）、湖南科技大学（前身之一：原湘潭煤炭学院）、辽宁工程技术大学（原阜新矿业学院）、长春工业大学（前身之一：原长春煤炭工业学校）、武汉科技大学（前身之一：原武汉钢铁学院）、安徽工业大学（前身之一：原马鞍山钢铁学院）	24
985综合性高校	北京大学、南京大学、吉林大学、中南大学、东北大学、武汉大学、同济大学、厦门大学、兰州大学、中山大学	10
合计		42

第二节　地矿油行业特色高校的治理模式研究

"治理"一词来自国外，其英文是"governance"，源于拉丁文和古希腊语，原意是控制、引导和操纵，早期主要用于与国家公共事务相关的管理活动和政治活动中，包括公共管理、公共行政、经济管理等领域，其产生背景是社会资源配置中政府失灵与市场失灵同时存在，后来逐渐扩展到高等教育等其他领域。关于"治理"的定义，众多学者、机构有不同的界定（表1-5），其中较为公认的定义是1995年联合国全球治理委员会（Commission on Global Governance）对"治理"概念的界定——治理是指各种公共的或私人的个人和机构管理其共同事务的诸多方式的总和，是使相互冲突的或不同的利益得以调和，并采取联合行动的持续过程；它既包括有权迫使人们服从的正式制度和规则，也包括各种人们同意或认为符合其利益的非正式的制度安排[3]。

表 1-5　"治理"的代表性定义

序号	作者/机构	关于治理的定义及其分类
1	世界银行[4]	（1）治理是"行使政治权利来管理一个国家的事务"（1989年）。 （2）治理是"一个国家为了促进经济和社会资源的发展而运用的一种管理方式"（1991年）。 （3）治理是"国家和非国家行为体在一组给定的正式和非正式规则中相互作用来设计和履行政策的过程，这些规则受到权力的影响"（2017年）
2	Paterson等[5]、Rosenau[6]	治理是一系列活动领域里的管理机制，是一种由共同的目标支持的管理活动，这些管理活动未必获得正式授权，主体也未必是政府，也无须依靠国家的强制力量来实现，却能有效发挥作用
3	全球治理委员会[3]	治理是指各种公共的或私人的个人和机构管理其共同事务的诸多方式的总和，是使相互冲突的或不同的利益得以调和，并采取联合行动的持续过程；它既包括有权迫使人们服从的正式制度和规则，也包括各种人们同意或认为符合其利益的非正式的制度安排

续表

序号	作者/机构	关于治理的定义及其分类
4	Rhodes[7]	（1）治理是政府、非营利组织和私人部门围绕公共产品和服务的提供而形成的一种相互依赖的伙伴关系。 （2）它意味着政府与非政府组织边界的消失，意味着政府的角色发生了相当大的转变：政府与非政府组织的关系从传统的统治、管理向网络转变，两者之间是合作与伙伴的关系
5	Kooiman[8]	治理是"它所要创造的结构或秩序不能由外部强加；它之所以发挥作用，是要依靠多种进行统治的以及互相发生影响的行为者的互动"
6	斯托克[9]	（1）治理的主体不仅限于政府，还包括社会机构和团体组织的行为者。 （2）治理在社会和经济领域较为明显的缺陷是在该领域中寻求解决方案的过程总是存在着界限与责任之间的模糊性。 （3）治理明确了权力依赖，尤其在各个社会机构之间的集体行为下容易产生。 （4）治理意味着参与者最终将形成一个自主的网络。 （5）治理的主体不仅限于政府，同样意味着办好事情的能力不仅限于政府的权力，同时不限于政府的权威和发号施令
7	俞可平[10]	治理主要是指官方的或民间的公共管理组织在一个既定的范围内运用公共权威维持秩序，满足公众的需要，是一种公共管理活动和公共管理过程，包括必要的公共权威、管理规则、治理机制和治理方式
8	顾建光[11]	（1）治理是一种公共事务管理方式的创新，对于不同国家以及不同的相关群体来说"公共治理"有不同的背景含义。 （2）公共治理是相关各方为影响公共政策的结果而开展互动的方式，其管理权力的重心由政府向市场和社会转移，"良好的治理"旨在改进公共政策成果和达成一致的治理原则
9	王绍光[12]	"治理"指的是公共管理（包括治国理政）的方式、方法、途径、能力，而不是指任何特定的公共管理（治国理政）的方式、方法与途径，不是指市场化、私有化，不是指"无需政府的治理"，不是指"多一些治理，少一些统治"

　　大学治理研究最早始于西方，美国学者 Birnbaum（伯恩鲍姆）将大学治理定义为"学术机构为实现组织控制和影响而创设出在两个不同但等效的系统之间达到有效平衡的结构或者过程"[13]。由于西方大学具有很强的自治传统（强调权力本位），国家很少能直接进行干预，因此，大学治理的提出，意在形成一种新型的政府、大学和社会的关系。陈洪捷[14]认为，在这种新型关系中，政府开始更多地干预大学（依靠竞争性经费配置、协商沟通等方式来"干预"大学的科研和人才培养），同时大学也开始更多地关注政府和社会，尤其是公立大学，需要不断地向政府和社会证明其办学活动的正当性和效率性。

　　2003 年左右我国学术界开始讨论大学治理问题，2010 年《国家中长期教育改革和发展规划纲要（2010—2020 年）》中出现了关于现代大学"治理结构"的论述，标志着大学治理成为一种官方话语。2013 年 11 月，党的十八届三中全会公报提出，"全面深化改革的总目标是完善和发展中国特色社会主义制度，推进国家治理体系和治理能力现代化"。2019 年 10 月，党的十九届四中全会公报提出，"推进国家治理体系和治理能力现代化"。高等教育治理体系和治理能力现代化是国家治理体系和治理能力现代化的重要组成部分,是新时代中国大学推进内涵式发展、提升综合竞争力的内在需求,近年来受到广泛重视。

一、大学治理的内涵

大学治理是使多元利益主体以互动合作的方式参与高校管理,是一种旨在追求效率的管理模式,其治理要点在于所有治理主体能否通过平等协商达成一致的公共目标及行动方案[15]。大学治理的内涵主要包括如下四个方面。

(1)大学治理是一种目标,旨在建立一种共同的大学文化,真正体现高校师生的共同价值追求。不同历史时期,大学的功能定位不同,高校师生的共同价值追求(大学文化精神)也不同,高校的办学定位也随之而异。当前我国高等教育已进入内涵式发展阶段,如何依据高校自身特点进行战略定位,并通过特色化办学实现其高质量发展,已成为行业特色高校办学的共同价值追求。

(2)大学治理是一种结构,是一种多元利益主体参与的共同治理结构,包括外部治理结构和内部治理结构。其中外部治理结构实质是高等教育决策权力如何在政府、高校、市场之间的合理分配;内部治理结构是指高校内部政治权力、行政权力、学术权力、民主管理和监督权力这四大基本要素之间的耦合关系,实质是高校利益相关者权力分配与利益实现的制度设计。不同的权力关系构成不同的治理结构,也成为区分大学治理模式的主要依据。

(3)大学治理是一种过程,是对高校高质量发展中出现的各种问题的整治过程,包括对学术腐败、"重科研、轻教学"等各种现象的整治等,主要指高校战略管理规划的实施过程,强调的是"问责"以及"信息及决策过程的公开透明或公平",旨在提高治理的"有效性"。

(4)大学治理是一种结果,表明高校内部与外部均达到一种比较和谐的状态,人们能够各安其位,各尽其责,达到"良治"(good governance),高校的各项办学指标能够满足治理主体的预期。

简而言之,大学治理是一个动态的演化过程,不同历史时期具有不同的治理环境,包括法制环境、经济环境和文化环境,其治理目的、治理结构、治理过程和治理结果往往随着治理环境的变化而不断变化。治理过程中,不同利益相关主体往往具有不同的利益诉求,因此,大学治理是一个系统工程,涉及多个利益相关者所属的不同承载组织之间的持续协调与互动,其治理要点在于所有治理主体(利益相关者)是否能够通过平等协商达成一致的公共目标及行动方案,并通过有效治理实现其内涵式高质量发展。

二、国外大学的治理模式特征

大学治理模式及其改革既是一个理论问题，也是一个实践问题。由于现代大学具有人才培养、科学研究、社会服务等功能定位，随着时代的发展和社会的进步，大学的开放性、复杂性和重要性日益提升，大学治理主体之间的关系尤为错综复杂，因此，大学治理在动态的演化过程中，"既受共时性环境的影响，也受其历时性的惯性约束"[16]。

不同学者基于不同的分析视角，对大学治理模式进行了分类研究（表 1-6），比较经典的是克拉克（Clark）基于权力视角的三分类法以及 Birnbaum 等基于组织理论的五分类法。其中克拉克基于权力视角，提出了国家权力、学术权威和市场力量的三角协调分析框架[17]。Birnbaum 和 Edelson[18]基于组织理论，将大学治理模式分为学会组织模式、官僚控制模式、政党组织模式、无政府组织模式、控制组织模式等五种类型。我国学者朱贺玲和梁雪琴[19]将大学治理模式分为象牙塔中的同僚治理模式、基于专业的官僚治理模式、强调博弈与平衡的政治治理模式和大学治理的企业治理模式等四种类型。陈洪捷[14]认为，国外的大学治理已经走过了最初的学者自治模式阶段、外部人治理模式阶段、校长治校模式阶段，今天已经走到了共同治理模式阶段。

表 1-6　大学治理模式的代表性分类

序号	代表性学者	分析视角	大学治理模式分类
1	Birnbaum 和 Edelson[18]	组织理论	五种类型：学会组织模式、官僚控制模式、政党组织模式、无政府组织模式、控制组织模式
2	Kerr 和 Gade[20]	权力视角	四种类型：科层模式、同事协商模式、多中心模式、无政府模式
3	Braun 和 Merrien[21]	权力视角	三种类型：共享模式（英国）、寡头–科层模式（意大利等）、市场模式（美国）
4	Bauer 和 Askling[22]	权力视角	四种类型：洪堡政府模式、纽曼自由模式、贝纳福利政府模式、市场模式
5	顾建民等[23]、钱颖一[24]	组织理论、权力视角	三种类型：欧陆模式、英国模式、美国模式

在前述大量调研的基础上，本章从大学的组织属性视角，结合不同历史时期的治理环境，将国外的大学治理模式划分为三种：中世纪早期的学者自治模式，中世纪后期开始的法人治理模式，以及 20 世纪 80 年代开始的共同治理模式。治理环境的变化使得不同时期的大学治理模式表现出明显不同的治理特征，大学的治理目的、治理结构、治理过程、治理结果均存在一定的差异性，但同时又具有一定的共性，具体论述如下。

（1）中世纪早期的学者自治模式（表1-7）。韦尔热[25]认为，大学的治理目的是探索具有普遍性的科学，而不是现实世界中的琐碎事务；世俗王权、教会权及市镇当局对大学治理基本没有管控力，大学是一个纯自治机构，其决策过程主要是依靠教授的集体讨论决定。代表性大学为中世纪早期英国的牛津大学、德国的柏林大学、法国的巴黎大学以及意大利的博洛尼亚大学。

表1-7　中世纪早期大学学者自治模式的主要特征

治理要素		主要特征
治理环境		（1）教皇、君主和地方当局权力斗争激烈，以神学为核心的大学知识及其生产过程具有强烈的神秘主义色彩，大学相较社会而言相对独立，类似"象牙塔"。 （2）认为大学基本以社团、行会组织形式存在，规模小，以学者为主，成员组成较为单纯。 （3）学术自由神圣且不可侵犯的理念是当时各方的共识
治理目的		探索具有普遍性的科学，而不是现实世界中的琐碎事务
治理结构特征	外部治理	政府及社会对大学基本没有管控力，大学拥有高度自主办学权
	内部治理	顾建民等[26]认为，中世纪大学内部结构简单，呈现出典型的扁平化特征，而且由于事务相对单纯，并未分化出专门的行政管理组织，学术管理即大学管理，由学术主体负责协调：教师的专业知识成为学术事务决策的决定性因素；学术领导通常扮演结果及共识达成的倾听者、组织者、促进者、说服者与协商者
治理过程		学者自治：大学决策主要依靠教授的集体讨论决定，并在互动与协商的过程中达成共识
治理结果		大学自治、学术自由、教授治校
代表性高校		中世纪早期英国的牛津大学、德国的柏林大学、法国的巴黎大学以及意大利的博洛尼亚大学

（2）中世纪后期开始的法人治理模式（表 1-8）。德·里德–西蒙斯[27]认为，中世纪后期开始，高等教育逐渐由精英化走向大众化；包尔生[28]认为，大学的治理目的是生产有用的知识，为工业革命和资本主义社会进步服务，政府及社会在大学治理中的话语权相比以前有所增加，但大学仍然享有较高办学自主权。曹汉斌[29]认为，大学法人地位不同（主要分为学术法人、社团法人和财团法人三种），其办学自主权的权限也不同，且办学自主权的实现需要通过"独立的组织形式作保障"，政府及社会在大学治理中的权重从低到高，其对应法人组织形式分别为学术法人、社团法人和财团法人。其中学术法人组织形式以英国剑桥大学、牛津大学为代表；社团法人组织形式以德国海德堡大学、奥地利维也纳大学为代表；财团法人组织形式则以美国私立非营利性大学最为典型，包括哈佛大学、斯坦福大学、麻省理工学院等，其大学各项治理事务的决策方式主要依靠董事会进行。

表 1-8　中世纪后期大学法人治理模式的主要特征

治理要素		主要特征
治理环境		（1）中世纪后期，教会分裂，世俗权力扩张，大学特权被逐渐瓦解，世俗官员和法庭对其事务的介入日益增多，学生的地位也不断下降。 （2）西方社会生产方式发生重大变革（工业革命），大学的功能定位开始发生改变：《普鲁士国家的一般邦法》明确将大学定义为"大学是国家机构，其目标是教给年轻人有用的信息和科学的知识"。 （3）西方国家开始以法律形式赋予大学独立法人地位，大学享有办学自主权。 （4）高等教育由精英化走向大众化，大学的大众化以及学科的快速分化，使得大学治理事项更加专业化与精细化，并由此催生出专业的管理人员，行政权力开始逐渐扩张，教师群体决策权力日渐式微
治理目的		生产有用的知识，为工业革命和资本主义社会进步服务
治理结构特征	外部治理	总体上大学仍然享有较高的办学自主权。政府及社会在大学治理中的话语权相比以前有所增加。不同的大学法人组织形式，政府及社会的权重不同，从低到高其对应的法人组织形式分别为学术法人、社团法人和财团法人
	内部治理	行政与学术分治成为大学内部治理的普遍模式。大学内部的实际治理过程中，行政权力扩大迹象明显，科层制特征明显增强：大学内部各层级的权力界限愈加清晰，大学治理呈现出明显的官僚权威关系
治理过程		政府主要利用绩效评估、质量控制及问责等形式来行使其教育治理的权力；市场主体则通过设置用人规格、提供教育投入、委托智力服务等方式来介入大学办学过程；大学主要通过董事会决策形式进行大学治理，校长往往在大学治理事项的决策中发挥着主导作用
治理结果		大学规模不断扩大，办学主体不断丰富，服务社会能力不断提高
代表性高校		学术法人以中世纪后期的英国剑桥大学、牛津大学为代表；社团法人以德国海德堡大学、奥地利维也纳大学为代表；财团法人则以美国私立非营利性大学最为典型，包括哈佛大学、斯坦福大学、麻省理工学院等

（3）20 世纪 80 年代开始的共同治理模式（表 1-9）。Tierney 和 Minor[30]认为，20 世纪 80 年代开始，各级政府对大学的财政支持逐年减少，大学同时面临财政紧缩、问责强化、国际竞争等多重压力；高等教育逐渐由大众化阶段向普及化阶段发展，"高质量发展"与"良治"成为大学的治理目标；政府及社会在大学治理中的话语权重明显增加，大学办学自主权相对缩小，政府、大学、社会三者之间的联系更加紧密，三者之间的权力制衡状态趋于平衡。

表 1-9　20 世纪 80 年代开始的共同治理模式的主要特征

治理要素	主要特征
治理环境	（1）西方国家的高等教育开始由大众化进入普及化阶段，政府及社会对大学的要求更加多元化。 （2）20 世纪 80 年代开始，各级政府对大学的财政支持逐年减少，大学同时面临财政紧缩、问责强化、国际竞争等多重压力。 （3）进入 21 世纪，大学规模急剧膨胀，大学的功能定位更加多元，行政系统作用凸显，大学的运作模式日益专业化和商业化

续表

治理要素		主要特征
治理目的		大学的高质量发展，达到"良治"
治理结构特征	外部治理	政府及社会在大学治理中的话语权重明显增加，大学办学自主权相对缩小，政府、大学、社会三者之间的联系更加紧密，三者之间的权力制衡状态趋于平衡
	内部治理	校-院-系三级治理结构与校-院两级治理结构并行，大学治理的重心主要在院系层面；学术权力逐渐向中下层教师扩散，公民权利意识、民主意识和社会参与意识不断彰显，校长在大学治理事项的决策权逐渐减弱
治理过程		（1）市场机制和社会力量对大学的影响力日益增强：政府主要利用绩效考核、质量控制及问责等形式来行使其教育治理的权力；市场主体则通过设置用人规格、提供教育投入、委托智力服务等方式来介入大学办学过程。 （2）大学内部治理方式更加多元：协同创新中心、跨学科发展中心等各类组织机构不断涌现，不同机构及个体间的自主性非正式合作越来越多
治理结果		（1）高等教育规模进一步扩大，并由大众化发展阶段转向普及化发展阶段。 （2）大学办学质量不断提高，服务社会的能力大幅增强
代表性高校		美国加利福尼亚大学伯克利分校

　　从不同时期国外大学的治理模式主要特征看，国外大学的治理模式既有一定的共性，也存在一定的差异性。其共性主要表现为：在大学外部治理机制上，都注重以法律手段体现政府对大学的控制；在内部治理机制的构建上，都通过一套完善的分权制衡和共同参与模式实现行政权力和学术权力并行不悖的良性发展[31,32]。受各国文化与相关法律制度的影响，大学治理模式的差异性主要体现在大学的外部治理环境上。

三、新时代我国地矿油行业特色高校的治理模式研究

　　从高等教育管理体制改革视角来看，我国行业特色高校的发展经历了三个阶段，初步发展阶段（1949~1978 年）、改革调整阶段（1978~2012 年）和创新发展阶段（2012 年至今）。其中在初步发展阶段以及改革调整阶段，我国行业特色高校的办学模式主要以政府管理为主，在创新发展阶段则以治理模式为主。其中管理模式重在"以高校内部稳定为目的"的管控，其路径是自上而下，主要弊端在于政府对高校办学"管得过多，统得过死"，高校办学自主权较小；治理模式旨在"以提升高校办学治校效率为目的"的治理体系现代化及治理能力的提高，其治理路径是自下而上，是行业特色高校实现高质量发展的重要基础。

　　培养德智体美劳全面发展的社会主义建设者和接班人是高校的根本任务。党的十八大以来，习近平总书记围绕"培养社会主义建设者和接班人"作出一系列

重要论述①，深刻回答了"培养什么人、怎样培养人、为谁培养人"这一根本性问题。因此，高校治理模式是以创新人才培养这一共同目标为纽带，使多元利益主体以互动合作的方式参与管理，是一种旨在追求效率的管理模式，可进一步分为外部治理模式与内部治理模式。其中外部治理模式实质上是高等教育决策权力如何在政府、高校、市场之间合理分配；内部治理模式是指高校内部政治权力、行政权力、学术权力、民主管理和监督权力四大基本要素之间的耦合。如何让这四大基本要素发挥"化学作用"，形成良好的耦合关系，构建完善的分权制衡和共同参与模式，是众多学者关心并正在研究的问题。

（一）治理研究的理论视角

高校治理是一个动态的演化过程，不同历史时期具有不同的治理环境，包括法制环境、经济环境和文化环境，其治理目的、治理结构、治理过程和治理结果往往随着治理环境的变化而不断变化。当前我国高校治理的理论视角主要包括利益相关者理论、委托代理理论、管家理论等。由于我国地矿油行业特色高校主要为公立高校，其非营利的组织特性决定了利益相关者理论的适用性。同时，我国长期以来为中央集权体制，行业高校虽然拥有独立法人地位，有一定的办学自主权，但缺乏财权与人权（高校办学资金拨款主要来源于政府，高校校级领导由上级领导决定），因此并不是真正民法意义上的独立法人，行业高校与政府之间仍然存在委托代理关系。此外，随着社会的发展，行业高校与社会之间的各类委托代理关系更加普遍，因此，委托代理理论、管家理论也具有一定的适用性。

其中利益相关者理论被学者广泛应用。"利益相关者"（stakeholder）的概念自1963年斯坦福研究所首次提出便受到了学术界的广泛关注。弗里曼[33]（Freeman）认为利益相关者是指那些能够影响组织目标实现或者被组织目标实现的过程所影响的任何个人和群体。

基于利益相关者视角，本书研究团队根据美国学者Mitchell等[34]提出的"多维分析法"，从合法性、影响性和紧迫性三个属性，将地矿油行业特色高校的利益相关者分为三类（表1-10）：核心利益相关者、重要利益相关者和潜在利益相关者。不同的利益相关者代表着不同的利益相关主体，具有不同的利益诉求，其参与高校内部治理的意愿程度也不同。其中核心利益相关者主要包括高校管理人员（书记、校长等高校高级管理人员），参与内部治理意愿较强；重要利益相关者包括政府管理部门、普通教师、一般行政人员、学生，总体上参与内部治理意愿程度中等，但在与自身利益相关程度较高的具体事务中参与治理意愿较强；潜在利益相关者包括行业企业、校友、第三方评估机构、社会媒体、学生家长等，参与高校内部治理意愿较弱。

表 1-10　地矿油行业特色高校利益相关者划分

序号	利益相关者类型	利益相关主体	参与治理意愿程度
1	核心利益相关者	高校管理人员（书记、校长等高校高级管理人员）	较强
2	重要利益相关者	政府管理部门、普通教师、一般行政人员、学生	中等
3	潜在利益相关者	行业企业、校友、第三方评估机构、社会媒体、学生家长等	较弱

（二）外部治理

多元共治模式下，我国地矿油行业特色高校的外部治理实质上是高等教育决策权力如何在政府、高校、市场之间的合理分配。随着"放管服"改革和管办评分离试点改革的不断深入，高校办学自主权不断扩大，市场的介入程度也在日益加深，高校与政府、市场和社会之间的关系也在不断进行调整。

1. 与政府之间的关系分析

落实学校办学自主权、激发高校办学活力是推进管办评分离改革的核心。1998年之前我国高校不具备独立法人地位，办学自主权较小，政府对高校办学活动的干预多以指令式行政命令为主，偏于微观管理和直接管理。1999年《中华人民共和国高等教育法》施行后，我国高校开始具有独立法人地位，并拥有一定的自主办学权，政府对高校办学活动的干预方式开始逐渐偏向宏观管理（如法律法规）和服务（如评估标准建设、信息服务等）。在行业高校的办学活动、治理过程中，行业高校与政府之间的关系由委托管理关系逐渐向协商合作关系演变。政府对高校的放权，放到什么程度，对高校有什么要求，是两者之间关系研究的重点。

中国治理环境下，我国行业特色高校与政府之间很难达到完全平等关系。原因在于：我国长期以来是中央集权体制并且强调的是责任主体，而西方国家一直有分权的传统并且强调权力主体[35]，因此，相较西方大学与政府之间的相对平等关系（政府很少直接干预大学办学），我国政府对行业高校的干涉程度要深很多，同时行业高校对政府的财政依赖度也要高很多，两者之间很难达成完全平等的关系。具体表现为，虽然我国行业高校已经具备独立法人地位，但由于高校没有自己独立的财权和人权（高校校级领导由上级党委任命；高校办学资金主要来源于政府拨付），我国高校还不是真正民法意义上的独立法人，其办学自主权空间仍然有继续扩大的空间。

从功能属性角度看，我国高校属于"准公共产品"，它具有公共产品与私人产品双重特征，而准公共产品通常由政府和市场共同提供。对于政府而言，其政府职能（包括政治职能、经济职能和社会管理职能）决定了政府对高校具有一定的管理责任。政府更多的是运用法规、标准、信息服务等手段引导和支持学校发展，并逐步实现政府由以微观管理、直接管理为主向以宏观管理与服务为主的转变。

当前政府在招生方式、专业设置、学科调整、职称评审、科研经费管理、教育教学改革、高层次人才引进等方面已经下放了大部分权力，高校的办学活力有所增加，但仍然有部分问题，需要政府的进一步放权。例如，高校编制问题，实地调研过程中，地矿油行业特色高校普遍反映，高校的编制问题是其师资队伍建设发展的最大制约。教育部相关文件规定，高校专职辅导员与学生的比例不低于1：200；思政老师与学生的比例不低于 1：350。如果辅导员与思政老师全部都是编制内，按高校现有编制数量，留给专任教师、高层次人才的编制余额常常捉襟见肘。为此，各高校不得不通过非编、参编等其他用工方式聘用行政人员、后勤人员，甚至专任教师，"同工不同酬"现象较为普遍，给高校师资队伍及行政队伍的稳定带来较大隐患。因此，在高校人员编制问题上，需要来自政府的进一步放权。

2. 与市场之间的关系分析

新时期我国高校具有人才培养、科学研究、社会服务、文化传承创新四大功能。市场经济条件下，市场力量对我国行业特色高校办学资源配置的影响正在逐渐加大，市场主要通过资源配置（资本市场介入）、高等消费市场需求（生源市场）、人才就业市场需求、竞争性经费配置等方式来"干预"高校的人才培养和科学研究，市场力量在行业特色高校治理中的话语权正在不断扩大。与此同时，知识经济的兴起也使得行业高校成为推动市场经济发展的一支重要力量，行业高校与市场之间的关系比以往更为密切。由于资本市场天然的逐利性，它与行业高校公益性非营利的本质属性存在天然的冲突，使得行业高校与市场各利益相关主体之间的权、责、利关系更为复杂，两者之间的关系取决于行业高校与市场力量的博弈。

通常有如下四种市场力量不同程度地介入行业高校办学资源的配置过程。

（1）资本市场力量。它的介入对壮大高等教育资源总量、提升高等教育资源质量方面起重要的推动作用，而且在优化现有高等教育资源配置和促进优质高等教育资源向高水平大学集中方面，也起着极为重要的作用。

（2）高等教育消费市场力量。自 1996 年我国高校实行全面收费制以来，高校学生以教育消费者身份进入市场，成功激活并形成了我国现今庞大的高等教育消费市场。相应地，消费者也具有了选择高校的权利。高校只有向消费者提供满意的服务，才能吸引更多学生。

（3）人才就业市场力量。人才就业市场实质上是高校"产品"的"出口"，是对已有高等教育资源利用效率的实现与放大，对新增高等教育资源的流向具有极大的导向作用。高校培养的人才质量高，学校声誉好，用人单位满意度高，自然受到更多学生青睐，吸引到更多办学资源，其办学实力会进一步提升，并形成良性循环。

（4）知识经济市场力量。随着科技的发展，创新成为推动市场经济发展的重要力量，知识经济的重要性日益显著，高校作为知识生产的主要提供方，其与市场的结合更加紧密。科技市场（即知识经济市场）成为高校与企业之间的桥梁和纽带，既是促进高校科研成果转化、提升高校服务社会能力的重要场所，也是激发市场经济活力的重要力量。

在市场经济体制下，高校的办学规模、专业设置、人才培养目标，主要受高等教育消费市场和人才市场需求的调节；反过来，知识和信息对于经济增长、市场开发也具有举足轻重的作用（即知识经济），因此，高校与市场之间的关系比以往更为密切，各利益相关主体之间的权、责、利关系更为复杂，厘清其中的关系是阐明高校与市场之间的关系的关键。

3. 与社会之间的关系分析

社会力量是高校外部治理的重要主体之一。朱玉山[36]认为，社会参与高校治理主要是通过个体或者一定的组织形式如董事会（理事会）、学术社团（学会、协会、研究会）、基金会、媒体组织等，介入大学决策、咨询、监督、评价等事务。根据前面的高校利益相关者分类，社会力量属于潜在利益相关者，在高校治理中的话语权较低，参与高校治理的意愿较弱，自身与高校利益的关联性较低，因此，社会力量的立场相对其他利益相关主体而言更为中立，尤其适合担当对高校办学活动的监督与评估角色。

在我国高校管办评分离改革中，第三方评估机构是重要参与方，主要通过对高校办学水平的评估（包括工科专业认证、大学排名、学科排名等），影响政府和市场对高校办学实力的判断，并间接对高校在政府、市场获取办学资源产生影响。

高校董事会/理事会是社会力量的重要组成部分，主要组成成员来源于行业企业，是当前行业企业参与高校创新人才培养与关键科技研发等治理事项的重要合法渠道。实际上，高校董事会/理事会的作用更多地集中于为学校重大问题决策提供咨询建议，筹措办学资金，加强与地方、行业企业的合作交流等三个方面，多数地矿油高校将其定位为学校办学发展的咨议机构，对推动校企深度合作的力度偏低，未能充分发挥其"桥梁"作用。

综上所述，四者关系中，政府应着重从经济职能、社会职能和政治职能三方面确保对高等教育的必要资源投入、宏观调控以及分类管理；市场则在竞争性资源配置、科技成果转化应用和就业市场等方面发挥自身优势；社会则主要利用其相对中立的地位，客观开展相关办学评估与专业认证，强化高校管办评分离改革中的"评"字作用，对高校办学水平进行有效监督与评估；高校则以大学文化精神为本位，力图在保障大学自主性的同时平衡四者之间的关系，更好地整合办学资源，为高校高质量发展创造良好的外部治理条件。

（三）内部治理

内部治理涉及治理结构与治理过程。《国家中长期教育改革和发展规划纲要（2010—2020年）》中，明确提出要"完善治理结构"。当前我国高校内部主要存在政治权力、行政权力、学术权力、民主管理和监督权力，这四大权力是高校内部的主要权力，也是高校内部治理结构的基本要素，其对应的权力载体分别为党委、校务会、学术委员会以及教职工代表大会/理事会，不同的权力载体代表不同的利益相关主体，具有不同的权益诉求。因此，高校内部治理结构实质上是高校内部各利益相关者权力分配与利益实现的制度设计[37]，具体表征为调整权力结构和完善制度规范两个方面。

在对高校内部治理相关利益主体进行分类的基础上，本书研究团队根据样本高校的组织架构特点，从权力机制角度出发，对高校内部治理结构进行了详细刻画，如图1-8所示[38]。目前我国高校内部治理实行的是党委领导，校长负责，教师治学，民主管理，依法治理。不同的权力机制具有不同的权力承载组织，代表不同的利益相关者，是不同权力的行权方。

其中高校内部治理决策机制的主要承载组织为党委全委会、党委常委会、校长办公会以及学术委员会；执行机制的主要承载组织为行政职能部门以及教学科研机构；监督问责机制的主要权力承载组织为纪检会、监察会；共同参与机制的主要权力承载组织为教代会、学代会以及理事会/董事会。党委全委会、党委常委会代表的是以书记为首的高校管理人员，是政治权力的主要行权方；校长办公会、行政职能部门代表的是以校长为首的高校管理人员及一般行政人员，是行政权力的主要行权方；学术委员会、教学科研机构代表的是以教授为首的学术管理者以及普通教师，是学术权力的主要行权方；纪检会、监察会、教代会、学代会以及理事会/董事会代表的是一般行政人员、普通教师、工勤人员、学生以及校外人员（政府机构、合作企业及其他），是民主管理和监督权力的主要行权方。

当前我国地矿油行业特色高校的内部治理中，普遍存在着不同程度上的大学章程形式化、学术委员会学术事务决策权力虚化、理事会/董事会虚化等问题，内部治理结构及治理过程亟待进一步优化。构建以大学章程为核心的现代大学制度，增强制度建设协同化水平，是推进高校治理体系和治理能力现代化的有效路径。

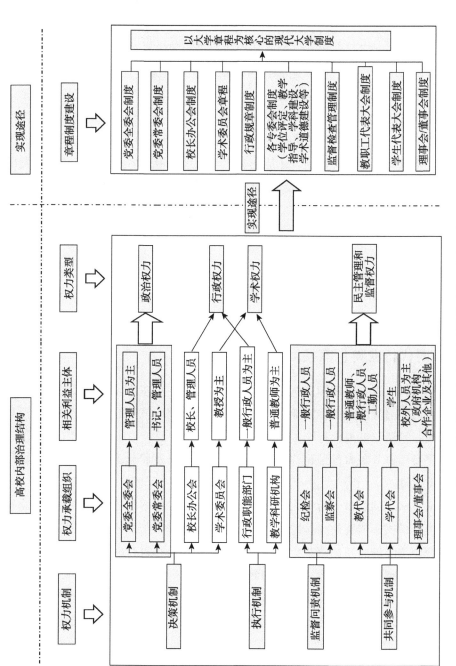

图 1-8　行业特色高校内部治理结构及实现途径示意图

我国地矿油行业特色高校是新中国成立初期在高度集中的计划经济体制下形成并发展起来的，其办学历程与行业发展及时代背景息息相关。时代背景不同，行业发展特点不同，行业高校的办学规律也不同，对我国经济社会的历史贡献也有所区别，它们之间存在非常好的联动性。关于我国地矿油行业特色高校办学的规律性认识和历史贡献，在第一章第一节第二部分中已进行了详细分析。在治理阶段，行业特色高校的治理也应是一个动态的演化过程，其治理模式研究需要将治理环境（包括法制环境、经济环境和文化环境）、治理目的、治理结构、治理过程和治理结果视为一个有机的整体，并用动态的眼光系统分析各要素之间的关系，明晰行业特色高校的发展轨迹，才能构建科学合理的治理体系，为其高质量发展提供基础保障。

第三节　地矿油行业特色高校的治理环境研究

科学分类是高校有序发展的前提，准确定位是高校人才培养的关键。行业特色高校的治理是一个动态的演化过程，系统分析其内部治理环境与外部治理环境，对其办学定位以及创新人才培养具有重要的参考作用。

一、新时代行业特色高校发展环境与形势

党的十八大以来，我国经济增长转向常态化的中高速阶段，生态文明建设成为主旋律。当前我国地矿油行业特色高校的外部治理环境更加复杂，面临的形势更加严峻，机遇与挑战并存，主要体现在如下三个方面。

一是我国高等教育的地位作用从原来对经济社会发展起支撑作用转为支撑与引领并重发展。

当前我国正面临世界百年未有之大变局，以要素成本优势为驱动的全球垂直化分工协作模式逐步瓦解，全球产业链的重构使得我国与发达国家之间的产业关系已由合作主导转为正面竞争，世界政治经济格局正在进行深刻调整。在新发展阶段，全面贯彻新发展理念，着力构建以国内大循环为主体，国内国际双循环相互促进的新发展格局，是党中央在深刻把握中华民族伟大复兴战略全局和世界百年未有之大变局基础上做出的重大战略部署，将成为未来一段时间我国经济社会发展的主坐标。

随着全球新科技革命和产业变革的持续深化，科技发展呈现出多源爆发、交汇叠加的"浪涌"现象，云计算、大数据、人工智能、物联网、区块链等新技术不断涌现，以"新技术、新业态、新产业、新模式"为特点的新经济蓬勃发展，

引发了世界工业领域的深刻变革，全球产业链结构正在重构。这种深刻变革必然要求我国行业特色高校的人才培养模式和科学技术研究进行相应调整，行业特色高校的地位作用需从原来对经济社会发展起支撑作用转向支撑与引领并重发展。

以能源资源安全为例，地矿油行业特色高校是我国能源与资源行业的重要人才供给方，一直与能源与资源行业共同发展，对我国能源与资源行业的发展起着重要的支撑作用。当前我国能源资源安全形势严峻，战略性矿产资源供给不足，严重威胁着我国能源资源安全。2019 年，我国石油、铁、铜、镍、钴等 12 种战略性矿产对外依存度超过 70%[39]，其中石油、铁、镍、钴、锆等的对外依存度分别高达 70.8%、85%、90%、90%、87%，远超 50%的国际能源安全警戒线。尤其是随着"双碳"目标的实施，全球能源结构重构进一步加剧，我国在实现"双碳"目标的过程中，所面临的困难和挑战比发达国家更多。党的十九大提出"构建清洁低碳、安全高效的能源体系"①，优先发展氢能、风能、生物质能、地热能等非化石能源，清洁高效开发利用煤炭、石油等化石能源。国家能源局提出，到 2030 年我国非化石能源在一次能源消费中的占比要达到 25%左右。因此，我国传统能源与资源行业面临巨大的转型升级压力。同时，当前我国地勘行业人才队伍大而不强，人才创新力、竞争力不高，骨干人员不断流失，高精尖人才队伍与大国地位不匹配，行业前沿科技创新发展滞后，亟待来自地矿油行业特色高校的创新人才支持及前沿技术引领。

二是我国高等教育的体量规模已从大众化阶段迈向普及化阶段，正处于由教育大国向教育强国转变的关键时期。

2019 年，我国各类高等教育在学总人数为 4002 万人，高等教育毛入学率达到 51.6%，标志着我国高等教育的体量规模已由大众化阶段迈入普及化发展阶段。与世界各国一样，我国高等教育进入普及化阶段之后面临的共同挑战是，面对日益复杂的社会经济环境，高等教育如何进行内涵式发展，才能满足国家战略发展的需要和社会发展的多样化需求。

当前"双一流"建设是我国高等教育综合改革的顶层设计，是在"211 工程""985 工程"之后，第三次体现国家意志的高等教育发展计划[40]。根据 2015 年国务院印发的《统筹推进世界一流大学和一流学科建设总体方案》，我国高等教育改革总体目标中，"到本世纪中叶，一流大学和一流学科的数量和实力进入世界前列，基本建成高等教育强国"的目标指向非常清楚，"扶优扶强扶特"的价值取向也非

---

① 《习近平：决胜全面建成小康社会 夺取新时代中国特色社会主义伟大胜利——在中国共产党第十九次全国代表大会上的报告》，https://www.gov.cn/zhuanti/2017-10/27/content_5234876.htm[2021-07-21]。

常明确，"人才培养、科学研究、社会服务和文化传承创新"的大学功能定位也非常清晰。自"双一流"建设实施以来，我国高校整体建设和学科建设成效显著，清华大学、北京大学、浙江大学等一批高校已稳居世界主要大学排行榜前 100 名，多个学科已进入世界一流学科前列，但整体上我国还不是高等教育强国，高等教育综合改革仍需进一步持续深化。

行业特色高校具有鲜明的行业背景和行业特点，在长期办学过程中形成了与行业发展密切相关的优势学科，是"双一流"建设尤其是"世界一流学科建设"的主力军。因此，行业特色高校更应加快改革步伐，通过有效治理进行特色化办学，以满足国家战略发展和社会发展的多样化需求，加快推动我国从高等教育大国到高等教育强国的历史性跨越。

三是我国高校的办学模式已由原来的政府管理为主转向多元治理主体共同参与的合作共治模式，高质量发展成为高校办学共识。

当前我国特色高校兼具人才培养、科学研究、社会服务、文化传承创新的功能，其利益相关者既包括高校，也包括政府、市场与社会，其治理模式为典型的多元主体共同治理模式。我国行业特色高校与行业/产业建设和发展密切相关，具有特殊的办学历史，先后经历了共建、合作、合并和划转等多次调整与改革，政府、高校、市场、社会多个利益相关主体之间的利益诉求关系变得更加复杂。同时，随着社会的进步和民主意识的进一步增强，高校内部管理人员、教师、学生、行政人员等不同利益相关主体的利益诉求也在不断变化。如何摆脱路径依赖，在不同治理主体之间，通过协商合作达成一致的公共目的和行动方案，从而建立科学有效的多元共治模式，推动其高质量发展，已成为我国行业特色高校办学必须面对的共同挑战。

二、新时代能源与资源行业的发展现状及趋势

中共十八大以来，中国发展进入新时代，中国的能源发展也进入新时代。2014年 6 月，习近平总书记在中央财经领导小组第六次会议上提出"四个革命、一个合作"①的能源安全新战略，即推动能源消费革命、能源供给革命、能源技术革命和能源体制革命，全方位加强国际合作，为新时代我国能源发展指明了方向。地矿油行业特色高校的一个典型特征是人才培养服务面向以能源与资源行业为主，因此，要进行科学的战略定位，必须明晰新时代该行业的发展特征、未来的发展趋势以及对未来创新人才的需求。

---

① 《习近平：积极推动我国能源生产和消费革命》，https://www.rmzxb.com.cn/sy/jrtt/2014/06/13/339353.shtml[2022-08-05]。

（一）能源与资源行业界定

能源与资源是人类文明进步的重要物质基础和动力，攸关国计民生和国家安全。一般情况下，常规能源是指技术上比较成熟且已被大规模利用的能源，如煤炭、石油、天然气、各类矿产等；新能源通常是指尚未大规模利用、正在积极研究开发的能源，如水能、太阳能、风能、生物质能、地热能等。

行业是从事相同性质的经济活动的所有单位的集合。根据国家统计局制定的《国民经济行业分类》（GB/T 4754—2017），采矿业指对固体（如煤和矿物）、液体（如原油）或气体（如天然气）等自然产生的矿物的采掘；包括地下或地上采掘、矿井的运行，以及一般在矿址或矿址附近从事的旨在加工原材料的所有辅助性工作，例如碾磨、选矿和处理，均属本类活动；还包括使原料得以销售所需的准备工作；不包括水的蓄集、净化和分配，以及地质勘查、建筑工程活动。据此，常规能源行业一般被归入采矿业，包含的统计大类代码有 B06（煤炭开采和洗选业）、B07（石油和天然气开采业）、B08（黑色金属矿采选业）、B09（有色金属矿采选业）、B10（非金属矿采选业）、B11（开采专业及辅助性活动）、B12（其他采矿业）等。而新能源行业一般被归入电力、热力生产和供应业（D44）中的电力生产（D441），包含的统计小类代码有 D4413（水力发电）、D4415（风力发电）、D4416（太阳能发电）、D4417（生物质能发电）、D4419（其他电力生产）。

地质勘查是地质勘查工作的简称，是根据经济建设、国防建设和科学技术发展的需要，对一定地区内的岩石、地层构造、矿产、地下水、地貌等地质情况进行重点有所不同的调查研究工作。地质勘查可进一步分为综合地质勘查和专业地质勘查，包括区域地质调查、海洋地质调查、石油天然气矿产勘查、液体矿产勘查（不含石油）、气体矿产勘查（不含天然气）、煤炭等固体矿产勘查、水文地质调查、工程地质调查、环境地质调查、地球物理勘查、地球化学勘查、航空地质调查、遥感地质调查、地质钻探、地质实验测试等。

本书中，能源与资源行业主要指常规能源行业以及地质勘查行业。

（二）能源与资源行业发展现状及前景

1. 行业发展现状

党的十八大以来，我国坚定不移推进能源革命，能源生产和利用方式发生重大变革，我国能源发展取得历史性成就，主要体现为如下几点。

（1）能源供应保障能力不断增强。据国务院新闻办公室 2020 年 12 月发布的《新时代的中国能源发展》白皮书，我国已基本形成了煤、油、气、电、核、新能源和可再生能源多轮驱动的能源生产体系，能源供应保障能力不断增强。2021年，我国原油对外依存度为 72%，同比下降 1.6 个百分点，为 2001 年以来首降。

（2）能源利用效率显著提高，能源消费结构向清洁低碳加快转变。2020年，我国一次消费能源结构中，煤炭消费比重已下降至56.8%，相比2012年下降11.7个百分点；原油占比18.9%，相比2012年上升1.9个百分点；天然气消费占比8.4%，相比2012年上升3.6个百分点；年水电消费总量占比15.9%，相比2012年上升6.2个百分点，我国能源消费结构持续优化，能源消费结构向清洁低碳加快转变。

（3）能源科技水平快速提升。在非化石能源领域，建立了完备的水电、核电、风电、太阳能发电等清洁能源装备制造产业链，在化石能源领域，油气勘探开发技术能力持续提高，煤炭绿色高效智能开采技术蓬勃发展，"互联网+"智慧能源、储能、区块链、综合能源服务等一大批能源新技术、新模式、新业态正在蓬勃兴起。

在常规能源行业，油气勘探开采等上游业务因存在严格的行政准入门槛、资金门槛和技术门槛，小微企业较少，主要为国有大中型企业，包括中石油、中石化、中海油、陕西延长石油（集团）有限责任公司等。在"双碳"背景下，简单的节能减排措施已无法满足社会发展的需求，随着更多更严格的"双碳"减排政策的陆续出台，企业经营成本也水涨船高，总体效益下滑趋势明显，常规能源行业转型升级压力巨大。

在地质勘查行业，2012~2020年，全国地勘单位的地质勘查收入（不包括财政拨款）长期以来低于地质勘查费用，但其差距在逐渐缩小。据自然资源部2012~2020年《中国矿产资源报告》，全国地质勘查投入总体呈下降趋势，从2012年的1296.8亿元持续下降到2017年的782.9亿元，2018年开始略有回升（810.3亿元），2019年为993.4亿元；地质勘查收入趋势总体下滑，从2012年的546亿元持续下降到2018年的321亿元，2019年为472亿元，地质勘查收入开始增长，全国地勘单位的地质勘查投入与收入差距逐渐缩小。在人才队伍方面，当前我国地质勘查人才队伍大而不强，人才创新力、竞争力不高，高精尖人才队伍与大国地位不匹配，骨干专业人才不断流失（图1-9）。

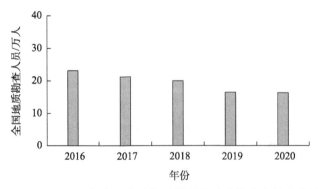

图1-9   2016~2020年全国非油气地勘单位地质勘查人员变化情况

资料来源：《中国矿产资源报告》

2. 行业发展前景

当前世界能源转型已由起步蓄力期转向全面加速期，正在推动全球能源和工业体系加快变革重构。推进"双碳"工作是全面贯彻能源安全新战略、加快促进我国能源与资源行业产业结构转型升级的重要举措。

2021 年 10 月，《中共中央 国务院关于完整准确全面贯彻新发展理念做好碳达峰碳中和工作的意见》正式发布，为"双碳"工作构建起"1+N"的政策体系。在重点领域和重点行业，国家相关机构围绕"1+N"体系出台了相应配套政策。2022 年 1 月 29 日，国家发展和改革委员会、国家能源局印发《"十四五"现代能源体系规划》，阐明了"十四五"时期我国能源产业的发展方针、主要目标和任务举措。

该规划中明确提出，"十四五"期间，我国将进一步增强能源供应链稳定性和安全性，加快推动能源绿色低碳转型，提升能源产业链现代化水平。具体措施包括增强油气供应能力、大力发展非化石能源、减少能源产业碳足迹、增强能源科技创新能力等。在常规能源行业，推进化石能源开发生产环节的碳减排是当前主要的努力方向。在煤炭及黑色金属、有色金属及非有色金属采矿业领域，对安全、减排、能效和生产率的要求不断提高，电气化、互联互通、自主作业都在同步发展，各种新兴技术不断涌现，智能采矿时代已经到来。在油气开采领域，需进一步加大油气田甲烷采收利用力度，以及加快二氧化碳驱油技术推广应用。

总之，"双碳"战略将对我国能源与资源行业的发展产生深远影响，节能减排已成为企业普遍接受的现实，非化石能源开发方兴未艾。

（三）能源与资源行业对创新人才的需求

各细分领域对创新人才有着不同的要求。例如，自然资源要素综合观测人才需要的是能够在协作、跨学科、跨文化的环境中解决复杂问题，既拥有广博的知识和技能，同时又有强烈的社会担当、责任和激情；既要能够掌握自然资源形势与政策，同时也要具备自然资源观测理论与方法、自然资源观测技能与实操以及科研基础能力。在油气勘探领域，地质工程师在进行钻探目标评价时，既需要在掌握区域地质分析、地震资料处理与解释、录井/测井资料分析、岩样及地下水地球化学测试分析、钻完井跟踪等多学科专业知识的基础上进行地质储量估算，同时还需要结合当前国际油气市场价格对该钻井投资进行经济评价，以确定是否值得进行钻探，其创新人才既要求具有深厚的专业知识、广博的行业知识，同时也要求具有较强的工程实践动手能力以及对国际油气市场价格变动的敏锐判断力。虽然地质勘查、煤炭开采、油气勘探开发、生态环境修复等细分领域对创新人才要求的侧重点不同，但创新人才应具有可贵的创新品质、坚忍的创新意志、敏锐的创新观察、超前的创新思维、丰富的创新知识、良好的实践能力等特征已成为行业对创新人才的共识。

在"双碳"背景下，能源与资源行业对传统专业人才的需求下降，对创新人才以及关键"卡脖子"领域的科技前沿技术引领需求增加。同时，在生态治理协同发展中，能源与资源行业对矿区生态环境治理修复以及矿区循环经济发展模式创新等方面的人才需求也大幅增加。

三、新时代地矿油行业特色高校的学科建设特点

（一）学科建设总体布局特征

学科建设是大学建设和发展的关键着眼点，尤其对研究型高校而言，学科建设更是重中之重。优化学科布局是学科建设的重要任务之一，即发展什么学科、终止什么学科，合理的学科结构是高校实现高质量发展的基础。

长期以来，地矿油行业特色高校的办学历程与行业发展相伴相随，并在长期办学过程中形成了与能源与资源行业发展相关的优势学科（群），其学科布局往往以工学类学科为主，并涵盖理学、文学、管理学、经济学等学科。优势学科突出，但学科链较短，学科结构相对较为单一，基础学科薄弱，学科交叉融合进程缓慢，是当前地矿油行业特色高校学科建设的典型特征。

1. 优势学科的学科链较短，其学科树的丰富有待进一步挖掘

通常一门学科的学科链越长，其学科生命力就越强。部属地矿油行业特色高校的地质学、地质资源与地质工程、石油与天然气工程、矿业工程等学科虽然为"双一流"学科，但与电子信息、计算机等其他一级学科相比，上述一级学科的二级学科数量以及相应的本科专业数量较少，学科链较短，属于"小众学科"，其学科树的丰富有待进一步挖掘。

例如，地质学类本科专业长期以来均为四个，包括地质学、地球化学、地球信息科学与技术、古生物学，且古生物学、地球化学专业的招生近年来一直处于萎缩中。地质类本科专业，一直以来均为四个，包括地质工程、勘查技术与工程、资源勘查工程、地下水科学与工程，2019 年以后陆续增加了三个（旅游地学与规划工程，2019 新增；智能地球探测，2021 年新增；资源环境大数据工程，2021 年新增），目前一共仅有 7 个本科专业。本科专业数量上，相对电子信息类的 20 个、计算机类的 18 个、材料类的 19 个等"大众学科"，地质类学科专业的学科链较短，学科生命力相对较弱。

2. 基础学科薄弱, 优势学科对其他学科的辐射带动力度不足, 学科交叉融合进程缓慢

交叉学科建设是培养创新人才的重要措施, 理、工、文结合是推进交叉学科建设的必备基础。虽然部属地矿油行业特色高校的学科设置涵盖理、工、文、管、经、法等多个学科门类, 但本科专业主要集中在地质学类、地球物理学类、海洋科学类、矿业类、测绘类、环境科学与工程类等理工类, 数学类、化学类、物理学类等基础学科力量普遍不强, 法学类、经济学类、管理学类等学科基础较为薄弱, 文学类、历史学类、哲学类等学科基础尤其薄弱。在第四轮学科评估中, 部属地矿油行业特色高校的 A + /A/A − 学科主要集中在地质学、地质资源与地质工程、石油与天然气工程等学科中, 物理、化学、数学等基础学科以及文、管、经、法等本科专业获得 B + /B/B − 的学科基数总体偏少, 相对 985 综合性高校明显偏低 (图 1-10), 说明其整体基础学科力量较为薄弱, 优势学科对其他学科的辐射带动力度不足, 导致交叉学科的培育和建设进程比较缓慢。

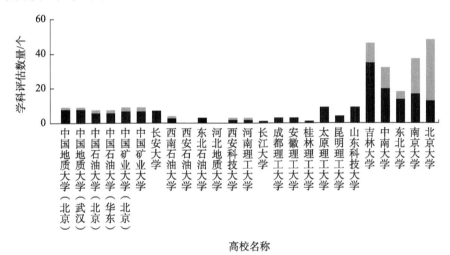

图 1-10　样本高校学科评估结果对比图
资料来源: 教育部全国第四轮学科评估结果

3. 优势学科办学力量分散, 创新人才培养成效未能凸显

从地矿油行业特色高校二级学院的组建规律看, 各院均为多个相近或相邻的学科力量集合在一起办学。科学的学科布局应按已有一级学科设置学院, 部分具有发展潜力和学校重点建设的二级学科, 虽可设院建设, 但应区别发展。实际办学过程中, 由于生源、师资等多种因素的限制, 优势学科办学力量往往被分散, 导致其学科建设无法"聚核", 很容易造成"优势不优、特色不特"的现象, 反倒削弱了传统优势学科的优势，创新人才培养成效未能凸显。例如，部分地矿油行业特色高校地质工程本科专业，其人才培养往往分散在多个学院，招生、培养等相关事宜均由各学院独立进行，仅在教育部学科评估或者工程认证时，由学校相关部门纸面上将各种办学力量合在一起，对地学创新人才的培养可能带来较大影响，需要进一步评估。

（二）与行业发展密切相关的学科专业建设现状

随着我国能源结构的转型以及生态文明建设的推进，行业企业对创新人才的需求不断增加，在地矿油行业特色高校中，与能源与资源行业发展密切相关的学科交叉融合正在向纵深发展推进。

1. 新的学科增长点不断被挖掘，学科建设取得重要突破

2012 年以来，我国地矿油行业特色高校的特色学科建设不断创新发展。特别是在 2019 年开始的新工科建设过程中，在工程教育专业认证和一流本科专业建设的推动下，以及国家战略发展方向的指引下，地矿油行业特色高校结合自身办学基础，聚焦传统优势学科与新一代信息技术相关学科的交叉融合，不断挖掘新的学科增长点，其优势学科树不断丰富，学科生命力不断增强。据《教育部关于公布 2022 年度普通高等学校本科专业备案和审批结果的通知》，地质类下设本科专业七个，分别为地质工程、勘查技术与工程、资源勘查工程、地下水科学与工程、旅游地学与规划工程（2019 年新增）、智能地球探测（2021 年新增）、资源环境大数据工程（2021 年新增）。矿业类下设本科专业八个，分别为采矿工程、石油工程、矿物加工工程、油气储运工程、矿物资源工程、海洋油气工程、智能采矿工程（2020 年新增）、碳储科学与工程（2021 年新增）。

据本书研究团队统计，截至 2020 年底，我国开设地质类专业（本科）的公办高校共有 74 所，其中开设地质工程、勘查技术与工程、资源勘查工程、地下水科学与工程、旅游地学与规划工程本科专业的高校分别为 63 所、47 所、57 所、16 所和 2 所（表 1-11）。地质工程、勘查技术与工程、资源勘查工程、地下水科学与工程、旅游地学与规划工程获得国家级一流本科专业建设点的高校数量分别为 19 所、8 所、20 所、3 所、0 所，相对占比分别为 30.2%、17.0%、35.1%、18.8%、0，如表 1-11 所示。据 2021 年 6 月教育部高等教育司转发的《教育部高等教育教学评估中心 中国工程教育专业认证协会关于发布已通过工程教育认证专业名单的通告》，截至 2020 年底，全国共计 36 所高校的地质类专业通过工程教育认证（表 1-11），其中地质工程、勘查技术与工程、资源勘查工程获得工程教育认证专业的高校数量分别为 19 所、12 所、25 所，相对占比分别为 30.2%、25.5%、43.9%。

表 1-11　地质类新工科专业建设情况统计表

专业名称	高校数量/所	工程教育认证专业高校数量/所	相对占比	国家级一流本科专业建设点高校数量/所	相对占比
地质工程	63	19	30.2%	19	30.2%
勘查技术与工程	47	12	25.5%	8	17.0%
资源勘查工程	57	25	43.9%	20	35.1%
地下水科学与工程	16	1	6.3%	3	18.8%
旅游地学与规划工程	2	0	0	0	0

资料来源：教育部 2019 年度、2020 年度国家级和省级一流本科专业建设点名单；教育部高等教育教学评估中心（现教育部教育质量评估中心）

2. 人才培养措施多元化，创新人才培养水平逐步提升

本科教育在高校人才培养体系中处于基础地位。2019 年 10 月，《教育部关于深化本科教育教学改革全面提高人才培养质量的意见》指出，要严格教育教学管理，深化教育教学制度改革，引导教师潜心育人，加强组织保障。高校类型不同，人才培养目标和定位也有所不同，人才培养方案往往因校而异，育人措施多样化，但其基本教育理念都是"以学生为中心"，课程体系设置强调"通专结合"，实践教学环节比重明显增加。

对于优势学科本科专业的创新人才培养，地矿油行业特色高校普遍采取的做法是大类招生、分段培养，新生入校后是先进行 1~2 年大类培养教育，然后再进行专业分流。据本书研究团队调查研究统计，目前我国地质类专业的大类招生类型可分为三种（表 1-12）：A 型为地质类大类招生（不含其他学科专业），以学院内大类培养方式为主；B 型为地质类大类招生（含其他学科专业），以实验班形式为主要培养方式（可跨学院）；C 型为其他大类招生（含地质类专业）。其中工科优势高校的大类招生比例较高（相对占比 75%），且大类招生类型多样，以 B 型为主。

表 1-12　地质类专业（本科）公办高校大类招生情况统计表

序号	高校类型	高校数量/所	大类招生类型			小计/所	大类招生相对占比
			A 型 地质类大类招生（不含其他学科专业）/所	B 型 地质类大类招生（含其他学科专业）/所	C 型 其他大类招生（含地质类专业）/所		
1	综合性高校	5	0	0	2	2	40.00%
2	工科优势高校	12	2	4	3	9	75.00%
3	地方高校	57	0	5	6	11	19.30%
	合计	74	2	9	11	22	29.73%

资料来源：阳光高考网；各高校招生网 2021 年招生计划

以地质类新工科人才培养为例，部属地矿油行业特色高校基本都是以"本硕博一体化贯通培养"为主线，对课程体系进行精心设置，并不断优化调整"核心专业知识、行业知识、通识教育、实践教学"等课程的学时配比，教学内容更新速度与教学方法多元化相比以前有较大提升。尤其是实践教学环节，基本出发点是"以问题为导向"，即以研究中实际存在的科学问题为导向开展实践教学，代替原来的按照专业教材章节进行的分块分段模式教学，极大调动了学生学习的主动性和能动性。同时，通过构建实践教学网络平台、研制虚拟仿真系统、推动工程实践平台（基地）与工程项目深入融合等措施，不断完善"立体化"工程教育实践平台共享机制，产教协同育人效果明显增强。例如，中国地质大学（武汉）的地质工程实验班、资源勘查工程工科基地班与新能源英才班、勘查技术与工程专业的智能探测英才班与地球科学菁英班（地球物理学）等实验班型，分别依托工程学院、资源学院、李四光学院等不同学院进行培养，其人才培养方案以"本硕博一体化"为主线，在教学上采用个性化、小班化、国际化，在管理上采用导师制、书院制、学分制（结合主辅修制），在育人上采用理论与实践融合、教书与育人融合、课内与课外融合的"三化、三制、三融合"培养模式，地质类新工科专业人才的知识结构不断优化，工程实践能力稳步提高，2017~2020年地质类专业平均就业率为94.8%，创新人才培养水平不断提高。2018年中国地质大学（武汉）"现代工程能力导向的地质工科人才培养模式创新与实践"、长安大学"基于'提高解决复杂地质问题能力'的地质类专业创新人才培养体系构建与实践"双双荣获国家级教学成果奖二等奖。

3. 一流学科培优行动见成效，行业前沿科技引领力不断增强

"双一流"建设中，部属地矿油行业特色高校瞄准国家能源领域高精尖缺领域，产学研深入融合，相关学科领域高层次人才培养规模不断扩大，多项创新性科研成果获国家或者省部级奖励，对行业前沿科技的引领力不断增强。例如，中国石油大学（北京）、西南石油大学、长江大学参与的"南海高温高压钻完井关键技术及工业化应用"项目获2017年度国家科学技术进步奖一等奖；中南大学参与的"大深度高精度广域电磁勘探技术与装备"项目获得2018年度国家技术发明奖一等奖；南京大学、中国石油大学（华东）、长江大学、西南石油大学、中国石油大学（北京）参与的"凹陷区砾岩油藏勘探理论技术与玛湖特大型油田发现"项目获2018年度国家科学技术进步奖一等奖等。

后疫情时代，全球经济持续承压，脱碳目标稳步推进，加之气候危机，人类命运共同体的理念日趋深入人心，构建清洁低碳、安全高效的现代能源体系，既是保障我国能源安全新战略的需要，也是生态文明建设的需要。在能源供给革命和能源技术革命中，地矿油行业特色高校都是其中的重要参与者，同时也是践行生态文明建设的重要参与者。当前，世界面临百年未有之大变局，全球新科技革命和产业变革持续深化，科技发展呈现出多源爆发、交汇叠加的"浪涌"现象，前沿技术不断突破，未来产业正在孕育。交叉学科已经成为全球大学知识、技术、科学创新的新型组织载体，从传统单一、分门别类的学科知识区分，迈向综合、横断、交叉、集群学科融合，已经成为"后学院"与"大科学"时代不可逆发展趋势。朱华伟认为，交叉学科本身所内含的技术、规制、习俗，塑造了我们对世界的认知，提升了个体解决复杂性问题的能力，深化了我们对他人以及周遭环境的理解，是高校进行创新人才培养的重要举措[41]。

新时代我国地矿油行业特色高校的学科布局，应当站在人类命运共同体的高度，主动对接国家战略发展需求和可持续发展目标，布局战略性新兴产业相关专业，推动学科交叉融合和跨界整合，培育新的交叉学科增长点，以实现学校人才培养和服务经济社会发展的同频共振，真正实现其高质量发展。

四、新时代地矿油行业特色高校的战略管理分析

行业特色高校的战略管理中，战略发展方向（办学定位）是关键，主要目的是找到特色办学方向，进行错位发展，赢得更多学生青睐和更多社会支持，为实现其高质量发展奠定基石。行业特色高校的办学定位，既要考虑与国家发展战略及行业发展趋势的契合度，也需要对高校自身的办学实力进行认真评估，同时还需要体现出高校独特的大学文化精神，在上述基础上，才能找准特色办学定位。

（一）战略发展方向

根据部分样本高校的办学定位统计分析，其办学定位通常包含三个方面的内容（表1-13）：办学特色体现（学校优势、优势学科领域）、办学对标标准（世界一流、国内一流、省内一流等）、办学分类（研究型、研究教学型、教学研究型、教学型、应用型等）。部分高校办学定位的描述中，没有明确是哪种办学类型。根据潘懋元和董立平[42]对高校的分类研究，此处将西南石油大学、东北石油大学、河南理工大学、昆明理工大学归为教学研究型大学。当前我国能源资源安全形势严峻，能源资源行业的人才市场需求发生了变化：总体人才市场需求不断减少，但对创新人才的需求增加。这就要求地矿油高校必须在了解国家发展战略/地方经济发展规划的基础上，根据自身办学实力进行科学定位。

表 1-13　部分样本高校办学定位分析

序号	主管	高校名称	办学定位（学校官网）	办学定位分析		
				办学特色体现	办学对标标准	办学分类
1	部属高校	中国地质大学（北京）	高水平研究型大学、地球科学领域世界一流大学	地球科学	世界一流	研究型
2		中国地质大学（武汉）	地球科学领域国际知名研究型大学、地球科学领域世界一流大学	地球科学	世界一流	研究型
3		中国石油大学（北京）	能源领域特色鲜明的世界一流研究型大学	能源	世界一流	研究型
4		中国石油大学（华东）	中国特色能源领域世界一流大学	能源	世界一流、高水平	研究型
5		中国矿业大学（北京）	世界一流能源科技大学	能源科技	世界一流	研究型
6		中国矿业大学	能源资源特色世界一流大学	能源资源	世界一流	研究型
7	省属高校	西南石油大学	以工为主、石油天然气及其配套学科世界一流、多学科协调发展的一流能源大学	石油天然气、能源	世界一流、一流	教学研究型
8		西安石油大学	特色鲜明的高水平教学研究型大学		高水平	教学研究型
9		东北石油大学	高水平的能源大学	能源	高水平	教学研究型
10		河北地质大学	省内一流、国内知名、国际上有较强影响力、在资源环境及相关领域有突出优势的创新型多科性大学	资源环境	省内一流、国内知名	多科性
11		西安科技大学	国内一流、特色鲜明的高水平教学研究型大学		国内一流、高水平	教学研究型
12		河南理工大学	国内一流特色高水平大学		国内一流、高水平	教学研究型
13		长江大学	优势突出、特色鲜明的高水平综合性大学		高水平	综合性
14		成都理工大学	优势特色更加显著的高水平大学		高水平	综合性
15		昆明理工大学	特色鲜明的研究型高水平大学		高水平	教学研究型
16		山东科技大学	工科主导、特色鲜明的高水平应用研究型大学		高水平	应用研究型

资料来源：高校官网及其他

　　国家"十四五"规划中明确提出，"十四五"期间，我国将聚焦新一代信息技术、生物技术、新能源、新材料、高端装备、新能源汽车、绿色环保以及航空航天、海洋装备等战略性新兴产业，通过融合化、集群化、生态化发展构筑产业体系新支柱；同时瞄准人工智能、量子信息、集成电路、生命健康、脑科学、生物育种、空天科技、深地深海等前沿领域，实施一批具有前瞻性、战略性的国家重大科技项目；并通过推进能源革命，建设清洁低碳、安全高效的能源体系，提高能源供给保障能力等多项举措，构建现代能源体系。

　　国家能源局"十四五"期间将通过四大重点举措加快推进"双碳"工作，具体包括加快清洁能源开发利用、着力升级能源消费方式、出台推动能源领域碳达峰相关政策和指导地方开展碳减排工作，并提出到 2030 年，我国非化石能源消费比重要达到 25%。

无论是战略性新兴产业，还是前瞻性、战略性国家重大科技项目，抑或是能源结构转型的重点研发，其目标的实现都需要大量偏研究型、创新型人才的支撑。相比省属地矿油高校，部属地矿油高校的科研实力优势更明显：优势学科数量、国家重点实验室数量、师资队伍高层次人才数量更多（图 1-10~图 1-12），在三大国家奖中的贡献度更高（图 1-13）。因此，部属地矿油高校的战略发展方向应继续瞄准国家能源资源领域的关键"卡脖子"技术和国家战略性新兴产业（如新材料、新能源、节能环保）以及国家科技前沿方向（深地深海），走研究型大学办学之路，不断培养出更多高层次研究型人才（即学术型人才），产生出更多高水平学术研究成果，并向世界一流的办学水平不断奋进。

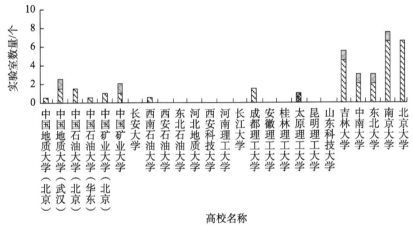

图 1-11　样本高校国家重点实验室分布情况

资料来源：国家重点实验室年度报告；样本高校官网

国家重点实验室若为多所高校、单位共建，按参与高校、单位数量取平均值进行统计

每所行业特色高校都有着独特的办学历史，并形成了独特的大学文化精神，其办学定位也应该根据学校办学特点而量身定制，并体现出其独特的大学文化精神。省属地矿油高校更多担负着服务行业发展和地方经济发展的重任，由于部分高校曾与其他高校合并重组，如东北石油大学（大庆艺术学校并入）、成都理工大学（四川商业高等专科学校、有色金属地质职工大学并入）、山东科技大学（与山东煤炭教育学院合并）、桂林理工大学（南宁有色金属工业学校、桂林民族师范学校并入）等，其行业特色（行业优势学科）有所弱化，因此，省属地矿油高

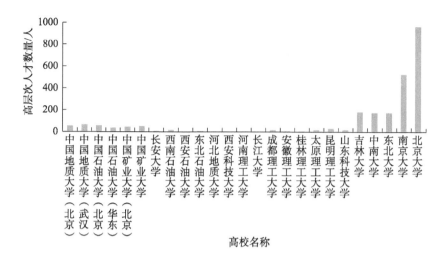

图 1-12　样本高校高层次人才数量统计情况

资料来源：高校官网；国家自然科学基金委网站（统计截止时间为 2021 年 4 月）；部分数据源于
2019~2020 年度本科教学质量报告

高层次人才统计范围：两院院士（不含双聘）；国家级教学名师；国家高层次人才特殊支持计划；国家
杰出青年科学基金（简称杰青）；优秀青年科学基金（简称优青）等

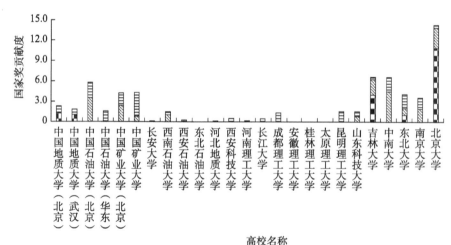

■国家自然科学奖贡献度　　▨国家技术发明奖贡献度　　▤国家科学技术进步奖贡献度

图 1-13　样本高校在国家奖中的贡献度对比分析

资料来源：2015~2019 年国家自然科学奖、国家技术发明奖、国家科学技术进步奖，获奖项目一等奖
等同 2 个二等奖；第一完成人/单位取奖项一半分值，剩余分值由参与完成人/单位均分

校将其办学发展方向往往定位为教学研究型大学或者综合性大学。在教学型路线
和研究型路线两者之间，是偏向教学型，还是偏向研究型，两者之间如何取舍平
衡，需要认真思索。尤其是目前我国高校评估以及学科评估这两种评估体系，其

各种评价指标主要是以学术型研究型高校为标准来制定的，包括 SCI（Science Citation Index，科学引文索引）/EI（Engineering Index，工程索引）科研论文数量、专著数量、博士点/硕士点数量等，其评估结果往往对国家相关部委进行资源配置有重要的影响。为争取更多办学资源，省属地矿油高校在办学活动中，往往将有限的办学资源用于提高上述评估的各类指标中，造成事实上的办学方向逐渐向学术型研究型大学靠拢，办学特色进一步弱化，与人才市场需求的错位培养现象比部属地矿油高校更为普遍和严重。随着全球新科技革命和产业变革的持续深化，能源资源行业的人才市场需求会更加多元化，人才竞争市场中，学术型人才不一定比技术型人才更有优势。因此，省属地矿油高校的战略发展方向有待重新审视，以教学型为主还是以研究型为主，坚持优势学科发展路线还是多科并重发展路线，需要根据高校实际办学条件进行制定。

（二）战略规划制订

高校战略发展方向明确后，需制订相应的战略发展规划以确保实现其办学愿景。战略发展规划由谁负责制订，由谁负责实施，由谁负责监督与评估，是一个有机的整体。

地矿油特色高校的利益相关者包括核心利益相关者、重要利益相关者和潜在利益相关者三类，不同的利益相关者代表着不同的利益相关主体，具有不同的利益诉求，并且通过不同途径和方式对高校的发展战略产生不同的影响（表 1-10）。因此，在制订发展战略时，必须平衡好不同利益相关者之间的关系，才能将各类办学资源形成合力，推动行业高校朝着预期的战略发展方向不断前进。

不同的利益相关者对高校的理念认知、价值认同以及收益相关性不同，在高校发展战略实施过程中，其参与方式与影响程度也存在较大差别。用利益相关者定位图可以更清晰地描绘各利益相关者在高校战略管理中的相对位置及其对未来发展战略的影响力，并很好地评估和分析出在高校发展战略实施过程中，应在哪儿引入"政治力量"，以及应该采取何种沟通交流措施。

从权力/动力矩阵图（图 1-14）中，可以清晰地看出，ABCD 四个区域中，最大的变数在于 D 区的利益相关者（书记、校长等高校高级管理人员），因为他们既可以很好地支持高校新发展战略，也可以极大地阻碍高校新发展，但其对高校发展战略的意向、行为却很难预测。C 区的利益相关者（政府管理部门）权力较大（高校办学资金及校级领导均由其决定），通常不直接介入高校战略管理，因此属于可以优先争取的"政治力量"。A 区（普通教师、一般行政人员、学生）和 B 区（行业企业、校友、第三方评估机构、社会媒体、学生家长等）的利益相关者权力很小，但是非常重要，尤其是，A 区的利益相关者是高校发展战略的主要执

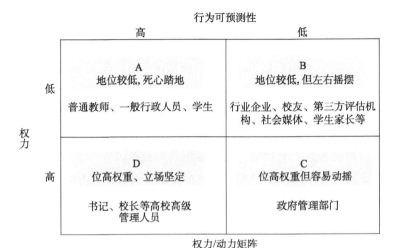

图 1-14 权力/动力矩阵图

行者,他们对高校发展战略的态度(行为、观点)会对权力更大的利益相关者的态度产生影响。市场经济条件下,市场力量介入高校办学活动的程度正在逐渐加大,B 区利益相关者的重要性越来越高,因此,高校在执行新发展战略时,B 区利益相关者属于可以争取的次要"政治力量"。

高校在执行发展战略时,需要确定利益相关者的优先级排序,从而决定在与其沟通时,应该采取哪种合适的策略。从权力/利益矩阵图(图 1-15)中,可以清晰地看出,C 区的利益相关者(书记、校长等高校高级管理人员)话语权高,且与高校发展战略收益的关联性最大,他们是主要参与者,因此,高校在执行发展战略时,需要让他们充分参与,并尽最大能力满足他们的需要。D 区的利益相关

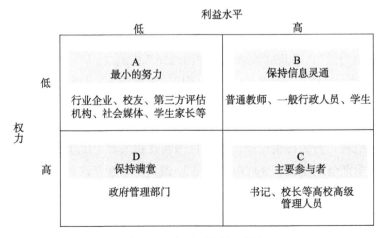

图 1-15 权力/利益矩阵图

者（政府管理部门），是话语权高但利益相关性较低的相关方，因此，其对高校发展战略往往不会表现出特别强烈的反对意愿，高校只需满足他们的基本利益诉求，让其基本满意即可。B 区的利益相关者（普通教师、一般行政人员、学生），是影响力低但利益攸关的相关方，因此，高校在执行发展战略时，需要与他们保持充分的沟通交流，以确保发展战略的顺利执行。A 区的利益相关者（行业企业、校友、第三方评估机构、社会媒体、学生家长等）是影响力低且收益也低的相关方，因此，高校在实施发展战略时，对他们只需保持留意即可，即高校需要花费的力气最少。

高校的战略发展规划制订是实现高校战略发展方向的必要先决条件，其重要性毋庸置疑。但实际上，在地矿油高校的战略发展规划中，往往并未体现出高校谋划学校未来发展的战略意图，也未体现出对各利益相关方的平衡考量，其规划更多地类似一个对学校五年工作计划的具体安排。造成这种现象的原因主要有以下三点。

（1）各利益相关主体（尤其是政府部门及高校）对高校战略管理的理念认知存在偏差，使得高校战略发展规划不够科学合理。出于国家五年发展规划的惯性思维影响，政府通常将高校战略发展规划视为管理学校的一种手段或工具；高校也将高校战略发展规划片面理解为上级主管部门下达的行政任务；普通老师、一般行政人员、学生缺乏有效参与渠道；第三方评估机构、行业企业、校友、社会媒体、学生家长不关心。

也就是说高校的战略发展规划，实际上主要由高校单方面来完成，且主要由书记、校长等高校高级管理人员这一利益主体完成，政府管理部门、普通教师、一般行政人员、学生、行业企业、校友、第三方评估机构、社会媒体、学生家长等重要利益相关者和潜在利益相关者均未参与其中。在这种情况下制订出的高校战略发展规划对其他利益相关者的利益诉求欠缺深入思考，如政府部门是否支持、用人单位是否需要等，其科学性与合理性亟待改善。

例如，部属地矿油高校的"十三五"规划文本分析中（表 1-14），对高校在人才培养、科学研究、师资队伍建设、学科建设、国际化、保障条件等方面的任务安排，基本上是面面俱到，但其战略发展重点没有凸显出来，对外部因素的评析不充分（尤其是竞争高校的评析），对规划的监督与评估也缺乏具体奖惩措施。因此，高校的战略发展规划更多体现为学校对未来五年的发展任务的具体安排，没有体现学校通过战略发展规划来明确学校发展定位和谋划学校未来发展的战略意图。

表 1-14　部属地矿油行业特色高校"十三五"规划文本分析

学校名称	办学定位描述	发展目标	外部因素评析			内部因素评析			竞争高校评析
			充分	较充分	一般充分	充分	较充分	一般充分	
中国地质大学（北京）	高水平研究型大学、地球科学领域世界一流大学	√		√		√			×
中国地质大学（武汉）	地球科学领域国际知名研究型大学、地球科学领域世界一流大学	√	√			√			×
中国石油大学（北京）	石油石化学科领域世界一流研究型大学		√			√			×
中国石油大学（华东）	国内著名、石油学科国际一流的高水平研究型大学			√		√			×
中国矿业大学（北京）	世界一流矿业大学	√		√			√		√
中国矿业大学	世界一流矿业大学	√				√			×

学校名称	规划实施				规划监督与评估		
	关键绩效指标	战略优先顺序	组织实施协调保障	财务预算保障	阶段性检查与调整	奖惩配套措施	将规划执行情况与领导班子考核评价结合
中国地质大学（北京）	√	√	√	√	√	×	×
中国地质大学（武汉）	√	√	√	√	√	×	×
中国石油大学（北京）	√	√	√	√	√	√	×
中国石油大学（华东）	√	√	√	√	√	×	√
中国矿业大学（北京）	√	√	√	√	√	×	×
中国矿业大学	√	√	√	√	√	×	√

资料来源：样本高校"十三五"规划文本

（2）高校领导层对推进战略规划的动力不足。由于高校现行规划多为五年期的中期规划，规划时间往往与领导的任期不一致，规划中的关键绩效指标（key performance indicator，KPI）与高校领导的任期考核存在时间上的错位，导致高校领导往往将注意力放在任期内发展目标的实现上，与战略管理重视学校整体利益和长远利益的本质要求不符合。

（3）高校战略管理能力有待进一步提高。战略规划的制订、实施、评估与改进等各个环节的沟通协调不足。未充分发挥高校师生参与和推动学校战略发展的热情，不够接地气，学校战略管理的实际效能低于预期。

因此，地矿油高校战略发展规划的制订，无论是制订者，还是制订内容与制订过程，都不够科学合理。很多普通教师、一般行政人员、学生对学校的战略发展规划都知之甚少，甚至很多人对学校的战略发展方向（办学定位）都不清楚。因此，"规划规划，墙上挂挂"很容易成为大概率事件。

（三）战略规划实施

关于高校战略管理的实施过程，地矿油高校普遍存在"重规划，轻实施"的现象，除了规划文本本身不合理之外，高校的战略管理能力也是关键制约因素。

高校战略发展规划的制订、实施、监督与评估是一个有机整体，各环节之间的协同至关重要，高校战略管理能力的实质是制度建设的协同化水平。在协同过程中，大学制度文化起着关键的作用。大学制度文化是大学文化精神在大学制度中的主要体现，具有价值导向引领、行为规范约束以及制度激励等功能，是增强制度建设协同化水平的关键。其内涵特征主要有以下三个。

1. 大学制度文化是一种办学价值理念

科学的办学价值理念（或者大学精神）是引领大学发展壮大的动力引擎，需建立在对教育的本质、办学规律和时代特征的深刻认识基础之上。德国现代大学之父威廉·冯·洪堡（Wilhelm von Humboldt）认为大学精神的基本特征有两个，即独立和自由，由大学自治、学术自由、教学合一等观点组成的"洪堡大学理念"为世界以及我国现代大学的办学模式带来深远影响。我国现代大学的兴起是西学东渐的过程，每所高校的办学背景与发展历程都不同，在长期发展过程中形成的办学价值理念也不同，不同的办学价值理念导致大学形成了风格各异的办学模式，从而形成了独特的社会文化形态，即大学文化。因此，大学制度文化首先体现的是一种办学价值理念，办学价值理念的传播是其重要的组成部分。

2. 大学制度文化是一种制度规范

大学办学价值理念的实现离不开制度设计。青木昌彦基于比较制度分析角度，认为制度的本质特征是参与人行动选择的自我实施规则，是"通过行动者之间的策略性互动，在行动者内心生成的、自我维持的共同信念"[43]，这很好地阐释了大学办学价值理念和制度之间的关系。制度和人们的思想和行为有关。周作宇[44]将制度分为显制度和隐制度，有的以文字为载体，有的则在日常的肢体语言或行为中呈现，制度对群体活动具有组织协调和管理的作用，同时为人的行为提供规范性基础。

现代大学制度由以大学章程为首的一系列制度组成，其"核心是在政府的宏观调控下，大学面向社会依法自主办学，实行民主管理"[45]。因此，大学制度文化也体现为一种制度规范，为大学各利益相关主体提供对当前情势的理解、解释和生成意义的认知基础，包括高校管理人员（书记、校长等高校高级管理人员）等核心利益相关者，政府管理部门、普通教师、一般行政人员、学生等重要利益相关者，行业企业、校友、第三方评估机构、社会媒体、学生家长等潜在利益相关者。

3. 大学制度文化是一种运行机制

现代大学制度的转化过程实质就是一种运行机制，是对办学价值理念、规章制度、组织结构、文化传统、组织行为等制度性要素的系统性整合，是抽象制度和具体制度之间、宏观制度和微观制度之间、制度理念和制度行动之间的必要桥梁，并最终体现为一种办学模式的有序运行，对推进高校治理体系和治理能力现代化具有重要的作用。由于大学的办学价值追求往往随着时代的变化而变化，因此，相应的大学制度也时刻处于从理念到行动的动态变化过程中。从行动视角看，大学制度是围绕知识传递、创新与转化而展开，受价值与工具两种合理性影响，并在个人和集体多个层面实施。因此，大学制度文化也表现为一种运行机制，对制度建设协同化水平的提高具有重要作用。

由于每所大学都有独特的大学文化，拥有独特的大学文化精神，因此，高校的战略管理实施过程也应各具特色。然而，当前我国地矿油高校的大学制度文化建设流于形式，往往使其战略管理的执行过程缺乏亮点与特色。具体表现在以下三个方面。

（1）大学制度文化的价值引导作用欠缺。"三光荣"精神、铁人精神等大学文化精神对师生的价值引导力不足，师生对学校的大学文化精神概念非常模糊。

（2）大学制度文化的制度激励功能滞后。制度激励是一种内生动力机制，是通过规则、制度、文化来实现对组织成员的方向引导、动机激发与行为强化，以持续调动人的主动性、积极性和创造性，是大学制度文化的主要功能之一，也是保障高校战略管理规划有效执行的关键。

在教师的制度激励中，本土人才与引进人才的"并轨发展"仍然存在滞后现象，如预聘制，在由助理教授（预聘）到副教授（长聘）的审核过程中，由于难以得到国际同行评审，多采用国内同行评审，而目前国内同行评审制度还不成熟，极易导致其审核过程缺乏客观性，造成本土人才与引进人才"并轨发展"滞后；大学制度文化对优秀青年人才的制度激励不足。此外，由于多数高校对教师工作贡献的奖惩措施兑现往往集中在学期末或者学年末集中进行，制度激励的时效性不足，激励效果往往不尽如人意。

行政教辅人员的制度激励长期处于被忽视状态，造成普通行政人员晋升通道狭窄，容易产生职业倦怠，工作效率降低，对高校战略管理过程的实施也有较大影响。

（3）大学制度文化对高校治理主体的行为规范约束力不足。由于制度文化本身就是一种制度观念体系，它是制度积淀于人的内心而形成的认知与习惯，受到人的价值观念制约，因此大学制度文化在制度设计及制度执行中，对人的行为规范有一定的约束力。受我国传统文化的影响，"学而优则仕"思想深刻影响着我国知识分子的价值取向。当前我国"党委领导、校长负责、教授治学、民主管理"的依法治理格局已基本形成，但高校在实际管理过程中，"过于行政化"现象仍然十分突出，反映了大学制度文化对高校治理主体的行为规范约束力不足。

（四）战略规划监督与评估

对高校发展战略的监督管理，不同利益相关者采取的方式不同：政府部门通常以政策法规形式、绩效拨款等手段对其进行监督与评估，如高校的本科教学合格评估、本科教育教学审核评估，以及学科评估等；行业企业方主要以市场资源的供求关系形式参与监督，如人才市场需求、企业研发技术需求等。高校内部的各利益相关方中，参与监督评估的方式存在较大差异性：高级管理人员既是发展战略的制订者、审核者，同时还是裁判员，其监督效果的客观性难以保障；普通教师及一般行政人员缺乏监督的有效渠道；学生进行高校战略管理监督的权力多数情况下直接被忽视。高校战略规划实施过程中，如何通过大学制度文化建设建立科学合理的战略规划过程评估指标，对其发展战略进行有效监督，在达成高校战略阶段性目标的同时，切实有效增强广大师生的政治认同、思想认同和情感认同，还有待进一步深入研究。

综上所述，科学分类是高校有序发展的前提，准确定位是高校人才培养的关键。地矿油行业特色高校在战略发展方向、战略规划制订、战略规划实施以及战略规划监督与评估等方面均存在较多共性问题，不仅需要高校自身进行改革创新，更需要站在国家战略层面进行系统调整，才能有望达成错位发展、有序竞争的局面，从而充分保障我国能源资源安全，并进一步推动我国科教兴国战略和人才强国战略的顺利实施。例如，部属地矿油行业特色高校的战略发展方向应继续瞄准国家能源资源领域关键"卡脖子"技术、国家战略性新兴产业（如新材料、新能源、节能环保）以及国家科技前沿方向（深地深海），走研究型大学办学之路；省属地矿油行业特色高校需根据实际办学条件进一步明确其战略发展方向。行业特色高校战略发展规划的制订、实施、监督和评估是一个有机整体，既需要强化高校领导的责任担当，也需要调动高校师生的参与热情（大学制度文化建设是提升学校战略管理能力的关键），更需要平衡好各利益相关方的关系。

第四节　地矿油行业特色高校的治理创新研究

高校治理是一个动态的系统工程,探索高校特色化办学路径,必须紧扣社会治理现代化发展的基本目标和要求,在充分了解和掌握高校办学规律以及办学基础上,不断调整和优化治理结构与运行机制,通过自身有效治理水平的提升,才能更好地完成时代所赋予的使命,实现自身的高质量发展。

一、现阶段治理过程中存在的问题

(一)地矿油行业特色高校的办学特色显著淡化,办学主体趋于多样化

我国地矿油高校主要来源于原地矿油相关部委 74 所直属高校中的能源资源类高校(其中中国地质大学、中国石油大学、中国矿业大学这三所两地办学高校各分 2 所计数),目前校名中仍然保留行业特征的高校有 17 所,占比 23.0%;与其他高校合并重组或直接并入其他综合类高校的有 45 所,占比 60.8%;改制高校共 9 所。据 2020 年教育部公布的全国普通高等学校名单(2020 年 6 月 30 日),校名体现行业特征的高校共计 73 所,其中本科办学层次 32 所,专科办学层次 41所,如表 1-15 所示。

表 1-15　我国地矿油高校的主要来源及体量规模变化情况

原地矿油相关部委直属高校情况统计 (1978~1998 年)				现今地矿油行业特色高校统计 (校名含地矿油行业特征)				
原部委 名称	直属高校 总数量/所	其中能源资 源类高校/ 所	现今校名仍 保留行业特 征的高校/所	校名行 业特征	总数 /所	本科/ 所	专科/ 所	备注
石油工业部	12	12	8	石油类	18	11	7	民办 3 所
地质矿产部	6	6	3	地质类	5	4	1	民办 1 所
煤炭工业部	16	12	2	矿业类	8	4	4	民办 3 所
化学工业部	12	12	4	化工类	12	3	9	—
冶金工业部	14	14	0	钢铁/冶金类	8	0	8	—
核工业部	3	2	0	有色类	2	0	2	—
中国有色 金属工业 总公司	10	7	0	能源类	8	1	7	民办 5 所
国家测绘局	1	1	0	海洋类	12	9	3	民办 3 所
合计	74	66	17	合计	73	32	41	民办高校 15 所,其中本科 8 所,专科 7 所

资料来源:教育部 2020 年全国普通高等学校名单;各高校官网

学校名称的变化在一定程度上反映了我国能源资源行业发展的变化以及高校办学定位的思考。与过去相比（以 1998 年院校大调整为界限），我国地矿油高校有三个显著的变化：一是能源资源类高校中，海洋类高校增加，反映我国能源资源领域的需求在不断拓展；二是民办高校数量增加，反映我国办学主体来源趋于多样化；三是原部委直属高校大多经过合并、重组，多数高校名称改以理工、科技、工程来命名，或直接并入其他综合类大学，掩盖了其原本办学特色。

（二）外部治理环境对地矿油行业特色高校的优势学科发展具有重要影响

行业高校的办学水平与外部治理环境息息相关。其中政府参与治理的程度和方式，以及行业高校是否与其他高校合并/并入（行业办学特色是否一致保留），对行业高校的发展具有较大影响。在对原地矿油高校办学历史的系统梳理基础上，本书项目组根据 1998~2000 年行业高校的管理体制变化情况（部属或省属），以及是否始终保持特色办学情况（是否与其他高校合并），对其外部治理环境及其治理结果进行了大致对比分析。

分析结果表明（表 1-16），由原地矿油高校独立划转到教育部的行业高校，其地矿油优势学科一直保持并发展，如中国地质大学（武汉）、中国地质大学（北京）、中国矿业大学、中国矿业大学（北京）、中国石油大学（华东）、中国石油大学（北京）等；并入其他综合性高校进入教育部的行业高校，地矿油学科优势不再凸显；划转到地方政府的行业高校，地矿油学科优势明显削弱（除成都理工大学、西南石油大学外）。

表 1-16　部分地矿油高校外部治理环境变化对优势学科的影响

序号	管理体制改革类型		高校名称	985	211	"双一流"	数量	第二轮"双一流"学科建设名单
1	划转至教育部	独立建制划转教育部管理	中国地质大学（武汉）		√	√	2	地质学、地质资源与地质工程
2			中国地质大学（北京）		√	√	2	地质学、地质资源与地质工程
3			中国矿业大学		√	√	2	矿业工程、安全科学与工程
4			中国矿业大学（北京）		√	√	2	矿业工程、安全科学与工程
5			中国石油大学（华东）		√	√	2	石油与天然气工程、地质资源与地质工程
6			中国石油大学（北京）		√	√	2	石油与天然气工程、地质资源与地质工程
7			北京化工大学		√	√	1	化学工程与技术
8			北京科技大学		√	√	4	矿业工程、冶金工程、材料科学与工程、科学技术史
9			东北大学	√	√	√	2	冶金工程、控制科学与工程

续表

序号	管理体制改革类型		高校名称	985	211	"双一流"	数量	第二轮"双一流"学科建设名单
10	划转至教育部	与其他行业高校合并进入教育部	中南大学	√	√	√	5	数学、材料科学与工程、冶金工程、矿业工程、交通运输工程
11			长安大学		√	√	1	交通运输工程
12		与综合性大学合并进入教育部	吉林大学	√	√	√	6	考古学、数学、物理学、化学、生物学、材料科学与工程
13			武汉大学	√	√	√	11	地球物理学、测绘科学与技术等
14	划转至地方政府	与其他高校合并改名	长江大学					
15			成都理工大学			√	1	地质资源与地质工程
16			东华理工大学					
17			山东科技大学					
18			太原理工大学				1	化学工程与技术
19			桂林理工大学					
20			安徽理工大学					
21			河北工程大学					
22			湖南科技大学					
23			黑龙江科技大学					
24			华北理工大学					
25			南京工业大学					
26			武汉科技大学					
27			安徽工业大学					
28			内蒙古科技大学					
29			辽宁科技学院					
30			华北科技学院					
31			重庆科技学院					
32			青岛理工大学					
33			长春工业大学					
34			江西理工大学					
35		与其他高校合并,未改名	东北石油大学					
36			昆明理工大学					
37			广东石油化工学院					
38		未与其他高校合并	西南石油大学			√	1	石油与天然气工程
39			西安石油大学					
40			河北地质大学					
41			西安科技大学					

续表

序号	管理体制改革类型		高校名称	985	211	"双一流"	数量	第二轮"双一流"学科建设名单
42			河南理工大学					
43			辽宁石油化工大学					
44	划转至地方政府	未与其他高校合并	北京石油化工学院					
45			辽宁工程技术大学					
46			沈阳化工大学					
47			常州大学					

资料来源：高校官网

（三）外部治理环境对地矿油行业特色高校的整体办学水平及学科实力具有重要影响

我国地矿油高校主要为公立高校，其办学资金来源以国家财政拨款为主（包括一般公共预算财政拨款收入、政府性基金拨款收入以及上级补助收入），其次为企事业单位委托科研经费、校办产业以及社会捐赠资金等其他收入来源。外部治理环境中，公办高校所属的平台层次越高，来自政府的财政支持越多，其总体办学水平也越高。据全国第四轮学科评估结果以及 2020 年软科大学排名，样本高校中，985 综合性高校、部属地矿油高校、省属地矿油高校的总体办学水平与学科建设水平依次降低（图 1-16）。

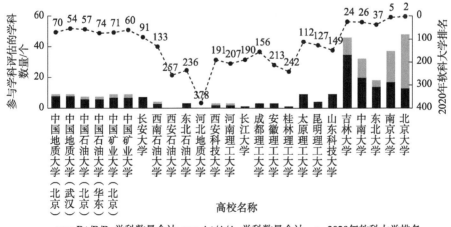

图 1-16　样本高校学科实力及综合排名

资料来源：全国第四轮学科评估结果；2020 年软科大学排名

（四）地矿油行业高校的国家财政拨款偏低，办学条件改善程度有限，影响办学水平进一步提高

从样本高校的人均国家财政拨款收入方面分析（图1-17），样本高校中，总体上省属地矿油高校的财政依赖度高于部属地矿油高校和985综合性高校，但其人均财政拨款收入普遍低于部属高校及985综合性高校。从样本高校的人才培养规模分析（图1-18），在博士、硕士研究生层次的人才培养规模方面，省属地矿油高校低于部属地矿油高校与985综合性高校，但其本科人才规模总体上与部属高校与985综合性高校相当。因此，总体上，地矿油行业特色高校，尤其是部属地矿油行业特色高校，国家财政拨款相对不足，其办学条件难以得到有效改善，影响其办学水平的进一步提高。

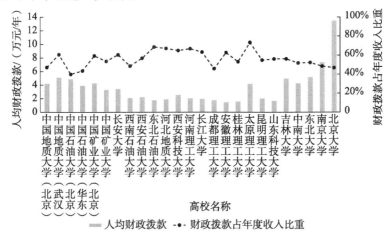

图1-17　2015~2019年样本高校人均财政拨款收入及中央（地方）财政依赖度

资料来源：高校公开部门决算表；本科教学质量报告

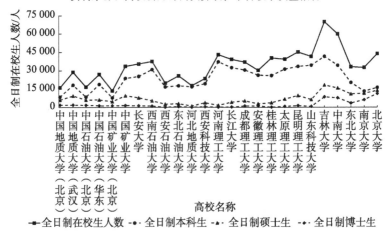

图1-18　样本高校2019年人才培养规模

资料来源：样本高校本科教学质量报告

（五）地矿油高校对行业发展及社会经济的贡献，在现行高校建设和学科建设的评价体系中没有得到很好的体现

地矿油高校对能源资源行业具有重要的人才支撑作用。2019 年，中国地质大学（武汉）毕业生在自然资源相关行业就业人数占全部毕业生的 33.55%；2019 年中国地质大学（北京）毕业生在自然资源相关行业就业人数占全部毕业生的 40% 以上，其中地勘行业为 31%，能源行业为 9.19%。

从样本高校的师均年均企事业单位委托科研经费方面分析（图 1-19），地矿油高校的数值并不弱于 985 综合性高校，反映其对社会经济发展的贡献并不低。但从高校社会捐赠资金角度分析（图 1-20），地矿油高校，尤其是地质类高校，获社会捐赠数额明显低于 985 综合性高校，反映地矿油高校的社会声誉值较低。地矿油高校对行业发展及社会经济的贡献，没有得到很好的体现。低社会捐赠收入在一定程度上反映了社会对地矿油高校的认可度不高，其总体社会声誉度较低，从而导致学生对高校本身及地矿油类专业的认可度普遍偏低，优质生源质量存在较大隐患，严重影响了后续创新人才培养，国家能源资源人才储备难以得到保障。

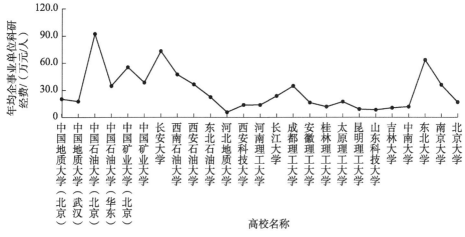

图 1-19　样本高校 2015~2018 年师均年均企事业单位委托科研经费

资料来源：高等学科科技统计资料汇编

（六）地矿油高校优势学科突出，但学科链较短，基础学科薄弱，学科交叉融合进程缓慢

地矿油高校优势学科主要集中在地矿油类领域，学科链较短，学科结构相对单一，围绕创建世界一流地矿油学科的合力没有充分凝聚，如中国地质大学（北京），地学类博士学位授予点学科数量占全部博士学位授予点学科数量的 50%，地学延伸类占到 25%，非地学类占比为 25%；中国矿业大学（北京）矿业类博士

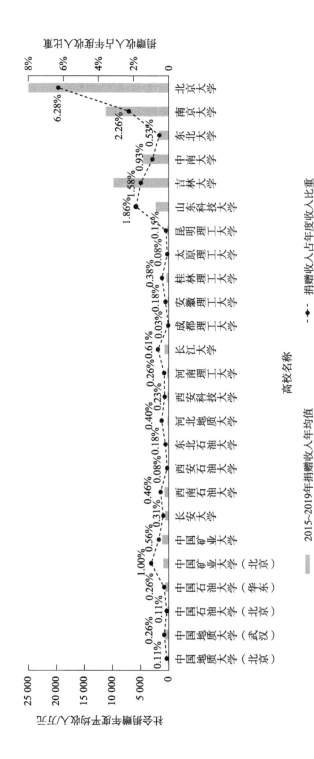

图 1-20　样本高校2015~2019年社会捐赠收入

资料来源：基金会中心网；高校教育基金年度报告；高校决算表

学位授予点学科数量占全部博士学位授予点学科数量的 50%，矿业延伸类占到 25%，非矿业类占比为 25%；中国石油大学（北京）石油类博士学位授予点学科数量占全部博士学位授予点学科数量的 57%，石油延伸类占到 29%，非石油类占比为 14%。其优势学科辐射力度不足，基础学科较薄弱，学科交叉融合度偏低，难以形成优势学科群和新的学科生长点，学科交叉融合进程缓慢。据全国第四轮学科评估结果（图 1-10），部属地矿油高校全国排名前 10% 的学科数目共 9 个，校均仅为 1.5 个，基本集中在地矿油类专业；全国排名前 10%~40% 的学科数目共 42 个，校均为 7 个，主要集中在与地矿油关联密切的专业，与排名前 10% 的学科数均值比仅为 0.21；数学、物理等基础性学科及文史哲学科均未进入全国排名前 20%。这说明地矿油高校的学科结构相对较为单一，文理基础学科相对薄弱，优势学科辐射带动作用不强，学科间交叉融合度不高。

（七）科研创新能力不足，地矿油高校在行业关键核心技术研发领域的引领作用不明显

从国家重点实验室角度来看，部属地矿油高校实力强于省属地矿油高校，弱于 985 综合性高校，其杰青项目数量与省属地矿油高校差别不是特别大，但远低于 985 综合性高校（图 1-21），表明其科研创新能力不足，在行业关键核心技术研发领域的引领作用不明显。

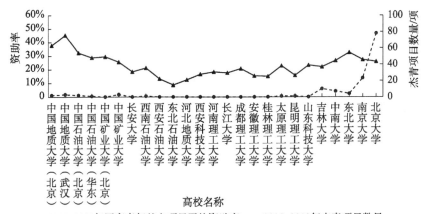

图 1-21　样本高校国家青年科学基金资助率与杰青项目情况
资料来源：国家自然科学基金委官网

（八）科研创新成果转化不足，没有充分发挥产学研优势，支撑行业转型升级能力亟待提升

从 2015~2018 年高校年均技术转让当年实际收入分析（图 1-22），部属地矿油

高校总体明显低于985综合性高校以及部分省属地矿油高校，地质类高校尤其低。而在高校对国家奖的贡献度中，部属地矿油高校总体上明显高于省属地矿油高校但弱于985综合性高校，但其科技转化当年收入与此规律并不符合，说明部属地矿油高校的科技转化实力弱于省属地矿油高校，其产学研优势并没有充分发挥出来，支撑行业转型升级能力亟待提升。

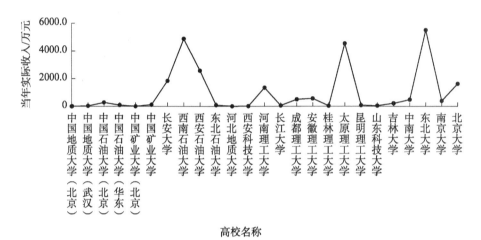

图1-22　2015~2018年样本高校科技转化当年实际收入对比情况

资料来源：高等学校科技统计资料汇编

（九）地矿油类专业优质生源不断减少，同时囿于单一的专业人才培养方案，人才培养质量偏弱

据项目研究团队的统计分析以及实地调研，2016年以来，我国地质、矿业、石油相关学科专业优质生源不断减少，其中地质、矿业相关学科专业较为严重。2016~2020年我国地质学类、地质类应届本科毕业生人数人才储备数量整体上呈下滑趋势（图1-23），2020年相对2017年下滑幅度约24%，地矿油类专业生源质量存在较大隐患。

大类招生与分段培养是现阶段高校进行创新人才培养的有效途径与措施。当前我国地质、矿业、石油相关学科专业的招生与人才培养方案仍然以单一的专业人才培养方案为主，课程体系和教育教学方法改革滞后，创新人才培养质量亟待进一步提高。据全国地质类专业大类招生的统计结果（表1-12），进行大类招生的高校相对占比不到30%，说明大多数省属高校的地质类专业人才培养仍然以传统的单一专业人才培养方案为主。在2014年、2018年的国家级教学成果奖评比中，部属地矿油高校所获奖项数量较少，从侧面反映出其人才培养体系还存在较大的提升空间。

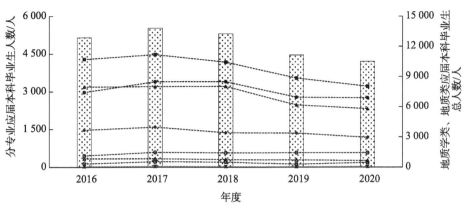

图 1-23 2016~2020 年度地质学类、地质类专业全国公办高校

本科毕业生人数变化情况

资料来源：2016~2020 年全国设置有地质类本科专业的公办高校就业质量报告；本科教学质量报告；

专业代码据教育部《普通高等学校本科专业目录》（2020 年版）

（十）师资队伍力量薄弱，高层次人才偏少，人才队伍结构有待进一步优化

地矿油行业特色高校师资队伍建设滞后主要表现为师资总量不足，生师比偏高（图 1-24），不同学科之间的师资队伍结构不合理。同时，以院士为代表的领军

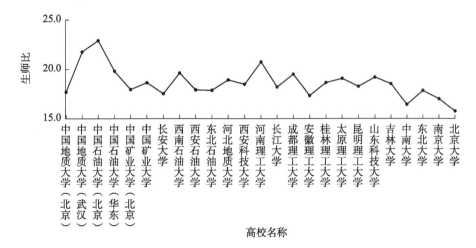

图 1-24 样本高校 2015~2019 年平均生师比

资料来源：样本高校本科教学质量报告

人才和以杰青为代表的中青年人才数量不足（图 1-21），教师国际化水平偏低，难以满足学校高质量发展的要求。2015~2019 年，部属地矿油行业特色高校平均生师比为 19.81，远高于全国普通本科院校平均生师比 17.34；两院院士、国家高层次人才特殊支持计划、杰青等高层次人才校均占专任教师比仅为 3.4%，远低于南京大学等 985 综合性高校。师资队伍中"双师型"教师比例明显偏低，2019~2020 学年，地质类高校的"双师型"教师占专任教师的比重不足 15%，部分教师缺乏所在行业的实践经验，对行业"卡脖子"关键技术理解不透彻，教学方式偏重理论研究，导致地矿油高校的人才培养质量与社会实际需求存在错位，难以满足我国能源资源人才储备的需要。

（十一）高校内部治理中，行政化现象较严重，教授治学未真正落实，民主管理与监督力度不足

当前我国地矿油行业特色高校的内部治理中，普遍存在不同程度上的大学章程形式化、学术委员会学术事务决策权力虚化、理事会虚化等问题，具体表现在如下四个方面。

（1）学术决策机制不健全，校学术委员会职责不对等，学术决策权虚化。学术委员会是实现高校"教授治学"的重要权力载体组织，《高等学校学术委员会规程》（2014 年）中明确规定，学术委员会为"校内最高学术机构，统筹行使学术事务的决策、审议、评定和咨询等职权"，并明确界定了学术委员会的五项权力、四项义务以及 19 项职责，但实际上我国地矿油行业特色高校学术委员会的决策职能虚化严重。本书研究团队选择了 32 所地矿油样本高校（有 2 所高校未找到学术委员会章程文本，故实际样本高校为 30 所），根据样本高校的学术委员会章程文本分析结果（表 1-17），从其功能定位、主任委员产生方式、校学术委员会的委员组成、组织机构设置方式、运行经费独立性等多个角度分析，行政权力均介入明显，导致学术权力的权威性缺失，使得学术委员会成为事实上学术事项的最大"橡皮图章"。其重要原因在于，学术事务范畴未进行明确规定并严格划分，造成行政部门与学术部门的行权边界模糊。

从功能定位角度看，明确规定校学术委员会具有学术决策权的高校为 26 所，占比 86.67%；剩余 13.33% 的高校在其大学章程、学术委员会章程中明确规定，校学术委员会不具有学术决策权，仅具有学术审议、评定和咨询权。

表 1-17　地矿油行业特色高校学术委员会章程文本分析

序号	分析视角	具体分类	高校数量/所	占比
1	功能定位	拥有学术事项决策、审议、评定和咨询权	26	86.67%
		拥有学术事项审议、评定和咨询权	4	13.33%

续表

序号	分析视角	具体分类	高校数量/所	占比
2	主任委员产生方式	校长、校务会提名或推荐，全体委员选举产生	22	73.33%
		党委常委提名或推荐，全体委员选举产生	1	3.33%
		全体委员直接选举产生	4	13.33%
		校长担任或者由校长推荐人选担任	3	10.00%
3	校学术委员会的委员组成	明确规定了委员组成中 45 岁以下青年教师所占比例的下限	5	16.67%
		明确委员组成中应有一定比例青年教师，但未规定其所占比例的具体下限	8	26.67%
		委员组成中未明确提及青年教师	17	56.67%
4	组织机构设置方式	校学术委员会与学位评定、教学指导、专业职称评审、教师聘任等学术机构并列或者部分并列，同时在校学术委员会下设学科建设、学术评定、学术道德建设等其他专委会	26	86.67%
		校学术委员会下设学位评定、教学指导、学科建设、学术道德等专委会	4	13.33%
5	运行经费独立性	学术委员会运行经费明确纳入学校预算	14	46.67%

资料来源：样本高校学术委员会章程

具体来说，大部分高校的学术委员会存在明显的职责不对等现象。通常权力强弱从大到小分别为决策权、评定权、审议权和咨询建议权。校学术委员会具有学术决策权的样本高校中，其决策权的具体行权事项或者范围并未给予明确规定，多数以"学校下列事务决策前，应当提交校学术委员会审议，或者交由学术委员会审议并直接做出决定"进行模糊说明，或者没有明确提及可决策的范围，学术委员会真正可决策的事项非常少，造成学术委员会的学术决策功能虚化；同时，由于多数高校并未对学术事项进行严格划分，造成行政部门与学术部门的行权边界模糊，进一步影响了其应有权威。

从主任委员产生方式角度看，存在明显的行政权力（政治权力）越界现象。校学术委员由校长、校务会提名或推荐，全体委员选举产生的高校有 22 所，占比73.33%；由校长担任或者由校长推荐人选担任的高校有 3 所，占比 10%；由党委常委提名或推荐，全体委员选举产生的高校有 1 所，占比 3.33%；由全体委员直接选举产生的高校仅有 4 所，占比仅 13.33%。由此可见，在学术委员会主任这一关键人选产生方式上，学术权力存在较为普遍的被越权现象，包括行政权力（以校长为代表的校长办公会）以及政治权力（以书记为代表的党委常委）的越权，其中以行政权力越权为主，导致校学术委员会的独立行权性大打折扣。特别是校长直接担任主任，行政权力与学术权力实质上是一体，很难区分开，并且由于大多数高校在大学章程或者学术委员会规程中并未对学术事项进行严格划分，进一步加剧了行政权力对学术权力的越界行为，教授治学的独立性无法得到根本保障。此外，来自面向典型地矿油行业高校管理层的问卷调查研究表明，60%的高校管理者认为校长应当当选主任，86.1%的高校管理者认为校长应该成为委员，这说明在高校各级管理者的潜意识中，校长既是行政权力的代表，也可以是学术权力的代表。两者的分权制衡很难找到平衡点。

从组织机构设置方式角度看，校学术委员会最高学术地位无法体现。原则上学位评定委员会、教学指导委员会、教师聘任委员会、专业技术职称评审委员会等学术组织机构应该为校学术委员会下属建制，但实际情况并不如此。从样本高校学术委员会的实际组织结构看，有 26 所高校（占比 86.67%）采用的是平行+下设设置方式，即学术委员会与学位评定委员会、教学指导委员会、教师聘任委员会、专业技术职称评审委员会等平行设立，同时校学术委员会下设学科建设、学术评定、学术道德建设等专委会，造成事实上学术委员会的职责权限被分割，其学术事项决策权被稀释，无法体现其学术最高权力地位。

从校学术委员会的委员组成角度看，青年教师（45 岁以下无行政职务的普通教师）的权益被明显忽视，校行政相关利益者介入明显。调查发现：仅有 5 所高校（占比 16.67%）明确规定了 45 岁以下青年教师在校学术委员会全体委员中所占的比例下限；8 所高校（占比 26.67%）明确委员组成中应含有一定比例的青年教师，但未明确其具体比例的下限；其余 17 所高校（占比 56.67%）的学术委员会章程中未明确提及青年教师在委员组成中的比例。这表明青年教师参与学术管理的力度不足，需进一步加强。

从运行经费独立性角度看，明确规定学术委员会的运行经费纳入学校预算的高校共 14 所，占比仅为 46.67%，说明学术委员会的财务自主权并没有得到很好的保障，也给学术权力的独立行权造成了影响。此外，虽然各高校均设立了秘书处，但秘书处基本挂靠在学科建设规划处或者科研处，秘书长一般由其挂靠处室的负责人兼任，其他成员基本上也是其他部门领导兼任，并没有独立的办事机构以及办事人员，造成事实上以教授为代表的学术利益相关主体的独立行权性的进一步缺失。

（2）执行机制不健全，院系办学活力不足，管理权需进一步下放。行政职能部门是行政权力的执行主体，教学科研部门是学术权力的执行主体，两者在高校内部治理各项事项中存在诸多交叉重叠，其治理效率体现为二级学院的办学自主权。院系办学活力越高，说明高校执行机制越健全，学术权力与行政权力处于良性循环，反之则处于恶性循环，给高校高质量发展和创新人才培养带来极大影响。目前地矿油高校二级学院办学活力相较以前有所提升，但仍然存在诸多问题。问卷调查结果显示（图 1-25），样本高校二级学院在教学、科研相关的事项中具有较高自主权，其自主权指数为 3.9~4.1，高于 3 分自主权均值；在本科招生标准及规模、人事岗位编制、职称评定等方面的自主权较小，其自主权指数为 2.58~2.82，低于 3 分自主权均值；在专项经费使用、高层次人才引进标准及聘任、非高层次人才人事任免等相关事项中，二级学院自主权位于中值附近。该结果与 8 所高校的实地调研结果基本吻合。例如，A 高校的本科自主招生权，由于该校为省属高校，其省属主管部门强制要求扩大在该省的招生规模（占比高达 70%），囿于办学条件的限制，该校只能减少在全国的招生人数，办学自主招生权受到一定限制，影响了创新人才培养。总体来看，地矿油行业特色高校二级学院的办学自主权均值为 3.28，略高于 3 分均值，表明二级学院的办学活力还有较大的提升空间。

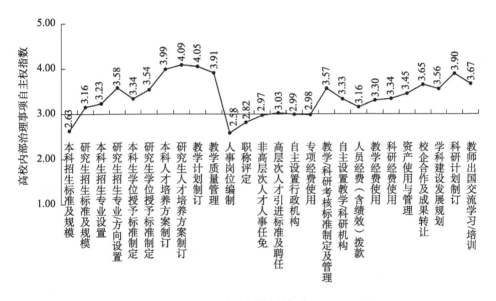

图 1-25　高校内部治理事项二级学院自主权情况

资料来源：行政管理人员问卷调查

（3）监督问责机制不健全，问责力度需进一步加大。行业高校监督问责机制一般分为对内监督问责以及对外监督问责两部分。其中对外监督问责以信息公开制度为主要形式，对内监督问责以纪检、监察、审计等三个机构为主要形式。目前对内监督问责机制的执行主体中，多数高校采用的是审计机构单独设立，纪检机构（党内监督）与监察机构（行政监督）合署办公的模式。样本高校中，仅一所高校大学章程中明确了行政监督机构，其余高校均采用的是监察机构与纪检机构合署办公模式。高校纪检机构（纪委）受学校党委和上级纪律监察部门双重领导。由于高校监察机构本质上属于内设监察模式[46]，它更加注重接受学校党委、行政的领导并对它们负责，除了腐败案件查办和纪委主要领导任命等事项外，其与上级纪委监察部门的日常联系其实并不紧密，由此导致高校行政权力缺乏真正的有效监督，难以与行政权力形成良好共治关系。

（4）共同参与机制不健全，普通教师及学生参与治理程度偏低，社会力量未能实质有效参与高校内部治理。共同参与机制主要体现的是民主管理与监督权力，其主要权力承载组织包括教代会、学代会、理事会/董事会、纪检会、监察会等，相应利益相关主体包括普通教师、一般行政人员、学生、政府管理部门、行业企业、校友、第三方评估机构、社会媒体、学生家长等。基于普通教师的问卷调查结果表明，普通教师在高校内部治理中的参与度整体偏低，未达到 3 分均值标准。其中在与学校发展相关的重要治理事项如学校章程编制与修改、学校战略发展规划编制、学校年度预算编制、学校行政/科研机构设置调整、校园建筑新建与改建等方面，以及与自身权益密切相关的治理事项如工资待遇方案制订、住房福利政策制定等方面，实际参与度明显偏低，且实际参与度与希望参与度之间存在较大差距（图 1-26），说明普通教师参与高校内部治理的力度不足，需要进一步改善。

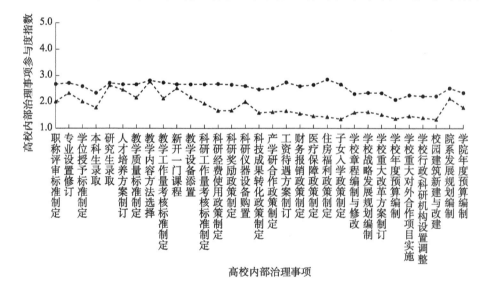

图 1-26　高校内部治理事项普通教师实际参与度与希望参与度对比分析

资料来源：普通教师问卷调查

基于学生的问卷调查结果表明，学生参与高校内部治理的意愿较高（73%），但实际有效参与程度较低，在高校内部治理中，学生主要想获得知情权（92.9%）、建议权（75%）和监督权（83.1%），其实际参与的内部治理事项主要集中在教师教学质量评判、学生评奖评优等方面，参与内部治理的方式以网络建议（43.3%）、列席或座谈（37.6%）为主；制约学生有效参与高校内部治理的主要原因是"参与形式流于表面化，与学生权益关系不大"（63.5%）。

现行治理体系下，行业企业参与高校治理的重要合法渠道为校理事会（或者董事会/校董会）。基于大学章程、理事会章程的文本分析及问卷调查、实地调研结果表明，多数地矿油行业特色高校已设立理事会/董事会，或者类似机构，但理事会相关制度不健全，需进一步建立健全。问卷调查中，13%的管理者认为其所在高校的理事会制度不健全；对于理事会在高校治理中应该发挥的作用，98.3%的管理者认为其对高校领导层应该具有一定的监督权，82.6%的管理者认为其对高校重大事务应该仅具有咨询建议权。样本高校的大学章程分析表明，83.4%的样本高校明确设立了理事会或者类似职能机构，16.7%的样本高校未明确设立理事会。设立有理事会的高校中，仅极少数高校在大学章程中明确规定其为常设机构，多数高校未明确说明是否为常设机构。设立有理事会的高校中，基本上将其定位为学校发展的咨议机构，其主要职责集中在为学校重大问题决策提供咨询建议、筹措办学资金、加强与地方/行业企业的合作交流等三个方面。对于理事会的人员组成、职责权限以及运行机制，多数高校在大学章程中并未给予明确说明。因此，地矿油行业特色高校的产学研协作天然优势并未得到充分发挥。主要原因在于，校企合作一直未能真正落到实处，行业企业参与高校内部治理的力度严重不足。例如，校企优秀人才的互培、互聘制度由于面临人员编制、薪酬待遇、考核标准、职称晋升等一系列的现实问题，目前并没能真正落地，导致优秀人才无法在学校、企业间自由流动，极大影响了关键"卡脖子"技术的研发进程，也阻碍了师资队伍建设水平的提高，并进一步给高校创新人才培养带来一定损失。

（十二）大学制度文化建设流于形式化，高校战略管理规划的执行过程缺乏亮点与特色

"大学之道，在明明德，在亲民，在止于至善。"大学制度文化是大学文化精神在大学制度中的主要体现，具有价值导向引领、行为规范约束以及制度激励等功能[47]，是提高制度建设协同化水平的关键，也是保障高校战略管理规划有效执行的重要途径。

高校战略发展规划的制订、实施、监督与评估是一个有机整体，各环节之间的协同至关重要，高校战略管理能力的实质是制度建设的协同化水平。在协同过程中，大学制度文化起着关键的作用。由于每所大学都有独特的大学文化，拥有独特的大学文化精神，因此，高校的战略管理实施过程也应各具特色。然而，当前我国地矿油高校的大学制度文化建设流于形式化，往往使其战略管理的执行过程缺乏亮点与特色，主要体现为大学制度文化的价值引导作用欠缺、大学制度文

化的制度激励功能滞后以及大学制度文化对高校治理主体的行为规范约束力不足等三个方面，具体论述详见第一章第三节中的"新时代地矿油行业特色高校的战略管理分析"部分。

综上所述，地矿油行业特色高校在其高质量发展过程中，现阶段主要存在的凸显问题包括：①资源保障不足（国家财政投入不足）；②人才储备逐渐减少（生源质量隐患大）；③人才培养体系滞后（实践教学环节薄弱，教育教学改革需深化）；④师资建设队伍滞后（生师比偏高，高层次人才偏少，人员编制不足）；⑤学科交叉融合度偏低（学科链短，基础学科相对薄弱，优势学科辐射力度不足）；⑥科研创新能力不足（国家级重大/重点项目少，科技成果转化率低）；⑦内部治理结构不完善（行政化现象严重，校学术委员会职责权限不对等）；⑧战略发展规划落地难[战略发展方向思考需进一步深入（办学定位），规划文本不科学，执行过程缺乏亮点与特色]等多个方面。

二、创新体制机制研究

（一）资源保障不足的对策建议

针对问题：资源保障不足。

对策建议：增加国家财政拨款，改善办学条件，加大专业人才培养力度。

目前地矿油类工科专业的公用经费学科折算系数为 2.0，地质学、地球化学、地球物理学等地矿油类理科专业的公用经费学科折算系数为 1.25，低于航空航天类（2.5）和医学类（3.5）。地矿油理科专业与地矿油工科专业一样，都需大量的实践教学，其实践环节与地矿油类工学专业一致，但目前生均拨款标准偏低，远不能满足野外实践教学需要，且地矿油类专业的实习实训环节需要配置较高水准的实验条件，并需不断维护升级其实践教学基地条件，经费投入需求较大。现有财政支持力度不足，地矿油高校办学条件改善程度有限、高层次人才引进以及学生优质实习实训基地建设进展缓慢，严重影响了地矿油高校的创新人才培养。亟须加大对地矿油高校的财政拨款，改善其办学条件，加大地矿油类专业人才的培养力度。

（二）人才储备逐渐减少的对策建议

针对问题：人才储备逐渐减少。

对策建议：加大行业企业及高校的正面宣传力度，增加和提高地矿油类专业学生的报考人数及生源质量。

我国地质勘查与采矿业固定资产投资总体呈逐年上升趋势，行业人才需求不断增加，但在职从业人员却不断减少，2019 年在职地质勘查人员和矿产开发人员同比分别减少 16% 和 13%。大家对地矿油行业工作条件艰苦的观念根深蒂固，同时地勘、煤炭、油气等行业的从业人员整体收入待遇过低，2020 年全国地勘行业人均年收入不到 10 万元。行业从业人员的低收入和高风险直接导致地矿油类专业对考生缺乏吸引力，每年报考人数持续下滑，尤其是资源勘查工程、矿业工程、安全科学与工程等专业，本科和研究生的报考人数双双下滑。即使学校层面出台了若干优惠政策，也是杯水车薪，难以为继，报考人数与生源质量直线下滑，严重影响了后续创新人才的培养。建议加大行业企业及行业高校的正面宣传力度，缓解地矿油类专业报考"过冷"的局面，吸引学生主动报考，从源头上提高其生源质量，为创新人才培养打好基础。

（三）人才培养体系滞后的对策建议

针对问题：实践教学环节薄弱，教育教学改革需深化。

对策建议一：国家层面出台行业实习实训制度，加强实习基地建设，切实提高学生实践创新能力。

实习实训是地矿油类专业创新人才培养的必要环节，需要能源行业企业的深度参与。目前企业迫于安全生产和直接盈利任务的压力，对接纳学生实习实训明显缺乏积极性，导致地矿油高校的优质实习实训基地数量明显下滑，学生实践教学流于形式化，无法真正提高学生的实践能力。

建议在国家层面专门出台行业实习实训制度，对相关企业给以税收减免等优惠政策，并拨付专款用于进一步支持和鼓励。参与高校实习实训的企业需在行业内处于中游以上水平，能够满足地矿油类专业实习生的实习标准，并设有相应的实习实训流程；企业接纳实习生的人数标准可参照企业全部在职职工的 10% 来进行确定。对当年实习实训效果被国家相关机构或者高校评估为优秀的企业，国家可在增值税附加税中免征其当年应缴教育费附加和地方教育附加，同时根据其对实习实训服务的贡献，在其应纳税所得额中按照实习实训总投入经费（实习实训生数量×人均实习实训投入经费）进行税前扣除，或者直接对当年企业所得税额外给予一定的税率优惠（1%~2%）。

针对目前实习生保险、实习报酬以及国家级大型地矿油实习实训基地的建设与维护均缺乏必要资金投入的情况，建议在国家层面设立专项资金给予支持和鼓励。例如，实习报酬的 50% 可由专项资金支付，剩余 50% 由高校和企业共同承担。企业实习实训基地如果满足相关条件，可进一步升级为国家级大型地矿油实习实训基地，该类基地可由高校、企业和政府三方共同出资建设与维护。

对策建议二：在普通高校本科教学工作合格评估、本科教育教学审核评估指标体系中，增加人才市场需求预判相关指标，以有效提高人才供给侧与人才需求侧的契合度，进一步提升地矿油高校的创新人才培养成效及培养水平。

人才供给侧与人才需求侧的高度吻合，是行业高校进行创新人才培养并实现其高质量发展的重要条件。大国博弈以及"双碳"减排背景下，我国能源资源领域的科技创新和产业结构转型升级亟待来自地矿油高校创新人才的大力支持。然而，当前我国地矿油高校的创新人才培养质量与市场实际需求往往存在较为严重的错位现象，其中重要原因在于：地矿油高校的本科专业人才培养方案中，缺乏对人才市场需求的系统调研分析，专业人才的培养目标定位不够精准，造成相应课程设置体系及后续人才培养过程的针对性不足，导致创新人才培养质量与社会实际需求存在错位，对我国能源资源安全的创新人才支撑力度不足。

普通高等学校本科教学工作合格评估、本科教育教学审核评估，是深化新时代教育评价改革和教育督导体制机制改革的重要措施，对高校本科办学具有重要的"指挥棒"作用。建议在其评估指标体系中，增加人才市场需求预判相关指标，加强行业高校创新人才培养的精细化目标定位，有效提高人才供给侧与人才需求侧的契合度，在降低人才培养成本的同时，切实有效提高创新人才培养质量，大幅提高对我国能源资源领域科技创新和产业结构转型升级的支撑引领能力。

（四）师资建设队伍滞后的对策建议

针对问题：生师比偏高，高层次人才偏少，高校编制不足。

对策建议一：从国家层面出台校企之间人员自由流动的相关制度，推动校企协同育人。

地矿油高校对企业方的人才需求，除了技术顶尖专家外，更需要来自行业一线的中-基层技术人员，同时还需要地矿油类工科专业的青年教师具有实践工程背景，即"双师型"教师。然而，现行管理体制下，能源行业企业与地矿油高校之间的人员无法自由流动，极大限制了地矿油高校创新人才的培养。一是校企人才评价标准的不同，导致企业中基层技术人员很难满足高校客座教授和客座副教授的聘任要求，且企业技术人员受生产任务的限制，时间不灵活，只能以讲座形式在高校进行不定期授课，对学生创新能力的培养缺乏系统性和连贯性。二是企业技术人员对高校的认同感和归属感普遍不足，很难将企业真正需要协同解决的关键问题带入高校，造成校企协同育人仍然停留在较浅层面，深层次合作力度不足。

因此，建议在国家层面就校企人员之间的自由流动出台相关制度，对校企人员互培、互聘给予明确指导意见，引导校企之间开展深层次合作，培养一大批具有社会责任感、创新精神和实践能力的高级专门人才，为我国能源资源安全战略提供重要的人才支撑。

对策建议二：国家层面出台高校人员编制有序退出的指导性意见，加快推进其人事编制的备案制管理改革，切实保障地矿油高校的师资队伍建设需要和改革成效。

当前我国高校的人事编制管理制度正处于由身份编制、动态身份编制向岗位编制的过渡阶段，因各校的校情有别，无法一刀切，造成高校新旧体制混合的局面，"预聘-长聘"制轨道与身份编制普通轨道并存，人事代理、劳务派遣、劳务合同聘用等差异化聘用现象突出，对高校人才队伍建设影响较大。

目前地矿油高校的人事编制规模是 20 世纪 90 年代初由编制管理部门核定的，且一直以来未有过大的调整。经过近 30 年的快速发展，地矿油高校的人事编制总量严重不足，远远不能满足事业发展需求。其主要影响表现在三个方面：一是国家对高校辅导员以及课程思政教师的师生比有硬性要求，地矿油高校专职教研人员的编制空间被进一步压缩；二是高校现行人事编制管理缺乏有序退出机制，地矿油高校的人事编制结构不合理；三是为确保高层次人才引进的需要，地矿油高校通常采用人事代理、劳务派遣、劳务合同聘用等其他用工方式，灵活对部分新进教研人员、行政人员（含辅导员）、后勤人员进行聘用管理，"晋升通道狭窄""同工不同酬"现象普遍存在，人才流失以及消极怠工现象较为突出，尤其是行政人员队伍，明显缺乏生机与活力，工作积极性难以有效调动，极大影响了地矿油高校的高质量人才队伍建设。

因此，建议国家相关部委进一步丰富高校岗位定编方式，同时出台高校人员编制有序退出的指导性意见，加快推进高校人事编制的备案制管理改革，以优化编制结构、盘活编制存量，充分激发高校人才队伍工作热情，切实保障地矿油高校的师资队伍建设需要和改革成效。

（五）学科交叉融合度偏低的对策建议

针对问题：学科链短，基础学科相对薄弱，优势学科辐射力度不足。

对策建议一：加强对地矿油高校交叉学科建设专项经费以及"双一流"学科建设经费的支持力度，加快其学科交叉融合力度，提高地矿油高校对能源资源领域关键"卡脖子"技术的创新引领力。

学科交叉融合是地矿油高校优化学科布局实现高质量发展的重要途径，也是提高其对能源资源领域关键"卡脖子"技术创新引领力的重要路径。目前地矿油高校的学科交叉融合途径主要依托国家级或省部级大项目进行，交叉学科建设路径偏窄，学科交叉融合度偏低。由于很多交叉学科的研究尝试起始于突发的"灵感"，其研究基础往往较为薄弱，因此很难申请到相关专项经费支持。同时，地矿油高校的办学条件限制，以及学科链短、基础学科相对薄弱的学科布局现状，造成地矿油高校的优势学科辐射力度不足，学科交叉融合进程缓慢，难以形成优势学科群和新的学科增长点，严重制约了其高质量发展，创新人才培养质量受到较大影响，对能源资源领域关键"卡脖子"技术的创新引领力不足。

建议国家相关部委进一步加大对地矿油高校交叉学科建设专项经费以及"双一流"学科建设经费的支持力度，大力支持具有原始创新潜力的交叉研究项目启动，以切实提高其学科交叉融合度，进一步提高地矿油高校对能源资源领域前沿核心技术的创新引领力，有力推动我国能源结构转型，为我国工业的低碳绿色转型和高质量发展注入新动能。

对策建议二：加大"社会服务与学科声誉"指标在地矿油高校相关学科评估指标体系框架中的权重，进一步增加其"双一流"学科建设经费支持力度，加快推进"双一流"建设进程。

学科评估是促进高校学科建设、提高办学水平的重要治理机制，其评估结果对高校学科建设和办学条件改善具有重要影响。长期以来，行业高校对行业发展和社会经济发展具有重要的人才支撑作用。2017~2021年，中国地质大学（北京）签约毕业生到能源资源行业（自然资源行业）就业的比例逐年上升，其中本科平均行业就业率为57.81%，硕士为56.64%，博士为62.27%。目前学科评估指标体系框架中，"社会服务"指标权重偏低，使得地矿油高校对社会服务的贡献度未能得以充分体现，对地矿油高校相关学科的学科评估结果造成较大影响，直接影响着国家对相关学科的建设经费投入，并进一步对其在国家/省部级创新平台建设申请、重大/重点科研项目申请，以及国家/省部级高层次人才评选中造成较大隐患，学科建设条件及学科建设水平难以大幅优化提高。

建议在地矿油高校的学科评估指标体系框架中，进一步加大"社会服务与学科声誉"指标的权重，以充分体现地矿油高校的社会服务贡献度，促进地矿油高校相关学科办学条件的改善和人员结构的调整；同时进一步增加对地矿油高校"双一流"学科建设经费的支持力度，加速提高其优势学科建设水平，为加快"双一流"建设进程和2030年我国教育强国目标的实现贡献力量。

（六）科研创新能力不足的对策建议

针对问题：国家级重大/重点项目少，科技成果转化率低。

对策建议：加快对高校科技成果转化的中试应用场景匹配力度，推动能源资源行业产业转型升级，进一步提高地矿油高校对社会的服务贡献度。

现阶段我国创新机制存在的一个突出问题是，企业、高校、科研院所、政府、中介机构等没有真正形成创新合力，科技成果转移机制未能真正打通。地矿油高校的科技成果转化率低的主要原因有两点，一是技术成果缺少产品中试应用场景，二是高校的科研考核机制普遍不重视科技成果转化。

　　因此，建议加快对高校科技成果转化的中试应用场景匹配力度，建立新型创新服务与中介机构制度，在研发行为主体之间建立相应的组织协调机制（科技成果转移机制），以破除科技成果转化过程中的障碍，最大限度释放创新能量，促进高校、科研机构的科技成果、专利向企业转化。同时，建议高校主动加快对科技成果转化在中试应用场景的寻找/匹配力度，并在其科研考核机制中，将科技成果转化的申请、转化过程与产业化结果同等对待，着力构建产学研协同的螺旋式研发推进机制，从而有效提高其科技创新能力，进一步提升其社会服务贡献度。

（七）内部治理结构不完善的对策建议

　　针对问题：行政化现象严重，校学术委员会职责权限不对等。

　　对策建议：进一步推进高校各项规章制度的废、改、立工作，逐步构建以大学章程为核心的具有中国特色的现代大学制度体系，完善其内部治理结构。

　　（1）强化大学章程的刚性地位，完善法人治理结构：进一步健全完善大学章程，赋予校长充分办学自主权，进一步完善党委常委/全委会和校长办公会的议事规则，落实"三重一大"①决策制度，形成决策机构与执行机构相互制衡的机制。

　　（2）完善学术委员会章程，保障教授治学的独立行权性：建议以学科建设为基础，优化权限配置，充分发挥其在学科建设、学术评价、学术发展和学风建设等事项上的重要作用。具体包括对学术事项进行严格划分，明晰其行权边界，减少行政部门的干涉；增加45岁以下无行政职务教师在校学术委员组成中的比重，增加其参与力度；进一步修订完善主任委员产生方式，保障学术权力的独立性；独立设立学术委员会部门，并将学位评定委员会、教学指导委员会、教师聘任委员会、专业技术职称评审委员会等纳入其下属建制，同时明确将其运行经费纳入学校预算，以便从多方面保证学术委员会的最高学术地位及学术独立行权性。

　　（3）建立健全各类行政规章制度与各专委会制度，充分激发院系办学活力：通过建立健全行政规章制度及专委会制度，进一步提高二级学院在教学、科研、学科建设、学生管理、人事聘任、绩效考评、资源配置、财务管理和内控建设等内部治理事项中的办学自主权，理顺学校和学院在人、财、物方面的责权利关系，坚持权责匹配、权责对等。同时，二级学院应充分利用各种规章制度，整合优质办学资源，调动学院教师自主办学的积极性和创造性；学校行政职能部门应进一步简化办事流程，优化工作机制，强化管理服务功能。

　　（4）完善信息公开制度，健全纪检/监察/审计制度，全面优化监督问责机制：坚持完善信息公开制度，进一步推动校务公开工作，提高社会监督透明度。充分

---

　　① "三重一大"是指重大决策、重要人事任免、重大项目安排事项和大额度资金运作（参见《教育部关于进一步推进直属高校贯彻落实"三重一大"决策制度的意见》）。

发挥高校纪委监察和审计部门监督职能，完善教代会和学代会的议事规则，形成监督合力，构建决策科学、执行坚决和监督有力的高效运行机制。对办学经费及资产管理的使用及审计，加大"花钱必问效、无效必问责"的问责力度。

（5）建立健全理事会制度，提高行业企业有效协同共治力度：在大学章程中对理事会的功能定位、人员组成和职责权限进行修订完善，从法律层面给予保障（大学章程是高等学校依法自主办学的基本准则，具有法律效力），如可明确将理事会定位为学校咨询审议监督机构，直接对党委常委/党委全委和校长办公会等决策机构负责，为学校重大事项的决策及产教协作相关事宜的决策提供科学的咨询建议，并对其执行情况进行监督。同时，进一步建立健全理事会制度，对其人员组成及准入准出、职责权限、议事规则等进行明确说明，人员组成中适当增加行业企业的人员比重，充分发挥协同育人与协同创新热情；在具体运行机制方面，可参考加州理工学院的院校研究中心办公室，以科学的数据分析和决策问题论证来为高校决策主体服务，提高大学管理咨询团队的专业性和影响力。

（八）战略发展规划落地难的对策建议

针对问题：战略发展方向思考需进一步深入（办学定位），规划文本不科学，执行过程缺乏亮点与特色。

对策建议：建议从两个层面进行改善。一是从高校本身层面对战略管理进行改革创新，科学制定高校战略发展规划文本，制定时广泛征求政府部门、行业企业、广大师生的意见，着重构建"可量化的战略规划实施过程评估体系"，有效增强制度建设的协同化水平。二是从国家战略需求层面进行系统调整，通过高校分类评估以及学科评估的"指挥棒"效应，进一步引导地矿油行业特色高校的错位发展以及有序竞争，加快推动我国科技强国战略和人才强国战略的顺利实施。

良好的战略管理是高校高质量发展的关键。高校战略管理中，战略发展方向（办学定位）是核心，科学规划文本是基础，有效实施与督导是关键。科学构建以大学章程为核心的现代大学制度，增强制度建设协同化水平，是推进高校治理体系和能力现代化的重要实现途径。建议地矿油高校进一步对高校办学定位进行深入思考，找准办学的战略发展方向，突出学校战略发展重点，并将关键办学指标（关键绩效指标考核）尽量与领导任期相结合（一致），同时明确相应奖惩措施。同时，加快推进大学制度文化建设，充分激发教师的尊严感、学生的自豪感和全体员工的成就感，加快推动地矿油高校高质量发展。具体包括内容如下。

（1）营造良好的校园文化环境，加强大学制度文化的价值引导作用，进一步增强广大师生的政治认同、思想认同和情感认同。良好的校园文化环境能够将大学制度文化所蕴含的价值观念很好地传达给学生，潜移默化地形塑着学生的价值观，并引导着学生的行为习惯，强化其新时代使命担当。同时，通过对大学章程、学校战略规划等重要纲领性文件的精心设计、系统解读及大力宣传，以及党建主题教育和实践活动、青年教师理论培训、党风廉政宣传等活动组织，形成良好的校园文化软环境，进一步统一思想、凝聚共识，使广大教师真正了解学校的大学文化精髓和战略发展目标，并在实践中自觉将这些理念内化为自己的精神信仰、价值追求和行为准则，齐心协力推动学校的办学实力和治理水平乘势而上、蓄势跃升。

（2）进一步推进高校各项规章制度的废、改、立工作，逐步构建以大学章程为核心的具有中国特色的现代大学制度体系，提高大学制度文化对高校治理主体的行为规范约束作用。优秀的大学制度文化能够让大学实现"善治"，成为推动其高质量发展的强大内驱力，反之则可能成为羁绊。高校管理者在进行高校规章制度的废、改、立等工作时，需遵循"效率优先、整体设计、民主管理和依法治校"的原则，整体考虑其他利益相关主体的利益诉求与参与意愿，尽量做好平衡，减少内耗摩擦，以提升高校的自主管理能力，进一步加强大学制度文化对高校治理主体的行为规范约束作用。

（3）进一步完善高校人事制度激励，形成良好的大学制度文化生态，激发教师的尊严感、学生的自豪感和全体员工的成就感，加快推进高校治理能力现代化。制度激励具有时效性，激励越及时，激励方式越多元，激励效果就越好。制度设计和制度执行中，要充分发挥"庸者下、平者让、优者上"的制度激励功能，激活全校员工的工作热情，让人感到工作有劲头，奋斗有动力。建议改变当前学期末、学年末统一集中兑现奖惩措施的做法，及时认可和强化教师的工作贡献，形成对获奖者本人和组织内其他人员的有效激励效应。同时，建议进一步增加除薪酬激励之外的其他激励方式，包括情感激励、领导行为激励、典型榜样激励、职称晋升激励、学习培训机会激励等多种精神激励措施，满足其更高层次的精神需求，进一步强化其激励效果，保证各治理主体的利益诉求最大限度得到响应。

当前我国教育改革发展的外部环境和宏观政策环境已发生深刻变化，"建设高质量教育体系"成为"十四五"期间乃至更长一段时期的教育发展目标。新形势、新阶段、新理念、新格局对高校的发展理念和发展模式提出了新要求。在新发展阶段，地矿油行业特色高校应以新发展格局引领高质量发展，聚焦服务我国重大战略需求，进一步推动我国生态文明建设，为实现中华民族伟大复兴中国梦而努力奋斗。

参考文献

[1] 刘献君. 行业特色高校发展中需要处理的若干关系[J]. 中国高教研究，2019, (8): 14-18.

[2] 廖苑伶，周海涛. 新中国成立 70 年来高校分类发展的历程、逻辑与展望[J]. 现代教育

管理, 2020, (9): 46-52.

[3] 全球治理委员会. 我们的全球伙伴关系[R]. 1995: 23.

[4] World Bank. Governance and development[R]. Washington D C: World Bank Group, 1992.

[5] Paterson M. Governance without government: order and change in world politics[J]. International Affairs, 1992, 68(4): 733-734.

[6] Rosenau J N. Governance in the twenty-first century[J]. Global Governance, 1995, 1(1): 13-43.

[7] Rhodes R A W. The new governance: governing without government[J]. Political Studies, 1996, 44(4): 652-667.

[8] Kooiman J. Governing as Governance[M]. London: SAGE, 2003: 3-46.

[9] 斯托克 G. 作为理论的治理: 五个论点[J]. 华夏风, 译. 国际社会科学杂志(中文版), 1999, 16(1): 19-30.

[10] 俞可平. 治理与善治[M]. 北京: 社会科学文献出版社, 2000.

[11] 顾建光. 从公共服务到公共治理[J]. 上海交通大学学报(哲学社会科学版), 2007, 15(3): 50-55.

[12] 王绍光. 治理研究: 正本清源[J]. 开放时代, 2018, (2): 153-176.

[13] Birnbaum R. The end of shared governance: looking ahead or looking back[J]. New Directions for Higher Education, 2004, (127): 5-22.

[14] 陈洪捷. 也谈大学治理[J]. 清华大学教育研究, 2020, 41(1): 6-7.

[15] 瞿振元. 建设中国特色高等教育治理体系, 推进治理能力现代化[J]. 中国高教研究, 2014, (1): 1-4.

[16] 周作宇. 论大学组织冲突[J]. 教育研究, 2012, 33(9): 58-66.

[17] 克拉克 B R. 高等教育系统: 学术组织的跨国研究[M]. 王承绪, 徐辉, 殷企平, 等译. 杭州: 杭州大学出版社, 1994: 123-144.

[18] Birnbaum R, Edelson P J. How colleges works: the cybernetics of academic organization and leadership[J]. The Journal of Continuing Higher Education, 1989, 37(3): 27-29.

[19] 朱贺玲, 梁雪琴. 大学治理的经典模式与特征解析[J]. 高教探索, 2021, (7): 19-26.

[20] Kerr C, Gade M L. The Many Lives of Academic Presidents: Time, Place & Character[M]. Washington D C: Association of Governing Boards of Universities and Colleges, 1986: 125-160.

[21] Braun D, Merrien F X. Towards a New Model of Governance for Universities? A Comparative View[M]. London: Jessica Kingsley Publishers, 1999: 250.

[22] Bauer M, Askling B, Marton S G, et al. Transforming University: Changing Patterns of Governance, Structure and Learning in Swedish Higher Education[M]. London: Jessica Kingsley Publishers, 1999: 74.

[23] 顾建民, 等. 大学治理模式及其形成机理[M]. 杭州: 浙江大学出版社, 2017.

[24] 钱颖一. 大学治理: 美国、欧洲、中国[J]. 清华大学教育研究, 2015, 36(5): 1-12.

[25] 韦尔热 J. 中世纪大学[M]. 王晓辉, 译. 上海: 上海人民出版社, 2007: 41.

[26] 顾建民, 等. 大学何以有效治理: 模式、机制与路径[M]. 上海: 上海交通大学出版社, 2021: 48.

[27] 德·里德–西蒙斯 H. 欧洲大学史: 中世纪大学[M]. 第一卷. 张斌贤, 程玉红, 和震,

等译. 保定: 河北大学出版社, 2008: 120.

[28] 包尔生 F. 德国大学与大学学习[M]. 张弛, 郄海霞, 耿益群, 译. 北京: 人民教育出版社, 2009: 72, 77.

[29] 曹汉斌. 西方大学法人地位的演变[J]. 高等教育研究, 2005, 26(10): 102-107.

[30] Tierney W G, Minor J T. Challenges for Governance: A National Report[M]. Los Angeles: University of Southern California, 2003: 16.

[31] 钟秉林. 扎实推进世界一流大学和一流学科建设[J]. 教育研究, 2018, 39(10): 12-19.

[32] Blümel A. (De)constructing organizational boundaries of university administrations: changing profiles of administrative leadership at German universities[J]. European Journal of Higher Education, 2016, 6(2): 89-110.

[33] 弗里曼 R E. 战略管理: 利益相关者方法[M]. 王彦华, 梁豪, 译. 上海: 上海译文出版社, 2006: 354.

[34] Mitchell R K, Agle B R, Wood D J. Toward a theory of stakeholder identification and salience: defining the principle of who and what really counts[J]. The Academy of Management Review, 1997, 22(4): 853-886.

[35] 胡娟. 西方大学两大治理模式及其法治理念和思想传统[J]. 清华大学教育研究, 2018, 39(3): 34-42.

[36] 朱玉山. 大学治理的社会参与: 分析框架、概念界定与评测维度[J]. 现代教育管理, 2017, (1): 30-35.

[37] 眭依凡. 关于高校内部治理体系创新研究的框架性思考[J]. 华东师范大学学报(教育科学版), 2020, 38(12): 21-32.

[38] 熊金玉, 刘晓鸿, 刘大锰. 利益相关者视角下地矿油行业特色高校内部治理结构的优化研究[J]. 教育探索, 2022, (4): 74-79.

[39] 郭娟, 崔荣国, 闫卫东, 等. 2019年中国矿产资源形势回顾与展望[J]. 中国矿业, 2020, 29(1): 1-5.

[40] 史静寰. "形"与"神": 兼谈中国特色世界一流大学建设之路[J]. 国内高等教育教学研究动态, 2018, (11): 14.

[41] 朱华伟. 我国高水平大学交叉学科建设与发展现状研究: 基于 46 所研究生院调查分析[J]. 中国高教研究, 2022, (3): 15-23.

[42] 潘懋元, 董立平. 关于高等学校分类、定位、特色发展的探讨[J]. 教育研究, 2009, (2): 33-38.

[43] 彭涛, 魏建. 内生制度变迁理论: 阿西莫格鲁、青木昌彦和格雷夫的比较[J]. 经济社会体制比较, 2011, (2):126-133.

[44] 周作宇. 大学治理行动: 秩序原理与制度执行[J]. 清华大学教育研究, 2020, 41(2): 1-29.

[45] 袁贵仁. 建立现代大学制度推进高教改革和发展[J]. 中国高等教育, 2000, (3): 21-23.

[46] 秦前红, 石泽华. 我国高校监察制度的性质、功能与改革愿景[J]. 武汉大学学报(哲学社会科学版), 2020, 73(4): 124-139.

[47] 王冀生. 大学文化的科学内涵[J]. 高等教育研究, 2005, 26(10): 5-10.

第二章

行业特色高校高质量发展的内涵、机制与路径研究

第一节 行业特色高校高质量发展内涵与状态分析

本章基于资源配置理论与新经济增长理论，并结合新时代背景和高等教育发展战略，从行业特色高校发展特征出发科学界定行业特色高校高质量发展的内涵。

一、特征分析

行业特色高校在地质、能源、农业、医学等特定学科群具有深厚的研究基础和雄厚的研究能力，能够在推动实现我国高等教育高效率、内涵式、高质量发展等方面提供理论支撑、技术创新与决策支持，在高等教育强国建设中发挥着至关重要的作用。行业特色高校是指在办学的多种服务面向中形成了服务特定行业优势和特色的高等教育机构。这些高校往往是多学科的，除拥有服务特定行业的学科专业，还开办了服务其他行业或具有广泛社会适应性的学科专业[1]。他们大多原是行业高校，后来划转到中央政府教育主管部门或地方政府管辖，服务面向拓宽了，而且服务特定行业的学科专业不但具有优势，还有鲜明的特色。高等教育管理体制改革以后，以往的行业高校一部分发展成了行业特色高校。然而，内涵、定位不清，综合发展效率不够高是当前行业特色高校高质量发展的重要阻碍[2]。

新时期，国家发展理念和战略发生重大转变，国际新形势和高等教育发展战略变化带来新的挑战。随着高校规模的扩张，高等教育投资不足与教育资源利用效率偏低并存，办学过程中存在资源浪费现象。行业特色高校要达到高水平、高质量产出，就需要尽可能多地投入资源，同时，提升配置效率，使教育投入与教育产出形成正比例关系。然而，现实中多数情况下二者的正比例关系并不明显，即存在教育投入产出低效率，甚至无效率现象。教育产出受到众多因素的影响，且极易受到环境限制，在某一时段会对大量教育投入的反应不敏感。此外，教育投入与教育产出并不具有匹配性，不像营利性组织中的销售收入与销售成本那样

遵守配比原则，教育产出具有很强的滞后性。同时，高校发展的低效率是内部资源未得到充分利用的一种状态，属于非配置低效率现象。行业特色高校属于非营利机构，虽不以营利为目的，但是为了避免高耗低效，提高其高质量发展水平尤为必要。高等教育存在竞争的原因在于资源的稀缺性，针对行业特色高校的高质量教育投入与产出关系制定相应的资源配置策略，可以促进其发展效率提升。

二、高质量发展内涵界定

行业特色高校高质量发展的内涵是基于资源配置理论与新经济增长理论，以及新时代教育评价改革背景、十九届五中全会提出的"十四五"时期"构建高质量教育体系"的高等教育发展战略而界定的。

（一）理论基础：资源配置理论

资源配置是指对相对稀缺的资源在各种不同用途上加以比较做出的选择。资源是指社会经济活动中人力、物力和财力的总和，是社会经济发展的基本物质条件。在社会经济发展的一定阶段上，相对于人的需求而言，资源总是表现出相对稀缺性，从而要求人们对有限的、相对稀缺的资源进行合理配置，以最少的资源耗费生产出最适用的商品和劳务，获取最佳效益。资源配置合理与否，对一个国家、地区经济发展和一个组织生存发展均有着至关重要的影响。高等教育在发展过程中必然涉及资源配置，资源的稀缺性也是高等教育存在竞争的主要原因。高校是占有、消耗资源的实体组织，有效识别、挖掘以及配置资源对高校发展至关重要，而发展战略则应根据资源投入状况设计不同发展周期内其可以达成的目标以及能够采取的行动。因此，针对行业特色高校的高质量教育投入与产出关系制定相应的资源投入和分配策略，可以促进其发展效率提升，同时对于有限社会资源的合理配置也有着更好的指导意义。

（二）理论基础：新经济增长理论

新经济增长理论也称为内生经济增长理论，即把知识、人力资本、研究和开发等内生因素纳入经济增长模型中。该理论认为，经济持久增长是由内生力量决定的，如投资、技术创新与改革、人力资本、公共物品以及设施等方面[3]。新经济增长理论的目的是探索发展过程中出现经济增长差异的原因，核心观点为内在要素是经济增长产生差异的源泉。新经济增长理论中涉及的内生动力与再生能力对行业特色高校的高质量发展具有重大指导意义。

首先，在推动行业特色高校高质量发展的内在要素中，人力资本是行业特色高校高质量发展的基础，特别是高质量师资队伍的数量、质量、结构等，人员投入是行业特色高校高质量发展的强有力支撑条件。其次，经费投入是行业特色高校高质量发展的保障，如保障优秀师资人才的引进等，但不同来源资金投入的作用并不相同，具体可以分为政府财政投入与非政府财政投入。就行业特色高校发展而言，非政府财政投入可以从侧面部分反映高校与行业关系的密切程度，支撑行业特色高校开展符合社会需求的专业理论和技术研究。最后，学科建设是行业特色高校实现高质量发展的核心力，学科投入影响着高校的整体发展状况和发展质量，如"一流"学科的建设将在很大程度上决定人才培养的质量和高水平成果产出。因此，行业特色高校要实现高质量发展，必然要重视人员、经费以及学科等要素的投入。

（三）现实需求：新时代背景与高等教育发展战略

2020 年 10 月，中共中央、国务院印发了《深化新时代教育评价改革总体方案》[4]。该方案强化了分类评价思想，提出要"推进高校分类评价，引导不同类型高校科学定位，办出特色和水平"。随后，党的十九届五中全会为新时代教育改革发展指明坐标方位，提出了新的更高要求。全会明确提出"十四五"时期"建设高质量教育体系"，2035 年建成教育强国，标志着中国教育进入了全面提质创新的新的发展时代[5]。高等教育进入普及化阶段，推动建设高等教育强国，自然对行业特色高校提出新的发展要求。要在新起点上构建高质量发展体系，建设高等教育强国，行业特色高校必须着力抓好"四个质量"，树立质量意识，掀起质量革命，建成质量文化。

一是抓根本质量。人才培养是衡量行业特色高校高质量发展产出水平的根本标准。教育的高质量的核心是人才培养的高质量。把人才培养作为行业特色高校的核心工作，深化新工科、新医科、新农科、新文科建设，加快培养理工农医等专业紧缺人才，系统化培养拔尖创新人才是落实立德树人工作的根本任务。二是抓整体质量。整体质量涉及中西部教育以及中心城市教育等宏观结构问题，本章暂不讨论。就行业特色高校整体发展质量而言，成果获奖可以部分反映高校成果含金量，是衡量行业特色高校整体高质量产出不可忽视的要素。三是抓成熟质量。行业特色高校高质量发展离不开成熟的理论指导，因此，科研成果必然是衡量高校产出不可忽视的要素。无论是著作出版还是学术论文发表，都是行业特色高校发展产出的强有力证明。四是抓服务质量。技术转让是衡量行业特色高校高质量发展的重要产出要素。特色化高水平发展是行业特色高校区别于其他高校的重要特征，行业特色高校高质量发展必然离不开与行业的密切联系。提升关键领域自主创新能力，推进产学研协同创新，不断提升服务国家战略和区域发展的能力水平是行业特色高校高质量产出的重要体现。

（四）内涵提出

本部分将行业特色高校高质量发展定义为：在保持稳定发展的基础上，人员配置合理、资金投入充沛、学科优势明显，同时，成果产出扎实、成果获奖丰硕、技术转让高效、人才培养优质，且与行业紧密联系、不断提升资源配置效率的可持续发展状态。

三、地矿油高校高质量发展水平评价

（一）模型设定

数据包络分析（data envelopment analysis，DEA）是通过将投入与产出进行比较，以评价多输入指标与多输出指标的较为有效的方法[6]。DEA 包括假定规模效益不变的 CCR 模型①和假定规模效益可变的 BCC 模型②。其中，CCR 模型的假设前提条件为不变的规模报酬，然而现实中多数生产活动都要受到规模效益的影响，或递增或递减，少有生产活动是在最优的生产规模下进行的。也就是说，这种假设很难满足现实的需求，也不符合基本常理。因此，本章使用 DEA 中的 BCC 模型进行行业特色高校高质量发展状态的比较与分析。BCC 模型为

$$\begin{cases} Z = \min\left[\theta - \varepsilon\left(\sum_{j=1}^{m} s^- + \sum_{j=1}^{n} s^+\right)\right] \\[2mm] \sum_{j=1}^{k} x_j \lambda_j + s^- = \theta x_0 \\[2mm] \sum_{j=1}^{k} y_j \lambda_j + s^+ = y_0 \\[2mm] \sum_{j=1}^{k} \lambda_j = 1, \ j = 1, 2, \cdots, k \\[2mm] \theta \in \forall, \ s^+ \geqslant 0, \ s^- \geqslant 0, \ \lambda_j \geqslant 0 \end{cases} \quad (2\text{-}1)$$

其中，k 为高校数量；m 为投入指标数量；n 为产出指标数量；x_j 为投入变量；y_j 为产出变量；s^+、s^- 为松弛变量；ε 为非阿基米德无穷小量；θ 为决策单元效率评价值；λ_j 为决策单元的参变量。

Malmquist 指数是生产力随时间变动的度量，可以分解为效率变动与技术变动，用以衡量动态投入产出效率[7]。当输入结果大于 1 时，高校发展效率呈增长

---

① 由 Charnes（查恩斯）、Cooper（库珀）和 Rhodes（罗兹）三位学者提出。

② 由 Banker（班克）、Charnes（查恩斯）和 Cooper（库珀）三位学者提出。

趋势，反之呈下降趋势。设定规模报酬可变，面向输入导向的全要素生产率（total factor productivity，TFP）计算公式如下：

$$M_{\text{TFP}} = \left[\frac{E_u^t(x_{t+1}, y_{t+1}) E_u^{t+1}(x_{t+1}, y_{t+1})}{E_u^t(x_t, y_t) E_u^{t+1}(x_t, y_t)}\right]^{\frac{1}{2}} \tag{2-2}$$

$$= \frac{E_u^{t+1}(x_{t+1}, y_{t+1})}{E_u^t(x_t, y_t)} \left[\frac{E_u^t(x_t, y_t) E_u^{t+1}(x_{t+1}, y_{t+1})}{E_u^{t+1}(x_t, y_t) E_u^{t+1}(x_{t+1}, y_{t+1})}\right]^{\frac{1}{2}}$$

可进一步分解为

$$M_{\text{TFP}} = \frac{E_u^{t+1}(x_{t+1}, y_{t+1})}{E_u^t(x_t, y_t)} \left[\frac{E_u^{t+1}(x_{t+1}, y_{t+1}) / E_u^{t+1}(x_{t+1}, y_{t+1})}{E_u^{t+1}(x_t, y_t) / E_u^{t+1}(x_t, y_t)}\right] \times \tag{2-3}$$

$$\frac{E_u^t(x_{t+1}, y_{t+1}) / E_u^t(x_{t+1}, y_{t+1})}{E_u^t(x_t, y_t) / E_u^t(x_t, y_t)}$$

即

$$M_{\text{TFP}} = \text{tech}^{t+1} \times \text{effch}^{t+1} = \text{tech}^{t+1} \times \text{pech}^{t+1} \times \text{sech}^{t+1} \tag{2-4}$$

其中，(x_t, y_t)、(x_{t+1}, y_{t+1}) 为 t 和 $t+1$ 时期的投入产出；E^t、E^{t+1} 为相应时期的距离函数；E_u 为距离函数；M_{TFP} 可以分解为技术进步 tech 和综合技术效率 effch，综合技术效率可以进一步分解为技术效率 pech 和规模效率 sech。

（二）指标选取与数据来源

行业特色高校高质量发展状态评价采用效率评价方法，涉及高校投入与高校产出两个部分。其中，投入要素主要包括人员投入、经费投入以及学科投入。产出部分综合考量各高校的科学、经济、社会效益，主要从成果产出、技术转让、成果获奖和人才培养等方面选取相关指标作为产出。具体投入产出指标如表 2-1 所示。

表 2-1　行业特色高校高质量发展评价投入产出指标

投入指标	投入二级指标	产出指标	产出二级指标
人员投入	教学与科研人员合计	成果产出	专著数量
	教学与科研人员高级职称		学术论文合计
	研究与发展人员合计		国外及全国性刊物发表数量
	研究与发展人员高级职称	技术转让	签订合同数
经费投入	政府资金		技术转让实际收入
	企事业单位委托经费	成果获奖	成果获奖合计
	其他经费		国家级奖项数量
学科投入	总学科数	人才培养	本科生毕业人数
	优势学科		硕博研究生毕业人数

其中，人员投入、经费投入、成果产出、技术转让和成果获奖的数据来源于《高等学校科技统计资料汇编》（2016~2018 年）；学科投入数据来源于教育部学位与研究生教育发展中心于 2017 年公布的全国第四轮学科评估结果；人才培养的相关数据来源于各样本院校的官网、就业质量报告。

资源、能源是国家经济发展的源头，关系到国家经济命脉。经济的发展离不开地质、矿业、石油等能源的支持，即经济高质量发展离不开地质、矿业及石油类专业人才[8]。地矿油高校是指地质类、矿业类和石油类相关的高校，全国高校校名中含有"地质""石油""矿业"关键词的高校有 20 多所。为了更好地对地矿油行业特色高校高质量发展效率进行比较研究，本章共选取了 40 所样本院校，其中包括典型地矿油高校 11 所、非典型地矿油高校 19 所、综合性高校 10 所。然而，由于部分数据不可得，本部分删除了非典型地矿油高校中的成都理工大学、山东科技大学和青岛科技大学这三所高校，其余样本高校及相关数据如表 2-2 所示。

表 2-2　样本高校

序号	典型地矿油高校	序号	非典型地矿油高校	序号	综合性高校
1	中国地质大学（北京）	12	北京科技大学	28	吉林大学
2	中国地质大学（武汉）	13	西安科技大学	29	中南大学
3	河北地质大学	14	河南理工大学	30	东北大学
4	中国石油大学（华东）	15	长江大学	31	武汉大学
5	中国石油大学（北京）	16	长安大学	32	北京大学
6	西南石油大学	17	常州大学	33	南京大学
7	西安石油大学	18	安徽理工大学	34	同济大学
8	东北石油大学	19	桂林理工大学	35	厦门大学
9	中国矿业大学（北京）	20	太原理工大学	36	兰州大学
10	中国矿业大学	21	昆明理工大学	37	中山大学
11	北京化工大学	22	武汉科技大学		
		23	湖南科技大学		
		24	武汉工程大学		
		25	南京工业大学		
		26	安徽工业大学		
		27	长春工业大学		

由于数据量较大且不同指标以及同一指标间的数据差值较大，本部分对原始数据进行归一化处理，图 2-1 展示了 37 所样本高校 2016~2018 年的投入产出指标平均占比情况以及各指标的最大值与最小值。如图 2-1（a）所示，在总体样本高校中，典型地矿油高校与非典型地矿油高校各指标的平均投入占比情况未显示出明显差距，但是综合性高校的总投入占比明显高于地矿油高校。其中，兰州大学相比其他综合性高校总投入占比较低，北京科技大学相比其他地矿油高校总投入

占比较高。就单个指标而言，投入最大值多处于综合性高校区间，最小值多处于地矿油高校区间。例如，北京大学（综合性高校）平均每年的教学与科研人员投入人数最多，为 14 126.00 人；而河北地质大学（典型地矿油高校）平均每年投入的教学与科研人员数量则最少，为 561.33 人。由图 2-1（b）可见，典型地矿油高校与非典型地矿油高校各指标的平均产出占比情况未显示出明显差距，但是综合性高校的总产出占比明显高于地矿油高校。其中，兰州大学相比其他综合性高校总产出占比较低，太原理工大学相比其他地矿油高校总产出占比较高。就单个指标而言，产出最大值多处于综合性高校区间，最小值多处于地矿油高校区间。例如，北京大学（综合性高校）平均每年产出学术论文最多，为 15 479.00 篇；而河北地质大学（典型地矿油高校）平均每年产出的学术论文数量则最少，为 316.67 篇。综合而言，无论是投入指标平均占比还是产出指标平均占比，综合性高校皆远高于地矿油高校，即综合性高校多处于高投入、高产出状态，而地矿油高校多处于低投入、低产出状态。

（三）状态分析

本章将各高校作为一个决策单元，运用 DEA 产出导向型 BCC 模型测算样本院校的高质量发展效率。产出导向型更适合测算一定投入额度下资源投入所能创造出的最大产出[9]。

BCC 模型侧重于对横截面数据进行分析。首先，本部分分别对 2016 年、2017 年和 2018 年的样本高校发展效率进行测算，以观察各高校每年的静态效率。BCC 将综合技术效率分解为技术效率和规模效率，综合技术效率（effch）反映的是决策单元在一定规模（最优规模）时投入要素的生产效率，是对决策单元的资源配置能力、资源使用效率等多方面能力的综合衡量与评价。当 effch 值等于 1 时，代表该决策单元的投入与产出结构合理，相对效益最优；当 effch 值大于 1 时，代表该决策单元的投入与产出结构处于超级效益模式；当 effch 值小于 1 时，代表该决策单元的投入与产出结构不合理，相对效益未能达到最优，可能存在不同程度的投入冗余和产出不足。

1. 综合效率分析

如表 2-3 所示，在 2016~2018 年 37 所样本高校中的绝大多数的投入产出合理，相对效益皆达到了最优。然而，中国地质大学（武汉）、东北石油大学、安徽工业大学、长春工业大学、北京大学以及南京大学在三年中的不同时期皆出现了 effch 值小于 1 的情况，即上述高校在相应年份的投入产出结构不够合理，相对效益未能达到最优。此外，如表 2-3 所示，没有一所高校的综合技术效率值大于 1，也就是说三年间没有处于超级效益模式的样本院校。

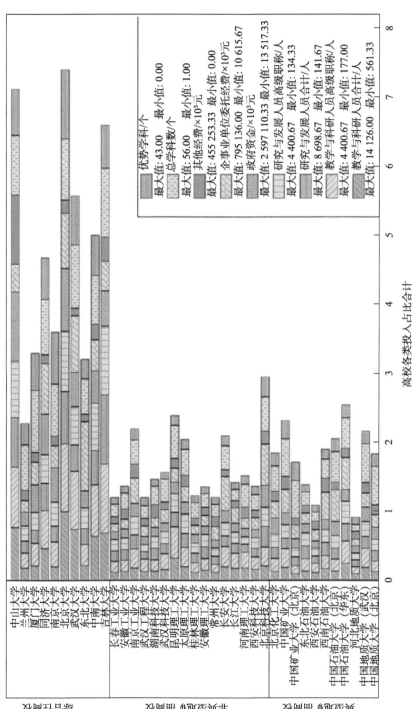

(a) 各高校2016~2018年平均投入占比

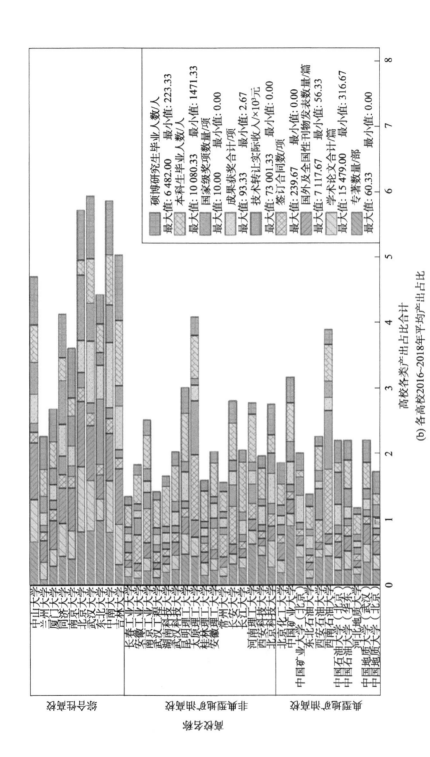

(b) 各高校2016~2018年各投入产出指标平均占比情况

资料来源：教育部；样本高校官网

图 2-1 样本高校2016~2018年各投入产出平均占比情况

为了将所有数据绘制在同一坐标下，此部分数据进行了归一化处理（0.1~1）；投入产出具体数值以原始数据为准

表 2-3 行业特色高校高质量发展效率

firm	2016 年				2017 年				2018 年			
	effch	pech	sech		effch	pech	sech		effch	pech	sech	
1	1.000	1.000	1.000	—	1.000	1.000	1.000	—	1.000	1.000	1.000	—
2	0.970	0.976	0.994	drs	1.000	1.000	1.000	—	1.000	1.000	1.000	—
3	1.000	1.000	1.000	—	1.000	1.000	1.000	—	1.000	1.000	1.000	—
4	1.000	1.000	1.000	—	1.000	1.000	1.000	—	1.000	1.000	1.000	—
5	1.000	1.000	1.000	—	1.000	1.000	1.000	—	1.000	1.000	1.000	—
6	1.000	1.000	1.000	—	1.000	1.000	1.000	—	1.000	1.000	1.000	—
7	1.000	1.000	1.000	—	1.000	1.000	1.000	—	1.000	1.000	1.000	—
8	1.000	1.000	1.000	—	1.000	1.000	1.000	—	0.918	1.000	0.918	irs
9	1.000	1.000	1.000	—	1.000	1.000	1.000	—	1.000	1.000	1.000	—
10	1.000	1.000	1.000	—	1.000	1.000	1.000	—	1.000	1.000	1.000	—
11	1.000	1.000	1.000	—	1.000	1.000	1.000	—	1.000	1.000	1.000	—
12	1.000	1.000	1.000	—	1.000	1.000	1.000	—	1.000	1.000	1.000	—
13	1.000	1.000	1.000	—	1.000	1.000	1.000	—	1.000	1.000	1.000	—
14	1.000	1.000	1.000	—	1.000	1.000	1.000	—	1.000	1.000	1.000	—
15	1.000	1.000	1.000	—	1.000	1.000	1.000	—	1.000	1.000	1.000	—
16	1.000	1.000	1.000	—	1.000	1.000	1.000	—	1.000	1.000	1.000	—
17	1.000	1.000	1.000	—	1.000	1.000	1.000	—	1.000	1.000	1.000	—
18	1.000	1.000	1.000	—	1.000	1.000	1.000	—	1.000	1.000	1.000	—
19	1.000	1.000	1.000	—	1.000	1.000	1.000	—	1.000	1.000	1.000	—
20	1.000	1.000	1.000	—	1.000	1.000	1.000	—	1.000	1.000	1.000	—
21	1.000	1.000	1.000	—	1.000	1.000	1.000	—	1.000	1.000	1.000	—
22	1.000	1.000	1.000	—	1.000	1.000	1.000	—	1.000	1.000	1.000	—
23	1.000	1.000	1.000	—	1.000	1.000	1.000	—	1.000	1.000	1.000	—
24	1.000	1.000	1.000	—	1.000	1.000	1.000	—	1.000	1.000	1.000	—
25	1.000	1.000	1.000	—	1.000	1.000	1.000	—	1.000	1.000	1.000	—
26	0.916	0.938	0.976	irs	1.000	1.000	1.000	—	1.000	1.000	1.000	—
27	1.000	1.000	1.000	—	0.784	1.000	0.784	irs	1.000	1.000	1.000	—
28	1.000	1.000	1.000	—	1.000	1.000	1.000	—	1.000	1.000	1.000	—
29	1.000	1.000	1.000	—	1.000	1.000	1.000	—	1.000	1.000	1.000	—
30	1.000	1.000	1.000	—	1.000	1.000	1.000	—	1.000	1.000	1.000	—
31	1.000	1.000	1.000	—	1.000	1.000	1.000	—	1.000	1.000	1.000	—
32	1.000	1.000	1.000	—	0.967	1.000	0.967		1.000	1.000	1.000	—
33	1.000	1.000	1.000	—	1.000	1.000	1.000	—	0.950	1.000	0.950	irs
34	1.000	1.000	1.000	—	1.000	1.000	1.000	—	1.000	1.000	1.000	—
35	1.000	1.000	1.000	—	1.000	1.000	1.000	—	1.000	1.000	1.000	—
36	1.000	1.000	1.000	—	1.000	1.000	1.000	—	1.000	1.000	1.000	—
37	1.000	1.000	1.000	—	1.000	1.000	1.000	—	1.000	1.000	1.000	—
mean	0.997	0.998	0.999		0.993	1.000	0.993		0.996	1.000	0.996	

资料来源：教育部；样本高校官网

firm 表示高校，序号所代表的学校与表 2-2 中一致，effch 表示综合技术效率；pech 表示技术效率；sech 表示规模效率；drs 表示规模报酬递减；irs 表示规模报酬递增；—表示规模效率有效，一般称为规模报酬固定；mean 表示均值

技术效率反映的是由管理和技术等因素影响的生产效率，其值等于 1 时，代表投入要素得到了充分利用，在给定投入组合的情况下，实现了产出最大化。结合表 2-3 的技术效率值可以看出，大多数高校的投入要素得到了充分利用且实现了产出最大化，只有中国地质大学（武汉）和安徽工业大学小于 1。技术效率与综合技术效率的区别在于计算技术效率时没有考虑要素利用率问题所带来的效率损失，即假定生产已对应了最优规模。也就是说，在目前的技术水平上，中国地质大学（武汉）和安徽工业大学投入资源的使用效率是不够有效的。不得不提的是，从目前结果来看，典型地矿油行业特色高校与非典型地矿油行业特色高校以及综合性高校相比，未显示出明显区别。

2. 规模报酬与差额变数分析

规模效率反映的是由规模因素影响的生产效率，通常结合规模报酬进行分析（表 2-3）。规模效率分析又分为规模报酬分析与有效性分析。其中，规模报酬分析在不同的生产规模下会发生改变。结果展示为"—"，代表规模效率有效，一般称为规模报酬固定；结果展示为"irs"，代表规模报酬递增；结果展示为"drs"，代表规模报酬递减。如表 2-3 所示，大部分高校生产达到高峰（规模报酬固定），与产出规模成正比且达到最适宜生产规模与最优状态。然而，也不能忽视出现规模报酬递减或规模报酬递增状态的高校。处于规模报酬递减状态下的高校，生产规模相对庞大，产出减缓，存在规模过度扩张风险。样本高校中仅 2016 年的中国地质大学（武汉）处于规模报酬递减状态，也就是说，当其投入增加时，产出增加的比例小于投入增加的比例。2016 年的安徽工业大学、2017 年的长春工业大学、2018 年的东北石油大学和南京大学则处于规模报酬递增状态。该类高校服务规模相对较小，需要扩大规模以增加规模效益，其投入产出比会随着规模增加而获得迅速提升。

DEA 效率评估模型所得到的最优解综合技术效率是决策单元 k 的"综合技术效率"。根据 effch 取值不同，将综合效益评估分为以下三种情况：effch=1，且产出指标的松弛变量取值（summary of output slacks）和投入指标的松弛变量取值（summary of input slacks）相加等于 0，说明决策单元 DEA 强有效；effch=1，且松弛变量任一个为 0，说明决策单元 DEA 弱有效；effch<1，说明决策单元非 DEA 有效。本部分中绝大部分样本高校为 DEA 强有效，且考察年限内不存在 DEA 弱有效的高校。中国地质大学（武汉）、东北石油大学、安徽工业大学、长春工业大学、北京大学以及南京大学展示为非 DEA 有效。然而，不得不提的是，东北石油大学、长春工业大学、北京大学以及南京大学的技术效率为 1，而规模效率小于 1。这说明就这四所高校本身的技术效率而言没有投入需要减少，也没有产出需要增

加。该类高校综合技术效率没有达到有效（即 1），是因为其规模与投入、产出不相匹配，需要扩大或缩减规模。技术效率等于 1，表示目前的技术水平条件下，其投入资源使用有效，未能达到综合技术效率有效的根本原因在于其规模无效。因此，其改革重点在于如何更好地发挥其规模效益。所以本部分计算结果中，只有 2016 年的中国地质大学（武汉）和安徽工业大学存在需要调整的投入冗余与产出不足相关指标。

针对 DEA 强有效的高校而言，即任何一项投入的数量都无法减少，除非减少产出或增加另外一种投入的数量。同时，任何一种产出的数量都无法增加，除非增加投入数量或减少另外一种产出的数量，也就是说该类高校暂时同时达到了技术有效和规模有效。针对 DEA 弱有效的高校，应按照差额变数的冗余情况进行调整。由于本部分未涉及 DEA 弱有效的高校类型，所以暂不做讨论。针对非 DEA 有效的高校，说明该类高校存在资源浪费现象，或者说存在没有合理利用资源现象，需要按照差额变数的冗余情况进行调整，使之变为 DEA 强有效。也就是说，2016 年的中国地质大学（武汉）与安徽工业大学既不是效率最佳也不是规模最佳。

差额变数分析是基于松弛变量的分析，根据冗余情况适当减少投入冗余、增加产出不足。结合差额变数分析表（表 2-4 和表 2-5），可以得到各决策单元投入与产出的部分/全部的增减量。研究发现，只有中国地质大学（武汉）与安徽工业大学在 2016 年出现了投入产出不合理问题，是需要引起关注的重点高校。从产出指标来看，问题主要集中成果获奖合计、专著数量、学术论文合计、国外及全国性刊物发表数量、技术转让实际收入方面，两所高校应努力增加相关产出，弥补不足。从投入指标来看，问题分布相对均衡，无论是人员投入、经费投入还是学科投入方面，两所高校都需要调整上述冗余指标，以促使投入规模更加合理。综合而言，行业特色高校在高质量发展过程中，应尽量减少投入冗余，以免造成资源浪费；同时，努力增加产出，争取早日达到超级效益模式。两所高校在 2016年应进行调整的产出不足与投入冗余的具体数据见表 2-4 和表 2-5。

表 2-4　差额变数分析表——产出不足

产出指标	本科生毕业人数/人	硕博研究生毕业人数/人	成果获奖合计/项	国家级奖数量/项	专著数量/部	学术论文合计/篇	国外及全国性刊物发表数量/篇	签订合同数/项	技术转让实际收入/千元
中国地质大学（武汉）	0	0	10.29	0.76	0	419.34	161.95	0	1184.86
安徽工业大学	0	0	8.26	0	6.16	448.69	50.61	0	3103.21
平均值	0	0	0.50	0.02	0.17	23.46	5.74	0	115.89

资料来源：教育部；样本高校官网

表 2-5　差额变数分析表——投入冗余

投入指标	教学与科研人员合计/人	教学与科研人员高级职称/人	研究与发展人员合计/人	研究与发展人员高级职称/人	政府资金/千元	企事业单位委托费/千元	其他经费/千元	总学科数/个	优势学科/个
中国地质大学（武汉）	0	107.25	77.24	101.15	28 160.57	0	6 964.05	4.01	0
安徽工业大学	0	16.49	6.82	26.04	18 820.14	0	5 844.83	1.22	0
平均值	0	3.34	2.27	3.44	1 269.75	0	346.19	0.14	0

资料来源：教育部；样本高校官网

3. 象限分析

与综合性高校相比，地矿油高校的综合效率水平偏低。结合 2016~2018 年相关数据分析结果，发现所有样本高校皆处于投入与产出示例图的第一象限与第三象限间，表明各高校在一定规模（最优规模）时，投入要素的生产效率、资源配置能力以及资源使用效率等多方面的投入与产出结构相对合理，且综合效率皆达到了最优。然而，无论是典型地矿油高校还是非典型地矿油高校，绝大多数都处于第三象限（低投入，低产出），综合性院校多处于第一象限（高投入，高产出）（图 2-2）。地矿油高校中，只有 2016 年的中国石油大学（北京）与北京化工大学，以及 2016~2018 年的北京科技大学处于第一象限。参考原始数据，我们发现，中国石油大学（北京）与北京化工大学主要受益于较少的人员投入与较多的学术论文产出。而北京科技大学之所以一直保持着处于第一象限的优势，主要原因在于其每年较高的产出，无论是成果获奖、技术转让还是成果产出方面。综合性高校中，只有兰州大学与 2018 年的东北大学处于第三象限，这可能与高校所在地的经济社会发展程度、技术水平以及创新意识息息相关，也在一定程度上反映了区位环境因素对高校发展效率的影响。大部分样本高校在三年期间发展规模未发生明显变动。然而，与 2016 年相比，典型地矿油高校中的中国石油大学（北京）与非典型地矿油高校中的北京化工大学在 2017 年与 2018 年的规模相对缩减，皆由第一象限降至第三象限。综合而言，受制于多种因素影响，地矿油高校的投入产出规模相对偏低，不利于高等教育由精英教育向大众教育的转变，更不利于满足地矿油行业发展的各种需求。

4. 动态效率分析

BCC 模型侧重对截面数据的分析，测算结果未能考察时间全局与技术变动的影响[9]。本部分利用 Malmquist 指数及其分解指标度量 2016~2018 年不同类型高校的高质量发展效率，测度高校发展效率的动态变化趋势。利用全要素生产率

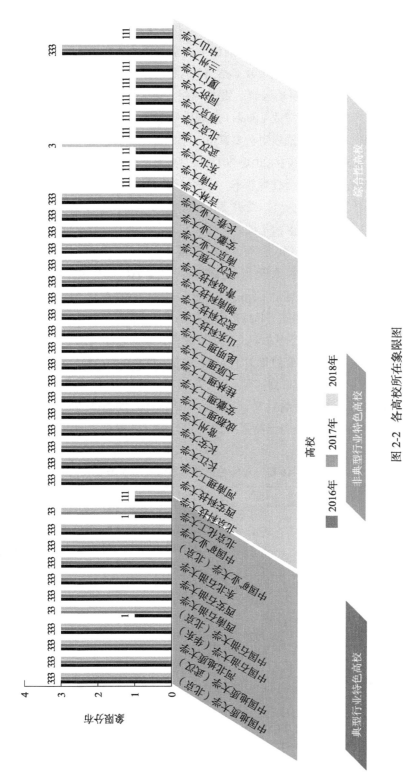

图 2-2　各高校所在象限图

资料来源：教育部；样本高校官网

1表示第一象限，高投入，高产出；3表示第三象限，低投入，低产出

反映技术进步及管理等因素引起的效率变化，全要素生产率又称为系统生产率，即 Malmquist 指数，可以全面表征高校的活动效率水平及其变化情况[10]。全要素生产率可分解为综合技术效率变化指数（effch）与技术进步指数（techch），进而分析全要素生产率变化的内在驱动因素。此外，进一步将综合技术效率变化指数（effch）分解为技术效率变化指数（pech）与规模效率变化指数（sech），从而深入分析高校科研管理方式与科研规模对全要素生产率的影响。

表 2-6 反映了不同类型高校在 2016~2018 年的高质量发展动态效率。可以看出，三年间三种不同类型高校的综合技术效率、技术效率以及规模效率皆未发生明显变化。因为上述指标计算结果皆为 1，表示三种高校在原有技术水平与制度管理条件下，保持合理规模稳定发展。也就是说，在样本范围中，主要是技术进步指数变化导致了全要素生产率指数的变化。然而，从全要素生产率（TFP）均值来看，只有985 综合性高校的 TFP 指数均值大于 1，这意味着，在 2016~2018 年，只有这些高校总体上的发展处于较高水平且呈上升态势。除了 985 综合性高校，无论是典型地矿油高校还是非典型地矿油高校，其 TFP 均值均小于 1，显示出地矿油行业特色高校在 2016~2018 年全要素生产率总体上呈下降趋势，发展效率与水平仍需提高。2016~2017 年地矿油高校的 TFP 值皆大于 1，即在这期间地矿油高校发展效率较高。然而，其并没有保持住良好的发展态势，2017~2018 年整体发展效率与水平又降了下来。不难发现，与 985 综合性高校相比，地矿油高校的整体高质量发展效率与水平仍需提升，同时，要努力保持强劲的发展势头，以实现真正的高质量且可持续发展。

表 2-6   2016~2018 年行业特色高校高质量发展动态效率

年份	effch	techch	pech	sech	TFP
典型地矿油高校					
2016~2017	1.000	1.006	1.000	1.000	1.006
2017~2018	1.000	0.971	1.000	1.000	0.971
平均值	1.000	0.988	1.000	1.000	0.988
非典型地矿油高校					
2016~2017	1.001	1.005	1.000	1.001	1.005
2017~2018	1.000	0.926	1.000	1.000	0.926
平均值	1.000	0.964	1.000	1.000	0.965
985 综合性高校					
2016~2017	1.000	0.992	1.000	1.000	0.992
2017~2018	1.000	1.079	1.000	1.000	1.079
平均值	1.000	1.034	1.000	1.000	1.034

资料来源：教育部；样本高校官网

注：effch 表示综合技术效率；techch 表示技术进步指数；pech 表示技术效率；sech 表示规模效率；TFP 表示全要素生产率。

第二节 行业特色高校高质量发展的作用机理与机制分析

行业特色高校高质量发展是一个系统工程，涉及诸多要素及其相应的影响因素，所处的阶段不同涉及的要素及其相应的影响因素也不同。因此，以地矿油高校为研究对象，立足地矿油高校面临的内外部实际情况，研究其高质量发展状态的影响因素，辨析地矿油高校高质量发展的作用机理，对提出行业特色高校高质量发展的政策建议具有重要意义。

一、影响因素选择

基于文献研究和高等教育学、教育经济学理论，从以下三个方面提出选择影响因素。

（一）产业结构

产业结构提出行业特色高校毕业生就业需求、专业理论与技术研究需求，即通过成果产出、人才培养等产出指标影响行业特色高校高质量发展状态。行业特色高校长期依托行业办学，高校自身发展与产业结构的升级转型存在密切关系，特别是与特定行业技术突破需求、理论支撑需求等依存度高。反过来，特定行业也为行业特色高校在该领域内开展行业研究搭建平台[11]。特定行业的转型升级也对高素质专业人才培养规模、结构和质量提出要求，这也从需求侧倒逼行业特色高校在投入要素上作布局调整。

地矿油高校的高质量发展与第二产业特别是采矿业、石油加工、金属冶炼等产业的转型升级密切相关。因此，提出假设 H2-1。

H2-1：第二产业发展对地矿油高校的高质量发展起促进作用，即第二产业增加值越高，行业特色高校高质量发展的效率越高。

（二）管理体制

管理体制与行业特色高校办学自主性和办学模式密切相关，通过影响教育资源的配置，对行业特色高校高质量发展状态产生影响。高等教育管理体制的改革使行业特色高校脱离原有行业管理，分别由教育部、地方政府和行业主管部门管理，行业特色高校在教育资源配置上处于相对弱势地位，拉大了其与综合性高校的发展差距。此前的实证研究表明，高等教育管理权力更多地集中于中央，地方在高等教育发展方面的权力有限，使得各地高等教育发展格局没有因为经济发展格局的变动而发生变动[12]。教育部通过推进与地方政府、行业部门、龙头企业等共建部属高校的工作，继续深化管理体制改革和布局调整，建立起行业特色高校共建与资源整合的模式，推动行业特色高校的发展。因此，管理体制是影响行业特色高校高质量发展状态的重要影响因素。

由于管理体制对高校高质量发展的影响属于定性因素，因此，引入教育部、地方政府和行业主管部门三个虚拟变量，将定性因素做定量化处理。教育部作为 1，地方政府作为 2，行业主管部门作为 3。本章提出假设 H2-2。

H2-2：与地方政府、行业主管部门所属高校相比，教育部直属高校能够达到更高质量的发展水平。

（三）区域分布

高校所在地区的交通便利程度会通过师资队伍等投入要素和人才培养等产出要素影响高校高质量发展状态。作为地区空间的组成部分，高校所在地区的交通便利程度影响高校的对外联系程度。一般来说，区域主导产业的布局与空间拓展会充分考虑交通条件因素，高校所在地区交通条件优越，将有助于增加行业企业与高校的互动交流。在要素流动方面，便利的交通条件有利于劳动和资本要素的跨区域流动，推进产学研深度合作。便捷的交通能够通过降低知识流动的成本影响高校专利知识溢出，促进技术要素的跨区域流动[13]，从而对高校的学科建设水平、师资水平、科研创新水平和人才培养水平产生影响。同时，所在地区的高水平高校数量越多，对教育资源的竞争越激烈，从这个意义上说，也将影响高校高质量发展状态。高校地理分布的集中程度越高，在一定规模教育资源下，区域高校之间开展竞争的机会就越大，特别是高水平综合性高校可能挤占行业特色高校的教育资源。长期以来，我国教育资源分布格局有着地理上的差异，各地区拥有的高校数量及实力存在明显差异[14]，教育资源的不均衡分布会加剧高校之间的差距。

区域分布以高校所在地区的交通便利程度和高校数量表征，铁路密度是反映一个地区铁路运输条件和路网水平的指标，省域内"双一流"高校数量能够体现地区教育资源的分配情况和竞争程度。因此，行业特色高校的区域分布水平由高校所在地区的铁路密度和省域内"双一流"高校数量来衡量。

本章提出假设 H2-3、H2-4。

H2-3：行业特色高校所在地（省级行政区划）铁路密度越高，行业特色高校具有更高质量的发展状态。

H2-4：行业特色高校所在地"双一流"高校数量越多，教育资源的校际竞争越激烈，不利于行业特色高校的高质量发展。

二、作用机理识别

行业特色高校高质量发展状态是由投入要素和产出要素的配置决定的，产业结构、管理体制和区域分布等外部因素通过影响投入要素和产出要素的配置过程，作用于行业特色高校高质量发展状态。具体作用机理如图 2-3 所示。

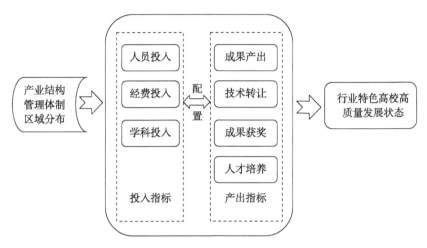

图 2-3　行业特色高校高质量发展的作用机理

　　在外部因素的推动下，行业特色高校的投入要素和产出要素配置发生变化，从而产生不同的高质量发展状态。产业结构的调整主要通过需求侧拉动，包括通过提出人才培养需求、技术突破需求、理论支撑需求以及技术转让需求等，进而促进行业特色高校通过内部投入要素的配置，如进一步增加师资培养专业性人才、通过企业提供的科研经费引导教师的研究方向等，实现高质量发展。管理体制可划分为教育部主管、地方政府主管以及行业主管部门主管，主要通过教育资源的分配来影响行业特色高校内部投入要素，进而促进产出指标的变化。如果说产业结构是需求侧拉动，那么管理体制则是供给侧推动，无论是推还是拉，均可在不同程度上促进行业特色高校的高质量发展。另外，区域分布因素并不直接促进投入和产出要素的配置，更多的是创设一个外部环境，如高校所在地的铁路密度较低，可能影响产业布局，进而通过需求侧影响行业特色高校的发展；高校所在地的"双一流"高校越多，就可能引起教育资源的竞争，如优秀师资从行业特色高校流向其他"双一流"高校等，这是供给侧，而在需求侧，也可能引发企业资源更多地流向其他"双一流"高校，从需求侧影响高校发展。因此，从影响因素看，主要是产业结构、管理体制和区域分布影响了行业特色高校高质量发展状态。

三、作用机理的实证分析

（一）数据来源

　　产业结构、铁路密度相关的数据来源于《中国统计年鉴 2020》和高校所在地区 2016~2018 年统计年鉴，管理体制和高校数量相关的数据来源于《全国高等学校名单》（截至 2021 年 9 月 30 日）。本部分所选择的样本高校与前部分研究的 37 所高校一致，包括典型地矿油高校 11 所、非典型地矿油高校 16 所、综合性高校 10 所。

（二）变量指标选取

基于第一部分行业特色高校高质量发展内涵界定和状态评价结果，本部分选取 2016 年、2017 年和 2018 年样本高校的投入产出指标作为因变量，具体包括投入要素的人员投入、经费投入和学科投入以及产出要素的成果产出、技术转让、成果获奖和人才培养这七个指标；选取产业结构、管理体制、铁路密度和本省内"双一流"高校数量作为自变量。关于变量指标的选取，本节在前文研究基础上对指标进行了进一步筛选，以便得出客观科学的结果，数据的描述性统计结果如表 2-7 所示。其中，管理体制对高校高质量发展的影响属于定性因素。因此，引入教育部、地方政府部门和其他行业主管部门三个虚拟变量，将定性因素做定量化处理（教育部为 1，地方政府为 2，其他行业主管部门为 3）。所选 37 所地矿油高校均为教育部或地方政府管理，由行业主管部门管理的行业特色高校（如工业和信息化部所属的北京航空航天大学）未纳入，故管理体制一项最大值为 2。

表 2-7　变量描述性统计结果

项目	一级指标	二级指标	变量名称	观测值	均值	标准差	最小值	最大值
		样本高校	scho	37.00	19.00	10.82	1.00	37.00
投入指标	人员投入	教学与科研人员合计/人	y_1	37.00	2 930.97	3 315.00	561.33	14 126.00
		教学与科研人员高级职称/人	y_2	37.00	1 209.21	1 166.52	177.00	4 400.67
		研究与发展人员合计/人	y_3	37.00	1 475.51	1 885.70	141.67	8 698.67
		研究与发展人员高级职称/人	y_4	37.00	998.88	1 049.01	134.33	4 400.67
	经费投入	政府资金/千元	y_5	37.00	438 163.54	601 466.91	13 448.75	2 501 817.00
		企事业单位委托经费/千元	y_6	37.00	197 306.86	184 954.68	10 556.02	782 262.72
		其他经费/千元	y_7	37.00	36 104.44	72 633.69	0	435 181.02
	学科投入	总学科数/项	y_8	37.00	22.51	15.72	1.00	56.00
		优势学科/项	y_9	37.00	8.14	11.30	0	43.00
产出指标	成果产出	专著数量/部	y_{10}	37.00	19.02	16.37	0	60.33
		学术论文合计/篇	y_{11}	37.00	3 534.37	3 641.58	316.67	15 479.00

续表

项目	一级指标	二级指标	变量名称	观测值	均值	标准差	最小值	最大值
产出指标	成果产出	国外及全国性刊物发表数量/篇	y_{12}	37.00	1 687.09	1 990.82	56.33	7 117.67
	技术转让	签订合同数/项	y_{13}	37.00	37.14	57.88	0	239.67
		技术转让实际收入/千元	y_{14}	37.00	9 321.03	17 063.88	0	70 744.67
	成果获奖	成果获奖合计/项	y_{15}	37.00	22.97	21.59	2.67	93.33
		国家级奖项数量/项	y_{16}	37.00	1.71	2.24	0	10.00
	人才培养	本科生毕业人数/人	y_{17}	37.00	4 982.37	1 859.69	1 471.33	10 080.33
		硕博研究生毕业人数/人	y_{18}	37.00	2 113.85	1 725.26	223.33	6 482.00
自变量指标		产业结构/万元	stru	37.00	14 682.12	11 006.86	2 613.00	38 467.91
		铁路密度/（公里/万公里^2）	traf	37.00	392.94	271.20	126.28	1 258.37
		管理体制	syst	37.00	1.49	0.51	1.00	2.00
		高校数量/个	numb	37.00	10.51	11.29	0	34.00

注：scho 为样本高校序列

（三）分要素回归结果分析

1. 人员投入

如表 2-8 所示，在师资水平方面，第二产业增加值、铁路密度与地矿油高校的人员投入之间未呈现出明显的相关性，而管理体制和高校数量对地矿油高校的人员投入起负面影响作用，即地方政府管理的高校、省域内"双一流"高校数量较高的高校，其师资规模和水平会受限。

表 2-8　人员投入的回归结果

人员投入	第二产业增加值		铁路密度		管理体制		"双一流"高校数量	
	相关系数	p 值	相关系数	p 值	相关系数	p 值	相关系数	p 值
教学与科研人员合计/人	0.227	0.216	0.064	0.830	−0.972***	0.001	−0.253*	0.091
教学与科研人员高级职称/人	0.217	0.189	−0.018	0.946	−1.01***	0.000	−0.236*	0.080
研究与发展人员合计/人	0.113	0.575	0.428	0.204	−1.09***	0.001	−0.329**	0.049
研究与发展人员高级职称/人	0.148	0.391	0.248	0.870	−1.102***	0.000	−0.287**	0.045

*表示 $p<0.1$，**表示 $p<0.05$，***表示 $p<0.01$

从第二产业增加值结果看，现有地矿油高校与行业间的人员互动过少，在师资方面，行业导师较少进入高校开展实践教学，而地矿油高校的教师也较少在行业内积累经验。对高校而言，教师进入行业企业兼职能够促进理论和技术成果转化，而教师个人的兼职行为也能够进一步加深高校与行业之间联系，促进产学研合作[15]。因此，地矿油高校在"双师型"师资队伍建设上要加大力度。

从管理体制来看，教育部主管的地矿油高校在人员投入方面具有更好的表现。地方政府主管的地矿油高校平均教师与科研人员规模为 2059 人；而教育部主管的地矿油高校平均教师与科研人员规模为 6630 人，远远高于地方政府主管的地矿油高校。

从区域分布来看，铁路密度与地矿油高校的人员投入指标未呈现出显著的相关性，证明交通便利程度不影响地矿油高校的师资引入或流动。省域内"双一流"高校的分布密度却在一定程度上影响了地矿油高校的人员投入，"双一流"高校数量每上升 1%，地矿油高校的人员投入相应减少 0.236%~0.329%，这可能是由于"双一流"高校对包括师资在内的教育资源具有"虹吸效应"。"双一流"高校本身具有较好的内外部优势，形成了省域内的资源竞争，使得一部分地矿油高校的师资流入其他"双一流"高校中[16]。

2. 经费投入

如表 2-9 所示，第二产业业增加值、铁路密度和管理体制对地矿油高校的经费投入具有显著的影响，省域内"双一流"高校数量与经费投入间相关性不显著。

表 2-9　经费投入的回归结果

经费投入	第二产业增加值		铁路密度		管理体制		"双一流"高校数量	
	相关系数	p 值	相关系数	p 值	相关系数	p 值	相关系数	p 值
政府资金/千元	0.223	0.266	0.329	0.322	−1.907***	0	−0.219	0.179
企事业单位委托经费/千元	0.359**	0.02	0.675***	0.009	−1.126***	0	−0.065	0.584
其他经费/千元	0.370	0.261	0.146	0.784	−0.869*	0.074	−0.102	0.695

*表示 $p<0.1$，**表示 $p<0.05$，***表示 $p<0.01$

从第二产业增加值看，地矿油行业的发展可以增加对地矿油高校的资金支持，当第二产业增加值增长 1%的情况下，地矿油高校获得企事业单位委托经费将上升0.359%。然而，政府资金和其他经费投入均没有增长，财政资金对地矿油高校的支持并未随着经济的发展而稳步提升。

从管理体制看，行业企业可能更倾向于支持教育部直属高校的发展，对地方政府主管的地矿油高校支持相对较少，在管理体制的影响下，教育部直属高校获得的企事业单位委托经费要比地方政府主管高校多 1.126%。同时，教育部直属高校获得的政府财政支持也要高于地方政府的财政支持，前者要比后者多 1.907%。与之相对应，其他经费的投入也更倾向于流向教育部直属高校。

从区域分布看，交通越发达的地区更能吸引行业企业入驻，从而形成对当地地矿油高校的支撑，铁路密度每增加 1%，企事业单位委托经费增加 0.675%。省域内"双一流"高校的分布密度未对经费投入产生影响，即从经费投入角度看，省域内其他"双一流"高校并未形成"虹吸效应"，这可能是因为行业企业可能更愿意与行业特色高校合作。

3. 学科投入

如表 2-10 所示，管理体制和省域内"双一流"高校数量对高校学科建设水平均有显著性影响，第二产业增加值、铁路密度对高校学科发展的影响不显著。

表 2-10　学科投入的回归结果

学科投入	第二产业增加值		铁路密度		管理体制		"双一流"高校数量	
	相关系数	p 值	相关系数	p 值	相关系数	p 值	相关系数	p 值
总学科数/项	1.775	0.466	−0.594	0.882	−27.162***	0.000	−3.344*	0.095
优势学科/项	2.126	0.361	−0.058	0.988	−15.438***	0.000	−0.711	0.703

*表示 $p<0.1$，***表示 $p<0.01$

从第二产业增加值看，行业发展对学科的推动作用不强，这可能是因为地矿油高校现有的学科发展与行业发展需求脱节，双方发展缺乏有效的沟通交流机制。

从管理体制看，教育部直属高校的学科综合水平处于前 70%的学科数较多，A+类的优势学科也显著较多，平均比地方政府主管高校多 27.162%和 15.438%。

从区域分布看，由于学科综合水平处于前 70%的学科数相对有限，所以省域内的多个高校间会产生较强的竞争性，特别是当省域内"双一流"高校数量较多时，挤出效应更强。当省域内"双一流"高校数量每增加 1%时，学科综合水平处于前 70%的学科数将下降 3.344%。

4. 成果产出

如表 2-11 所示，铁路密度对地矿油高校成果产出未呈现显著影响，第二产业增加值、管理体制和省域内"双一流"高校数量对地矿油高校成果产出的提升有显著正向影响。

表 2-11　成果产出的回归结果

成果产出	第二产业增加值		铁路密度		管理体制		"双一流"高校数量	
	相关系数	p 值	相关系数	p 值	相关系数	p 值	相关系数	p 值
专著数量/部	7.803**	0.049	8.265	0.199	−13.221**	0.024	−3.620	0.247
学术论文合计/篇	0.132	0.460	0.184	0.535	−1.296***	0.000	−0.240	0.103
国外及全国性刊物发表数量/篇	0.319	0.155	0.207	0.573	−1.994***	0.000	−0.345*	0.060

*表示 $p<0.1$，**表示 $p<0.05$，***表示 $p<0.01$

从第二产业增加值看，地矿油高校的专著数量随着第二产业增加值的上升而上升，但学术论文的产出与第二产业增加值未形成相关关系，这可能是因为教材、专著对相关理论和技术的阐述更为详细，对行业发展更有支撑作用，而论文往往就专业领域内的一个小的方面产生突破，同时，论文的学术专业性更强，行业企业对论文的需求更小。

从管理体制看，教育部直属高校的成果产出更为丰富，专著和论文平均产出量比地方政府主管高校的平均成果产出量分别高 13.221%和 1.296%，这可能与教育部直属高校教师和科研人员的发展压力有关，包括学科评估、职称晋升等外部和内部压力。

从区域分布看，铁路密度未对成果产出产生显著影响，这可能是因为成果产出更多地与个体发展有密切关系，外部环境呈现间接影响；而省域内优质师资及生源流向"双一流"高校数量给行业高校的成果发表带来负面影响，高校数量每上升 1%，国外及全国性刊物发表数量下降 0.345%。

5. 技术转让

如表 2-12 所示，除第二产业增加值外，管理体制、铁路密度和省域内"双一流"高校的数量均对地矿油高校的技术转让产生显著影响。

表 2-12　技术转让的回归结果

技术转让	第二产业增加值		铁路密度		管理体制		"双一流"高校数量	
	相关系数	p 值	相关系数	p 值	相关系数	p 值	相关系数	p 值
签订合同数/项	18.379	0.187	53.865**	0.023	39.634*	0.055	−16.797	0.137
技术转让实际收入/千元	0.803	0.123	2.188**	0.013	−0.070	0.924	−0.719*	0.089

*表示 $p<0.1$，**表示 $p<0.05$

从第二产业增加值看，行业发展对技术转让可能起着正向影响，但没有呈现显著影响的状态，这可能是由于地矿油高校的科学研究成果与行业企业的需求没有形成对应关系。

从管理体制看，教育部直属高校的技术转让合同数更多，平均比地方政府主管高校的技术转让合同数高 39.634%，但数量增加未带来实际收入的增加，教育部直属高校与地方政府主管高校在技术转让实际收入影响方面没有区别。

从区域分布看，交通便利的地区可能更有利于技术的转化，能够有利于行业高校与行业企业间的对接，从结果看，铁路密度的增加同时促进了技术转让合同数量和实际收入的增加，分别增长 53.865% 和 2.188%。省域内"双一流"高校数量一定程度上对技术转让形成了竞争性，这是由于技术采纳具有排他性，某一个技术被采纳应用，将影响其他同类技术的转化，同时，同类技术的竞价也会降低技术转让实际收入，因此，省域内"双一流"高校数量每增加 1%，技术转让实际收入就下降 0.719%。

6. 成果获奖

表 2-13 显示了地矿油高校成果获奖的回归结果，仅管理体制具有显著的负向影响。

表 2-13　成果获奖的回归结果

成果获奖	第二产业增加值		铁路密度		管理体制		"双一流"高校数量	
	相关系数	p 值	相关系数	p 值	相关系数	p 值	相关系数	p 值
成果获奖合计/项	0.827	0.869	0.868	0.917	−23.372***	0.003	−3.088	0.449
国家级奖项数量/项	0.205	0.662	0.386	0.619	−2.417***	0.001	−0.255	0.501

***表示 $p<0.01$

从第二产业增加值看，行业发展没有对地矿油高校成果获奖产生促进作用，原因可能在于成果与行业发展需求脱节，获奖的成果可能更多体现为专著、论文等，技术类的奖相对较少，而行业发展主要对技术创新成果产生拉动作用。

从管理体制看，教育部直属高校与地方政府主管高校相比，成果获奖更多，获奖的层级更高。这是因为教育部直属高校获得的资金、人员和学科资源更多，更有利于产出高水平的成果，因此，无论是数量还是质量方面，均优于地方政府主管高校，有更大可能性获奖。从成果获奖数量看，教育部直属高校比地方政府主管高校高 23.372%；从成果获奖层级看，教育部直属高校获得的国家级奖项数量比地方政府主管高校高 2.417%。

从区域分布看，铁路密度和省域内"双一流"高校数量未对成果获奖产生显著影响，但从相关系数看，应该说交通相对便利的高校获得奖项的数量可能更高，而省域内"双一流"高校数量增加可能会增加奖项的竞争性，从而降低成果获奖的数量。

7. 人才培养

如表 2-14 所示，第二产业增加值、管理体制和省域内"双一流"高校数量对人才培养具有显著影响，而铁路密度没有对人才培养起到影响。

表 2-14　人才培养的回归结果

人才培养	第二产业增加值		铁路密度		管理体制		"双一流"高校数量	
	相关系数	p 值	相关系数	p 值	相关系数	p 值	相关系数	p 值
本科生毕业人数/人	0.174**	0.030	−0.100	0.434	0.010	0.932	−0.220***	0.001
硕博研究生毕业人数/人	0.081	0.508	0.045	0.826	−1.413***	0.000	−0.146	0.147

表示 $p<0.05$，*表示 $p<0.01$

从第二产业增加值看，行业发展拉动了本科生就业，但未对硕博毕业生起正向影响，这可能是企业更需要培养具有一定实践潜力的人员，而硕博毕业生可能更多地流向了科研院所和政府部门。从结果看，第二产业增加值每上升 1%，能拉动地矿油高校本科生就业人数上升 0.174%。

从管理体制看，教育部直属高校和地方政府主管高校的本科生就业没有显著区别，但教育部直属高校的硕博研究生更容易就业，这一方面与地方政府主管高校硕博研究生培养规模较小有关，另一方面也与教育部直属高校硕博研究生的培养环境更好、培养压力更大、研究生的成果更多有关，这些因素促使教育部直属高校硕博研究生可能更容易就业[17-20]。

从区域分布看，交通便利程度并没有促进本科生和硕博研究生就业，这可能与学生跨省域就业有关，在工作选择过程中就读高校所在地的交通便利情况不是主要考虑的因素[21-23]。然而，省域内"双一流"高校数量的增加会形成本科生就业的挤出效应，在就业过程中，地矿油高校跟其他"双一流"高校的毕业生之间会形成较大的竞争，高校数量每上升 1%，本科生就业人数就下降 0.220%。

总体来看，行业发展对地矿油高校获取企事业单位委托经费、专著成果的产出和本科生就业产生正向影响，从三个要素方面作用于地矿油高校的高质量发展状态；教育部直属的管理体制更有利于高质量师资队伍的建设、多类型资金的获取、优势学科的形成、成果产出、成果获奖和人才培养，因此，管理体制对地矿油高校的高质量发展具有重要的引导、管理作用；铁路密度主要通过行业企业布局，促进技术转让、成果转化，拉动企事业单位经费投入来促进地矿油高校高质量发展；省域内"双一流"高校的数量增多可能会对教育资源（如师资队伍、学科建设、成果产出）产生一定的"虹吸效应"，从而阻碍地矿油高校的高质量发展。

第三节　战略管理视角下行业特色高校高质量发展的模式构建

高校发展模式的建立与改革不仅是其实现长远发展、建立现代制度目标的重要基础，也是建设教育强国、促进经济社会发展的必然要求。2020 年 10 月，中共中央、国务院印发了《深化新时代教育评价改革总体方案》，该方案强化了分类评价思想，提出要"推进高校分类评价，引导不同类型高校科学定位，办出特色和水平"。地矿油高校作为行业特色高校的典型代表，是我国高等教育的重要组成部分。在新时代高等教育发展战略的指导下，科学界定不同的发展模式，对地矿油高校实现高质量发展具有重要意义。只有这样，才可以更好地满足经济社会发展，特别是地矿油行业发展对人才、知识、技术的需求，使地矿油高校成为所在行业高素质创新人才培养的摇篮与行业科技创新的主要阵地[24]。

地矿油高校的发展主要受到外部条件和内部条件两方面因素的影响。在外部条件上，地矿油高校与政府部门及相关行业紧密联系，发展受政府宏观管理和相关行业企业部门的影响很大。在内部条件上，学科建设、师资力量等是影响其发展的重要因素。在内外部因素共同作用下，地矿油高校在教学、科研、学科和人才服务等方面形成自身的发展模式[25]。

SWOT 分析法是分析企业内外部发展条件和环境的方法，最早由美国旧金山大学韦里克（Weihrich）教授提出。其中，S（strengths）指企业内部优势，W（weaknesses）指企业内部劣势；O（opportunities）指企业外部环境的机会，T（threats）指企业外部环境的威胁。这一方法强调对公司发展过程中的内外部条件进行系统评价，从而选择最佳的经营战略。SWOT 分析思想是要全面把握企业内外部条件，在这一基础上制定符合企业未来发展的战略，为企业未来发展指明方向。该方法能帮助企业在发展中最大限度地发挥优势、克服不足、利用机会、化解威胁，最终达到企业战略目标和实现企业使命。根据企业发展过程中的内外部条件，可以划分为四种发展战略（图 2-4）。

内部环境＼外部环境	机会分析	威胁分析
优势分析	SO: 扭转型战略	ST: 增长型战略
劣势分析	WO: 多元化战略	WT: 防御型战略

图 2-4　SWOT 分析下的四种发展战略

在地矿油高校发展模式的确定过程中，也可以借鉴企业管理中的 SWOT 分析法。从内外部条件出发，界定不同内外部条件下高校的发展模式。高校发展的外部条件作为横轴 X，内部条件作为纵轴 Y。外部条件指标主要包括高校外部的经费投入（即政府资金、企事业单位委托经费以及其他经费），以及高校所在地铁路密度和"双一流"高校数量。内部条件指标主要包括高校师资人数和学科数量。通过对 37 所高校内外部条件下各个指标进行归一化处理，再分别将各高校的内外部指标进行加总得到各个高校的内外部条件。对 37 所地矿油高校的内外部条件分别取平均值作为划分不同模式的界限，根据不同的内外部条件可以将地矿油高校发展模式确定为以下四种：领军型战略、内向型战略、扶持型战略以及外向型战略（图 2-5）。

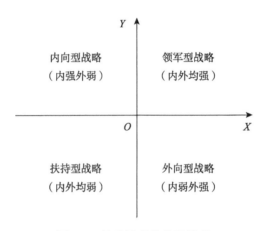

图 2-5　地矿油高校发展战略

第一象限下高校处于相对优势状态，适合领军型战略；第二象限下高校处于内部优势状态，适合内向型战略；第三象限下高校处于相对劣势状态，适合扶持型战略；第四象限下高校处于外部优势状态，适合外向型战略。37 所地矿油高校适用的发展战略如图 2-6 所示。

一、地矿油高校发展模式的选择分析

（一）领军型战略

领军型战略是指高校在发展过程中利用自身内部优势来撬动外部机会，使机会与优势充分结合，从而促进其发展壮大和水平提高的战略。领军型战略适合内外部条件皆占有优势的行业特色高校，这一战略下的高校处于相对优势状态，该类高校在发展过程中应充分利用内部优势抓住外部机会，从而实现自身发展水平

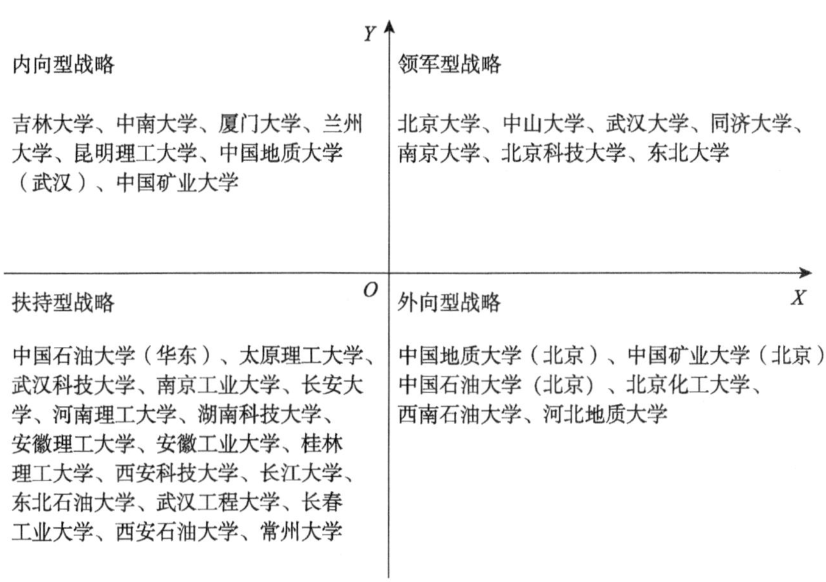

内向型战略

吉林大学、中南大学、厦门大学、兰州
大学、昆明理工大学、中国地质大学
（武汉）、中国矿业大学

领军型战略

北京大学、中山大学、武汉大学、同济大学、
南京大学、北京科技大学、东北大学

扶持型战略

中国石油大学（华东）、太原理工大学、
武汉科技大学、南京工业大学、长安大
学、河南理工大学、湖南科技大学、
安徽理工大学、安徽工业大学、桂林
理工大学、西安科技大学、长江大学、
东北石油大学、武汉工程大学、长春
工业大学、西安石油大学、常州大学

外向型战略

中国地质大学（北京）、中国矿业大学（北京）、
中国石油大学（北京）、北京化工大学、
西南石油大学、河北地质大学

图 2-6　37 所地矿油高校发展战略选择矩阵

资料来源：教育部；国家统计局

的跨越式提高。通过对 37 所地矿油高校的内外部条件进行计算分析，可以发现适合领军型战略的高校主要包括：北京大学、中山大学、武汉大学、同济大学、南京大学、北京科技大学、东北大学（图 2-6）。下面从高校的内外部条件来分析以上高校对领军型战略的适用性。

1. **外部条件**

适合领军型战略的地矿油高校所在地区经济发展水平较高，能获得更多的政府资金、企事业单位委托经费以及其他经费。良好的经济发展水平与教育发展水平有一定的关联性，这是因为充足的资金有利于支撑技术、理论研究，为高校的创新发展和科研发展提供良好的保障[26]。同时，地区经济发展也拉动高素质人才需求，从需求侧促进高校的发展。例如，北京、上海、广州等一线城市在经济发展方面有显著的外部优势，当地对人才、科技需求也较大，因此较高的经济发展水平为这些高校发展提供了人才培养、成果产出等方面的机遇。适合这一发展战略的高校如北京大学、北京科技大学、同济大学、中山大学以及武汉大学等综合性高校，皆处在我国北京、上海、广州等经济发达地区或经济较发达地区。这些学校在 2016~2018 年获得的外部政府投入和企事业单位投入资金均较为充足。

外部优势也体现在高校所在地的铁路密度和"双一流"高校数量两方面。高校所在地区铁路密度和"双一流"高校数量越高，越能够通过企业投资等拉动高校发展需求，同时，更能吸引高素质的师资，也越有利于地矿油高校在发展过程中与其他高校之间保持紧密联系[27]。高校联盟的建立有利于促进教育资源共享、创新人才培养模式。这些适合领军型战略的地矿油高校中，东北大学和南京大学所在地虽然经济发展水平不如北京、上海、广州等地区，但在交通和高校数量方面有较大的优势。江苏地区"双一流"高校较多，如南京大学、南京理工大学和南京农业大学等，这也使南京大学与其他高水平高校之间的互联互通成为可能。高校之间的互联互通有利于高校在发展的过程中实现资源共享，借鉴彼此的教育教学方式和学科建设经验，为高校发展提供良好的外部支持[28]。不得不提的是，省域内"双一流"高校对地矿油高校的发展可能产生负向作用，这主要是由于综合水平较高的"双一流"高校会对地区周围高校教育资源产生"虹吸效应"，使地矿油高校的发展资源被挤占[29]。东北大学地处辽宁省，在外部条件方面，虽然当地高校数量相对较少，但早期东北重工业的发展使辽宁省具备良好的外部交通条件，再加上资金的支持，东北大学也有较为良好的外部条件。

2. 内部条件

适合领军型战略的高校具备师资水平较高以及学科完备且优势突出的特征。师资水平是学校发展的重要因素，一些地矿油高校聚集了大批具有丰富经验的教学与科研师资。北京大学、中山大学和武汉大学四所高校在2016~2018年的师资数量均在10 000人以上，同济大学的师资水平也紧随其后，2016~2018年的师资数量为9000~10 000人，充足的师资力量为这四所高校的发展提供了良好的内部支持。同时，较为丰富的优势学科为多学科交叉融合提供基础，成为高校发展的独特优势[30]。北京大学、中山大学、武汉大学和同济大学这四所高校的学科种类较为丰富，通过对2016~2018年高校学科种类统计，发现这四所学校的学科综合水平处于前70%的学科数均在40类以上，A+类学科数在24~43个，远高于典型地矿油高校（平均3.5个A+类学科）。北京科技大学、南京大学和东北大学的师资力量虽然不及北京大学、中山大学和武汉大学，但也高于地矿油高校的均值，尤其是南京大学，其学科种类丰富，学科综合水平处于前70%的学科数达41类，A+类学科达到31个。北京科技大学和东北大学的学科综合水平处于前70%的学科数也在20类以上，A+类学科均为9个，较为丰富的优势学科为高校发展提供了有力的内部支撑。

总之，从内外部条件分析出发，可以发现当高校内外部条件都相对好的时候，其在发展过程中处于一种相对优势状态，这种状态下高校更适合领军型发展战略。在这一战略之下，地矿油高校在未来发展中利用内部师资和学科优势，抓住与外部企业和其他高校合作发展的机会，从而使高校自身的发展水平得到提高，朝着建设世界一流大学的目标迈进。

（二）外向型战略

外向型战略是指当外部环境提供的机会与高校内部条件不相适应时，高校需要适应和利用外部机会，以促进内部劣势向优势转化。因此，外向型战略主要适用于外部条件较强而内部条件相对较弱的行业特色高校，这一战略下的高校处于外部优势状态，高校利用外部机会来改进和弥补内部劣势，从而使高校扭转劣势来获取优势。适合这一发展战略的地矿油高校包括：中国地质大学（北京）、中国矿业大学（北京）、中国石油大学（北京）、北京化工大学、西南石油大学、河北地质大学（图 2-6）。下面将从高校的内外部条件来分析以上高校对外向型战略的适用性。

1. 外部条件

一方面，适合外向型战略的地矿油高校具备政府资金、企事业单位委托经费以及其他经费投入较多的特征。资金充足有利于弥补内部人才和学科劣势。高校可以利用资金作为引进高层次人才的保障，以更高的资金待遇和福利保障留住本校人才和吸引校外人才。充足的资金也可以使内部条件相对较差的地矿油高校保障科学研究活动的开展，为科研活动提供先进设备和运行经费，提高科学研究结果的转化率。此外，充足的资金能够使高校在人才培养的过程中提供多样化和多规格的教学方式，有利于高校培养更多适合地矿油行业的高素质人才[31]。中国地质大学（北京）、中国矿业大学（北京）、中国石油大学（北京）以及北京化工大学均地处北京市。北京是我国的首都，也是东部发达一线城市，在外部资金投入方面能给予地矿油高校较好的经济支持。2016~2018 年中国石油大学（北京）和北京化工大学所获得的外部投入资金相对较多，充足的资金为这两所高校的人才培养和学科建设提供了良好的外部经济条件。

另一方面，适合外向型战略的地矿油高校所在地区铁路密度较高、高校数量较多，这有利于高校与外部的企业和其他高校实现互联互通，借助外部力量提升自身发展水平。中国地质大学（北京）和中国矿业大学（北京）获得的外部资金投入虽然不及中国石油大学（北京）和北京化工大学，但所在地高校数量较多也为高校之间的互联互通提供了可能。另外，需要注意的是，虽然这三所高校所在地高校数量较多为其发展提供了有利条件，但在地区教育资源投入固定的情况下，"双一流"高校在发展过程中可能对周围高校的教育资源产生挤占，从而使得地矿油高校发展所获得的教育资源减少。河北地质大学虽然地处河北，经济条件不如北京、上海、广州等经济发达地区，周围高水平高校数量也相对较少，但其所处的石家庄市交通条件发达，是全国性的综合交通枢纽，为其发展提供了良好的外部条件。另外，四川近年来在交通方面大力投入建设资金，使得当地的交通情况大有改善，也为当地的高校（如西南石油大学等）的发展提供了良好的外部交通条件。

2. 内部条件

适合外向型战略的地矿油高校内部处于相对劣势的地位，这些高校大多具备师资力量较弱、科研能力相对较薄弱、总体上办学层次不高的特征。在师资水平上，一些高校的内部师资力量较为薄弱，校内科研人员以及教学人员较少，中国地质大学（北京）、中国矿业大学（北京）、中国石油大学（北京）虽地处北京，但是学校内的师资水平仍不及中国地质大学（武汉）和中国矿业大学，这也是这三所地矿油高校内部发展的不利方面。师资水平也是中国地质大学（北京）和中国地质大学（武汉）以及中国矿业大学（北京）和中国矿业大学在内部条件方面产生区别的主要原因。因此，中国地质大学（北京）、中国矿业大学（北京）和中国石油大学（北京）三所高校在未来应加强师资水平建设，加大人才引进力度。

在学科方面，适合外向型战略的地矿油高校大多具备优势学科相对较少的特征。一些地矿油高校受行业部门办学影响，主要是由单一的学科或专业化的单学科学院发展起来的，学科门类的综合性不强，优势学科相对较少。例如，北京化工大学、河北地质大学和西南石油大学的学科综合水平处于前70%的学科数均较少，仅为17个、1个和12个，因此在学科方面总体实力不强，学科之间交叉融合不够、渗透能力较弱。尤其是河北地质大学在内部师资和学科方面都较弱，师资水平和学科建设在37所地矿油高校当中都处于劣势。

总之，外部条件较强而内部条件相对较弱的地矿油高校适合外向型战略。这些地矿油高校在未来的发展中要将重点放在"合作"上，充分利用较好的外部资金、交通和高校优势，通过建立校企联盟、校校联盟，加强学科和师资队伍建设，提高办学效率，扭转高校自身发展水平较弱的现状[32]。

（三）内向型战略

内向型战略是指当外部环境对内部发展优势构成威胁，优势得不到充分发挥，出现优势不优的脆弱局面时所采取的战略。当行业特色高校外部条件相对较弱而自身条件相对较强时，其发展处于一种内部优势状态，这种状态下高校适合内向型战略，利用内部优势避免或减轻外部劣势的冲击。通过对地矿油高校内外部条件进行计算分析，可以发现适合这一发展战略的地矿油高校包括：吉林大学、中南大学、厦门大学、兰州大学、昆明理工大学、中国地质大学（武汉）、中国矿业大学（图 2-6）。下面从各个高校的内外部条件来分析以上高校对内向型战略的适用性。

1. 外部条件

适合内向型战略的地矿油高校具备政府资金、企事业单位委托经费以及其他经费投入较少的特征。我国高校的教育经费以政府经费投入为主，社会经费投入为辅。外部资金投入较少可能会使得高校在办学资源方面处于相对劣势的地位，这是由于地矿油高校在发展中需要加大人才培养和学科建设力度，吸引并留住优秀人才，而这些都需要大量资金的投入。资金短缺将导致这些高校难以提高办学软件和硬件条件，造成师资流失，进而无法提升办学质量，形成恶性循环。兰州大学、昆明理工大学分别地处我国甘肃和云南，相较于东部发达地区，甘肃和云南地区经济发展水平较低，因此，当地政府以及企事业单位在高校建设方面能给予的资金支持相对较少，高校发展的外部条件也相对较弱。

适合内向型战略的地矿油高校所在地区多具有铁路密度较低、高校数量较少等特征。这些不利条件使高校较难与外部其他高校建立联系。厦门大学、吉林大学和中南大学虽然外部投入资金相对较多，但由于所在地区铁路密度较低，所在省份高校数量较少，所以这三所高校在发展过程中较难与其他高校实现互联互通，也较难获得高校之间联合发展的动力。值得注意的是，省域内"双一流"高校数量较少的情况下，省域内的教育资源集中投放至仅有的高校，这是高校发展的有利情况，但也会因为降低校际互动而减少了学科发展机遇。因此，其在外部条件上处于相对劣势地位。吉林大学与东北大学地处我国东三省，但二者适用的发展战略不同，主要是因为东北大学位于辽宁，地处东北和山海关外的接口上，是中国东北经济区和环渤海经济区的重要接合处，交通和物资流通都有极大的优势，因此东北大学的外部交通条件较优越。

2. 内部条件

适合内向型战略的地矿油高校多具有师资水平较高、教师数量较多，学科门类较丰富的特征。这些特征是高校发展可以依靠的自身稳定因素，即内部优势，外部能给予的资源相对较少时，就需要高校依托自身优势。丰富的优势学科数量和高质量的师资有利于高校科研成果产出、成果获奖和人才培养，从而进一步提升高校发展状态。例如，吉林大学、中南大学、厦门大学和兰州大学作为综合性大学，在长期的发展过程中形成了高水平的师资队伍和较为丰富的学科种类。中国地质大学（武汉）和中国矿业大学这两所高校在师资水平和学科种类方面相似，2016~2018年，学科综合水平处于前70%的学科数均为20类以上，较丰富的优势学科为这两所高校内部发展提供了有力支撑。昆明理工大学在学科方面虽然不如其他高校，但是其内部师资水平相对较高，科研人员和教学人员数量充足，为高校的发展提供了良好的内部条件。

总之，这种外部条件相对较弱而内部条件相对较强的地矿油高校适合内向型战略。高校利用自身的优势去避免或减轻外部劣势的冲击，根据自身的特色与优势，激发高校发展的内生动力，争取更多更好的外部资源，促进高质量综合型人才培养和综合学科建设。

（四）扶持型战略

扶持型战略主要是指当内外部条件都不利时，高校的发展处于相对劣势状态，这时需要利用第三方的扶持同时规避内外部的不利条件。这些行业特色高校适合扶持型战略，高校利用政府的扶持来获得办学资源，加大对本校特色人才和特色学科的建设。通过对高校内外部条件的计算分析，发现适合这一发展战略的地矿油高校有：中国石油大学（华东）、太原理工大学、武汉科技大学、南京工业大学、长安大学、河南理工大学、湖南科技大学、安徽理工大学、安徽工业大学、桂林理工大学、西安科技大学、长江大学、东北石油大学、武汉工程大学、长春工业大学、西安石油大学、常州大学（图 2-6）。下面从高校的内外部条件来分析以上高校对扶持型战略的适用性。

1. 外部条件

适合扶持型战略的地矿油高校具有政府资金、企事业单位委托经费以及其他经费投入较少的特征。这些地矿油高校所在地区经济发展水平较弱，缺乏引领产业发展的既大又强的优势企业，产业也往往链条短、技术含量低、市场发育不成熟，企业对校企合作的内生动力不足。因此，外部资金投入对于学校的建设发展贡献率较低，高校发展的外部条件相对较弱。外部经济条件相对较弱地区的地矿油高校办学基础与条件参差不齐，一些高校的办学思路没有真正转到服务国家需要和经济社会发展上来，其就业与招生计划、人才培养的联动机制还未完全建立。针对这种情况，对高校采取扶持型战略，明确学科建设和人才培养的重点，多措并举助推高校发展。

适合扶持型战略的地矿油高校大多数属于地方政府管理，且大多数处于经济发展水平相对较弱的中西部、东北部地区。外部投入资金对于该类高校的建设发展贡献率较低，如东北石油大学、长春工业大学、太原理工大学、西安石油大学、长安大学、西安科技大学以及桂林理工大学。这些高校分别分布于我国黑龙江、吉林、山西、陕西以及广西，当地经济发展条件相对较弱，不论是外部资金投入，还是高铁密度和高校数量，都处于相对较低的位置。中国石油大学（华东）和南京工业大学在外部资金投入方面相对较多，但二者的外部高铁密度和高校数量相对较低，较低密度的交通和高校数量不利于地矿油高校与其他高校或企业进行交流与合作。常州大学也位于江苏，但与南京工业大学相比，其外部资金投入则少得多，这也使得高校发展的外部条件更加不利。湖北的武汉工程大学、武汉科技大学和长江大学，安徽的安徽理工大学和安徽工业大学，河南理工大学以及湖南科技大学均在外部的高铁密度和高校数量方面处于不利地位，高校数量较低不利于高校之间的协同发展。当然，高校所在地的"双一流"高校数量较低，也可能减少"双一流"高校对地矿油高校发展的教育资源挤占现象，可能缓解外部环境压力。

2. 内部条件

适合扶持型战略的地矿油高校大多都具有师资水平较弱、学科建设水平不强的特征。在师资方面，这些高校均处于劣势地位，如常州大学、武汉工程大学、西安石油大学以及桂林理工大学，2016~2018 年教师和科研人员的数量均少于1500 人。师资水平与当地的经济发展水平也有一定的关联，这主要是因为在内外部条件都相对较弱的高校，其投入要素如资金相对较少，学科发展水平较低，人才在物质追求、实现自身价值的追求以及人际关系方面的需求不能被完全满足。一些高水平教师在学科领域获得科研成绩后，可能会向待遇水平更高、学术科研条件更好的高校转移。

在学科方面，一些地矿油高校办学主要依赖相关行业发展，因此存在学科或专业设置单一化的问题。另外，适合扶持型战略的地矿油高校有一个共性的特点，即学科综合水平处于前 70% 的学科数相对较少，常州大学、武汉工程大学以及西安石油大学这些高校的学科种类都少于 10 类。中国石油大学（华东）虽然在师资水平上具有优势，但是在学科综合水平处于前 70% 的学科数上处于相对劣势的地位。优势学科较少也是中国石油大学（华东）与中国石油大学（北京）适合不同发展战略的主要原因。

总之，这类处于相对劣势状态下的地矿油高校在未来发展中要充分利用政府资源支持，走内涵式发展道路，提高有限教育资源的利用率，避免低水平重复建设，最大限度地发掘潜能。

二、发展模式动态适用性分析

地矿油高校在发展的过程中不会一成不变地采取一种模式，需要根据内外部条件的变化进行发展模式的动态调整。地矿油高校发展模式的动态适用性分析主要是从高校内外部条件动态发展的角度出发，对地矿油高校所处状态变化后的发展模式进行适用性分析。下面将从动态的角度提出地矿油高校发展过程中内外部条件改善后的发展模式。

（一）内向型战略向领军型战略的动态发展

随着地矿油高校外部条件的改善，适用内向型战略的地矿油高校会由内部优势状态转变为内外部条件均相对优势状态，其发展战略也可以逐渐调整为领军型战略。内向型战略下的地矿油高校外部发展条件相对较弱，对高校发展的资金投入较少，且高校外部铁路密度和高校数量较低。随着当地经济的发展、产业结构的调整升级以及交通条件的改善，内向型战略下的高校外部条件转强，可适时调整战略。例如，中国矿业大学所在地江苏省近年来经济发展水平不断提升，2020年江苏省生产总值为 10.27 万亿元，首次突破 10 万亿元大关，比全国平均水平高出 1.4 个百分点；昆明理工大学所在地云南省 2020 年生产总值增速为 4%，增速位居全国前列，且近年来经济增速一直较快，这为两所高校外部条件改善提供了机遇。另外，中西部地区作为承接东部沿海地区和国外产业转移的重要基地，近年来工业化和城镇化也在不断发展，交通基础设施正在逐步完善，经济条件也在逐渐提升，这些地区的地矿油高校如中南大学、兰州大学、中国地质大学（武汉）等的外部条件也会随着经济的发展而改善，这些高校所处状态会由内部优势转为内外部条件均相对优势状态。总之，当外部条件改善之后，内向型战略下的地矿油高校由第二象限转入第一象限，相应的发展战略也可以由内向型战略动态调整为领军型战略，充分利用有利的内外部发展条件，发展为行业领域里的世界一流大学。

（二）外向型战略向领军型战略的动态发展

随着内部条件逐渐改善，适用外向型战略的地矿油高校由外部优势状态转变为内外部条件均相对优势状态，因此发展战略也可以动态调整为领军型战略。外向型战略下的地矿油高校可以通过政产学研合作等方式促进优势学科数增加和师资水平提高。例如，中国石油大学（北京）近年来坚持推进产学研合作，学校与中海油、中石油等企业签署全面战略合作协议，按照"教育合作框架+人才培养+项目支撑"的运作模式，推进校企双方在关键技术领域开展全方位合作。同时，中国石油大学（北京）也主动对接社会需求，创新人才培养模式，主动适应行业变化，超前布局和培养新兴人才，依托校区创立了世界能源大学联盟。截至2023 年 2 月，联盟成员高校增长至 17 个国家的 32 所高校。中国石油大学（北京）的种种措施都是高校在提升内部办学条件方面的重要举措，这些举措的实施有利于改善中国石油大学（北京）内部师资力量不足、学科建设不完善的状况。另外，中国地质大学（北京）、中国矿业大学（北京）、中国石油大学（北京）以及北京化工大学都可以利用良好的外部条件，加强与区域内其他高校或行业企业的互联互通，提升自身发展水平。总之，当外向型战略下的地矿油高校通过一系列措施使内部发展条件得到提升后，便由第四象限发展到第一象限，即可适用领军型战略。

（三）扶持型战略的动态发展

1. 扶持型战略向内向型战略的动态发展

随着内部条件逐渐改善，适用扶持型战略的地矿油高校由内外部均相对劣势状态转变为内部优势状态，因此发展战略也可以动态调整为内向型战略。采用扶持型战略的地矿油高校内外部条件都较弱，通过外部"输血"，如首先促进学科发展和师资队伍建设，那么，内部条件就可以改善，可以采用内向型战略发展。例如，陕西西安地区的高校近年来强调用"小财政办大教育"，在办学的过程中强调凸显办学特色与学科优势，以特色促发展。因此，西安石油大学、长安大学以及西安科技大学等高校内师资水平提高、学科种类丰富之后，高校由第三象限下的相对劣势状态发展为内部优势状态，即可以由扶持型战略动态调整为内向型战略。

2. 扶持型战略向外向型战略的动态发展

随着外部条件逐渐改善，适用扶持型战略的地矿油高校由内外部均相对劣势状态转变为外部优势状态，因此发展战略也可以动态调整为外向型战略。近年来，除东部发达地区外，一些中部地区的经济发展水平也在不断提升，这些地区的地矿油高校外部条件也得到相应改善，更多外部资金投入到高校发展当中。例如，湖南科技大学等在外部经济发展水平提高之后，高校由第三象限下的相对劣势状态转为第四象限下的外部优势状态，高校可以由扶持型战略转变为外向型战略，充分利用外部有利的经济条件，为高校内部的发展提供支持。

3. 扶持型战略向领军型战略的动态发展

通常情况下，扶持型战略下的地矿油高校往往先转变为内向型战略或外向型战略，再向领军型战略过渡。当然，如果内外部条件同时改善，即可迈入领军型战略。目前 37 所地矿油高校中，较适合这一动态发展的高校是中国石油大学（华东）。中国石油大学（华东）虽然处于相对劣势状态，但相较于其他采用扶持型战略的高校而言，中国石油大学（华东）在内外部条件改善上具有较强的发展潜力。一方面，山东近年来经济的快速发展能够为其提供外部支撑；另一方面，高校内部原有相对充足的师资和较为丰富的学科种类也使得学校内部快速发展成为可能。因此，在未来，当中国石油大学（华东）由第三象限下相对劣势状态转变为第一象限下相对优势状态之后，其发展战略可以动态调整为领军型战略。

总之，四种发展战略为地矿油高校在不同内外部条件下的发展提供指导，地矿油高校在建设和发展的过程中应准确定位，明确自身发展的内外部条件，确定发展目标，选择合适的发展战略。在发展过程中还应根据内外部条件的实时变化进行发展战略的动态调整，以保证地矿油高校在未来的高质量发展。

第四节　行业特色高校高质量发展的路径设计

本节根据地矿油高校所处的象限位置以及选择的发展模式，通过纳入整体性治理理论，提出不同发展模式下地矿油高校的发展路径。

一、领军型模式高校的发展路径

以北京大学、中山大学、武汉大学、同济大学、南京大学、北京科技大学、东北大学为代表的适用于领军型战略的高水平地矿油高校，处于相对优势状态，应向拥有卓越学术、顶尖师资配备、引领学科前沿的世界顶尖大学看齐，在提高国际化程度、科研高质量转型、突出综合交叉学科优势三个方面缩小与世界顶尖大学差距。

（一）形成高度国际化发展模式，提高高水平地矿油高校全球声誉

国际化水平的高低是评判世界一流大学的重要标准，加快高水平地矿油高校的国际化步伐是高质量发展的内在需求。高水平地矿油高校已具备国内领先的内部、外部条件，应系统推进高校内部与外部的国际化进程，打造中国高水平地矿油高校品牌，提高高水平地矿油高校全球声誉。具体而言，高水平地矿油高校可以结合国际师资比例、国际学术交流水平、国际项目合作成果数量、国际学术影响力、国际声誉度等指标，综合选取优先对外和优先对内两种国际化发展模式。优先对外国际化是指优先从外部提高国际化水平，强调同世界顶尖地矿油高校的交流合作，与世界顶尖大学合作开展地矿油类科研项目，选派优秀学生去世界顶尖大学进行短期、中期以及长期的学习，如北京大学可以与加州理工学院、哥伦比亚大学、得克萨斯大学奥斯汀分校等地质类、石油化工类、矿业类学科世界排名靠前的国外高校进行合作。优先对内国际化是指优先从内部提高国际化水平，包括提高国际化教师与国际化学生比例，为国际合作提供充足的人力资源保证。同时，积极聘任国外顶尖大学的一流学者为客座教授，为国际性高水平地矿油类海外专业人才开启人才引进"绿色通道"，结合生源国的特色制定具有针对性的招生策略，设立地矿油类专业本硕博国际学生专项奖学金。

（二）坚持地矿油类成果"量质并举"，实现科研产出向高质量转型

科研水平决定了高水平地矿油高校的学术影响力和学术声誉，加强原创性科研成果创造能力是实现高质量发展的当务之急。我国高水平地矿油高校在建设世

界一流大学的过程中，在行业领域中已经取得了较多的科研成果，但也要加强对科研质量提升的重视。具体而言，需要在地矿油类科研产出质量评价与科研合作方式两个方面开展工作，缩小与世界顶尖大学的差距。一方面，高水平地矿油高校需要创新地矿油类科研质量评价体系，不仅以论文篇数及专著数量为产出标准，更要强调地矿油类学科论文被引比重、地矿油类学科论文的活跃指数等关键指标。另一方面，由于国际合作产出论文的科研影响力更高，高水平地矿油高校应打破在国内合作、内部机构合作、独著的局面，积极与国外地矿油类学科国际排名较高的大学进行论文合作，增强地质、矿业、石油三类学科的国际活跃度。在高水平地矿油高校中，北京大学、中山大学、武汉大学、同济大学、南京大学学科发展水平相对较高，在继续扩大地矿油类科研产出数量的基础上，应着力提高科研产出质量与原创性。东北大学与北京科技大学应结合自身地矿油类学科建设水平，提高地矿油类科研成果产出效率，既要保证地矿油类科研成果与专利的产出数量，也要注重科研产出的质量提升。

（三）突出综合交叉学科优势，引领地矿油特色学科"高峰"建设

促进学科交叉融合是获得原创性科研成果的重要途径，也是高水平地矿油高校建设世界一流大学的重要路径。我国高水平地矿油高校有着较为丰富的学科种类，应继续强化地矿油类学科交叉和创新。具体而言，需要在综合交叉学科研究范式和机制建设两个方面提高高水平地矿油高校的特色学科建设水平。在综合交叉学科研究范式方面，高水平地矿油高校需要强化地矿油类学科"渗透式"交叉学科研究和"螯合式"交叉学科研究两种范式，推动理学类、工学类、地质类、石油化工类及矿业类学科的互动融合。除了单独设置综合交叉学科门类，地质类、石油化工类、矿业类等主要门类下还应该设综合交叉一级学科和专业，并授予综合交叉学科学位，将综合交叉学科统一纳入学科管理轨道。在综合交叉学科机制建设方面，高水平地矿油高校应建立地矿油类学科高度集成的合作交流平台，如设立校级地矿油类交叉领域学科专家委员会，以地矿油领域前沿问题为导向组建跨学科团队。同时，还应该建立地矿油类学科专业领域内交叉学科组织，重点涵盖石油工程、地质工程、勘查技术与工程、资源勘查工程等地矿油类核心学科专业，融合新材料、新能源、先进制造、人工智能等前沿交叉学科领域，形成行业领域顶尖的特色学科优势。在高水平地矿油高校中，北京科技大学、南京大学、同济大学、武汉大学、北京大学以及东北大学都需要加强在地矿油类综合交叉学科建设上的资金投入力度，中山大学和武汉大学还需要积极主动加强和区域外地矿油高校的交流，组建好地矿油类综合交叉学科联盟。

二、内向型模式高校的发展路径

以吉林大学、中南大学、厦门大学、兰州大学、昆明理工大学、中国地质大学（武汉）、中国矿业大学为代表的适用于内向型战略的地矿油高校，处于外部优势状态，必须在高校内部机制体制方面进行优化改革，破除人员管理模式、学科管理模式、行政治理模式三个方面的障碍，才能有效激发出地矿油高校高质量发展的内生动力。

（一）优先改革人员内部治理模式，打破地矿油类人才机制体制障碍

人才是地矿油高校高质量发展的"基石"，高素质学生是一流专业人才培养的源头活水，优质师资是培养出一流人才的第一环节。具体而言，打破地矿油高校人才机制体制障碍需从学生管理与教师管理的模式上进行创新。从学生管理上看，地矿油高校应探索出柔性管理的具体实施策略。由于地矿油类专业通常需要理论学习与野外实习实践教学相结合的教学形式，高校要根据学生个人特点，组织安排实践能力较弱的学生多参加野外实践课程与项目，培养学生个人野外工作技能，提高学生的在岗适应性。同时，还应组织实践能力较强的学生在相关企业进行实践学习，由企业提供基于实际问题的学习研究机会。从教师管理上看，地矿油高校应根据教师专业水平、教师类别、教师专业发展阶段等因素，将师资进行具体化分层与分类，可以分为教学科研型教师、科研型教师、教学型教师以及实践型教师四种类型，并设置对应类型的教师考核评价体系及职称晋升路径。同时，采用"理论+实践双专业"培训模式，满足地矿油高校对学术理论研究和实践技能研究的双重需求。例如，中国矿业大学师资队伍建设相对较弱，要着重进行内部人员治理模式的改革，结合教师的个人特征与岗位类型实施有针对性的管理方法和培训模式，探索特色人才管理和优质师资队伍管理新范式。

（二）大力转换特色学科管理模式，扭转内部特色学科管理落后局面

转换特色学科管理模式是地矿油高校弥补内部学科劣势的根本，也是高校实现高质量发展的必然要求。具体而言，扭转内部特色学科管理落后局面需从学科生态治理和学科治理机制方面进行建设。一方面，地矿油高校的学科生态治理需要在坚守行业特色与协同发展的基础上，实施优势特色学科建设优先发展以及突出优势学科群建设的战略思维，形成"地矿油专业鲜明，突出特色优势"的学科生态秩序，形成具有地矿油特色的"学科高原"。另一方面，应逐步健全特色学科管理的民主决策制度、特色学科信息公开制度、利益相关者交流制度。同时，重点为地矿油高校专家教授等主体提供制度化的表达渠道，让相关群体参与特色学科的组织管理，适度限制学科管理中行政部门的干预。例如，河北地质大学、北

京化工大学、西南石油大学的特色学科建设水平相对较弱，应转变特色学科管理模式，形成以政府、高校、二级学院为主体的共治体系，建立健全校级及院级民主决策和合作交流制度。

（三）强化高校管理"去行政化"，破除高校内部行政治理弊病

地矿油高校管理的"去行政化"有利于梳理官僚体制、教学体制、科研体制之间的关系，对实现高校高质量发展具有推动作用。具体而言，破除地矿油高校内部行政治理弊病需要从治理范式上进行转变。第一，高校内部应建立多主体协商管理模式。协商管理主体应涵盖专家教授、学生等主体，重视教授在学校管理、科研及教学中的决策建议作用，发挥好学术委员会在学术建设及学科建设中的主导作用。第二，高校内部管理重心需下移到各级学院部门。在校党委领导下，高校不仅要从宏观上把握学校的整体方向，还要将管理重心向下移，权力下放。具体而言，应主动赋予二级学院办学自主权，由各二级学院自主管理招生数及学科专业的调整、师资队伍建设、项目建设及经费预决算等。同时，学校应规范好二级学院治理结构，强化二级学院管理制度规范，明晰机构设置、职能分工、人员配置等方面的工作。在适用于内向型战略的地矿油高校中，西南石油大学和河北地质大学由地方政府管理，应在全国深化"放管服"改革的趋势下，让地方政府赋予高校更多的管理自主权，再由高校赋予各二级学院在学科建设、人才培养、科研管理等方面的自主权。

三、外向型模式高校的发展路径

以中国地质大学（北京）、中国矿业大学（北京）、中国石油大学（北京）、北京化工大学、西南石油大学、河北地质大学为代表的适用于外向型战略的地矿油高校，处于内部优势状态，必须在保持好自身学科优势与师资优势的基础上，获得更多外部资金与相关资源支持，加强同外部各主体的交流合作，主要在政校合作、校企合作、校际合作三个方面建立起战略合作关系，借助政府、企业以及其他高校的力量，补齐外在资源"短板"。

（一）双向激活政府与高校活力，有效弥补政府外生拉力不足

政府的统筹规划和顶层设计为政校合作提供了制度保障，政府的参与对于带动地矿油高校整体发展具有重要意义。有效弥补政府外生拉力不足既需要政府提供平台和政策，也需要高校自身发挥学科优势。首先，政府应该牵头搭建政校合作平台，通过高校入驻科技园区、共建科技创新基地、共建产业研究院以及国家重点实验室等活动，建立起以高校自主管理为主、政府管理为辅的合作模式。地矿油高校也应与自然资源部、住房和城乡建设部、国家能源局以及应急管理部等

行业主管部委建立起联合办学长效机制，签订与行业主管部门的长期合作协议。其次，地方政府应为地矿油高校的发展提供政策支持。地方政府应制定并完善"地矿油高校–地方政府–用人单位"的支持政策，增加地矿油专业选调生比例，赋予地方自然资源、能源、应急管理等相关部门更多的岗位指标，并在招生录取、定向人才培养、毕业生就业、毕业生自主创业等方面给予一定的激励。在适用于外向型战略的地矿油高校中，西南石油大学所在地区经济发展水平相对较弱，当地政府以及企事业单位在高校建设方面能给予的资金支持相对较少，更应加强同国务院部委和省级政府教育部门的互动交流，借助政校合作交流平台，提高地矿油行业人才培养质量和数量。

（二）推动高校与企业"双轮驱动"，实现产教融合"破冰突围"

地矿油高校与行业企业具有高度相互依存性，人才、企业、产业的融合是高校加快发展的必要路径。具体而言，实现产教融合"破冰突围"可以在共建学院与导师互聘两个方面开启合作新范式。第一，高校和企业应在优化整合学校优良办学资源基础上，按新机制、新模式与中国能源建设集团有限公司、中石油、中石化、中海油等地矿油行业大型企业共建二级学院、实验室与实训基地，搭建起学校与企业的专业人才孵化器。第二，高校应为学生配备校内导师及企业导师，培养学生实践技术技能。一方面，高校应安排组织教师去企业挂职锻炼，通过挂职的形式提高教师的专业水平和综合素质。另一方面，高校应聘请企业高职称的技术人员作为长期的实训导师共同指导，使学生能够在课堂、实训、实践期间更好地完成课程。中国能源建设集团有限公司、中石化、中海油等地矿油行业大型集团在吉林省、江苏省、湖南省、甘肃省、福建省、云南省以及湖北省均下设分公司，地矿油高校可就近选择优质企业开展合作交流活动。

（三）强化常态化校际交流合作，加快消除高校互助距离屏障

高校之间的交流合作是高等教育均衡发展的重要策略，地矿油高校实现高质量发展离不开常态化的校际合作。具体而言，加快消除高校互助距离屏障应结合区域特点、周边高校数量、交通密度等因素，开展不同类型的校际合作交流。第一，对周边高校数量多的地矿油高校来说，应着力共同打造区域间差异化地矿油区域高校联盟，共享优质教师资源和实验仪器设备。除了共享资源外，还应鼓励学生跨校组建科创团队，促进联盟高校在图书资源、实验实训等教学资源上的共享。例如，中国地质大学（北京）位于高校密集的北京市，高校间共享资源十分集中，可以凭借特色学科优势主动与其他高校共建联盟，主动联系北京大学、中国石油大学（北京）以及中国矿业大学（北京）等高校互换共享课程资源和实验设施。第二，对周边高校数量少的地矿油高校来说，应通过区域外"校际合作项

目式学习"互换共享优质教育资源与人才资源。此类高校应主动寻找并联系周边区域的地矿油高校，共同建设碳中和重点实验室、地质工程重点实验室、石油与天然气工程重点实验室、矿产勘查实验室等，选派不同学校优秀教师与学生共同参与地质勘探合作项目、石油开采合作项目以及各种野外实训项目。例如，河北地质大学地处高校数量较少的地区，周边教育资源相对不够发达，应主动将校际合作范围扩展至省域外，同相邻省域的地矿油高校开展合作项目，互派人才深入推进项目交流，指导工程实验项目的实施。

四、扶持型模式高校的发展路径

以中国石油大学（华东）、太原理工大学、武汉科技大学、南京工业大学、长安大学、河南理工大学、湖南科技大学、安徽理工大学、安徽工业大学、桂林理工大学、西安科技大学、长江大学、东北石油大学、武汉工程大学、长春工业大学、西安石油大学、常州大学为代表的适用于扶持型战略的地矿油高校，处于相对劣势状态，需要多渠道资源支持，从吸纳校外资金资源、奠定人才根基、高校对口帮扶等方面进行多维探索，建立"人尽其才、财尽其力、物尽其用"的发展动力模式，不仅要"输血"式的外源式发展，也要"造血"式的内生性发展。

（一）探索多元灵活的财务路径，多渠道填补教育资金缺口

充足的资金经费是地矿油高校开展一切教育工作的基础，必须探索出多渠道资金支撑模式。具体而言，需要在政府投入、企业投入等多个方面探索自身财源路径。首先，需要完善政府投入机制体制，改革当前固有的教育投资模式。一方面，中央及地方政府应联合建立经费联动投入机制，完善考核体系，做实做细高校资源投入保障。另一方面，政府也应鼓励多元化的高等教育投资模式，改善地矿油高校"财、费、贷"资金来源模式，在财政拨款、教育税费和税收减免、教育收费、校办产业收入、社会捐赠、教育基金、科研经费、教育贷款、利息收入等九个方面培植稳定和长远资金来源。对这些高校自身来说，应集中财力来扶植骨干重点专业，如桂林理工大学应将有限的财力明确投向环境科学与工程、地质资源与地质工程、测绘科学与技术等全国第四轮学科评估等级较高的专业上。其次，需要吸纳校外优质人才，在强化校企合作上做足工作。另外，欠发达地区高校发展存在校外实训基地、科学研究和人员交流等困难，政府应制定具有针对性的政策促进学校与企业的配合，并鼓励企业内部一流产业技术专家到学校传授知识与技能。由企业给予优秀实习生"地矿油实习奖金"，政府财政部门对企业负担的实践经费给予奖补。在实训基地建设过程中，政府也应引导和支持企业与高校共建长期实训基地，按项目建设资金的一定比例给予企业和高校建设经费补助。

适用于扶持型战略的地矿油高校大多属于地方政府管理,应在政府的支持帮助下,与周边企业单位进行合作,充分吸收区域内外的校外优质资源。

(二)"引进来"与"走出去"双管齐下,多措并举奠定好人才根基

适用于扶持型战略的地矿油高校突破人才困境的关键在于引培并举,抓好学生和教师这两个高等学校办学的根基。具体而言,为有效实现人才的"引进来,走出去",需要在人才引育和对外交流两个方面加大资金支持力度。"引进来"方面,在中西部地区地方财政支持有限的情况下,可由中央财政设立中西部人才激励专项基金,建立中西部地矿油高校专业人才特殊津贴制度,通过转移支付等方式支持中西部地矿油高校人才队伍建设。同时,高校内部应制订以年薪制、评聘目标任务考核等为主要特点的人才培养计划,如"薪酬任务匹配"为特点的柔性人才引进办法。同时,"走出去"方面,应重点解决好欠发达地区高校对外交流不足的问题,国家和地方政府可设立中西部地矿油高校出国留学人员资助专项计划,将中西部地矿油高校留学生奖学金部分纳入资助体系,拓宽地矿油高校在读学生对外交流渠道。例如,长春工业大学可以凭借其省会城市区位优势,积极拓展对外沟通交流机会,既要将区域外优质人才"引进来",也要让校内培养的高质量人才"走出去"。

(三)鼓励地矿油高校"强弱结对",解决好教育发展不平衡不充分问题

对口帮扶对适用于扶持型战略的地矿油高校提高"造血"能力有关键作用,可以帮助解决区域间高等教育发展不平衡不充分的问题。具体而言,实现地矿油高校"强弱结对"需要政府及相关部门建立起配套帮扶机制和拨款支撑帮扶项目。在对口帮扶工作机制的建设上,明确各个高校对口帮扶关系、帮扶工作的目标任务、帮扶具体措施、对口帮扶时间、帮扶人员安排和主要任务、帮扶人员管理和工作要求。例如,以北京大学、南京大学、同济大学等为代表内外部条件都较好、地处发达地区的高校可以帮扶中西部地区地矿油高校,如安徽理工大学、桂林理工大学等。帮扶措施主要包括编制规划帮扶、选派帮扶队伍、师资队伍建设帮扶、学科专业建设帮扶、科学研究和社会服务帮扶等。同时,也应以帮扶项目为依托,建立起合作互赢的高校间合作模式。对政府来说,需为对口帮扶项目的启动提供充足的经费,设立"地矿油高校帮扶专项基金",并对带头实施帮扶工作的高校进行表彰与奖励。对适用于扶持型战略的地矿油高校来说,应积极与政府行业主管部门合作,争取更多的校外资源来支撑帮扶项目的实施。对教育部来说,应及时评估对口帮扶项目成效,根据评估结果发放不同级别的成果奖励。

当前,地矿油高校是我国行业特色型大学的典型代表,是地矿油行业人才培养和科技创新的重要基地,是我国高等教育体系的特色组成部分,提出地矿油高

校高质量发展路径十分紧迫。地矿油高校高质量发展需要政府、高校、企业等多元主体共同发力，针对领军型战略、内向型战略、外向型战略、扶持型战略四种不同战略分别采取对应措施。本章以 37 所地矿油样本高校的数据为基础，分析了地矿油高校高质量发展的内涵与现状，结合不同高校的特征、发展阶段、内外优势等因素，识别了实现地矿油高校高质量发展的作用机制，构建了特色鲜明的地矿油高校高质量发展模式，探索了地矿油高校的高质量发展路径。

参考文献

[1] 别敦荣. 高等教育普及化背景下行业性高校发展定位[J]. 中国高教研究, 2020, (10): 1-8.

[2] 葛建平, 徐硕. 行业特色高校高质量发展评价体系研究[J]. 中国地质教育, 2021, 30(2): 6-9.

[3] 潘士远, 史晋川. 内生经济增长理论：一个文献综述[J]. 经济学(季刊), 2002, (4): 753-786.

[4] 新华社. 中共中央　国务院印发《深化新时代教育评价改革总体方案》[EB/OL]. http://www.xinhuanet.com/politics/zywj/2020-10/13/c_1126601551.htm[2022-07-06].

[5] 吴岩. 积势蓄势谋势　识变应变求变[J]. 中国高等教育, 2021, (1): 4-7.

[6] 魏权龄, 胡显佑, 肖志杰. DEA 方法与"前沿生产函数"[J]. 经济数学, 1989, 6(5): 1-13.

[7] 章祥荪, 贵斌威. 中国全要素生产率分析：Malmquist 指数法评述与应用[J]. 数量经济技术经济研究, 2008, 25(6): 111-122.

[8] 刘大锰. 地矿油行业特色高校高质量发展的困境与突破路径[N]. 中国矿业报, 2020-12-03(004).

[9] 张宝生, 王天琳. 教育部直属"一流大学"建设高校科研效率评价及整体治理研究[J]. 科技与经济, 2021, 34(2): 61-65.

[10] 王忠, 文宇峰, 孙玉芳, 等. 基于 DEA-Malmquist 方法的高校科研活动分类绩效评价实证研究[J]. 暨南学报(哲学社会科学版), 2021, 43(6): 121-132.

[11] 钱晓红, 陈劲. 行业特色高校与母体行业科研依存关系研究：以中国矿业大学(北京)为例[J]. 高等工程教育研究, 2014, (1): 71-75.

[12] 杜育红. 我国地区间高等教育发展差异的实证分析[J]. 高等教育研究, 2000, 21(3): 44-48.

[13] 易巍, 龙小宁, 林志帆. 地理距离影响高校专利知识溢出吗：来自中国高铁开通的经验证据[J]. 中国工业经济, 2021, (9): 99-117.

[14] 温芳芳, 李翔宇, 王晓梅. "双一流"高校的开放式创新：基于专利合作与技术转移视角[J]. 现代情报, 2021, 41(2): 115-124.

[15] 余荔. 校外兼职对我国高校教师科研产出的影响[J]. 科研管理, 2021, 42(11): 182-189.

[16] 王辉, 陈敏. 高校科技创新与工业企业创新的耦合协调发展：基于我国 27 个省份的实

证分析[J]. 现代大学教育, 2019, (4): 105-111.

[17] 唐朝永, 牛冲槐. 基于 PSR 模型的山西领军型创业人才集聚机理研究[J]. 科技管理研究, 2018, 38(6): 111-117.

[18] 国家统计局. 中华人民共和国 2021 年国民经济和社会发展统计公报[EB/OL]. http://www.stats.gov.cn/xxgk/sjfb/zxfb2020/202202/t20220228_1827971.html[2022-07-06].

[19] 教育部. 全国高等学校名单[EB/OL]. http://www.moe.gov.cn/jyb_xxgk/s5743/s5744/A03/202110/t20211025_574874.html[2022-07-06].

[20] 中国地质大学(北京). 中国地质大学（北京）2020 届毕业生就业质量报告[R/OL]. https://s11.jiuyeb.cn/2021/01/06/1609928992-67.pdf[2022-07-06].

[21] Zhang B, Wang X H. Empirical study on influence of university-industry collaboration on research performance and moderating effect of social capital: evidence from engineering academics in China[J]. Scientometrics, 2017, 113: 257-277.

[22] Rybnicek R, Königsgruber R. What makes industry-university collaboration succeed? A systematic review of the literature[J]. Journal of Business Economics, 2019, 89: 221-250.

[23] Hong W, Su Y S. The effect of institutional proximity in non-local university-industry collaborations: an analysis based on chinese patent data[J]. Research Policy, 2013, 42(2): 454-464.

[24] 闫俊凤. 行业特色高校综合评价指标体系的构建[J]. 江苏高教, 2013, (2): 106-107.

[25] 亓晶, 周志强. 行业特色高校科研创新与行业及区域双重服务面向的耦合态势研究[J]. 中国高教研究, 2021, (3): 55-62.

[26] 沈佳坤, 张军, 冯宝军. 一流学科建设经费的优化配置路径分析：学术与社会双重逻辑的实证研究[J]. 高校教育管理, 2021, 15(3): 45-60,82.

[27] 崔永涛. 我国高等教育学科结构优化调整研究：基于产业结构调整的视角[J]. 教育发展研究, 2015, 35(17): 8-14.

[28] 荀振芳, 李双辰. "双一流"建设背景下高水平行业特色型大学的资源配置与发展[J]. 高等教育研究, 2019, 40(5): 40-48.

[29] 刘向兵. "双一流"建设背景下行业特色高校的核心竞争力培育[J]. 中国高教研究, 2019, (8): 19-24.

[30] 吕荣胜, 刘惠冉. 产学研合作模式与官学研产合作模式对比分析及适用性研究[J]. 科技进步与对策, 2014, 31(12): 27-31.

[31] 郑永安, 孔令华, 张建辉. 高水平行业特色高校学科建设面临的矛盾关系与应对策略[J]. 高教文摘, 2021, (6): 34-37.

[32] 李金和. 行业特色型高校"双一流"建设的逻辑路径[J]. 理论导刊, 2019, (5): 88-92.

第三章

行业特色高校创新型人才培养的
机制与路径研究

提高高等教育质量，培养创新型人才，是新时期高校人才培养的重要任务，也是把我国建设成为创新型国家的关键。如何面向行业特色高校提出创新型人才培养路径优化的理论体系与技术途径将是当下推进"双一流"建设，实现高等教育内涵式发展亟待解决的关键科学问题之一。

第一节　地矿油高校人才培养现状分析

一、国内外研究概况

（一）国外研究概况

1. 个性全面发展的人才培养模式

一方面，国外行业高校特别注重人才的个性化和全面发展的需要，同时培育和加强学生的实践素养及能力，创建一个相对平衡的体系和环境氛围，培养学生探索精神、创新能力，激发他们的创造性思维。另一方面，国外著名大学课程设置种类丰富、选择多、范围广。这不仅拓展了学生知识范围，促进跨学科的教学，适应学生个性化发展需求，还促使人才得到全面的发展。

2. 突出优势的学科专业建设和特定的服务面向

首先，国外行业高校是从专门学院演进而来，各具所长，而且特别重视传统优势学科建设，发展独具优势和特色的学科与专业，如英国的开放大学和日本的横滨国立大学。其次，注重学科的交叉和融合。新加坡南洋理工学院的跨系部"无界化"理念，强化了系部之间的团队精神。最后，不同的行业高校有不同的服务面向，这点同中国的行业高校相似。例如，1988 年被联合国授予"和平使者"的泰国朱拉隆功大学就非常注重社会服务。

3. 产学研相结合的技术创新模式

国外行业高校鼓励学生积极参与学校科学研究以及企业的项目研究，及时、高效地将科研成果转化为产品，从而促进企业的发展和学校自身的发展，实现资源的循环高效利用和分配。韩国的浦项科技大学在这方面成就突出。

4. 独具特色的大学校长办学理念

校长是一个学校发展的领军人物，学校的发展思想、办学原则、管理方式等方面都会受到一校之长的影响。受益于《赠地法案》，美国的康奈尔大学成立于1865年，在首任校长怀特独特的办学理念下现已成为一所世界一流的综合类研究型大学。下述四个方面可以体现该校特色：①所有学科及课程均具有同等重要的意义；②在校生必须参加手工劳动；③所有知识领域都必须加强科学研究；④教育的真实目的及全部意义在于造就全面发展的个人。正是由于怀特独树一帜的办学理念，成就了今天的康奈尔大学[1]。

（二）国内研究概况

国内有关行业特色高校的研究时间相对较短，在高等教育管理体制改革之前，很少有专门研究行业特色高校的成果出现。直至 2011 年初成立的"高水平行业特色型大学战略合作联盟"有力地推动了对国内行业特色高校的研究。由于国情的不同和文化的差异，国外并没有行业特色高校这一明确的提法，也没有关于行业特色高校发展战略研究的议题，值得借鉴的是国外具有相似产生背景或者工业背景的大学的发展状况，如"industry-university"（工业大学）、"industry-oriented university"（行业导向型大学）等，其在建设与发展的模式上实践着行业特色高校的发展之路，其发展经验值得我国行业特色高校借鉴。根据行业特色高校发展的相关分析，现有文献一般汇聚在以下几个部分。

（1）关于行业特色高校的定义内容和特点。一是针对管理制度进行分析，如罗维东[2]指出"行业特色高校一般表示在世纪相交时期、高等教育管理制度变革中被划入我国政府部门或区域相关行业组织负责的、特色突出的院校"；二是主要利用和各行各业之间的紧密关系来明确具体学校的本质属性。例如，潘懋元和车如山[3]指出"以行业为前提，基于现实需求，基于产业特征，为某些产业培育专业人才的学校"；三是根据现实特点进行深入分析。例如，封希德和赵德武[4]指出，行业特色高校为"体现出明显的行业特点、教学科目分布比较集中、长久服务于行业的学校"。我国钟秉林等[5]专家提出"此类大学主要是我国教育管理系统变革之前属于政府部门负责、体现出明显行业特点以及优势的学校"。此项定义包含上述三部分内容，行业特色高校在机构以及组织层面体现出明显的行业痕迹。

（2）关于行业特色高校的发展历史。研究行业特色高校的发展历史是具有深远影响力的，只有全面了解行业特色高校的根源以及发展历史，我们才能全面了解以及认知行业特色高校的根本特征以及现实情况。研究内容主要包括与此类学校相关的历史渊源分析，如李爱民[6]对行业特色高校发展现状的述评以及关于行业特色高校的发展历程研究，徐晓媛[7]所研究的对我国行业特色高校发展的回顾评析与思考。

（3）关于行业特色高校办学特色的研究。行业特色高校最终成为特殊的高校组织，主要是由于其具有和其他学校明显不同的优势以及特征。近期，基于行业特色高校的特点，有学者主要从下面几个角度开展分析：有关学科优势领域的特点；关于人才培养优势方面的特色；关于产学研优势方面的特色[8-10]。

（4）关于行业特色高校划转后遭遇问题的分析。国家经济的持续发展和高等教育的全面改革促使行业特色高校和产业之间的关系出现明显改变，传统行业特色高校与行业紧密挂钩的现实局面开始被改变，面临更多的机遇和挑战，因而在发展的过程中出现诸多问题。当前此类学校的生存与发展遭到许多阻碍和限制，一般体现在具体定位不清楚、特色发展不突出、发展资金不充足等多个方面[11-13]。如同赵辉[14]提出的那样，划转对此类学校来说，表面上是隶属关系的改变，实际上会深刻地影响到内部教育、研发、招生、择业以及相关监管活动。因此划转所造成的问题以及风险一般源自定位含糊、学科限制和办学效益缩减等。

二、行业特色高校创新型人才培养的现状与问题

随着经济社会的发展，研究生招生规模持续扩大，研究生培养任务逐步加重，但研究生培养模式并未针对招生规模扩大、社会发展的多样化以及国家生态文明建设的重大需求进行相应的变革和深度优化，研究生培养质量急剧下滑，"重理论、轻实践、缺创新"等问题越发突出并逐渐加剧，主要表现为以下几个方面。

（1）缺乏德育为先的育人环境、与时俱进的育人机制和扎实稳健的育人队伍。研究生心理健康状况问卷调查表明，有 15%的研究生存在不同程度的情绪抑郁、科研压力大、自卑等方面的心理问题，究其原因主要是因为学校缺乏以德育、思政教育为主的育人环境，无法提升研究生的人生价值观；科技发展推动了教育信息化的发展，线上线下结合的混合式教学模式成为当下教育发展的必然选择，传统高校地质人才培养模式在科技化、信息化的当下已不再适用；研究生培养是一个系统工程，目前研究生培养多比较重视导师的学术主导作用，轻视辅导员和管理人员的作用，学术工作和学生工作相互独立，缺乏扎实稳健的育人队伍，阻碍了研究生教育质量的提高。

（2）缺乏多样化、差异性分类培养模式和针对性高精尖人才的精细化培养体系。国家能源结构调整导致煤炭、石油等的主体地位降低，战略性矿产资源发生

改变，单一的培养模式限制了拔尖型和应用型人才的发展，已无法满足行业态势和国家战略需求；大多研究生培养缺乏多样化、国际化分类培养模式，阻碍了学生创新性思维的发掘和提升，束缚了学生的想象空间和自学能力。此外，目前研究生培养过程中重理论、轻实践，缺乏与专业相关大型企业、科研院所、国际高校合作，无法提供足够创新性的实践机会。

（3）缺乏完善的研究生培养质量评估机制和质量保障体系。宽进宽出，学位论文审核不严格是各层次高校普遍存在的问题，学位审核的严格程度是研究生培养的质量保证，一些高校不重视学位论文开题、预答辩与答辩、送审等关键环节，忽视学位授予质量的诊断，导致社会对于研究生培养质量满意度较低。

三、行业特色高校人才培养现状分析

如何适应新形势，制订既反映社会需求又符合教育发展规律的人才培养方案，提高人才培养质量，突出专业特色，满足社会对行业特色高校人才的需求，已经成为行业特色高校面临的主要问题。本节通过系统的调查研究，对比分析典型地矿油行业特色高校在人才培养方面的特色和共同点，试图探寻其发展趋势，从而为我国行业特色高校本科人才培养方案的制订与优化提供依据与参考。本节的研究以中国石油大学（华东）、中国地质大学（北京）、中国矿业大学（北京）、中国石油大学（北京）、中国地质大学（武汉）、中国矿业大学为例。

（一）教育方面的对比

当前各校存在的主要问题是教学内容、方法、模式有待改进，教师广泛参与教学改革的理论研究和实践不够，以学生为中心的课堂教学改革力度和深度不足，对体现学生创新思维、创新能力和综合性、拓展性学习效果的考核不足，见表3-1。

表3-1　六所行业特色高校人才培养模式对比（一）

学校名称	人才培养模式
中国石油大学（华东）	理科实验班、本研一体班、卓越工程师、辅修、双学位、小语种强化班
中国地质大学（北京）	地质学理科基地班、本科创新实验班
中国矿业大学（北京）	精英本科生培养体系、模块化课程设置、国际化课程组开设
中国石油大学（北京）	小班化、研讨式、混合式、翻转课堂教学模式
中国地质大学（武汉）	试点学院、基地班、菁英班、卓越计划班、实验班、全英班、国际班、李四光计划
中国矿业大学	学分制培养模式、卓越工程师培养模式、主辅修培养模式、本硕博连读培养模式、中外合作培养模式、"双一流"学科国际班、孙越崎学院"本-硕-博"一体化、新工科、智能采矿

资料来源：学校官网公开信息

在传统的教育模式下，课堂教学是人才培养的主要渠道，课堂教学质量的高低，直接影响着人才培养的质量，如台湾高校世新大学的教师在教学中会安排学生授课，并由学生自选授课内容和方式，学生成为教学主体。各校课程模式对比见表3-2。

表3-2 六所行业特色高校人才培养模式对比（二）

学校名称	人才培养模式
中国石油大学（华东）	全部课程上网计划，建设"石大云课堂"课程平台，同步开展翻转课堂、混合式教学等教学模式改革
中国地质大学（北京）	扩充学校选修课数量，2018年秋、2019年春开设80门文化素养类网络课程，采用在线方式学习
中国矿业大学（北京）	
中国石油大学（北京）	开展过程性教学评价改革探索，共有十门课程的60个课堂参加平时测验机考，测验机考采用计算机阅卷和成绩统计分析
中国地质大学（武汉）	以"地质学"和"地质资源与地质工程"两个"双一流"学科为核心，面向国际地球科学前沿和资源环境领域国家重大发展战略，新增"智能科学与技术""城市地下空间""海洋工程与技术""数据科学与大数据技术"
中国矿业大学	建成120门在线课程，其中23门课程面向其他高校和社会学者开放，25门课程获得省在线开放课程建设立项，两门课程被认定为国家级精品在线开放课程

资料来源：学校官网公开信息

（二）创新和实践方面的对比

对于创新平台的设置管理，各校通过学习管理制度改革、人才培养机制改革等，构建创新创业教育管理制度体系；通过师资队伍建设、课程建设、教材建设和教学改革，构建教育教学体系；通过校内创新创业平台、实训孵化基地和创新创业基地等校外实践基地、大学生创新创业项目训练以及竞赛活动平台等，构建实践平台体系，见表3-3。

表3-3 六所行业特色高校人才培养模式对比（三）

学校名称	人才培养模式
中国石油大学（华东）	完善了理科实验班培养模式，实施了本研一体化的培养工作，推进了卓越工程师教育培养计划
中国地质大学（北京）	以实施卓越计划为契机，依托在地矿企业建立的工程实践教育中心，改革人才和培养模式，采取"3+1"的校企联合培养模式
中国矿业大学（北京）	推进一流本科专业建设，2019年学校推进"双万计划"建设
中国石油大学（北京）	2018~2019学年，设立"本科教学工程"教改项目，包括"金课"建设项目、MOOC（massive open online courses，大规模在线开放课程）课程建设项目、课程思政建设项目、跨专业挑战性课程建设项目、过程性改革建设项目、信息化建设促进教学改革建设项目
中国地质大学（武汉）	构建由通识教育课程、学科大类平台+学科基础课程、专业主干课程、实践教育课程、创新创业教育课程组成的课程体系
中国矿业大学	创新创业专项资金投入640余万元，设立大学生创新创业训练项目1188项

资料来源：学校官网公开信息

　　行业特色高校将实习、实训、社会调查等实践环节进行课程化管理，实习模式提倡多样化，校内实习与校外实习结合，切实有效安排实践教育环节，对于行业特色高校创新型人才培养具有重要意义，表3-4为各高校实践环节对比，图3-1为实践教育基地数对比。

表 3-4　六所高校实践环节对比表

高校名称	实践教育基地数
中国矿业大学（北京）	各类实践教育基地 105 个
中国矿业大学	各类实践教育基地 499 个
中国石油大学（北京）	校外实习基地 92 个
中国石油大学（华东）	校外实习基地 263 个
中国地质大学（北京）	校外实习基地 120 余个
中国地质大学（武汉）	校级院级实习基地 40 余个

资料来源：学校官网公开信息

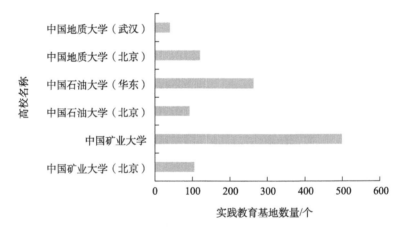

图 3-1　六所行业特色高校实践教育基地数对比图
资料来源：学校官网公开信息

　　具有高素质的师资队伍，对于行业特色高校培养创新型人才是必不可少的。从教育实践来看，拥有实力、专业素质过硬的教师团队，才能有高质量的教学产出，是培养创新型人才的基石。注重教师团队的建设是提高行业特色高校创新型人才培养水平的关键。行业特色高校在建设中需要不断健全和完善师资队伍，不断引入新生力量，推动整个教师团队保持活力，实现不同年龄段人才接续，推动教学水平的提高，表3-5和图3-2为师资力量对比。

表 3-5 六所高校师资条件对比表

高校名称	师资条件/人
中国矿业大学（北京）	院士 17；国家高层次人才特殊支持计划 6；杰青 7
中国矿业大学	院士 14；国家高层次人才特殊支持计划 6；杰青 9
中国石油大学（北京）	院士 5；国家高层次人才特殊支持计划 7；杰青 12
中国石油大学（华东）	院士 13；国家高层次人才特殊支持计划 7；杰青 5
中国地质大学（北京）	院士 11；国家高层次人才特殊支持计划 1；杰青 29
中国地质大学（武汉）	院士 11；国家高层次人才特殊支持计划 13；杰青 16

资料来源：学校官网公开信息（截至 2021 年），院士中包含外聘、双聘

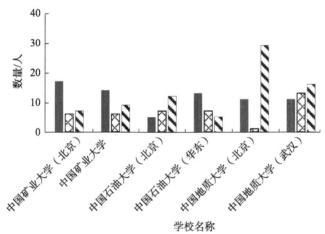

图 3-2 六所行业特色高校师资条件对比图
资料来源：学校官网公开信息

（三）招生方面的对比

六所行业特色高校在 2018 年各地的招生中，录取最低分均超过一本线 20 分以上，对于招生对象六所高校均有较高的要求，分数的高低在一定意义上可以体现出学生学习效果的好坏，通过成绩可以直观地对学生的学习进行评定，这六所行业特色高校招生对象显示出的共性体现出对行业特色高校创新型人才的培养来说，学生的自身素质、基础也十分重要，拥有踏实的学习基础和一定的学习能力是必要的，六所行业特色高校招生对象对比见表 3-6。

表 3-6 六所行业特色高校招生对象对比表

高校名称	招生对象
中国矿业大学（北京）	录取最低分超出一本线 20 分以上
中国矿业大学	录取最低分超出一本线 20 分以上

续表

高校名称	招生对象
中国石油大学（北京）	录取最低分超出一本线 20 分以上
中国石油大学（华东）	录取最低分超出一本线 20 分以上
中国地质大学（北京）	录取最低分超出一本线 20 分以上
中国地质大学（武汉）	录取最低分超出一本线 20 分以上

资料来源：中国教育考试网

（四）科研方面的对比

国家重点实验室是我国开展高水准基础研究和前沿技术研究、聚集和培养优秀科学家、开展学术交流的重要基地，是我国创新体系的重要组成部分，在贯彻落实十八大精神、推动我国创新型国家建设、提升我国自主创新能力等方面担负着不可推卸的责任和使命。国家重点实验室自主创新能力的演化与提升情况直接制约着国家自主创新水平。六所学校均有国家重点实验室，见表 3-7 和图 3-3。

表 3-7 六所行业特色高校教学科研对比表

高校名称	教学科研平台数/个
中国矿业大学（北京）	国家重点实验室 2；国家工程（技术）研究中心 1
中国矿业大学	国家重点实验室 5；国家工程（技术）研究中心 2
中国石油大学（北京）	国家重点实验室 2；国家工程（技术）研究中心 6
中国石油大学（华东）	国家重点实验室 2；国家工程（技术）研究中心 1
中国地质大学（北京）	国家重点实验室 2；国家工程（技术）研究中心 2
中国地质大学（武汉）	国家重点实验室 2

资料来源：学校官网公开信息

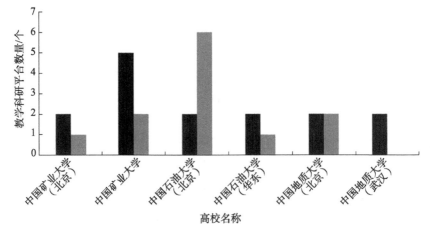

图 3-3 六所行业特色高校教学科研平台数对比图
资料来源：学校官网公开信息

第二节　行业特色高校创新人才培养的作用机理
与运行机制研究

一、研究方法介绍

（一）系统动力学

系统动力学（system dynamics，SD）是一种定性—定量—定性，采用计算机仿真技术，通过构建模型逐步深化，进而提出解决问题的系统动态复杂性方法。系统动力学仿真从整体的综合系统视角出发，关注系统的每一个部分及部分间关系，并借助计算机仿真技术考察系统在不同参数和不同情境下的发展变化趋势，为决策者在不同情境下不同策略的选择提供指导和借鉴。作为研究系统因果机理的模式，该方法更加强调内部机制变化对于整个系统变革的影响，同时更加关注系统长期存在的问题和周期性出现的问题。在缺失数据或者情景模式量化困难的研究情况下，通过反馈控制环的基础研究仍然可以得出一些建设性的成果。同时在处理高阶、非线性、时变等问题时，体现出效率优势。这些特点使其被广泛应用于社会、经济、管理及资源环境等研究中。

（二）建模软件

为进一步研究系统的问题，加深对系统内部反馈结构与其动态行为关系的研究与认识，并改善系统行为，应建立相应的动力学模型。本章使用 Vensim PLE 建立系统动力学模型，Vensim 由美国 Ventana Systems 公司推出，是被广泛使用的系统动力学软件之一。Vensim 是一个可视化的建模软件，可以描述系统动力学模型的结构，模拟系统的行为，并对模型模拟结果进行分析和优化。系统动力学通过状态变量、速率变量、物质流、信息链、源或漏、辅助变量、常数、外生变量等要素构成系统动力学流图，通过系统动力学流图可以完整地描述系统构成、系统行为和系统元素的相互作用机制。根据行业特色高校人才质量系统内部各因素之间的关系设计系统流图，反映系统因果关系中变量的特性，清楚地展现系统内部的作用机制，再对流图中的关系进行量化，最终实现系统动力学仿真[15]。

二、系统动力学模型介绍

影响矿业类行业特色高校人才质量的五个重要因素有行业特色型高校人才培养目标、人才培养模式、教学方法、行业特色高校自身定位、行业需求。通过文献阅读、资料分析以及问卷调查等发现，行业特色高校自身的定位对于培养模式的选择和教学内容及方法的影响极其重要，清晰的定位可以保留高校原有的行业特色优势，教学模式的调整与改进以及教学方法的多样化，都可以促进行业特色高校人才质量的提升。

影响因素的赋值采用层次分析法（analytic hierarchy process，AHP），将与决策总是有关的元素分解成目标、准则、方案等层次，在此基础上进行定性和定量分析，并进行问卷调查，由中国矿业大学（北京）专家、老师进行打分，然后进行汇总分析，对影响因素进行赋值，见表 3-8。

表 3-8　层次分析法赋值矩阵

常量	P_1	P_2	P_3	P_4	P_5	P_6	P_7	P_8	P_9
P_1	1								
P_2	X_1	1							
P_3	X_2	X_9	1						
P_4	X_3	X_{10}	X_{16}	1					
P_5	X_4	X_{11}	X_{17}	X_{22}	1				
P_6	X_5	X_{12}	X_{18}	X_{23}	X_{27}	1			
P_7	X_6	X_{13}	X_{19}	X_{24}	X_{28}	X_{31}	1		
P_8	X_7	X_{14}	X_{20}	X_{25}	X_{29}	X_{32}	X_{34}	1	
P_9	X_8	X_{15}	X_{21}	X_{26}	X_{30}	X_{33}	X_{35}	X_{36}	1

由表 3-9 可知，针对国际交流合作培养、产学研合作培养、教学方法、特色型高校定位、综合性高校定位、实践操作需求、科研创新需求、被动学习、主动学习共九项构建九阶判断矩阵进行层次分析法研究（计算方法为和积法），分析得到特征向量和权重值。除此之外，结合特征向量可计算出最大特征根（9.992），接着利用最大特征根计算得到 CI 值（0.124）[CI=（最大特征根 $-n$）/（$n-1$）]，CI 值用于下述的一致性检验使用。

表 3-9　层次分析法层次分析结果

项目	特征向量	权重值	最大特征根	CI 值
国际交流合作培养	1.988	22.089%		
产学研合作培养	1.011	11.239%		
教学方法	1.047	11.633%		
特色型高校定位	0.869	9.660%		
综合性高校定位	0.990	11.004%	9.992	0.124
实践操作需求	0.456	5.070%		
科研创新需求	0.566	6.286%		
被动学习	1.822	20.240%		
主动学习	0.250	2.780%		

本次研究构建出九阶判断矩阵,对应表 3-10 可以查询得到平均随机一致性指标 RI 值为 1.460,RI 值用于下述一致性检验计算使用(表 3-11)。

表 3-10 平均随机一致性指标 RI 标准值

矩阵阶数	1	2	3	4	5	6	7	8	9	10
RI	0	0	0.52	0.89	1.12	1.26	1.36	1.41	1.46	1.49

表 3-11 一致性检验结果汇总

最大特征根	CI 值	RI 值	CR 值	一致性检验结果
9.992	0.124	1.460	0.085	通过

通常情况下 CR 值越小,判断矩阵一致性越好,一般情况下 CR 值小于 0.1,则判断矩阵满足一致性检验;如果 CR 值大于 0.1,则说明不具有一致性,应该对判断矩阵进行适当调整之后再次进行分析。本次研究针对九阶判断矩阵计算得到 CI 值为 0.124,针对 RI 值查表为 1.460,因此计算得到 CR 值为 0.085<0.1,意味着本次研究判断矩阵满足一致性检验,计算所得权重具有一致性。

在行业特色高校人才质量系统中,有状态变量(L)1 个,速率变量(R)2 个,常量(C)9 个,共 12 个参变量,如表 3-12 所示。

表 3-12 参变量赋值情况表

符号	参变量的含义及赋值
L	行业特色高校人才个人能力=INTEG(生均专业学习实践收获速率+生均接受专业教育收获速率,0)
R_1	生均接受专业教育收获速率=教学内容×教育内容吸收率/120
R_2	生均专业学习实践收获速率=主动学习+被动学习
C_1	国际交流合作培养=0.22
C_2	产学研合作培养=0.11
C_3	教学方法=0.12
C_4	特色型高校定位=0.1
C_5	综合性高校定位=0.11
C_6	实践操作需求=0.05
C_7	科研创新需求=0.06
C_8	被动学习=0.2
C_9	主动学习=0.03

表 3-12 中,对变量 L 进行无量纲化等效处理。常量 C 都在[0,1]间取值,采用层次分析法得出的权重赋值反映了相互因素之间的占比关系。

三、因果关系图

根据系统动力学原理，行业特色高校人才质量系统是一个有机的社会系统，可建立一个适用于该系统的动态分析模型，即系统动力学模型。建立系统动力学模型有助于全面客观地研究行业特色高校的培养机制与路径对于人才培养的影响[16]。在系统动力学理论中常用因果与关系回路图构思模型的初始阶段，非技术性地、直观地描述模型结构以便于交流讨论[17]。因果关系图可以明确局部与整体关系，再连接形成回路。为了进一步分析各因素对于行业特色高校人才质量的影响，本部分结合前文建立了行业特色高校人才质量因果关系图，如图 3-4 所示。

在分析因果关系的基础之上，模型的回路如下。

回路 1：行业特色高校人才个人能力→行业人才进入企业→企业人才培养→就业环境→高校人才培养→行业特色高校人才个人能力。

回路 2：行业特色高校人才个人能力→毕业人才任教→教师教学质量→高校人才培养→行业特色高校人才个人能力。

回路 3：行业特色高校人才个人能力→行业人才进入科研院所→科研院所人才培养→行业特色高校人才个人能力。

回路 4：行业特色高校人才个人能力→行业人才进入科研院所→科研院所人才培养→科研成果→企业人才培养→行业特色高校人才个人能力。

回路 5：行业特色高校人才个人能力→行业人才进入科研院所→科研院所人才培养→科研成果→企业人才培养→就业环境→高校人才培养→行业特色高校人才个人能力。

四、动力学关系图

本次研究采取的系统模型的基本假设是：在模拟期间高校学生人数不发生变化。行业特色高校人才质量系统动力学流图见图 3-5。

五、作用机理与运行机制

行业是地方行业特色高校产生、发展及壮大的基础，依托行业办学既是这类高校的历史选择，也是它们的现实追求。行业协会要发挥掌握行业宏观信息的优势，协助高校积极参与行业科技发展规划的制订；行业科研院所则可依托行业技术开发职能，协助高校做好行业共性关键技术的研发，为行业产业结构调整和技术进步服务。行业要把促进高水平行业特色高校的发展作为兴业强国的重要举措，列入行业发展战略规划，从政策、项目和经费等方面为行业特色高校提供更多的机会和更丰富的资源。为推动技术创新的发展，企业应充分结合内部及外部的资

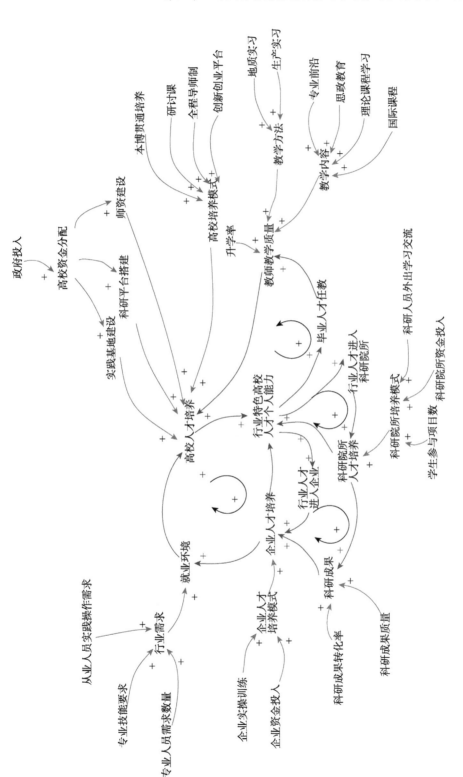

图 3-4 因果关系图

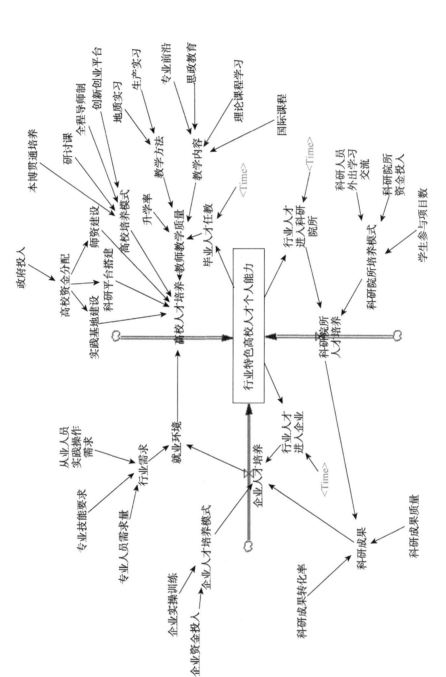

图 3-5 行业特色高校人才质量系统动力学流图

源和想法，依靠内部和外部两种通向市场的路径，增加和改进培养学生创新精神和创新能力的教学环节，强化数学、外语、计算机等基础学科教学，在全校范围内开设人文、经贸、管理、心理学等选修课程，在本科生中试行辅修专业制度，设立公共课、基础课"主讲教师制度"，成立"创新能力实验室"，学生综合素质和能力得到改善。高校与行业、企业的紧密有效合作是行业特色高校的本质特征和发展成功的重要保障，也是现阶段行业特色高校可持续发展的有效途径。产学研结合不仅是行业特色高校更好地服务社会的必由之路，而且是其建设与发展的重要方面。

第三节　创新人才培养效果评价

一、耦合模型方法介绍

"耦合"作为一个物理学概念，是20世纪70年代由德国著名物理学家 H. Haken（H. 哈肯）教授首先提出的，意思是两个或两个以上的因素或系统相互影响、相互关联或彼此作用的一种物理学现象。本章基于耦合协调度理论，紧扣耦合协调理论的"协调与发展"要义，分析创新型人才培养特点与培养模式间的相互作用机理。一般耦合模型中包含多层指标，可使用熵值法、主成分分析（principal component analysis，PCA）、层次分析法等方法，这些方法最主要的区别在于各指标权重确定的准则不同。

（1）熵值法。熵最初来源于物理学中的热力学概念，主要反映系统的混乱程度，现已广泛应用于可持续发展评价及社会经济等研究领域。在信息论中，熵是系统混乱程度的度量，而信息则是有序程度的度量，二者绝对值相等，符号相反。在由 n 个待评方案、m 个评价指标所构成的指标数据矩阵 $X=\{x_{ij}\}_{n \times m}$ 中，数据的离散程度越大，信息熵越小，其提供的信息量越大，该指标对综合评价的影响越大，其权重也应越大；反之，各指标值差异越小，信息熵就越大，其提供的信息量则越小，该指标对评价结果的影响也越小，其权重也应越小。

（2）主成分分析是通过正交变换将一组可能存在相关性的变量转换为一组线性不相关的变量，转换后的这组变量叫主成分。设法将原来变量重新组合成一组新的相互无关的几个综合变量，同时根据实际需要从中取出几个较少的综合变量，从而尽可能多地反映原来变量信息的统计方法叫作主成分分析，或称主分量分析，也是数学上用来降维的一种方法，但该方法损失的信息有时会较多。

二、层次分析法介绍

层次分析法是美国运筹学家托马斯·塞蒂于20世纪70年代提出的一种系统分

析方法，它将定性的方法与定量的方法相结合，将复杂问题分解为若干层次和若干因素，在各个因素之间进行两两比较，最终得到不同的解决问题方案的权重，为最佳的选择提供理论依据[18]。层次分析法对人们的思维过程进行了加工整理，提出了一套系统分析问题的方法，为科学管理和决策提供了较有说服力的依据。

层次分析法明显的缺点是，整个分析过程似乎都是依赖人的主观判断思维，一来不够客观，二来两两比较全部人为完成还是非常耗费精力的，尤其是当候选方案比较多的时候。人们在进行社会、经济以及科学管理领域问题的系统分析时，面临的常常是一个由相互关联、相互制约的众多因素构成的复杂而缺少定量数据的系统。层次分析法为这类问题的决策和排序提供了一种新的、简洁而实用的建模方法。总的来说，此方法具有简单实用的特点，适合多目标、多准则、多时期的系统评价。其基本步骤如图 3-6 所示。

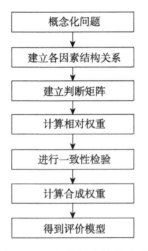

图 3-6　层次分析法计算步骤

根据已经建立的煤炭行业人才培养效果评价指标体系，通过比较影响同一准则的各因素之间的重要性，构造比较判断矩阵。其中各因素之间相对重要性的大小采用托马斯·塞蒂的"1~9 标度法"来确定（表 3-13）。

表 3-13　1~9 标度及其含义

定义	相对重要度	说明
同样重要	1	两个指标对结果的影响同样重要
略微重要	3	认为一个指标比另一个指标略微重要
相当重要	5	认为一个指标比另一个指标重要
明显重要	7	深感一个指标比另一个指标重要
绝对重要	9	强烈地感到一个指标比另一个指标重要
两个相邻判断的中值	2, 4, 6, 8	需要折中处理时采用

由表 3-13 可知指标重要性各不相同，为了减少人为因素的影响，本章指标重要性的判定采用专家评分取平均值的方法。同时计算各矩阵的最大特征根并进行一致性检验，如式（3-1）~式（3-4）所示。

$$\lambda_{\max} = \sum_{i=1}^{n} \frac{(AW)_i}{nW_i} \qquad (3\text{-}1)$$

式中，A 为判断矩阵；W 为权重；W_i 为合成权重，其计算方式如式（3-2）所示。

$$W_i = W_{\text{二级指标}} \times W_{\text{一级指标}} \qquad (3\text{-}2)$$

利用计算得到的最大特征根计算一致性指标值，如式（3-3）所示。

$$CI = \frac{\lambda_{\max} - n}{n - 1} \qquad (3\text{-}3)$$

一致性指标值越大，则矩阵的一致性越差。为了验证矩阵是否有令人满意的一致性，一般采用检验系数 CR 表示，如式（3-4）所示。当 CR < 0.1 时，则认为矩阵的一致性较好。

$$CR = \frac{CI}{RI} \qquad (3\text{-}4)$$

式中，RI 为平均随机一致性指标，见表 3-14。

表 3-14　平均随机一致性指标 RI 标准值

矩阵阶数	1	2	3	4	5	6	7	8	9	10
RI	0	0	0.52	0.89	1.12	1.26	1.36	1.41	1.46	1.49

根据以上计算出的各项指标的合成权重结果 W_i，结合各项指标的专家评分 S_i，最终得到煤炭行业人才培养效果结果。

$$\text{培养效果得分} = \sum_{i=1}^{n} W_i \times S_i \qquad (3\text{-}5)$$

三、因素选取

基于以上基本准则，本章所构建的地矿油特色行业人才培养效果评价指标充分考虑了该类行业特色高校人才培养的特点，保证整个评价体系结合实际，能够不断完善，与时俱进，以适应不断发展的煤炭行业的需要。本章构建的评价指标体系具体如表 3-15 所示。

表 3-15   地矿油特色行业人才培养效果评价指标体系

培养效果	一级指标	二级指标
培养效果 A	生源质量 A1	专业一志愿率 A11
		最低录取位次 A12
		专业志愿调剂率 A13
		入学报到率 A14
	师资条件 A2	高层次人才占比 A21
		师德师风 A22
		教学能力 A23
		科研能力 A24
	培养条件 A3	人均图书量 A31
		人均实验费 A32
		人均设备量 A33
		师生占比 A34
		教学经费 A35
		国际化教育 A36
	专业能力培养方案 A4	课堂教学 A41
		实践教学 A42
		创新教学 A43
		教学设施 A44
	学生学习效果 A5	毕业率 A51
		就业率 A52
		身心素质 A53
		业务能力 A54
		学生满意度 A55
		用人单位满意度 A56

表 3-15 中地矿油特色行业人才培养效果评价指标体系主要包含五个一级指标和 24 个二级指标，其中一级指标包含生源质量、师资条件、培养条件、专业能力培养方案以及学生学习效果。生源质量主要反映行业特色高校最终选择录取的学生质量，学生质量在一定程度上会影响最终的培养效果；师资条件主要反映在培养过程中，教师条件对培养效果的影响，教师是人才培养的直接参与者，教师水平是直接影响专业人才培养效果的因素；培养条件是指学生学习的环境及所需的设备，该环节同样会对最终的培养效果起到推动作用；专业能力培养方案是针对行业特色高校所特有的教学方案，目标是培养更多煤炭行业所需要的人才；学生学习效果可以体现行业特色高校培养的人才实际情况，选取其作为其中一项评价指标能够更好地对地矿油特色行业人才培养效果进行评价。

四、效果评价

本部分选取中国矿业大学（北京）作为煤炭行业人才培养效果的评估对象。由于校内老师和本校煤炭行业相关专业毕业生对培养模式效果的感受最为直观，故选取 20 名专业老师、60 名毕业生填写调查问卷，问卷内容是分别对不同的影响因素进行对比评分，共包含 34 个问题，涵盖所有的影响因子。通过对调查问卷结果的收集和分析，得到各层次相对于上一个层次的权重向量，如表 3-16~表 3-21 所示。

表 3-16 煤炭行业人才培养效果评价指标判断矩阵

指标	生源质量	师资条件	培养条件	专业能力培养方案	学生学习效果	权重
生源质量	1	1/3	1/3	1/4	1/2	0.0790
师资条件	3	1	2	1/3	1/2	0.1800
培养条件	3	1/2	1	1/2	1/2	0.1491
专业能力培养方案	4	3	2	1	1	0.3260
学生学习效果	2	2	2	1	1	0.2659

$$\lambda_{\max} = 5.2486 , \quad CR = 0.0555 < 0.1$$

资料来源：问卷调查

表 3-17 生源质量指标判断矩阵

指标	专业一志愿率	最低录取位次	专业志愿调剂率	入学报到率	权重	合成权重
专业一志愿率	1	1/2	1/2	1	0.1646	0.0130
最低录取位次	2	1	1/2	2	0.2875	0.0227
专业志愿调剂率	2	2	1	1	0.3417	0.0270
入学报到率	1	1/2	1	1	0.2062	0.0163

$$\lambda_{\max} = 4.1850 , \quad CR = 0.0693 < 0.1$$

资料来源：问卷调查

表 3-18 师资条件指标判断矩阵

指标	高层次人才占比	师德师风	教学能力	科研能力	权重	合成权重
高层次人才占比	1	1/3	1/3	1/2	0.1062	0.0191
师德师风	3	1	2	4	0.4726	0.0851
教学能力	3	1/2	1	1	0.2395	0.0431
科研能力	2	1/4	1	1	0.1817	0.0327

$$\lambda_{\max} = 4.1326 , \quad CR = 0.0497 < 0.1$$

资料来源：问卷调查

表 3-19　培养条件指标判断矩阵

指标	人均图书量	人均实验费	人均设备量	师生占比	国际化教育	教学经费	权重	合成权重
人均图书量	1	1/4	1/4	1/2	1/2	1/3	0.0679	0.0101
人均实验费	4	1	1/2	1/3	1/2	1/2	0.1166	0.0174
人均设备量	4	2	1	1/3	2	1/2	0.1757	0.0262
师生占比	2	3	3	1	2	1	0.2692	0.0401
国际化教育	2	2	1/2	1/2	1	1/2	0.1302	0.0194
教学经费	3	2	2	1	2	1	0.2404	0.0358

$$\lambda_{\max} = 6.4586 ， CR = 0.0728 < 0.1$$

资料来源：问卷调查

表 3-20　专业能力培养方案指标判断矩阵

指标	课堂教学	实践教学	创新教学	教学设施	权重	合成权重
课堂教学	1	1/2	1/2	1/3	0.2033	0.0663
实践教学	2	1	2	4	0.4262	0.1389
创新教学	2	1/2	1	3	0.2827	0.0922
教学设施	1/3	1/4	1/3	1	0.0878	0.0286

$$\lambda_{\max} = 4.0816 ， CR = 0.0305 < 0.1$$

资料来源：问卷调查

表 3-21　学生学习效果指标判断矩阵

指标	毕业率	就业率	身心素质	业务能力	学生满意度	用人单位满意度	权重	合成权重
毕业率	1	1/2	1/2	1/2	1	1/3	0.0914	0.0243
就业率	2	1	1/2	1/3	1	1/2	0.1149	0.0305
身心素质	2	2	1	1/2	2	2	0.2228	0.0592
业务能力	2	3	2	1	1/2	1/2	0.2222	0.0591
学生满意度	1	1	1/2	2	1	1	0.1661	0.0442
用人单位满意度	3	2	1/2	1	1	1	0.1827	0.0486

$$\lambda_{\max} = 6.5386 ， CR = 0.0855 < 0.1$$

资料来源：问卷调查

注：本表数据进行了四舍五入，存在比例合计不等于 100%的情况；合成权重数据由原始数据计算得出

如表 3-16~表 3-21 所示，各层影响因子的检验系数 CR 均小于 0.1，表明矩阵的一致性较好，能够良好地服务于效果评价模型。与此同时，计算得到一级指标和二级指标的合成权重值，在五个一级指标中，专业能力培养方案这一因素所占权重最高，达到 32.6%，相比之下，生源质量的权重相对较小，占比 7.9%，这也

说明，对于高校煤炭行业来说，特定的专业能力培养条件更为重要（图 3-7）。生源质量方面四个影响因素权重差别较小（图 3-8），专业志愿调剂率和最低录取位次影响力较大。在师资条件的二级指标中（图 3-9），师德师风的占比高达 47.26%，这说明，在人才培养的过程中，师德师风被认为是非常重要的因素。在培养条件的二级指标中（图 3-10），师生占比和教学经费影响力较大。专业能力培养方案指标下的二级指标中（图 3-11），实践教学的占比位居第一，达到 42.62%，这说明，在煤炭行业类专业中，动手实践的能力被认为是该专业人才所应具备的能力。在学生学习效果指标下的二级指标中（图 3-12），身心素质和业务能力占比均高于20%，说明相较于其他因素，这两项更能体现出学生的学习效果。基于上述所得各二级指标的合成权重，绘制各指标柱状图及雷达图，如图 3-13 和图 3-14 所示。

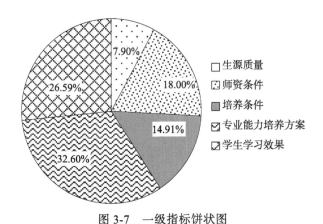

图 3-7　一级指标饼状图

资料来源：问卷调查

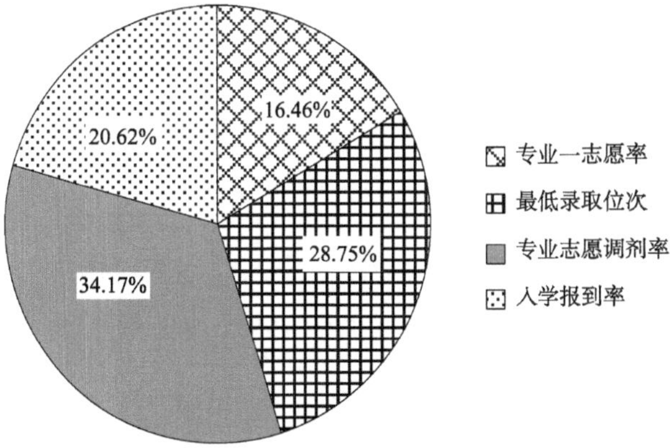

图 3-8　生源质量的二级指标饼状图

资料来源：问卷调查

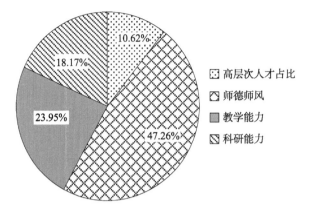

图 3-9　师资条件的二级指标饼状图
资料来源：问卷调查

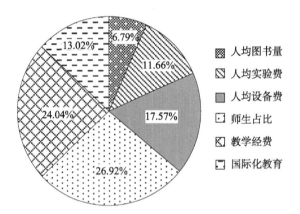

图 3-10　培养条件的二级指标饼状图
资料来源：问卷调查

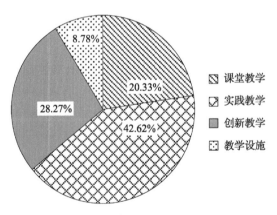

图 3-11　专业能力培养方案的二级指标饼状图
资料来源：问卷调查

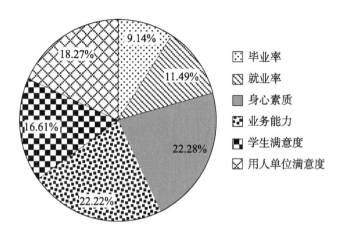

图 3-12　学生学习效果的二级指标饼状图

资料来源：问卷调查

注：本图数据进行了四舍五入，存在比例合计不等于 100% 的情况

如图 3-13 所示，二级指标中比重最大的是专业能力培养方案中的实践教学，占比 13.89%，排名第二的专业能力培养方案中的创新教学，占比 9.22%。总体来说，专业能力培养方案中的二级指标比重相对较大，排名相对靠前。相对而言，专业一志愿率、最低录取位次、专业志愿调剂率、入学报到率的占比相对较小，这说明，生源质量指标对培养效果有一定的影响，但影响较小。此外，培养条件各二级指标较师资条件各二级指标的占比总和相对较低，这表明培养条件所代表的硬件设施质量与教师团队质量相比，教师团队质量对煤炭行业人才培养更为重要。

基于上述得到的各二级指标的合成权重，组织 80 名专家对 16 项指标进行打分，满分 10 分，从低到高分别对应很差（0~2 分）、差（2~4 分）、中（4~6 分）、良（6~8 分）、优（8~10 分），得到每一个指标的评价得分后取其平均值作为该项得分，然后进行每项求和，得到最终的综合评价得分，结果如表 3-22 所示。

从表 3-22 可以看出，中国矿业大学（北京）煤炭行业人才培养效果评价综合得分为 8.5469 分，对应优等级，表明该学校在煤炭行业人才培养效果为优，能够较好地针对煤炭行业这一特色专业培养专业人才。

第四节　行业特色高校创新型复合人才培养新思路

行业特色高校是我国社会主义建设过程中逐步成长起来的办学类型，是我国人才体系建设的一个重要组成部分，其为培养某一行业领域的高尖端人才提供了可能[19]。近年来，我国高等教育取得了举世瞩目的成就，"行业特色高校创新型

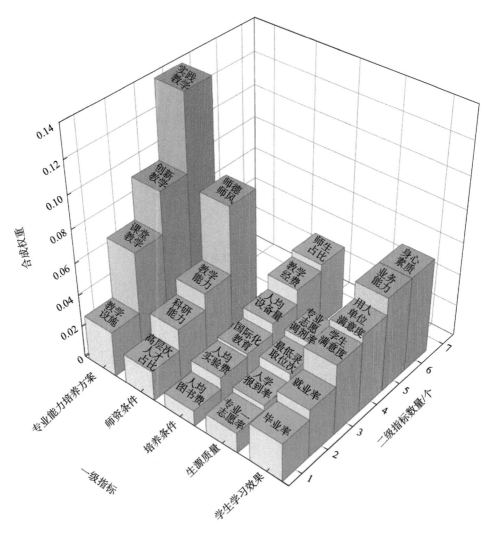

图 3-13　人才培养效果二级指标柱状图

人才培养"开始引起众多学者的关注,并在相关领域开展了一系列的探索。例如,李爱民[6]对行业特色高校发展现状进行了述评,并对特色高校的发展历程进行了研究;基于行业特色高校的办学特点,王亚杰[8]分析了学科优势的特点;刘国瑜[9]分析了人才培养优势方面的特色;席桢[10]分析了产学研优势方面的特色。但总体而言,针对行业特色高校创新型人才培养的机制与路径的研究尚未形成体系。与此同时,虽然行业特色高校在长期的办学实践中积淀了深厚的历史与特色,学科分布相对集中,优势明显,人才培养的针对性强,但是培养过程单一化、课程体系设置整体性和协同性不足、大学生素质培养不足等问题始终影响着创新人才培

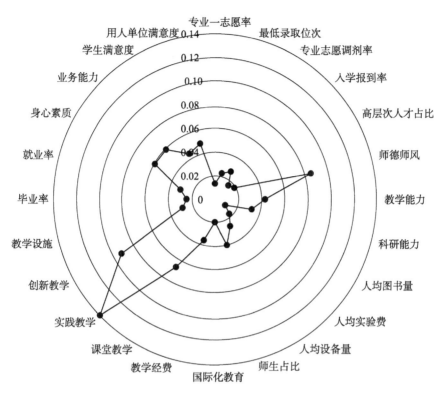

图 3-14　人才培养效果二级指标雷达图

资料来源：问卷调查

表 3-22　煤炭行业人才培养效果评价结果

判断指标	合成权重	专家打分	评价得分
专业一志愿率	0.0130	9.08	0.1181
最低录取位次	0.0227	8.26	0.1877
专业志愿调剂率	0.0270	8.85	0.2390
入学报到率	0.0163	9.49	0.1547
高层次人才占比	0.0191	8.14	0.1556
师德师风	0.0851	9.31	0.7918
教学能力	0.0431	8.01	0.3452
科研能力	0.0327	8.76	0.2865
人均图书量	0.0101	9.55	0.0967
人均实验费	0.0174	8.39	0.1458
人均设备量	0.0262	7.42	0.1944
师生占比	0.0401	8.69	0.3488
国际化教育	0.0194	7.50	0.1456
教学经费	0.0358	7.80	0.2796

续表

判断指标	合成权重	专家打分	评价得分
课堂教学	0.0663	7.01	0.4645
实践教学	0.1389	9.03	1.2545
创新教学	0.0922	8.53	0.7860
教学设施	0.0286	8.24	0.2358
毕业率	0.0243	8.90	0.2163
就业率	0.0305	8.70	0.2657
身心素质	0.0592	9.00	0.5332
业务能力	0.0591	8.50	0.5024
学生满意度	0.0442	8.30	0.3666
用人单位满意度	0.0486	8.90	0.4323
综合得分			8.5469

资料来源：问卷调查

注：本表数据由原始数据计算得出

养的成效，行业特色高校在创新人才培养方面还不能适应我国建设创新型国家的实际需求。

鉴于此，本节以系统动力学的相关理论为指导，通过建立煤炭行业特色高校创新型复合人才培养系统模型，揭示煤炭行业特色高校创新型人才培养的影响因素与作用机制，在此基础之上，提出一套面向行业特色高校创新型复合人才培养路径优化的理论体系与技术途径，为创新型国家建设和创新驱动发展战略实施提供科技支撑，同时也为我国相似特色行业高校创新型复合人才培养提供一种新思路。

一、煤炭行业人才培养现状

（一）行业发展趋势

煤炭行业受到世界经济发展放缓、我国经济结构调整、产能过剩、生态环保理念不断深入等因素的影响显著[20]。国家煤矿安全监察局（现国家矿山安全监察局）数据显示，截至 2019 年，全国煤矿采煤、掘进机械化程度已分别达到 78.5%、60.4%，已建成 183 个智能化采煤工作面，煤炭生产实现由手工作业向机械化、自动化、信息化、智能化的历史性跨越。因此采矿专业人才培养必须进行大胆探索，积极与相关先进技术相融合，重视能源行业高素质专业人才的吸纳与培养。

（二）人才培养水平相对滞后

人才培养缺乏创新性和实践性是当前采矿工程专业改革与发展的难题。一方面，采矿工程专业开办院校的培养水平参差不齐。据不完全统计，有 57 所本科院校开设了采矿工程专业，其中拥有矿业工程一级学科博士点的院校有 16 所，还有不少院校属于民办高校[21]。通过对比可以发现，57 所开办采矿工程专业的本科院校的师资队伍、办学条件和人才培养质量差异较大。另一方面，采矿工程专业人才培养方案亟待更新。

我国高校在创新人才培养方面主要存在以下问题。

（1）培养过程单一化。以教师为主导、以学生为主体的教学模式还没有真正建立，学生被动接收的模式仍然是主流，学生的创新意识未被有效挖掘。

（2）课程体系设置整体性和协同性不足。虽然学生所学课程较多，但课程间的集成效果欠缺。同时，课程内容往往滞后于社会的真实需求，导致学生知识应用的有效性在降低。

（3）大学生素质培养不足。学生学习的主动性未被充分挖掘，探求新知识的动力不足，缺少科学研究方法的系统教育，实践环节重视不足。

（三）招生就业压力增大

矿山生产企业多分布在工业基础薄弱、交通条件相对较差的山区或偏远地区。受传统观念和就业环境等多因素影响，人们普遍对采矿工程专业认识比较片面，采矿工程专业的第一志愿报考率较低，招生形势不容乐观。以中国矿业大学（北京）采矿工程专业为例，第一志愿录取率仅 20%左右，而专业转出比例最高达到26.73%，且转出的学生大部分成绩较优异。同时，由于社会公众对煤炭行业的认知偏见，以及传统煤矿相对偏远、从业环境较为艰苦，采矿工程专业毕业生去行业内工作的意向不强，这造成了行业内大量专业人才的流失。从长远来看，不利于学生本人的技术进步，不利于矿业学科的高端人才培养，更不利于整个煤炭行业的未来发展。

二、煤炭行业人才需求分析

受我国经济增速放缓、清洁能源推广以及煤炭行业"智能化、少人化"的发展趋势等因素的影响，煤炭行业的持续发展也必须依靠大量的人才队伍来支撑[22]。因此对高校专业人才的培养也提出了更新、更高的要求[23]。与此同时，现代煤炭行业是一个技术密集型行业，所需的人才需要掌握的知识范围更广，深度更深。此外，由于我国煤炭行业高层管理人员大多是从生产技术岗位逐步走到管理岗位，因此，在培养该类人才时，除了基础的专业知识，还需要学习其他相关的知识体系，完善煤炭行业专业人才的知识系统。综上所述，现阶段煤炭行业主要需要具有强专业、强创新以及高素质的创新型复合人才。基于此，本章绘制了创新型复合人才需求框架（图 3-15）。

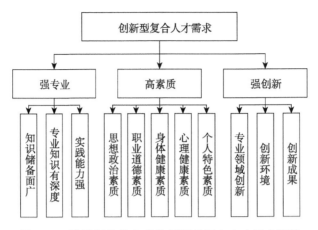

图 3-15　煤炭行业特色高校创新型复合人才需求框架

三、煤炭行业人才培养新思路

　　传统的高校教学设计是以课程为导向，从通识基础课、学科基础课、专业基础课到专业课。教师只要讲授完课程，学生只要每门课程考试合格，就达到毕业要求。在这种设计中，教师的讲课进度以及质量就成了主要的事情，以教师为中心是自然而然的。随着社会的发展，此类培养理念越发跟不上时代的进步，因此除了传统的课堂教学，行业特色高校与行业之间应当加强联系，促进学科与专业融合，通过建立交流与合作，在人才培养、科研和社会服务之间加强相互沟通和交流。

　　行业特色高校为国家培养了大批的人才，不同类型、不同水平的大学拥有不尽相同的人才培养目标，为我国高等教育做出了巨大的贡献。但随着近年来行业特色高校的改革，如部分行业高校脱离原来的行业主管部门成为省属高校，出现资金投入减少、师资力量减弱、生源质量降低等问题，在一定程度上制约了行业特色高校创新型人才培养。基于上述提到的现阶段煤炭行业的人才需要，此类具有传统的教学优势和独特的行业优势的行业特色高校，如矿业类大学、地质类大学、石油类大学等院校，需不断凝练人才培养目标，并结合现阶段煤炭行业的人才需求，保证人才培养目标是符合时代要求、社会需要的复合型人才。

　　综上，本章基于国家创新体系理论提出了多层次培养创新型复合人才的理论模型。在该模型中强创新、强专业和高素质三方构成了创新型复合人才培养系统的三个组成部分。与此同时，强专业人才结合创新，往往会诞生适合煤炭行业的创新型专业人才，高素质人才结合创新也能够形成高素质的创新人才，三者之间相互作用，最终形成被行业所需要的创新型复合人才。

（一）确定创新型复合人才培养系统的边界

由于行业特色高校在创新人才培养方面还不能适应我国建设创新型国家的实际需求，拓宽目前煤炭行业高校创新型人才培养思路尤为重要。本章以创新型复合人才的理论模型为依据，以高素质、强专业、强创新三个主体作为系统的切入点，构建了复合型人才培养的动力系统，同时，以原因树为指导，对作用于各主体上的影响因素进行分析，确定了各子系统边界。对各子系统进行汇总，见表3-23。

表 3-23　煤炭行业人才培养子系统边界

系统大类	一级指标	二级指标
高素质	思想政治素质	思政课堂
		党建活动
	职业道德素质	职业规划课程
		行业知识拓展
	身体健康素质	人均运动场地
		身体素质检测
	心理健康素质	心理咨询室
	个人特色素质	文体活动数量
		学校社团类型
强专业	基础知识储备	师资条件
		人均图书馆纸质册
		培养条件
		基础课程设置
	专业知识储备	高层次教师占比
		专业课程设置
		科研水平
	行业知识储备	行业信息平台
	实践能力	校企合作频率
		人均实验费
		人均设备量
	综合能力	综合素质考评
强创新	专业领域创新	专业领域创新成果
	创新环境	创新型教师
		创新平台搭建
		创新创造活动数量
	创新成果	专利数量
		论文数量
		科技创新数量

（1）高素质是各行各业人才培养的根本，煤炭行业人才培养模式要牢牢把握立德树人的根本宗旨，站在高等教育事业发展的高度做好顶层设计。要切实以学生为中心，准确把握学生的成长规律，保证学生身心健康、思想道德、职业素养以及个人特色等多方面同步提高，才能较好地形成有利于行业、有利于社会的高素质人才。

（2）强专业是煤炭行业人才培养的基础，煤炭行业人才培养模式需要结合煤炭专业的学科特点，一方面，立足工学实际，打牢地质学、力学、数学等知识结构体系的基础，万丈高楼平地起，夯实基础是各个学科培养的重中之重；另一方面，结合仿真模拟、体验式教学和工程实践等，着力提升学生的专业知识、实践能力和动手能力。与此同时，煤炭行业的背景、现状、前景及该行业对于社会的重要程度等信息也需积极传递。

（3）强创新是煤炭行业人才培养的未来支撑，行业特色高校的创新人才培养更应当保持服务于行业的原则，为相关行业培养出急需的创新型人才，为建设强大的民族工业而贡献力量，才能获得更好的发展机遇和发展前景，这也是行业特色高校保持传统优势、提升综合办学实力的重要先决条件。

（二）构建创新型复合人才培养系统的因果关系图

系统动力学模型是在因果关系图的基础上进一步区分变量性质，用更加直观的符号刻画系统要素之间的逻辑关系，明确系统的反馈形式和控制规律。根据表 3-23 确定的创新型复合人才培养子系统之间的相互关系，以特色行业高校人才培养方案为基础，可以得到以下关于复合型人才培养系统的主要反馈回路。

回路 1：资源投入→高校人才培养方案→创新型复合人才能力→心理健康素质/职业道德素质/思想政治素质/个人特色素质/身体健康素质→素质教育→资源投入。

回路 2：资源投入→高校人才培养方案→创新型复合人才能力→知识储备/实践能力/综合能力→专业培养→资源投入。

回路 3：资源投入→高校人才培养方案→创新型复合人才能力→专业领域创新/创新环境/创新成果→创新培养→资源投入。

采用系统动力学专业软件 Vensim 绘制（图 3-16）。

（三）构建复合型人才培养系统的动力学模型

以行业特色高校人才培养方案为基础，以创新型复合人才能力培养为需求，以素质教育资源、教育专项资源、创新培养资源为状态变量，以素质教育、专业能力、创新能力为主体，反馈影响高校人才培养方案，构建复合型人才培养系统的动力学模型。采用系统动力学专业软件 Vensim 绘制，如图 3-17 所示。

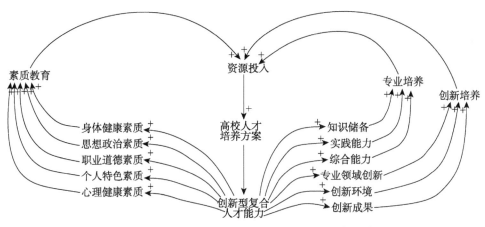

图 3-16　创新型复合人才培养系统的因果关系图

四、创新型复合人才培养系统的动力学模型仿真

本章依据系统动力学的仿真分析方法，采用系统动力学的专业仿真软件 Vensim 分析，以中国矿业大学（北京）为研究对象，以"中国矿业大学（北京）2017~2019 学年本科教学质量报告"为实际数据来源，收集并整理相关数据。与此同时，对中国矿业大学（北京）的 60 名毕业生和 20 名专业老师进行问卷调查，问卷内容是分别对不同的影响因素进行对比评分。采用层次分析法对调查问卷的结果进行分析，得到系统变量间的实质关系，通过系统仿真得到创新型复合人才培养和资源投入的关系及发展趋势，并依据仿真分析结果给出具体的建议。

（一）参数赋值

在创新型复合人才培养系统中，有状态变量（L）4 个，常量 28 个，共 32 个参变量。其中，素质教育 A 受到常量 $A_1 \sim A_9$ 的影响，专业能力 B 受到 $B_1 \sim B_{12}$ 的影响，创新能力 C 受到 $C_1 \sim C_7$ 的影响。

如表 3-24 所示，通过调查问卷的形式得到的煤矿类高校毕业生素质教育（权重为 40.81%）、专业能力（权重为 32.60%）、创新能力（权重为 26.59%）的比值为 1.53 : 1.23 : 1。中国矿业大学（北京）学校整体经费投入为 19.3 亿元，但是高校实际的经费投入种类多、细节多，十分错杂，只能粗略进行估计。假设用于校园维护等其他费用为 6 亿元，用于素质教育资源投入 4.43 亿元，用于教育专项资源投入 6.58 亿元，用于创新培养资源投入 2.29 亿元，则素质教育资源投入、教育专项资源投入、创新培养资源投入的比值为 1.93 : 2.87 : 1。毕业生认为素质教育对创新型复合人才培养最为重要。但是学校的实际资源更加向专业能力倾斜。

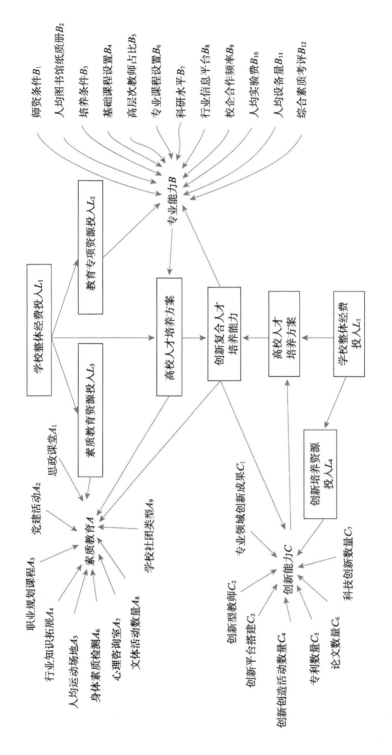

图 3-17 创新型复合人才培养系统的动力学模型

表 3-24　系统参变量赋值

变量	变量类型	变量名称	实际参数	取值范围	各自权重
资源投入 L	状态变量 L_1	学校整体经费投入	19.3（亿元）	无上限	
	状态变量 L_2	教育专项资源投入	6.58（亿元）	无上限	
	状态变量 L_3	素质教育资源投入	4.43（亿元）	无上限	
	状态变量 L_4	创新培养资源投入	2.29（亿元）	无上限	
素质教育 A 权重值 40.81%	常量 A_1	思政课堂	40（节/学年）	无上限	9.37%
	常量 A_2	党建活动	5（次/学年）	无上限	8.54%
	常量 A_3	职业规划课程	3（次/学年）	无上限	14.42%
	常量 A_4	行业知识拓展	8（次/学年）	无上限	17.12%
	常量 A_5	人均运动场地	3.08（平方米）	无上限	16.87%
	常量 A_6	身体素质检测	2（次/学年）	无上限	5.12%
	常量 A_7	心理咨询室	2（个）	无上限	12.33%
	常量 A_8	文体活动数量	5（项/学年）	无上限	6.43%
	常量 A_9	学校社团类型	68（个）	无上限	9.80%
专业能力 B 权重值 32.60%	常量 B_1	师资条件	教授 182（人）副教授 241（人）	无上限	12.56%
	常量 B_2	人均图书馆纸质册	55.39（本）	无上限	3.79%
	常量 B_3	培养条件		无上限	10.23%
	常量 B_4	基础课程设置	156（门）	无上限	4.73%
	常量 B_5	高层次教师占比	80%	0~100%	6.37%
	常量 B_6	专业课程设置	69.7%	0~100%	5.88%
	常量 B_7	科研水平		无上限	9.41%
	常量 B_8	行业信息平台	10（个）	无上限	8.44%
	常量 B_9	校企合作频率	0.56	0~1	10.12%
	常量 B_{10}	人均实验费	1345.52（元）	无上限	13.7%
	常量 B_{11}	人均设备量	3（台）	无上限	12.11%
	常量 B_{12}	综合素质考评	1（次/学年）	0~2	2.66%
创新能力 C 权重值 26.59%	常量 C_1	专业领域创新成果		无上限	13.84%
	常量 C_2	创新型教师	178（人）	无上限	7.78%
	常量 C_3	创新平台搭建	156（项）	无上限	20.27%
	常量 C_4	创新创造活动数量	443（项/学年）	无上限	17.33%
	常量 C_5	专利数量		无上限	14.27%
	常量 C_6	论文数量		无上限	13.58%
	常量 C_7	科技创新数量		无上限	12.93%

资料来源：分析研究现状总结

（二）仿真结果与模型有效性检验

模型在使用之前需要进行有效性检验，目的是验证构造的模型与现实系统的吻合度，检验模型所获得信息与行为是否反映实际系统的特征和变化规律。为了检验创新型复合人才培养能力系统模型的稳定性，选取不同的仿真步长（0~100个月）进行仿真分析，得到初始化的散点图，内化量仿真结果如图 3-18 所示。由图 3-18 可得，通过设置不同的仿真步长，内化量初始散点图未出现突变情况，因此构建的仿真系统是稳定的。

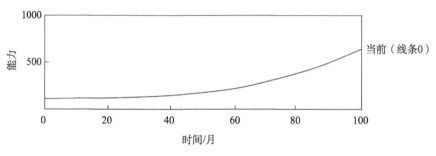

图 3-18　内化量仿真结果

（三）系统动力学仿真结果

本部分主要分析在单独改变素质教育资源投入、教育专项资源投入、创新能力资源投入的情况下，创新型复合人才培养能力的变化趋势。单独选择其中一个资源投入状态变量改变后对仿真结果进行分析。即分别分析素质教育资源投入增加 10%、教育专项资源投入增加 10%、创新能力资源投入增加 10%，其他两个状态变量保持不变的情况下，创新型复合人才培养能力的变化。

线条 0 为初始状态，线条 1 为素质教育资源投入调整后的状态，线条 2 为教育专项资源投入调整后的状态，线条 3 为创新培养资源投入调整后的状态。如图 3-19~图 3-22 所示，素质教育资源投入调整后，在 35 个月左右有影响，之后缓步增长，说明其对创新型复合人才培养能力有影响作用。教育专项资源投入调整后，在 25 个月左右有影响，之后缓步增长，说明其对创新型复合人才培养能力有影响作用。创新培养资源投入调整后，在 40 个月左右有影响，之后缓步增长，说明其对创新型复合人才培养能力有影响作用。

五、煤炭行业人才培养目标的实现路径

在新的形势下，要实现上述培养目标，需要不断解放思想，调整思路，做好

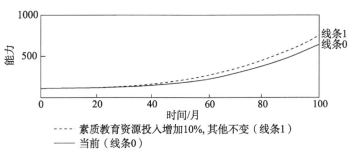

图 3-19　素质教育资源投入增加的仿真结果

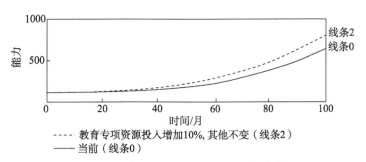

图 3-20　教育专项资源投入增加的仿真结果

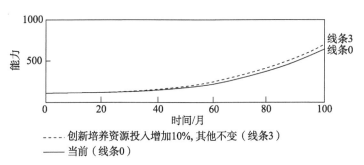

图 3-21　创新培养资源投入增加的仿真结果

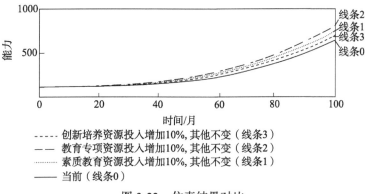

图 3-22　仿真结果对比

以下几个方面的工作。

（1）构建煤炭行业的多层次培养模式。对于学校的特色专业进行多层次的特色培育，以满足社会不同层次的需求。一方面，除了基础理论学习之外，可以将科研成果融入课堂，丰富教学内容，使学生加强对当前行业前沿问题的了解，逐渐形成自己的学术观、科研观；另一方面，加强产学研结合，对于煤炭行业来说，一味地进行课堂教学很难提升学生的多方面综合能力，在完善实践教学管理制度的基础上，提升实验课、各类实习、课程设计、专业综合设计、毕业设计（论文）等实践教学环节质量，加大本科实验室、实验教学中心、校外实习基地等实践教学条件建设力度，提高实践教学水平。

（2）提升专业与创新能力。通过优化理论课程结构，按照"加强通识教育、拓宽学科基础、凝练专业核心、培养创新创造"的原则，构建通识教育课程、学科基础课程、专业核心课程三位一体的有机融合、层次分明的理论课程体系。该体系不仅可丰富学生在校期间应获得的知识结构框架，而且对各种能力和素质的培养也做了改进，更有利于促进学生知识、能力和素质的协调发展。

（3）构建完备的教学质量监督与保障体系。以教学质量标准为基础，突出教师和学生质量保障双主体作用，构建学校、学院、系三级质量保障体系，完善教学过程常态监控、教学质量评价评估、教学信息采集分析、教学管理持续改进四项机制，发挥教学工作组织领导、师资队伍、教学经费、教学条件、质量文化等多方面联动作用，提高人才培养质量。

六、煤炭行业人才培养目标

本节通过研究总结行业特色高校的人才发展、人才培养现状和人才需求，研究创新型复合人才的培养机制，构建了系统动力学模型，并以中国矿业大学（北京）为实例做了仿真模拟，得出如下结论。

（1）结合现阶段特色行业的人才需求分析，提出以高素质、强专业、强创新三个主体作为切入点研究特色行业创新型复合人才培养机制，构建了煤炭行业人才培养的子系统边界。

（2）通过调查问卷和层次分析法进行分析，得出煤矿类毕业生认为素质教育对创新型复合人才培养最为重要，其次是专业能力和创新能力。但是学校的实际资源更加向专业能力倾斜，其次是素质教育和创新能力。与此同时，高校实际的经费投入种类多、细节多，十分错杂，只能粗略进行估计，之后的研究可根据实际情况继续进行细化改进。

（3）经过系统仿真，分别把素质教育、专业培养、创新培养的投入资源调整增加 10%，可以看出教育专项资源投入调整后 25 个月左右就可看出明显影响；素质教育资源投入调整后的第 35 个月左右有明显影响；而创新培养资源投入调整后需要 40 个月左右才会对创新型复合人才培养能力有影响。

第五节　主要政策建议

本章通过系统动力学理论分析了行业特色高校创新型人才的培养模式与机制路径，通过系统动力学理论构建行业特色型创新型人才能力培养系统图，分析了人才培养目标的制定、行业需求的调整、教学方法的改进、培养模式的完善对于行业特色高校创新型人才培养的影响，这对于行业特色高校在后续办学培养创新型人才方面具有指导意义，系统提升了行业特色高校人才培养能力，丰富了人才培养理论框架。

为了适应新形势，制订既反映社会需求又符合教育发展规律的人才培养方案，提高人才培养质量，突出专业特色，满足社会对行业特色高校人才的需求，本章通过系统的调查研究，对比分析典型行业特色高校在人才培养方面的特色和共同点，试图探寻其发展趋势，从而为我国行业特色高校本科人才培养方案的制订与优化提供依据与参考。

（1）导师指导全程化，建立良好的师生互选机制，对师生定期进行匹配调整，为学生提供及时有效的指导，达到因材施教的目的。对导师的职责进行更明确的划分，对学生的思想动态、心理健康、学习成绩、竞赛活动进行指导，导师对学生及时帮扶关注。对全程导师制建立更有效的量化考核体系，对全程导师制的及时性、有效性、指导频次进行评价。全程导师制有利于师生交流，精准培养人才，也可以更好地培养学生团队协作能力，但是全程导师制对于导师要求较高，在科研压力与指导学生中要彼此兼顾，所以全程导师制对于老师有更高的要求。

（2）产学研联合培养，校企合作育人机制应进一步加强深化，联合企业共建人才培养平台，避免单一地以教师理论授课为主导，校企积极合作，企业参与到教学和课程建设中来，做到学校和企业深度融合。学生直观感受企业生产经营情况，提高学生理论与实践结合能力。

（3）坚持教授为本科生授课，打造"金课"，淘汰"水课"，教授走上讲台，带给学生书本知识的同时，还应与学生分享自己所从事的科学研究、学科前沿知识以及科学的思维方式，为学生提供更多进入实验室开展科学实践活动的机会。教授引导拓展课程的学业深度和广度，增强作业和问题的开放性，注重课堂的启发和研讨，指导课外研学，让学生早进团队，早接触科研。

（4）拓展教室资源，加强教室管理。完善排课制度，充分挖掘现有教室资源，提高教室利用效率，使教室空间得到最充分和最有效的利用；调整图书馆内部空间功能，增加阅览座位，增设专用研修室、自习室，缓解教学用房压力；完善相关制度，强化学生自我管理，提高教室座位利用率，缓解教室资源紧张与学生自主学习需求之间的矛盾；加强教务处、后勤处等有关教室管理部门联动，延长教学楼开放时间，切实提高教室使用效率和教室服务质量。制订教室改造计划，优化教室结构。

参考文献

[1] 梁莎莎. 浅析国外行业特色型高校的办学特色[J]. 新西部(中旬·理论), 2014, (7): 137, 140.

[2] 罗维东. 新时期行业特色高校发展趋势分析及对策思考[J]. 中国高教研究, 2009, (3): 1-3.

[3] 潘懋元, 车如山. 特色型大学在高等教育中的地位与作用[J]. 大学教育科学, 2008, (2): 11-14.

[4] 封希德, 赵德武. 建设高水平行业特色型大学的思考[J]. 中国高等教育, 2009, (7): 9-10.

[5] 钟秉林, 王晓辉, 孙进, 等. 行业特色大学发展的国际比较及启示[J]. 高等工程教育研究, 2011, (4): 4-9, 81.

[6] 李爱民. 行业特色型高校研究现状评述[J]. 中国高校科技, 2012, (10): 54-57.

[7] 徐晓媛. 对我国行业特色高校发展的回顾评析与思考[J]. 教育与职业, 2013, (11): 24-26.

[8] 王亚杰. 发挥行业特色型大学优势，支撑国家经济社会发展[R]. 第三届高水平行业特色型大学发展论坛年会, 2009.

[9] 刘国瑜. 建设高教强国进程中行业特色高校的改革与发展[J]. 国家教育行政学院学报, 2008, (10): 52-54, 58.

[10] 席桢. 行业背景院校本科人才培养特色研究[D]. 武汉: 武汉理工大学, 2012.

[11] 周南平, 钱晓田. 行业型高校发展路径探析[J]. 教育探索, 2011, (10): 112-113.

[12] 李枫, 赵海伟. 高水平行业特色高校发展的探索[J]. 江苏高教, 2012, (1): 66-67.

[13] 李轶芳. 地方行业特色型高校的困境与出路[J]. 中国高等教育, 2010, (9): 57-58.

[14] 赵辉. 划转院校改革发展的实践与思考[J]. 煤炭高等教育, 2002, 20(6): 35-37.

[15] 徐敏. 大学生社会主义核心价值观培育途径的系统动力学研究[J]. 唐山师范学院学报, 2016, (2): 131-135.

[16] 乔国通, 何刚, 李天博. 基于系统动力学的高校青年教师培养效益的仿真研究[J]. 现代企业教育, 2010, (24): 226-228.

[17] 杨钢, 薛惠锋. 高校团队内知识转移的系统动力学建模与仿真[J]. 科学学与科学技术管理, 2009, 30(6): 87-92.

[18] 张恺聆. 基于层次分析法的应用型大学课堂教学质量评价指标体系研究[J]. 中国多媒体与网络教学学报(上旬刊), 2020, (12): 240-242.

[19] 陈鸿海, 王章豹, 李巧林, 等. 特色高校人才培养模式创新改革的实践与思考[J]. 继

续教育改革, 2012, (12): 95-97.

[20] 李杨, 王建鹏, 王明琛, 等. 我国矿业人才培养与战略研究[J]. 煤炭经济研究, 2019, 39(11): 65-71.

[21] 盛建龙, 叶义成, 刘晓云, 等. 新形势下采矿工程专业人才培养模式改革研究[J]. 中国矿业, 2016, 25(7): 157-160, 165.

[22] 邓文兴, 刘克敬, 方军峰, 等. 大型煤炭企业人才供应链管理探索与实践[J]. 创新科技, 2017, (11): 49-54.

[23] 彭苏萍, 王香艳, 宋梅. 中国煤炭高校人才培养中的问题分析: 基于煤炭企业与行业院校的问卷调查与分析[J]. 教育教学论坛, 2017, (29): 62-65.

第四章

行业特色高校师资队伍建设研究

第一节　现实背景与相关理论

当今世界正处于百年未有之大变局，中国在经济全球化过程中扮演着越来越重要的角色。为了应对新时代世界形势的变化，产业转型升级、创新发展成为国家战略，知识和人才成为经济发展与社会进步的主要动力。而高校师资队伍作为社会主义建设者和创新人才的培养主体，肩负着重要的历史使命，必须从全局发展的战略高度来认识和加强师资队伍建设，尤其是高层次人才队伍建设。

一、现实背景

2015年8月，中共中央、国务院决定统筹推进"双一流"高校与学科建设，方案围绕"中国特色""世界一流"铺排开展，而建设一流师资队伍成为重点工作中的首要任务。2017年1月，教育部、财政部、国家发展和改革委员会联合印发了《统筹推进世界一流大学和一流学科建设实施办法（暂行）》，引导和支持具备一定实力的高水平大学加快走向世界一流。同年9月，《教育部 财政部 国家发展改革委关于公布世界一流大学和一流学科建设高校及建设学科名单的通知》出台，这是继"211工程"和"985工程"后，国家在新时期背景下对高等教育发展做出的新部署。党的十九大提出，要"加快一流大学和一流学科建设，实现高等教育内涵式发展"[1]。

在2018年9月的全国教育大会上，习近平强调"坚持把教师队伍建设作为基础工作"[2]，优秀的师资队伍已经成为"双一流"建设以及高等教育发展的重要着力点。中共中央全面深化改革委员会第二十三次会议明确了新一轮"双一流"建

---

[1] 《习近平：决胜全面建成小康社会 夺取新时代中国特色社会主义伟大胜利——在中国共产党第十九次全国代表大会上的报告》，http://www.gov.cn/zhuanti/2017-10/27/content_5234876.htm[2022-07-12]。

[2] 《习近平出席全国教育大会并发表重要讲话》，https://www.gov.cn/xinwen/2018-09/10/content_5320835.htm[2022-07-12]。

设工作的方向与路径："要突出培养一流人才、服务国家战略需求、争创世界一流的导向，深化体制机制改革，统筹推进、分类建设一流大学和一流学科。"①2022年印发的《教育部 财政部 国家发展改革委关于深入推进世界一流大学和一流学科建设的若干意见》指出，建设高校和建设学科要胸怀"两个大局"，心系"国之大者"，立足新发展阶段、贯彻新发展理念、构建新发展格局，全力推进"双一流"高质量建设。

行业特色高校作为中国高等教育的重要组成部分，在长期办学过程中形成了与行业密切相关的办学特色和优势学科，与国家国防、地质、冶金、机械、电子等行业产业共同发展进步，产教协同输送了大批优秀人才，校企融合取得了大量领先科技成果。20世纪50年代，中国的大学模式突出行业管理、背景和学科优势等特点，而在世纪之交的教育改革后，大部分行业类高校进行整合，并纷纷加强特色学科与关联学科的结合，有序拓展学科结构，在保持行业特色的前提下对专业进行适当外延，呈现"一元领先、多元并进"的发展趋势。在此发展背景下，行业特色高校学科建设起点高、资源共享平台构筑成熟等特点使其更加容易融合行业特色与社会价值的发展。

国家宏观战略为行业特色高校建设业务能力精湛、育人水平高超的高素质师资队伍提供了良好的机遇，如《关于深化人才发展体制机制改革的意见》和《教育部等五部门关于深化高等教育领域简政放权放管结合优化服务改革的若干意见》，为新形势下做好师资队伍建设尤其是高层次人才队伍建设提供了根本保障，为学校广揽人才、聚优人才提供了源泉。近年来高校发展取得的成绩和打造的平台，以及综合实力和社会影响的不断提升，为吸引人才提供了有力支撑，但同时也对师资队伍建设提出了新的挑战。

新中国成立初期，为了满足经济建设的需要，保障国家资源安全，地矿油行业特色高校应需而建。几十年来，地矿油行业特色高校为国家输送了大批人才，为国家的资源安全、国民经济发展和科学技术进步做出了重要贡献，形成了行业背景深厚、学科分布相对集中、人才培养精专等典型特征，成为我国高等教育的一支重要力量。目前，地矿油行业特色高校凭借其鲜明特色，具备促进学科走向一流的巨大驱动力，但作为学科建设核心因素的师资队伍建设与世界一流大学还存在较大差距，特别是高水平领导型人才数量不足、学科间高层次人才分布不均、团队力量薄弱等共性问题不断显现。然而，现有研究对地矿油行业特色高校师资队伍建设的关注不够充分，无法促进地矿油行业特色高校的高质量发展，尤其是

①《习近平主持召开中央全面深化改革委员会第二十三次会议强调：加快建设全国统一大市场 提高政府监管效能 深入推进世界一流大学和一流学科建设》，https://www.gov.cn/xinwen/2021-12/17/content_5661684.htm[2022-07-12]。

结合高校教师的特征，在其学术活力现状、评价体系等方面还有较大研究空间。因此，如何在国际发展大环境下，充分利用外部资源，结合地矿油行业特色高校自身实际壮大师资队伍，提升师资队伍水平，成为现在亟须解决的问题。

二、相关理论

（一）师资队伍活力理论框架

教师作为师资队伍建设的重要载体，具有多重性。学术工作包含人们常提及的教学、研究以及管理与社会服务等基本内容[1]，是一种行为和状态的组合体。这种组合有内在和外显两种表现形式：前者是指高校教师投身学术工作的动力、激情、价值取向与精神欲求等，可以通过学术活动信心、发展目标和工作喜好程度等指标进行测量；后者则可以通过教师投入时间与精力的程度及工作绩效等指标进行测量[2]。高校教师学术活力指的是大学教师在教学、科研及社会服务等学术工作中的活跃程度[3]，是大学教师工作状态的综合体现。因此，基于马斯洛的需求层次理论以及人力资源管理的相关理论，同时参考阎光才和牛梦虎[1]、栗洪武[4]、闫俊凤[5]、岳英[2]、张丽[6]等多位学者的研究成果，可将师资队伍活力划分为工作意愿、工作行为、工作成果三个维度（图4-1）。师资队伍活力是工作意愿、工作行为、工作成果在激发机制函数下作用的结果，即

$$A=F(B,W,P)$$

式中，A 为师资队伍活力；B 为工作行为；W 为工作意愿；P 为工作成果；F 为活力激发机制。

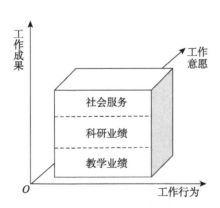

图 4-1　师资队伍活力的概念维度

工作意愿是教师参与教学科研活动的内生动力来源，它是教师活力产生的内在基础。一般来说，教师工作意愿越强烈时，所表现出来的活力越充分。工作行为是教师具体工作状态，它是教师工作意愿和外部条件相互作用的状态反映。工

作成果是教师教学科研活动的产出，是教师活力的外在表现。这三个维度共同作用于教师活力，而且都可体现在教学业绩、科研业绩、社会服务三个方面。

从影响师资队伍活力的因素来看，其主要包括内外两个方面，即个人层面内部因素和组织层面外部因素（图 4-2）。个人层面因素主要反映教师个体属性，是影响教师活力的内在因素，具体包括年龄、教龄、兴趣、学术目标等。组织层面因素主要反映教师所处外部环境，是影响教师活力的外部因素，划分为软、硬两方面条件。其中，软条件主要包括学校的学术氛围、所处学科地位、团队合作程度等；硬条件主要包括学校的人才晋升机制、实验设备、奖惩制度等。

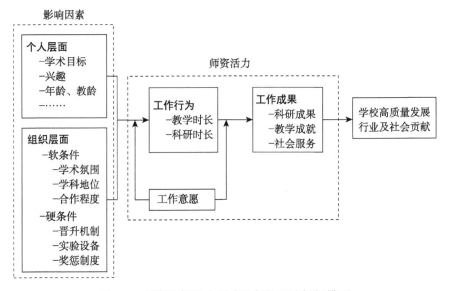

图 4-2　师资队伍活力影响机制的理论框架模型

（二）高校教师素质与能力要素框架

教师素质是一个综合性概念，是生理和心理两大要素及其品质的综合体现，是顺利从事教育活动的基本品质或基础条件。首先，教师素质具有职业特殊性，要全面体现教师的独特品质，要突出教育教学活动与其他活动的差别，以及教育对象的特殊性；其次，教师素质是动态的整体，也是结构与过程的统一，需要将其视作一个系统结构；最后，教师素质是适应现代化社会与人类发展需要的思想、知识以及技能等方面特征与职业素养的融合。

教师能力指教师为了成功进行教育活动所必须具备的各种能力的组合。理想的能力结构既可使教师较好地运用已具备的知识、技能，有效地进行教学、科研工作，又可使教师根据现代科学技术和社会生产的发展趋势，不断获取新知识和调整自己的知识结构，使自己的知识结构保持在最佳状态，以适应大学教学和科研发展需要。

根据人力资源管理中的胜任力模型（competence model），结合行业特色高校的特性，明确了教师核心素质的内容构成（图 4-3）。胜任力模型也称为素质能力模型，是针对特定职位表现优异要求组合起来的胜任力结构，是一系列人力资源管理与开发实践（如工作分析、招聘、选拔、培训与开发、绩效管理等）的重要基础。胜任力模型是一组相关的知识、态度和技能，它们影响个人工作的主要部分，与工作绩效相关，能够用可靠标准测量和通过培训与开发而改善。胜任力模型描绘了能够鉴别绩效优异者与绩效一般者的动机、特质、技能和能力，以及特定工作岗位或层级所要求的一组行为特征。

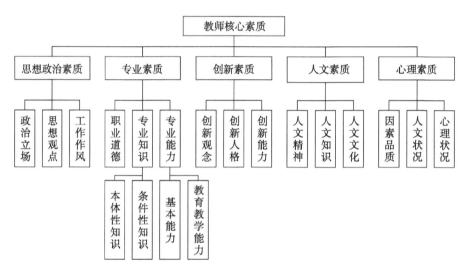

图 4-3　高校教师核心素质构成体系

思想政治素质是指教师在政治立场、思想观点和工作作风等方面所应具备的基本要求。思想政治素质是高校教师素质的灵魂，决定并制约着其他素质的发展方向。

专业素质是指教师在教育教学中表现出来的以及潜在稳定的必备的专业品质，主要包括以下几个方面。①职业道德。职业道德包括：热爱教育事业，热爱学生，志存高远，爱岗敬业，忠于职守，乐于奉献，具有强烈的责任感，自觉地履行教书育人的神圣职责，以高尚的情操引导学生全面发展。②专业知识。专业知识包括本体性知识和条件性知识。本体性知识即学科知识，是其知识结构的主要骨架，解决"教什么"问题；条件性知识指教师必备的高等教育学、教育心理学方面的知识，解决"怎么教"问题。③专业能力。专业能力进一步可细分为基本能力和教育教学能力两个方面。其中，基本能力是从事教师职业所必须具备的最起码能力，包括语言表达能力、想象力、逻辑思维能力、直觉思维能力和发散思维能力等；教育教学能力包括教学组织管理能力、教学调控能力、运用现代化技术的能力、教会学生学习的能力、教学研究能力。

创新素质是指通过环境影响和教育所获得的、稳定的、在创新活动中必备的基本心理品质与特征，主要包括：①创新观念，包括创新的价值观和创新的教育观。②创新人格，包括好奇心、探究兴趣、求知欲、冒险精神、对新异事物的敏感、对真理的执着追求，以及开拓、进取、百折不挠的精神。③创新能力，包括创造性思维能力，创造性想象能力，创造性地计划、组织与实施某种活动的能力。

人文素质包括人文精神、人文知识、人文文化。

心理素质包括因素品质、人文状况、心理状况。

高校教师能力的构成要素主要包括教学能力、科研能力和专业能力三个方面。①教学能力。教学能力构成要素包括：丰富的专业知识和合理的知识结构；教学资源收集及组织能力；教学设计能力；教学活动实施能力；语言表达及沟通交流能力；培养学生自学和创新的能力；信息技术运用能力；教学效果的反思和教学模式的创新能力等。②科研能力。科研能力是教师在科研实践活动中形成的比较稳定的且长时间内起作用的性质和品质，主要包括教师的教育科研意识、教育科研经验、教育科研知识、教育科研技能、教育科研理论素养、教育科研信息处理能力和教育科研创造才能等。③专业能力。高校教育往往专业性较强，尤其是行业特色高校专业程度高，这对教师的专业能力提出了新的要求，教师的专业能力主要包括课堂教学能力、教学评价能力、教育科研能力、课程资源的开发与利用能力、学术交流能力和管理能力。

综上，教师素质和能力具有综合性，与教师活力、素质、能力、考评、激励等有着密切联系，因此提升教师素质和能力是一个系统工程。教师素质和能力的提升是高校师资队伍建设的核心，教师素质和能力只是其活力的内在基础，活力激发还需要外部刺激因素。

第二节　现　状　分　析

一、制度建设

目前，中国地矿油行业特色高校或者有地矿油行业历史背景的学校共 30 余所，地矿油行业特色高校响应新时代高等教育的新要求，积极推进师资队伍建设，在加大外引力度、强化内培能力、革新考评制度等方面取得了一些经验。由于地矿油行业特色高校在办学历史、行业特色等方面具有一定共性，所以各校在师资队伍管理制度方面也存在一些相似性。因此，下面结合一些典型院校的主要做法对地矿油行业特色高校的师资队伍建设相关制度进行分析。

（一）师资引进

新进教师是师资队伍的重要补充，由于地矿油行业特色高校的行业特殊性，在人才引进方面都存在较大困难。因此，地矿油行业特色高校为了使学校可持续高质量发展，都在师资、人才引进方面制定了一些优惠政策，以增加学校对于优秀人才的吸引力。

地矿油行业特色高校在师资引进方面的相关政策具有相似性，一方面着力于提升师资队伍的高水平人才引进，另一方面同时兼顾青年教师的引进，保障教学科研的可持续性，分别针对不同层次、不同类型的师资制定差异化政策，并且通过保障科研条件和生活条件、薪资福利等方式吸引优秀人才的加入。但在对于高端人才的界定上，地矿油行业特色高校存在一定差异。

例如，中国地质大学（北京）坚持"人才强校"战略，把人才作为第一资源，以提高整体素质和创新能力为目标，大力加强师资队伍建设，着力培养和吸引教学科研领军人才、拔尖创新人才。中国地质大学（北京）在人才引进方面主要是实施"三大计划"分层引进海外人才、特任教授和优秀博士。

（1）实施"海外人才引进计划"。坚持"以我为主、按需引进、突出重点、讲求实效"，瞄准国际高端，主动参与国际人才竞争，重点引进具有战略科学家潜质的海外高水平人才和紧缺人才。依托国家重大人才工程，以学科建设为龙头、高水平科研与教学队伍建设为目标，科学制订引进计划与岗位设置，规范引进程序和考核办法，进一步拓宽引进渠道，加大引进力度。

（2）实施"特任教授引进计划"。围绕学科建设，设置特任教授岗位，面向海内外公开招聘，择优选聘，全职到岗。每个一级学科和特色方向，至少有 1~2 名特任教授，充分发挥高层次人才在学科建设和教学科研中的作用。注重非全职高层次人才聘用，通过特聘教授、兼职教授、讲座教授和客座教授等岗位形式柔性引进高端师资人才，发挥其在学科建设中的组织指导作用。

（3）实施"优秀博士引进计划"。严格进人标准，严把进人程序，原则上要求补充到教师队伍的新进人员必须具有博士学位或博士后研究经历，学缘结构较好，且在其研究的领域取得较好的学术成果。采用"以才荐才""点面结合"，拓展招聘途径，提高招聘质量，重点吸引国际知名院校的优秀博士来校工作。

另外，中国矿业大学实行了人才分层引进，针对不同层次人才分别制定了相关的引入条件和奖励政策。中国矿业大学在人才引进政策方面的主要做法有：①将引进的人才分为卓越学者（不超过 70 周岁）、杰出学者（不超过 60 周岁）、攀登学者（不超过 45 周岁，社科艺术类不超过 50 周岁）、优秀青年学者（35~38 周岁，社科艺术类不超过 40 周岁）四类。②在对引进人才的薪酬保障措施方面，提供拎包入住人才周转房（2020 年一期投放 100 套，先到先得），面积 50~130 平方米不等。具体薪酬待遇"一人一议、一事一议"，最高年薪 150 万元，科研平台经费最多 2000 万元，等额住房补贴面积最多 300 平方米。薪酬方面全部实行"年薪制（无绩效收入）+高水平科研成果奖励"，除高水平科研成果奖励，院士年薪 100 万~120 万元/年，杰青年薪 80 万~120 万元/年，青年拔尖人才年薪 60 万元/年。除此之外，学校内部二级教授岗位中也有部分实行年薪制，大概 40 万元/年。

与中国地质大学（北京）类似，中国石油大学（北京）针对高层次人才引进和优秀学科博士后计划，分层次引进教师。中国石油大学（北京）在师资引进方面的具体办法如下。

（1）加大高层次人才引进力度。通过提高人才待遇，引进各类高层次人才，包括院士和青年拔尖人才。学校对青年拔尖人才直接给予三级教授待遇，税前薪酬不低于 50 万元/年，另奖励 50 万元给所在的项目团队。准青年拔尖人才是中国石油大学（北京）从 2017 年开始评定的。准青年拔尖人才标准为：已经进入国家各类青年拔尖人才会评阶段但没获得最终通过的优秀青年人才，或者未参评国家各类青年拔尖人才但已达到标准的优秀青年人才。一旦进入准青年拔尖人才行列，在满足教授职称基本条件后，即可获得教授职称（不占用正常教授评审指标，不受任职年限限制，同时教学任务工作量可后补）。

（2）实施优秀学科博士后计划。优秀学科博士后计划薪酬待遇为税前 30 万元/年以上。优秀学科博士后可租住学校博士后公寓，租期 2 年。未能租住的博士后，可享受住房补助每年 2.4 万元，补助期 2 年。优秀学科博士后分为两类，一类为主干专业（"双一流"学科）优秀博士后，另一类为非主干专业优秀博士后（也称师资博士后）。优秀学科博士后出站需达到相关出站标准。特别优秀的博士后（如入选国家博士后国际交流计划引进项目或博士后创新人才支持计划），在原有薪酬待遇基础上给予奖励津贴 10 万元/年，资助期 2 年，并可优先留校。此外，优秀学科博士后在站期间可申请学校优秀青年学者、青年拔尖人才（成功入选并获得留校资格的，进校后兑现相关待遇）。优秀学科博士后具有超过优秀出站标准的其他成果，可享受教学科研成果奖励。

（二）师资培养

师资培养是师资队伍建设的核心内容，是人才涌现的重要基础。地矿油行业特色高校在师资培养方面均按照相关文件的要求，积极推进分层分类培养的方式，全面推进师资培养，但在人才层次和类别划分上存在一定的差异。

例如，中国地质大学（北京）在师资培养过程中，在加强师资队伍分类管理和强化师资队伍管理方面的主要措施如下。

（1）强化定岗定编定责。推行"三定"人事管理，根据学校发展规划和现实需求，按照"定编、定岗、定责"的原则，合理确定各单位的阶段性编制总量、岗位数量和职责。按照岗位结构比例，规范设置各级各类岗位，使专业技术人员、管理人员、工勤人员比例更趋科学合理，逐步实施以岗位和编制作为职务晋升、职级晋升、职称晋升和各单位人员补充的依据，优先保证专业技术人员补充，优化教职工队伍的质量和结构。

（2）实施分类管理。按照分类指导原则，突出岗位聘任导向，按照教学科研并重型、教学为主型、科研为主型三个主要不同系列进行管理，实行差异化的岗位聘任条件、岗位职责和考核评价标准，进一步完善各类教师岗位的发展通道，鼓励各系列教师在本职岗位充分发挥作用。强化学术委员会在教师评价中的作用，积极推进优秀成果和代表作评价，建立完善以同行专家评价为主的学术评价机制和突出师德、育人和贡献的业绩考核模式。探索建立分类竞聘和能上能下、能进能出的流转退出机制，允许教学科研岗位与管理岗位人员双向流动，具有博士学位和一定科研基础的管理人员按照相应程序可以向教学科研岗位流动。

（3）完善绩效分配制度。以国家高校绩效工资改革为契机，立足学校实际情况，逐步完善有利于稳定人心和激励人才成长的薪酬体系，坚持"以岗位为基础，能力与贡献相结合"的分配原则，建立体现竞争和激励相结合的分配模式，保持岗级间的规律性、差异性，向教学一线教师倾斜，向青年教师和高层次人才倾斜，探索实行引进人才和拔尖人才的年薪制。优化校、院两级治理结构，推进管理重心下移，统筹年度与聘期目标，突出学院在分配中的主体地位。

同时，在分类管理的基础上，中国地质大学（北京）通过三大计划实施人才分层分类培养。

（1）实施"领军人才培养计划"。创新人才培养方式，整合人才培养资源，构建定位明确、层次清晰、衔接紧密、促进高层次人才可持续发展的人才培养支持体系（"北地学者""求真学人"）。分若干层次选拔高层次人才后备人选，对在学校重点学科领域极具发展潜力的优秀中青年学术骨干进行专项配套、重点支持，通过设计职业规划、进行学术交流、选派到海外一流高校、师从一流导师等多种方式，加快培养造就一批进军国际学术前沿的优秀学术带头人，为申报高层次基金项目、人才项目和政府奖励项目提供人才储备。各类后备人选每两年遴选一次，按照学科情况、申报人科研成果及学术潜力确定后备人选数量。

（2）实施"青年教师成才计划"。健全教师发展中心的组织架构，统筹规划和实施青年教师的能力提升，在评价机制、文化建设、奖惩机制、帮扶机制等方面协同推进，促进青年拔尖人才脱颖而出。根据学科专业发展需求和教师自身发展需要，整合、开发、利用各种资源，对青年教师进行有针对性的事业发展支持和培养。继续实施新入校教师科研启动支持计划，鼓励青年教师积极开展科学研究。落实青年教师导师制，强化院士、二级教授等培养青年教师的责任，重点对青年教师的教学科研和实践环节进行指导。鼓励教师积极申报国家出国留学基金，继续提供专项经费支持教师到世界一流高校或学术机构研修。坚持学历与能力提升并举，加快推进师资队伍"博士化"进程。

（3）实施"师德师风培塑计划"。按照习近平总书记提出的有理想信念、有道德情操、有扎实学识和有仁爱之心[①]的"四有"好教师标准，牢固树立终身学习理念，弘扬高尚师德，将师德教育摆在教师培养首位，贯穿教师职业生涯全过程。以教师职业道德规范和学术道德规范建设为抓手，健全师德教育、师德考核以及监督、奖惩等各项制度，实行师德"一票否决"制，努力形成师德教风建设的长效机制。统筹教师奖励体系，通过师德师风宣传、评比等活动，促进全校教师践行师德模范，为人师表、严谨治学，形成优良的教风和学术风气。

再如，中国矿业大学主要通过分层次、分梯队的方式，建立师资队伍的培养体系，进行分层次梯队建设（教学型、科研型、研究型），并及时跟进，把各项政策落地（确保各项保障措施做到位，如团队人员配备、住房条件、研究条件和实验设备的提供等），做到点面结合，以最大程度提升教师教研能力，激发教师科研教学活力。主要措施有如下几点。

（1）实行预聘、准聘制。针对对象（副高申请需 35 岁以下，正高申请需 40岁以下），先预聘，再准聘。

（2）分层级进行教师培育及考核。对于新进老师，实行"青年教师导师制"，为新进老师配备导师，进行为期 1~2 年的指导；通过参加教改项目或纵向科研项目（一进校就融入团队），以及传帮带的方式使青年教师尽快熟悉科研、教学各个环节（备课、授课、作业批改、答疑、考试等），并将指导效果纳入导师的年度考核内容。在新进教师保障措施方面，学校要求新老师进入导师团队后，在培养周

---

① 《习近平同北京师范大学师生代表座谈时的讲话(全文)》，http://politics.people.com.cn/n/2014/0910/c70731-25629093.html[2022-07-12]。

期内，导师需要给新老师补贴 [2 万元/（年·人）]，并实行团队考核制。这样既落实了青年教师培育力度，也照顾到团队中老讲师、副教授等的考核压力和感受，有利于促进教师团队建设水平整体和谐发展。

（3）对于青年教师（3 年以上教龄），通过学术交流、实践锻炼、重点培养等方式，提升青年教师教研能力，使其成为骨干，成为青年拔尖人才后备人选。鼓励青年教师到 985 高校或中国科学院直属院所进修访学，到国外高水平大学和科研机构研修，到企事业单位进行挂职锻炼（半年至一年），或进入企业博士后工作站开展研究等。对特别优秀的青年教师，学校实行教学名师培育工程和英才培育工程。其中，教学名师培育工程培养期 3 年（总体规模不超过 30 人，每年选一次，每次不超过 10 人），培养期内给予 20 万~30 万元项目资助，目的是培养国家级、省级教学名师。英才培育工程培养期也为期 3 年（总体规模不超过 30人，每年选一次，每次不超过 10 人），培养期内给予 30 万~50 万元项目资助（人文社科为 20 万~30 万元），目的是储备青年拔尖人才。

（4）对于中年教师（"70 后"老讲师、副教授），实行"中年振兴计划"，具体措施为少讲课+多培训（往科研方向引导）+专门职称评审指标（不占正常岗位指标）。

（5）对于老教师（50 岁以上），不进行学校层面的考核，以各学院自评为主。

另外，中国石油大学（北京）主要通过青年拔尖人才计划和优秀青年学者培育计划构建学校的人才培养体系。

（1）实行青年拔尖人才计划。自 2012 年起，中国石油大学（北京）开始实行青年拔尖人才计划（35 岁以内），聘期通常为 3 年。根据聘任条件不同，青年拔尖人才计划分为 A 岗和 B 岗。A 岗一般指拟引进或新引进学校不满一年的优秀青年教师，B 岗指 35 岁以下教龄 1 年以上的优秀青年教师。受聘人员聘期内必须申报国家各类青年拔尖人才项目。薪酬待遇：聘期内享受校聘专业技术四级岗岗位津贴，税前薪酬不低于 28 万元/年（不含科研项目绩效）；以青年拔尖人才身份新引进的人才，聘用合同期内学校提供公租房，租期 3 年，不再发放安家费；已经领取学校安家费的，学校不再提供公租房。职称评审：聘期内首次申报副高级专业技术职务不受指标限制（不占正常副高评审指标），不受任职年限限制，可根据本人情况选择申报副教授、副研究员或岗位副教授等专业技术职务；聘期考核优秀者，具有博士研究生指导教师资格。同时，学校优先支持受聘者申报各类国家级（省部级）人才项目。

（2）实行优秀青年学者培育计划。优秀青年学者培育计划（男性不超过 36周岁，女性不超过 38 周岁），聘期通常为 3 年。根据聘任条件不同，优秀青年学者培育计划分为 A 岗和 B 岗。A 岗主要指进入国家各类青年拔尖人才会评阶段的优秀青年教师。B 岗主要指曾入选学校青年拔尖人才计划的优秀青年教师（工作 1 年以上），聘任期满且考核优秀者（具有较强的科研潜力和较稳定的研究团队）。受聘人员聘期内必须申报国家各类青年拔尖人才项目。薪酬待遇：聘期内享受校聘专业技术四级岗岗位津贴，税前薪酬不低于 30 万元/年（不含科研项目绩效）。职称评审：获聘人员如不具有副高级专业技术职务，直接认定为副高级专业技术职务；聘期内首次申报正高级专业技术职务不受指标限制（不占正常正高评审指标），不受任职年限限制，可根据本人情况选择申报教授、研究员或岗位教授等专业技术职务；具有博士研究生指导教师申请资格。同时学校优先支持受聘者申报各类国家级（省部级）人才项目。

（三）师资考评

近年来，地矿油行业特色高校在师资队伍评价中，积极践行"破五唯，立新标"的要求，虽有不同的改革措施出台，取得一定的进展，但总体上来看，"破"的广度和深度不充分，"立"的新标准还带着深厚的历史气息。我们全面收集并梳理了典型地矿油行业特色高校师资分层分类评价的现有制度体系。由于涉及较多文件内容，这里不再一一展开分析，仅就地矿油行业特色高校在考评制度方面的共性特征进行说明。

1. 师德师风在评价中占据着重要地位

在地矿油行业特色高校的师资考核和职称晋升的评价制度中，均把师德师风合格作为先决条件，对师德师风存疑的教师均采取零容忍的"一票否决"制，但在考核指标和管理办法上均存在较大完善空间。

例如，中国地质大学（北京）将师德表现作为教师职称评审的首要条件，所有参与晋升申报人员首先要经过基层党组织的师德审核，通过后才能申报；中国矿业大学（北京）明确规定凡申报各级教师职务的人员，必须具备良好的思想政治素质和职业道德，爱岗敬业、为人师表，做到教书育人、管理育人、服务育人，任职期间年度考核均需在"合格"以上；中国矿业大学（北京）和山东科技大学均采取集中考核和日常考核相结合的方式，以清单内容为依据，评定教师师德考核等次；中国石油大学（北京）将师德师风建设规范分为政治思想规范、业务工作规范、教书育人规范、为人师表规范四个方面，成立师德师风建设工作领导小组，在人才引进、评优评奖方面严把政治关，坚决落实师德师风"一票否决"制。成都理工大学将师德考核与教职工年度考评、职称评审同步开展，将师德规范要求纳入课题申报、职称评审、导师遴选、评先推优、人才项目推荐等评聘和考核环节，实施师德师风"一票否决"制。中国石油大学（华东）设计了包括政治思想、爱岗敬业、教书育人、为人师表等方面的师德评价体系。

但是，地矿油行业特色高校对师德师风的考核过程均在不同程度上存在着重形式、轻实效的问题。在师德师风考核中，指标比较空泛或没有具体考核指标，通常是依据教师个人爱党、爱国、敬业等一些描述性的总结材料展开师德师风考评。考核办法通常也是采用个人自评后由基层党组织确认的形式，评价的深度和广度不够，缺少学生、同级、上级的全面评价。

2. 分层分类评价已成为普遍做法

地矿油行业特色高校在师资队伍评价过程中，总体上都采用将师资进行分层和分类的方式，对不同层级、类别设置不同评价指标，但在层级和类别设置上存在一定差异。

例如，中国地质大学（北京）将教师职称体系分为理科、工科、综合三大类，每一类中分别设置讲师、副教授、教授的晋升条件。同时考虑教师发展路径上的差异，分别设置了教学型、科研型、教学科研型三种类型人才的晋升标准。另外，在职称晋升中还设置了"破格申报高级职称"和"高水平人才申报晋级"的特殊通道，前者主要是青年突出人才、现有职称满 15 年的讲师和副教授、职称满 25 年的讲师；后者主要是针对校外引进和校内高水平人才设置的单独通道。

与中国地质大学（北京）不同，中国地质大学（武汉）将学科分为基础学科、应用学科两类。基础学科以重大基础理论创新为重要考核指标；应用学科以研究产品的工业化、市场化作为重要考核指标。在层次方面划分国家及省部级高层次人才、优秀青年人才、教学科研型师资。

其他高校基本上也是采取了类似的做法。例如，中国矿业大学（北京）将师资划分为教学型、教学科研型、科研型，分别设定三种晋升标准；中国石油大学（北京）按学科类型不同进行划分，理工科评审类型为教学科研型或科研为主型，人文社科评审类型不做要求；成都理工大学设立教学科研岗和科研教学岗；山东科技大学设立学科建设岗位和教育教学岗位两大类。

分层分类展开师资考评都是在实践中逐渐形成的适合行业特色高校的办法，但在层级和类别设置上存在一定差异，如何进一步优化以充分发挥考评的指挥棒作用，促进教师以学校高质量发展为目标规划其职业生涯，需要不断探索。

3. 科研成果在评价中占据相对重要地位

尽管地矿油行业特色高校在师资考评中都在推行"破五唯"，但科研成果在师资评价中仍然占据着相对重要的地位，而且地矿油行业特色高校在考评内容设置上的总体思路是相似的。一是考评的基础是教学。所有参评教师首先要满足不同层次类别的基本教学工作量要求，但一些具体规定存在不同，如是否将指导本科生毕业论文、参加学科竞赛、教学研究成果等折算为教学工作量在不同学校存在差异；二是考评的依据更多依靠科研和学术成果。但是，各校考虑到教师工作内容的多样性，特别是基于教学与科研并重的原则，所设定的教学工作量标准总体上偏低，而且对教学质量的要求较低甚至不做要求。这样大部分的教师在满足基本教学工作量方面一般都不会存在较大难度。因此，一线师资在满足既定教学工作量要求的情况下，选择科研成果的数量和质量来进行师资的考评也是无奈的选择。因此，如何建新标，"破五唯"，任重且道远。

二、师资队伍数量与质量

地矿油行业特色高校积极推进师资队伍建设与改革，根据教育部发布的《高等学校科技统计资料汇编》（2015~2017 年）相关数据和相关高校统计资料，我们以中国地质大学（北京）、中国地质大学（武汉）、中国矿业大学（北京）、中国矿业大学、中国石油大学（北京）、中国石油大学（华东）、成都理工大学、山东科技大学、西南石油大学 9 所地矿油典型高校为例，分析地矿油行业特色高校师资队伍数量与质量的典型特征。

（一）专职教师情况

根据教育部发布的《高等学校科技统计资料汇编》的数据，2015~ 2017 年 9 所高校专职教师数量如图 4-4 所示。

由图 4-4 可见，2015~2017 年地矿油行业特色高校专职教师数量总体比较稳定，波动幅度较小。这是因为地矿油行业特色高校在招生规模上多年来较为稳定，所以对师资的需求也相对稳定。但是，从专职教师规模来看，9 所高校差异较大。中国矿业大学（北京）专职教师数量最少（基本稳定在 580 人左右），中国石油大学（华东）专职教师队伍模型最大（基本稳定在 2830 人左右），接近中国矿业大学（北京）的 5 倍。中国矿业大学、中国地质大学（武汉）、山东科技大学专职教师规模差异不大，中国石油大学（北京）、中国地质大学（北京）、成都理工大学 3 所高校专职教师规模接近。此外，相比地方高校，北京高校专职教师规模较小，以 2017 年为例，北京高校专职教师数量的均值为 916 人，而地方高校专职教师数量的均值为 1875 人，是北京高校的 2 倍。北京限制人口增长相关政策的出台，造成北京高校事业编制紧张，而参编或非编吸引力不够，也难以形成师资规模的快速增长。

（二）实践型教师情况

实践型教师是行业特色高校师资队伍的重要组成部分，但相关数据并没有统

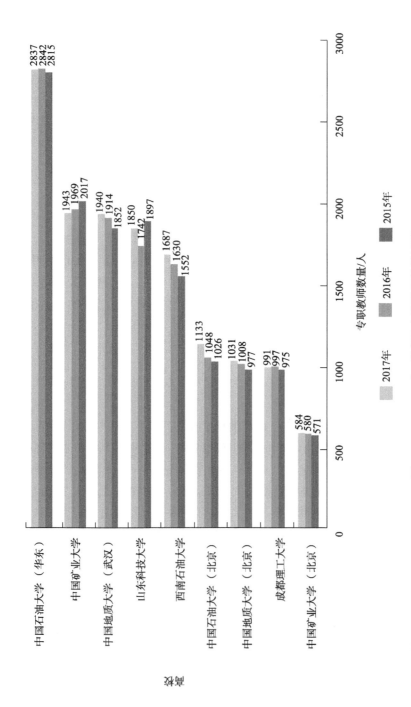

图 4-4　2015~2017年9所高校专职教师数量情况

资料来源：《高等学校科技统计资料汇编》（2015~2017年）

计实践型教师的情况。在教育部发布的《高等学校科技统计资料汇编》中，将研究与发展人员界定为在统计年度内，从事研究与发展工作（包括基础研究、应用研究、试验发展三类活动）的时间占本人教学、科研总时间 10%以上的教学与科研人员。这在一定程度上反映了具备实践教学能力教师的数量，所以我们用这一指标来反映高校实践教学师资队伍的状况。2015~2017 年 9 所高校实践型教师数量如表 4-1 所示。

表 4-1　9 所高校实践型教师数量情况

学校	2015 年		2016 年		2017 年	
	数量/人	占比	数量/人	占比	数量/人	占比
中国矿业大学（北京）	371	65%	371	64%	340	58%
中国石油大学（北京）	688	67%	692	66%	562	50%
中国地质大学（北京）	561	57%	587	58%	581	56%
中国矿业大学	915	45%	754	38%	636	33%
中国石油大学（华东）	1674	59%	1551	55%	1599	56%
中国地质大学（武汉）	880	48%	897	47%	817	42%
山东科技大学	657	35%	1168	67%	866	47%
西南石油大学	590	38%	668	41%	1234	73%
成都理工大学	436	45%	418	42%	433	44%

资料来源：《高等学校科技统计资料汇编》（2015~2017 年）

注：实践型教师主要是指统计报告中的研究与发展人员；占比指实践型教师占专职教师的比例

如表 4-1 所示，地矿油行业特色高校中实践型教师占比较高，这也符合地矿油行业特色的要求。但是，部分高校实践型教师数量存在较大波动。例如，与 2015 年相比，2017 年中国石油大学（北京）的实践型教师数量明显下降（降幅 18.31%）；中国矿业大学的实践型教师数量也明显下降（降幅 30.49%）。而山东科技大学的实践型教师数量明显上升（增幅 31.81%）；西南石油大学的实践型教师数量也明显上升（增幅 109.15%）。这与地矿油行业特色高校转型发展有关，北京高校作为"双一流"学科建设学校侧重于学术科研，而地方高校则侧重于为行业发展提供技术支持，侧重于实践教学。

（三）高层次教学师资情况

根据教育部发布的《高等学校科技统计资料汇编》的数据，2015~2017 年 9 所高校高层次教学师资占比情况如表 4-2 所示。

表 4-2　9 所高校高层次教学师资占比情况

学校	2015 年	2016 年	2017 年
中国矿业大学（北京）	44.66%	47.07%	47.77%
中国石油大学（北京）	47.17%	49.71%	51.99%
中国地质大学（北京）	42.99%	43.06%	41.51%
中国矿业大学	42.14%	44.64%	47.25%
中国石油大学（华东）	40.71%	41.27%	42.72%
中国地质大学（武汉）	50.16%	49.79%	51.75%
山东科技大学	39.48%	39.84%	39.14%
西南石油大学	34.47%	34.42%	33.97%
成都理工大学	46.05%	46.84%	47.53%

资料来源：《高等学校科技统计资料汇编》（2015~2017 年）

　　表 4-2 中高层次教学师资占比是按具有高级职称人员数量/专职教师数量计算的。如表 4-2 所示，由于大部分高校中高级职称人员数量相对稳定，从而使得高层次教学师资占比情况波动较小，但也有部分高校存在轻微下降情况，如中国地质大学（北京）和西南石油大学。以 2017 年为例，中国石油大学（北京）和中国地质大学（武汉）占比较高，超过了 50%，山东科技大学和西南石油大学占比相对较低，均不到 40%，其他 5 所高校基本都在 40%~50%。

（四）高层次科研师资情况

　　根据教育部发布的《高等学校科技统计资料汇编》的数据，2015~2017 年 9 所高校高层次科研师资占比情况如表 4-3 所示。

表 4-3　9 所高校高层次科研师资占比情况

学校	2015 年	2016 年	2017 年
中国地质大学（北京）	42.99%	43.06%	41.51%
中国矿业大学（北京）	44.66%	47.07%	47.77%
中国石油大学（北京）	47.17%	49.71%	51.99%
中国地质大学（武汉）	50.16%	49.79%	51.75%
中国矿业大学	42.14%	44.64%	47.25%
中国石油大学（华东）	40.71%	41.27%	42.72%
成都理工大学	46.05%	46.84%	47.53%
山东科技大学	39.48%	39.84%	39.14%
西南石油大学	34.47%	34.42%	33.97%

资料来源：《高等学校科技统计资料汇编》（2015~2017 年）

表 4-3 中高层次科研师资占比是按具有高级职称人员数量/专职教师数量计算的。根据表 4-3 可以发现，大部分高校高级职称师资的数量相对稳定。从 2017 年数据来看，中国石油大学（北京）和中国地质大学（武汉）高级职称师资占比较高，均超过了 50%，山东科技大学和西南石油大学均未达到 40%，而其他高校都在 40%~50%。这表明地矿油行业特色高校职称结构较为固化，也从一个侧面反映了师资队伍职称晋升的困难。

（五）高水平人才情况

2020 年 9 所地矿油行业特色高校的高水平科研人才和高水平教学人才状况如表 4-4 所示。其中，高水平科研人才指两院院士、杰青和优青，高水平教学人才指全国优秀教师和国家级教学名师。表 4-4 中占比指高水平科研人才与高水平教学人才之和占学校专职教师的比例。

表 4-4　9 所高校 2020 年高水平人才状况

学校	高水平科研人才	高水平教学人才	占比
中国地质大学（北京）	36	3	43.87‰
中国石油大学（北京）	28	1	25.46‰
中国地质大学（武汉）	46	1	25.05‰
中国石油大学（华东）	22	3	19.35‰
中国矿业大学	27	10	18.72‰
中国矿业大学（北京）	8	2	13.26‰
山东科技大学	5	8	6.03‰
西南石油大学	5	6	5.46‰
成都理工大学	4	3	2.64‰

资料来源：《高等学校科技统计资料汇编》

如表 4-4 所示，部属高校在高水平人才方面表现明显优于省属高校。部属高校中的中国地质大学（北京）的高水平人才占比达到了 43.87‰，而省属高校中的成都理工大学仅为 2.64‰。从平均水平来看，部属高校高水平人才占比约为省属高校的 6 倍。另外，部属高校中高水平科研人才数量明显高于高水平教学人才，但在省属高校两类人才的数量差异却并不明显，甚至还出现了高水平教学人才略多高水平科研人才的现象。这也从侧面反映了部属高校承担"双一流"学科建设的压力，更加侧重高水平科研人才的培养。最后，高水平人才占比在地矿油行业特色高校内也具有差异性，总体上地质类高校第一，石油类高校第二，矿业类高校第三，这反映了地矿油行业特色高校受行业发展景气程度的影响。

三、学术活力

（一）调查设计与实施

保持与激发地矿油行业特色高校教师的学术活力是学校建设一流大学、一流学科、实现高等教育内涵式发展的推动媒介，有助于培养高水平行业特色人才。但现有统计口径无法整体体现高校师资队伍的活力现状，因此我们基于师资队伍活力的概念维度模型，设计了相关的调查问题，对地矿油行业特色高校任职的 209位教师进行学术活力的问卷调查。

本次问卷设计参考了阎光才和牛梦虎[1]、栗洪武[4]、闫俊凤[5]、岳英[2]、张丽[6]等多位学者的研究成果，将教师学术活力分为三个维度：个人认知、工作投入、业绩贡献。业绩贡献分为教研业绩、科研成果两个方面，具体包括教研论文、学生获奖、科研论文、科研项目、社会影响等共十个题项；工作投入包括教师承担的工作任务及投入时间共 16 个题项；个人认知则是指教师对学术兴趣意愿等的主观态度和自我评估，共 12 个题项。采用利克特五级量表，"1"代表"非常不符合"，"5"代表"非常符合"。

本次调查由中国地质大学（北京）人事部门牵头，于 2020 年 11 月 9 日通过问卷星平台，以微信链接的方式在地矿油行业特色高校正式发放匿名问卷，截至2020 年 12 月 9 日，发放调查问卷共 245 份，回收有效问卷共 209 份，有效回收率为 85.31%。样本的基本信息情况如表 4-5 所示。

表 4-5　调查样本基本信息表

统计变量	类别	占比	统计变量	类别	占比
性别	男	55.98%	毕业学校的类别	地质类院校	17.70%
	女	44.02%		矿业类院校	3.83%
年龄段	35 岁及以下	34.45%		石油类院校	19.14%
	36~45 岁	39.23%		综合类院校	59.33%
	46~60 岁	26.32%	学科门类	本校特色学科	41.15%
教龄	3 年及以下	25.36%		本校特色延伸学科	8.13%
	4~6 年	12.92%		非本校特色学科	50.72%
	7~18 年	30.62%	从事的学科或专业地位	国家重点（含培育）	30.62%
	19~30 年	23.92%		省（直辖市）重点	14.83%
	31 年以上	7.18%		普通	54.55%
最高学历毕业的高校类型	985（或"双一流"）院校	43.06%	职称	讲师	39.24%
	211 院校	49.76%		副教授	43.55%
	普通高校	7.18%		教授	17.21%
编制	事业编制	91.39%	职务	行政教学双肩挑	12.92%
	合同制	8.61%		教学	87.08%

资料来源：课题组调研资料

此次样本量中45岁及以下的中青年教师占比超过2/3，拥有丰富教学经验（6年以上教龄）的教师占比超六成。从职称上来看，讲师、副教授、教授三者之间的比例为2.28∶2.53∶1，其中讲师和副教授占比几乎相当，十年以上教龄的讲师和副教授的比例各占13%左右，占比不可小觑。教师的教育背景突出，大多毕业于211院校或985（或"双一流"）院校，但其中仅约四成毕业于行业特色高校，约六成来自综合类院校。从教师目前从事的学科领域来看，行业特色学科（含延伸学科）和非行业特色学科的教师各占一半，充分说明地矿油行业特色高校在走综合发展之路。在地矿油行业特色高校中，学科发展之间也存在较大差异。三成学科或专业为国家重点（含培育），超半数学科或专业为普通。这一调研情况也基本符合地矿油行业特色高校现状，显示样本的可靠性。

（二）学术活力主要表现

我们将教师学术活力三维度中的科研产出，尤其是"发表国内核心期刊或SCI/SSCI（social sciences citation index，社会科学引文索引）/EI论文篇数"作为狭义的活力指标，与教龄、职称阶段、学术背景、学科专业、教学工作量等进行交叉分析，来评估地矿油行业特色高校师资队伍的学术活力现状。

根据"最近3年以第一作者或通讯作者身份，发表国内核心期刊或SCI/SSCI/EI论文篇数"一题的回答情况，设定发表0篇，属于活力低；发表3篇及以下，属于活力较低；发表3~6篇，属于活力尚可；发表6篇及以上，属于活力高。

1. 教龄在6年以下的教师是最有活力的群体

从教师科研成果来看（图4-5），教龄在4~6年的教师中，有59.26%的教师活力处于"尚可"与"高"，教龄在3年及以下和7~18年的教师中，41.51%和35.94%的教师活力处于"尚可"与"高"；而教龄在19年及以上的教师中，活力低与较低的教师比例高达73%以上。

从从事科研的意愿来看（图4-6），教龄在6年及以下的教师中近90%有着强烈和非常强烈的科研意愿，7~30年教龄的教师群体中，随着教师教龄的增长，教师的科研意愿也逐渐衰减，但教龄在30年以上的教师反而比教龄在19~30年的教师有着更强烈的科研意愿。

由此可见，教龄在6年及以下的教师是最有活力的群体。

2. 相比985（"双一流"）院校和211院校，普通高校毕业的教师更具活力

从科研成果来看（图4-7），普通高校毕业的教师中有46.67%的教师活力处于"尚可"与"高"，高于985（"双一流"）院校和211院校毕业的教师比例（37.78%和32.69%）。

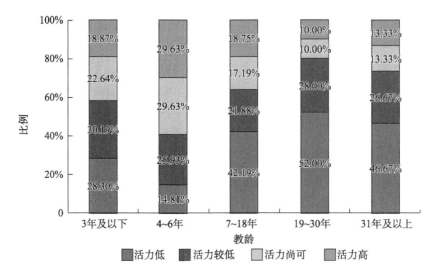

图 4-5　不同教龄段教师的学术活力

资料来源：课题组调研资料

本图数据进行了四舍五入，存在比例合计不等于 100% 的情况

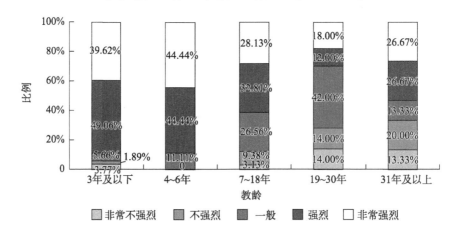

图 4-6　不同教龄段教师的科研意愿

资料来源：课题组调研资料

本图数据进行了四舍五入，存在比例合计不等于 100% 的情况

从从事科研的意愿来看（图 4-8），普通高校毕业的教师也比其他高校毕业的教师具有更强烈的科研意愿。令人有些意外的是，相比 985（"双一流"）院校和 211 院校，普通高校毕业的教师更具活力。

3. 石油类院校毕业的教师科研表现最为活跃

从教师毕业院校类型来看（图 4-9），处于"活力低"与"活力较低"的教师，在石油类院校毕业的教师中占比最少，为 45%，其次为地质类院校，占比近 60%，

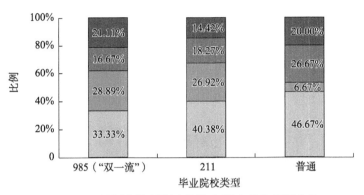

图 4-7　不同级别毕业院校教师的学术活力

资料来源：课题组调研资料

本图数据进行了四舍五入，存在比例合计不等于 100%的情况

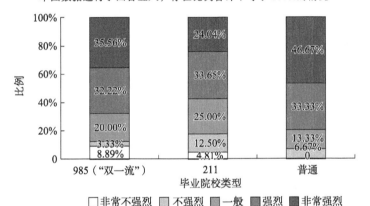

图 4-8　不同级别毕业院校教师的科研意愿

资料来源：课题组调研资料

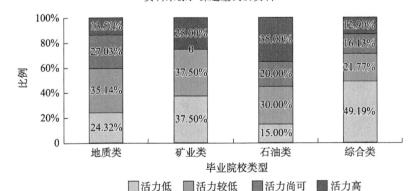

图 4-9　不同毕业院校专业类型的教师学术活力

资料来源：课题组调研资料

本图数据进行了四舍五入，存在比例合计不等于 100%的情况

矿业类和综合类院校毕业的教师占比更高，比例高达 70%以上。

从从事科研的意愿来看（图 4-10），石油类院校毕业的教师近 85%具有"强烈"和"非常强烈"的意愿，其他三类院校毕业的教师选择"强烈"和"非常强烈"的意愿为 60%左右。

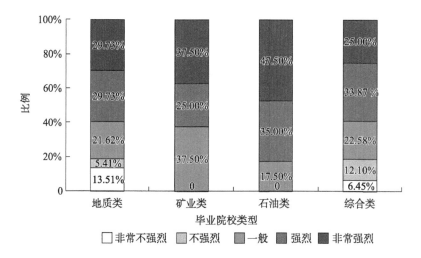

图 4-10　不同毕业院校专业类型教师科研意愿

资料来源：课题组调研资料

本图数据进行了四舍五入，存在比例合计不等于 100%的情况

由上可知，石油类院校毕业的教师科研表现更加活跃。

4. 不同年限和不同职称的教师科研活动有明显差异

从科研成果来看（图 4-11），活力不强的教师主要是这 2 个群体：10 年（含）以上的副教授和 10 年（含）以上的讲师，处于"活力低"与"活力较低"的占比分别高达 88.89%和 93.10%；而活力较高的群体是 3 年（含）以下的副教授和 10 年（含）以上的教授，活力处于"尚可"与"高"的比例分别为 65.71%和 69.23%。

从从事科研的意愿来看（图 4-12），3 年以上 10 年以下的讲师和教授中，50%具有非常强烈的科研意愿，10 年（含）以上的副教授中，11.11%科研意愿非常不强烈，10 年（含）以上的讲师中，13.79%科研意愿非常不强烈。

5. 特色及延伸学科领域的教师是最具有活力的群体

从科研成果来看（图 4-13），本校特色学科及本校特色延伸学科领域的教师中有 47.68%和 47.06%活力处于"尚可"与"高"，非本校特色学科领域中，高达 75.47%的教师处于"活力低"与"活力较低"。

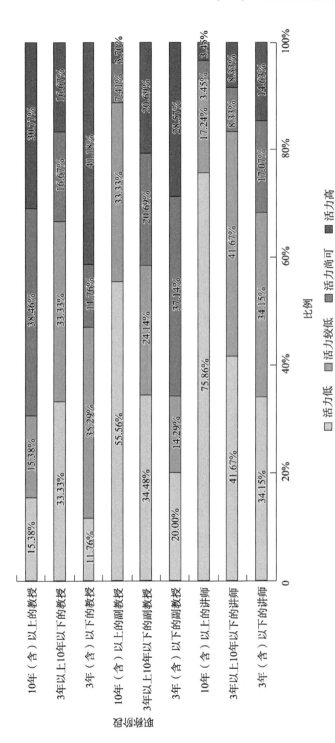

图 4-11　不同职称阶段教师学术活力

资料来源：课题组调研资料

本图数据进行了四舍五入，存在比例合计不等于100%的情况

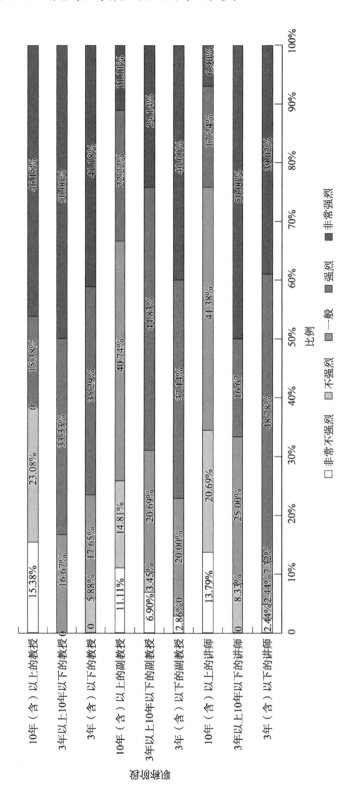

图 4-12 不同职称阶段教师科研意愿

资料来源：课题组调研资料

本图数据进行了四舍五入，存在比例合计不等于100%的情况

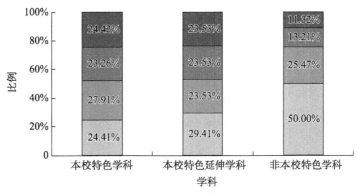

图 4-13　不同学科门类教师学术活力

资料来源：课题组调研资料

本图数据进行了四舍五入，存在比例合计不等于100%的情况

从从事科研的意愿来看（图 4-14），本校特色学科及本校特色延伸学科的教师的科研意愿明显强于非本校特色学科的教师，选择"强烈"和"非常强烈"科研意愿的教师在这三类学科门类的比例分别是 75.58%、64.71%和 53.78%。

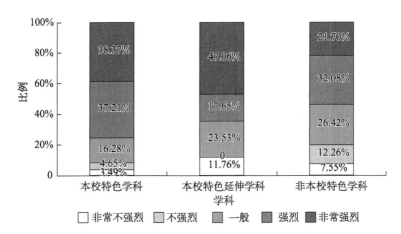

图 4-14　不同学科门类教师科研意愿

资料来源：课题组调研资料

本图数据进行了四舍五入，存在比例合计不等于100%的情况

由上可得，本校特色学科及本校特色延伸学科领域的教师毫无疑问是行业特色高校中最具有活力的群体。

6. 教学工作量与教师科研成果成反比，教学工作量越多，活力越低

如图 4-15 所示，每周教学工作量大于 12 学时的教师中，96.56%的教师处于

"活力低"与"活力较低"，每周教学工作量小于等于 2 学时的教师中，56.67%的教师处于 "活力尚可"与"活力高"。

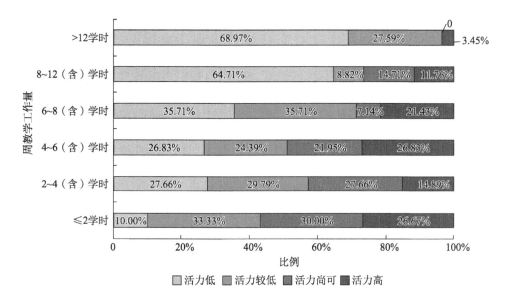

图 4-15　不同教学工作量教师学术活力
资料来源：课题组调研资料
本图数据进行了四舍五入，存在比例合计不等于100%的情况

从从事科研的意愿来看（图 4-16），科研意愿与教学工作量并非成反比，尽管每周教学工作量小于等于 2 学时的教师中有 43.33%的教师有非常强烈的科研意愿，但是，每周教学工作量在 12 学时以上的教师中，依然有 27%以上的教师有着非常强烈的科研意愿，却由于排课较多而缺少科研时间。

这充分说明教学工作量与教师科研成果成反比，教学工作量越多，活力越低；教学和研究的时间分配与平衡是影响教师学术产出的重要因素。

7. 最影响教师学术活力的因素分别是：自我学术目标、自我学术兴趣、职称晋升制度、科研时间以及科研经费

综合各项影响教师学术活力的因素的调查来看（图 4-17），近八成被调研高校教师自我学术目标和自我学术兴趣决定教师在学术中的投入与坚持，学术目标和学术兴趣在教师活力中起到根本的内在驱动作用；73.68%的教师表示职称晋升制度在很大程度上影响着教师的学术活力，职称晋升制度目前是强有力的外部推动因素。超七成以上的教师认为科研时间、科研经费等外部条件对教师学术投入与产出的影响较大，尤其是科研时间。

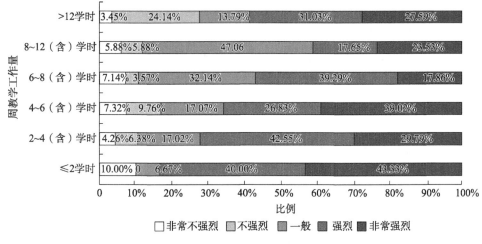

图 4-16　不同教学工作量教师科研意愿

资料来源：课题组调研资料

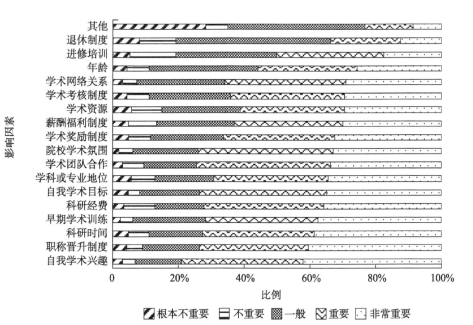

图 4-17　师资队伍活力影响因素调查结果

资料来源：课题组调研资料

第三节　主要问题与原因

基于前述对地矿油行业特色高校师资队伍的现状分析，为了更准确地发现地矿油行业特色高校在师资队伍建设方面存在的主要问题，我们从高校领导、高校教师、高校学生及相关企业四个方面设计、发放、整理调查问卷，调研不同视角下行业特色高校师资队伍建设存在的问题。共发放问卷 617 份，包括高校领导问卷 112 份、高校教师问卷 134 份、高校学生问卷 197 份、相关企业领导及专家问卷 174 份。

一、主要问题

（一）高水平科研与教学人才数量不足

截至 2020 年，地矿油行业特色高校平均直接师生比为 1∶15，地矿油行业特色高校中高水平人才在专任教师中占比最高为 4%。在对高校领导的调查中发现，仅有 37.8% 的受访领导认为师资队伍建设完全或基本满足高校培养创新型人才的要求。在对教师的调查中发现，有 5.97% 的受访教师认为目前师资队伍数量完全能够满足学校培养学生的要求；有 6.72% 的受访教师认为现阶段师资队伍总体质量完全能够满足学校对培养学生的要求。而且，调查还发现在对标国内与国际同行业高校师资队伍存在的差距方面，有 36.9% 的受访领导认为国内同行业高校师资队伍存在较大差距；但是有 53.2% 的受访领导认为国际同行业高校师资队伍存在较大差距。因此，行业特色师资队伍建设在对标国际方面还存在严重不足，应当成为未来发展的重要方向。

总体来看，地矿油行业特色高校师生比偏高，师资队伍总体规模不足，而且，高端人才规模较小，尤其是高层次的教学人才数量严重不足。地矿油行业特色高校的教师数量和质量在满足学生培养的要求方面还存在一定差距，需要进一步优化教师数量和结构，着力提升教师质量。

（二）产教融合培养师资的力度不足

在行业特色高校促进产教融合方面，有 31.5% 的受访领导认为行业特色高校在促进产教融合方面已采取较多举措，但是有 36.9%（29.7%）的受访领导认为行业特色高校在促进产教融合方面采取的措施一般（很少）。

在对企业的调查中发现，超过 90% 的受访企业认为企业需要行业特色人才的输入，超过 80% 的受访企业认为需要地矿油行业特色高校提供科研上的支持，超过 90% 的受访企业有与高校展开合作的强烈意愿。但是，仅有 40% 左右的受访企业认为与高校教师合作运行项目数量较多，超过 70% 的受访企业认为高校在促进产教融合方面采取的举措不足。此外，教育部《高等学校科技统计资料汇编》统计资料显示（图 4-18），2015~2017 年部属高校的企事业单位委托项目经费呈现增长趋势，但教育部属六所地矿油行业特色高校的企事业单位委托项目经费却出现下降趋势，而且各年也只有石油类高校高于部属高校平均水平。

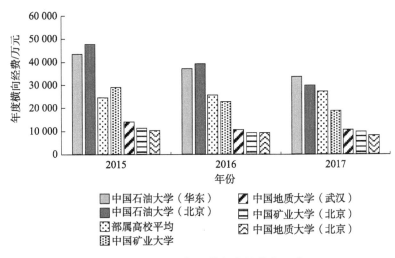

图 4-18　地矿油行业特色高校横向经费

资料来源：教育部《高等学校科技统计资料汇编》

　　地矿油行业特色高校的教学科研与行业的发展有着密切的联系，校企合作有利于丰富高校教学内容和教师经验，为企业提供充足的智力保障，为企业的技术革新提供持续动力。但地矿油行业特色高校与企业的合作存在数量较少、深度不够、拓展面不足、持续性不强等问题。所以，要面向经济建设主战场，面向行业急需，发挥特色，积极大力推进产学研用合作进一步深入。

（三）师资队伍活力未能全面激发

　　在对师资队伍活力的调查中发现，自我学术目标、自我学术兴趣、职称晋升制度、科研时间以及科研经费是影响教师活力的最主要因素，而且不同类型、不同层次的教师活力表现存在显著差异性。从教龄结构来看，教龄在 4~6 年的教师中，有 59.26% 的教师活力尚可或高，教龄在 3 年及以下和 7~18 年的教师中，41.51% 和 35.94% 的教师活力尚可或高；而教龄在 19 年及以上的教师中，活力低或较低的教师比例高达 73% 以上。从从事科研的意愿来看，教龄在 6 年及以下的教师中近 90% 有着强烈和非常强烈的科研意愿，7~30 年教龄的教师中，随着教师教龄的增长，教师的科研意愿也逐渐衰减，但教龄在 31 年及以上的教师反而比教龄在 19~30 年的教师有着更强烈的科研意愿。从教师所处发展阶段来看，10 年（含）以上的教授中，近 70% 活力尚可或高，3 年（含）以下的副教授中，65% 以上活力尚可或高，而 10 年（含）以上的副教授和 10 年（含）以上的讲师超过 85% 活力较低或低。从从事科研的意愿来看，3 年以上 10 年以下的讲师和教授中，50% 具有非常强烈的科研意愿，10 年以上（含）的副教授中，11% 以上科研意愿非常不强烈，10 年以上（含）的讲师中，13% 以上科研意愿非常不强烈。

入职培训、在职培训是提升教师能力与素质的重要手段，对于提升师资队伍水平也有着重要意义。在针对行业特色高校建设的相关培训举措方面，只有 5.8% 的受访教师认为其所在高校有很多强调行业特色高校建设的、针对教师培训的相关方案；31.1%的受访教师认为其所在高校有较多强调行业特色高校建设的、针对教师培训的相关方案；而有 44.1%（14.7%）的受访教师认为其所在高校强调行业特色高校建设的、针对教师培训的相关方案实施数量一般（较少）。由此可见，行业特色高校在针对教师的围绕行业特色高校建设的相关培训方面的举措较少。

可见，不同类别和层次的教师在活力表现上呈现较显著的差异性。由于地矿油行业特色高校教学与科研的特殊性，需要大量野外实地的工作，需要大量时间和精力的投入。但是，相应的激励机制和培训体系不够完善，造成部分教师的活力未得到完全激发。

（四）师资考评制度改革推进不够深入

20 世纪 90 年代以来，很多高校逐步建立起以量化考核为主要方式的高校师资评价制度。高校师资评价制度一般包括前期的招聘制度、中期的考核制度以及后期的晋升发展制度三个部分。而这些评价制度对教师工作"产出"的衡量指标通常表现为论文数量、科研项目类别、课时量等简单化、片面化的数值[7]。然而，教师的绩效有很多是不可量化、难以测量的，而量化考核的管理模式遵循的是"经济人"的人性假设，偏离了高校教师的精神本质。唯论文、唯帽子、唯职称、唯学历、唯奖项的高校教师评价制度，不仅没有发挥激励教师发展的功能，相反使得高校陷入人文精神涣散、教师人际关系异化、学校工作生态恶化的危险境地[8]。为了发展高校教师人才评价指标体系，国内高校做了许多改进措施：①引入长聘制度并建立评价指标；②应用更加多元客观的评价指标，如代表作评审机制；③将指标设计的权力更多地赋予院系。其中，代表作制评价被认为更符合科学研究规律和学术创新要求，能够在一定程度上减少量化制评价所导致的低水平重复性研究，在新的实践改革中受到推崇。尚丽丽[9]认为行业特色高校在人才评价中存在着一些典型性，如行业特色高校在专业教师职称评聘、绩效考核、科技创新和导师遴选等工作中，更注重分类评价、强调行业实际贡献评价、推行团队评价；构建多维度的跨学科组织评价机制，建立从项目申报、成果评定、职称晋升等全过程评价联动机制；构建多元主体参与的学科群内跨学科研究成果评价机制，根据跨学科研究者的贡献和署名次序，运用绩点累计法评价跨学科研究者的实际贡献。对照党和国家在新时代高校教师队伍建设的新要求，结合对地矿油行业特色高校的现场调研和相关制度文件的研究发现，地矿油行业特色高校在考核制度改革推进方面还存在一些问题。

1. 考评体系方面

在对高校领导的调查中，有 3.6%（26.1%）的受访领导认为现有的教师考核评价体系能够在很大（较大）程度上调动教师工作积极性；有 1.8%（30.6%）的受访领导认为现有的教师考核评价体系能够在很大（较大）程度上提高教师教学质量；有 1.8%（29.7%）的受访领导认为现有的教师考核评价体系能够在很大（较大）程度上促进行业特色师资队伍建设。

在对高校教师的调查中，在职称晋升制度方面，有 5.22%（34.33%）的受访教师认为高校目前的职称制度完全（比较）能够调动教师教学的积极性；有 12.69%（44.03%）的受访教师认为高校目前的职称制度完全（比较）能够调动教师科研方面的积极性。在薪酬制度的内外部公平性方面，有 0.75%（30.6%）的受访教师认为其所在高校目前的薪酬制度具有十分（较为）合理的外部公平性；有 1.49%（32.09%）的受访教师认为其所在高校目前的薪酬制度具有十分（较为）合理的内部公平性。从选拔任用机制来看，有 1.49%（21.64%）的受访教师认为其所在高校的选拔任用机制完全（比较）可以吸引并留住教师人才，55.97%的受访教师认为其所在高校的选拔任用机制对教师人才的吸引能力和留任能力一般，20.89%的受访教师认为其所在高校的选拔任用机制比较甚至完全不能吸引并留住教师人才。

因此，地矿油行业特色高校师资考核评价体系的认可程度不够高，高校职称晋升制度更侧重于科研评价，对教师积极性的调动不足。同时，地矿油行业特色高校薪酬的内外部公平性不尽合理，选拔任用机制吸引力不强。

考核种类交叉繁多，缺乏系统管理。教师考核种类包括教学考核、年度业绩考核、师德师风考核、职称晋升考核、党内考核、专业技术人员考核等，这些考核之间系统规划不足，考核内容也存在一定的重复，往往造成教师将相同或类似的内容在不同考核中重复使用，考核的引导作用未得到充分体现。这一现象主要是由教师教学、育人、科研、社会服务、党内业务等职能的多重性特征造成的，而且这些职能之间本身就存在较多交叉，如教学与育人之间、科研与社会服务之间等不可避免存在重复交叉。各项考核之间缺乏系统管理，内容存在重复，削弱了考核的作用力和导向性，不利于考核工作的有序开展和教师工作积极性的提高。

考核指标浮于表面，难以量化。在地矿油行业特色高校师资考核中，岗位聘用考核、年度考核、绩效考核、职称晋升考核等分别针对不同考核任务，制定了不同考核指标，但考核指标较为笼统。例如，在年度业绩考核中，不论教师工作性质、职位特点和具体分工如何，业绩考核内容大体都包括了"德、能、勤、绩、廉"几个方面，职称晋升考核一般包括师德、教学、科研、社会服务等方面。可以发现，这两类考核的内容方面有较多重复，并未形成相互支撑。此外，由于各类考核之间统筹不足，有时导致各考核结果存在自相矛盾的情况。例如，出现某些教师教学考核不是优秀，却仍可获得年度考核、师德考核优秀的情况，这也使得教师们对考核的可信性产生怀疑，进而应付考核。因此，多类考核之间还应加强协调，合理设计考核制度和方法，避免考核的片面性，实现考核实效。

考核结果的使用缺乏统筹性。地矿油行业特色高校对于各类师资考评结果的使用相对独立，而且更多地强调考评的正向激励，惩罚不足。例如，师德师风、教学业绩、工作业绩考评通常是按年度进行，职称和岗位晋升是按需进行的，但是在职称和岗位晋升时却并未参考年度考评的结果，使得年度考评更多地流于形式。而且，年度考评结果通常用于教师绩效工资核算依据，基本不会出现考评不合格的情况。这样实际上削弱了年度考评的作用，也在一定程度上造成了教师消极应付年度考评的现象。对于各项考核结果的使用相对独立，导致各考核结果存在自相矛盾的情况，缺乏统筹性。

2. 考评内容方面

实绩考核高于师德考核。尽管在考核制度与体系设计方面，地矿油行业特色高校都特别强调了师德师风的重要性，而且相关规范建设也有较大进步，但师德考核评价缺少整体设计，考核内容较为泛化，考核功能尤为弱化，仅对"德"的"合格性"进行考察。另外，高校教师聘任、职称晋升、奖惩等更多依据教师的工作"实绩"，从而极易形成在选聘、职称晋升考评等环节的"五唯"倾向。这样的考评内容设置一方面无助于师德水平的实质性提高，另一方面也助推了"五唯"倾向愈演愈烈，因此师德和业绩的考核评价机制亟待完善。

数量考核先于质量考核。在对地矿油行业特色高校的师资考评中通常主要是对其教学、科研业绩的考评，且通常具体化为教学工作量、发表论文数量、项目数量与经费等数量化指标，这是一种追求业绩核算且具有奖惩性、终结性和行政性的评价方法。目前，地矿油行业特色高校都认识到了这种单纯基于数量考评方法的局限性，逐渐开始了数量与质量并重的转变。但是，通常仍是把数量作为基础条件，在数量满足的基础上再进行质量的分级，而且对于高质量成果与其他成果的转换关系也存在较大差异，反而造成了考评公平性受到质疑的负向影响。另外，在数量与质量标准设定方面也未考虑到师资的不同层级、类别、学科等方面的差异，采用一致性标准，造成了有些层级、类别、学科的师资在满足基本的数量要求上都存在一定困难，而另一些师资却在质量的比拼中耗尽精力，无暇顾及基本的教学育人工作。

科研考核重于教学考核。横向来看，地矿油行业特色高校教师考核评价侧重点由教师所做工作内容牵引，而不是由考评引导教师合理发展，本末倒置；纵向来看，师资考评主要关注了教师的科研情况，聚焦于论文和专著数量、科研项目级别与经费额度、专利数量等显示性指标，而对教师育人考核仅是通过教学课时量得以体现，而且对于指导参加学生学科竞赛或参加社会实践、教师获得教学奖项等关注不够。

约束性高于激励性。地矿油行业特色高校在师资队伍考评的实践中，基本上将师资考评作为一种人事管理的行政手段，将考核结果应用于师资合格性评价或晋升依据，更多体现的是考评的约束性。这种行政管理手段通常按既定的比例（名额）将考评对象划分为不同等级，只能向少部分教师倾斜，不易激发教师群体的活力。师资考评本应作为促进教师发展的外部驱动力，但这种以行政管理导向为主的考评的负效应较显著。因此，如何科学推进高校师资考评改革，如何激发教师的职业认同感与工作积极性，成为促进教师发展的外部驱动力；如何通过高校教师考核评价改革，助力实现"教师全面发展""学科学术发展""高校自身发展"的"三合一"，都是高校面临的重要挑战。

综上，地矿油行业特色高校在师资的分层分类评价方面的实践积极顺应新时代的要求，在"破五唯"、综合评价等方面进行了一些新尝试，如充分强调师德师风的重要性，坚持教学、科研并重，积极推行分层分类的综合评价。但总体而言，目前师资队伍考评更侧重对实绩的评价，即对历史成绩的考核，而缺乏对教师发展前景的关注；侧重对科研的考评，而对教学和社会服务的考评权重不足。因此，高校师资队伍的分层分类评价仍需要进一步探索新的机制和模式，以更全面促进师资队伍整体素质与能力的提升。

二、问题产生的原因

（一）对优秀人才的吸培力度不足

地矿油行业特色高校从建立之初就是为了保障国家资源需求，保障国民经济基础资源的供给，所以地矿油行业特色高校的办学一直以来都是面向地矿油行业，是基础产业，但地矿油行业也是艰苦行业，这给地矿油特色高校招生造成了较大困难，优质生源更无从保证。

此外，地矿油行业生产周期长，从而使得产品价格波动大，企业利润也相对不够稳定。当行业发展景气时，市场对产品的需求上升，促使企业扩大生产规模保障供应，就要求企业吸收更多地矿油行业特色高校的毕业生。但在行业发展不景气时，正好相反，对地矿油行业特色高校毕业生的需求急剧下降。所以，地矿油行业这种对人才需求的不稳定性使得地矿油行业特色高校毕业生的就业需求弹性大。

因此，在招生数量不足、质量不高、就业波动大的情况下，按照教育部现行按学生规模配置教育经费的办法，地矿油行业特色高校办学经费不足，特别是在行业景气度不高时，地矿油行业特色高校从企业方面获取资金支持也更加困难。在学校办学经费不足的情况下，师资队伍的建设经费往往受到挤压，教师激励不充分，更难以吸引高层次优秀人才。

（二）共建战略落地不充分

高等教育管理体制改革后，中国地质大学（北京）、中国矿业大学（北京）、中国石油大学（北京）划归教育部，其他地矿油行业特色高校则划分到省管。这一改革后，地矿油行业特色高校、行业以及政府之间的既有关系被打破，部属高校一般与原来的行业主管部委都建立了战略合作协议，如中国地质大学（北京）、中国地质大学（武汉）与自然资源部（原国土资源部）、教育部建立战略合作共建协议。但这一战略在推进过程中，由于涉及多部门之间的有效协调，并不是十分顺利。

针对地矿油行业特色高校的教育管理体制的改革存在着协调不充分、落实不具体、着力点不明确、成效不明显等问题，总体上造成了地矿油行业特色高校与行业的联系变得不再如以前紧密。一方面，行业相关企业不再受相关约束，可以有广泛的合作对象可供选择；另一方面，地矿油行业特色高校在改革转型的过程中存在是专还是泛的选择不清楚的问题，这造成地矿油行业特色高校自身定位模糊，也直接影响了地矿油行业特色高校师资队伍建设的导向，从而造成所在行业的科研支持力度弱化，部分教师对于地矿油行业缺乏深入了解，使得教师的教学内容与科研和实践产生脱节，未能形成合作共赢的良好局面。

（三）产学互动不紧密

地矿油行业特色高校的教学科研与行业的发展有着密切的联系，校企合作、产学互动有利于丰富高校教学内容和教师经验，同时也为企业提供充足的智力保障，为企业的技术革新提供持续动力。但地矿油行业特色高校与企业的合作存在数量较少、深度不够、拓展面不足、持续性不强等问题。这些问题使得一方面地矿油行业特色高校教师的教学内容和科学研究在一定程度上脱离现实，学生在就业过程中也难以得到企业的认可；另一方面，企业在技术和管理创新过程中缺少地矿油行业特色高校的有力支撑，使得企业不得不投入大量资金、人力，产学互动不紧密造成了恶性循环的现象。所以，面向经济建设主战场，面向行业急需，发挥特色，积极大力推进产学研用合作进一步深入，也是地矿油行业特色高校师资队伍建设需要突破的一个重要瓶颈。

（四）教师发展支持体系不健全

近年来，高校教师队伍的建设受到了广泛关注，从中央到地方各级管理部门都出台了相关的政策和要求。但是，政府相关文件往往是从宏观层面对高等教育和高校教师提出相关要求，具有很强普适性。这些政策并没有考虑到地矿油行业特色高校的特殊性，指向性不强。虽然关于支持地矿油行业特色高校教师全面发展的政策文件数量较少，但是对于进一步提升地矿油行业特色高校教师素质和能力具有一定的指导性，但操作性还需要地矿油行业特色高校进一步落实。

在这些政策推动下，地矿油行业特色高校都建立了教师发展中心等专门机构或类似机构（如教师工作部）。这类机构一般都是在学校党委领导下开展教师思想政治教育和管理服务工作，发挥牵头抓总作用，整合学校相关职能部门力量资源，全面负责推进学校教师思想政治教育各项工作。但因成立不久，制度、资源建设还不健全，各项职能还不完善，开展的工作较少，系统性不足。所以，教师发展支持体系还不够健全，未能全面提升教师素质和能力。

第四节　主要对策与建议

一、完善地矿油行业特色高校治理体系

（一）创建多部门会商联动机制

为了解决教育管理体制改革后教育部和行业主管部门共建地矿油行业特色高校战略协议落地的问题，需要加强相关部门的协商协作，制订具体的实施方案，以保障地矿油行业特色高校师资队伍建设的政策条件。

第一，地矿油行业特色高校要全面系统梳理在师资队伍建设方面存在的困难和问题，积极加强与相关部委、地方政府多部门协调互动、反映问题、交换意见、形成共识。同时，创建多部门会商机制，对现存相关政策进行系统梳理，加强政策衔接联动。

第二，紧扣新时代高校高质量可持续发展目标，对标分析行业特色高校发展存在的主要问题，会商解决方案，对现有相关政策调整优化，破立结合，废改结合。

（二）加大政策支持力度

要在未来对地矿油类专业给予一定的政策倾斜，加强政府、高校、企业的合作协调，建立师资引进与培养专项资金，设立拔尖人才发展计划，扩充高层次人才规模，进一步帮助地矿油类专业提高教学硬件水平，加快高水平的学科专业升级改造，培养适应国家经济发展新形势的地矿油类人才。

第一，教育主管部门应设置行业特色高校师资引进与培养专项资金，并指导规范高校合理合规使用专项资金。高校充分利用专项资金，引培共举，着力激发行业特色高校师资队伍活力，系统提升师资队伍能力与素质。

第二，教育主管部门应推进相关部委、企业与高校在拔尖人才培养方面的合作，扩充高层次人才规模，相关部委可在行业特色高校设置拔尖人才发展计划，由相关企业提供项目与资金支持，发掘和培养行业特色人才。

（三）建立多渠道合作共赢机制

地矿油类专业实践型教师比例不够高。目前地矿油类专业教师大部分是应届毕业生直接到高校从事教学科研工作，对工程教育思想缺乏系统研究，指导学生过程更偏重理论研究，与现代工程技术联系不够紧密。据中国地质大学（北京）统计，2019 年学校具备企业实际工作经历的教师仅占学校教师总数的 3%，难以满足学生工程实践能力的培养与提升。地矿油行业特色高校需要加大选派教师到大型企业、工程设计院去挂职锻炼，同时聘请企业、研究院、设计院的优秀工程科技人员到学校任职讲课，但现有的教师发展与培训经费还不能满足培养教师的需要。

第一，政府鼓励和支持相关企业积极与地矿油行业特色高校展开校企合作。对开展校企合作的企业适当进行税费减免或其他优惠鼓励政策，提升相关企业推进校企合作的积极性。同时将校企合作、服务行业的业绩作为评价地矿油行业特色高校的重要内容，加强地矿油行业特色高校与相关企业的密切联系。

第二，鼓励企业委托高校展开技术攻关、管理优化等多方面项目合作，鼓励地矿油行业特色高校为相关企业开展技术和管理人员培训，多渠道深化校企合作，探索以政为主、以企为辅、分层分类的双师型教师培养的全新模式，加强实践型师资队伍建设。

（四）组建地矿油行业特色高校联盟

地矿油行业特色高校之间既有合作也有竞争，但是行业之间有着天然的联系，客观上要求地矿油行业特色高校之间加强合作。因此，地矿油行业特色高校之间要从资源行业整体发展的角度出发，从保障国家资源安全的高度出发，加强合作，促进师资交流的合作，共同提高师资队伍能力与素质。

第一，组建地矿油行业特色高校联盟，共同致力于行业特色高校的高质量发展和创新人才培养。通过联盟平台，一方面，加强资源共享和沟通协调，共同商讨行业特色高校的发展大计。另一方面，加强与政府部门、相关企业的沟通交流，满足政府部门、企业的服务需求。

第二，加强地矿油行业特色高校联盟内师资队伍的交流与合作，通过开展师资培训、师资交换、举办技能比赛等形式，促进地矿油行业特色高校师资的融通，延伸教师知识链，整体提升师资队伍业务素质。

（五）强调教师在学科评价上的承载性作用

学科评价（如学科水平评估、合格评估）是贯彻落实《国家中长期教育改革和发展规划纲要（2010—2020 年）》提出的"鼓励专门机构和社会中介机构对高等学校学科、专业、课程等水平和质量进行评估"的精神的重要方式。同时，对学科建设成效和质量的评价，也可以帮助高校了解学科现状、优势与不足，促进学科内涵建设，提高学生质量。因此，学科评价具有典型的"指挥棒"作用。尽管在学科评价中也充分重视了师资队伍的作用，但重视程度还不够充分。无论是人才培养与输出，还是科研成果的产出，或是社会服务的创新，教师是高校所有产出的重要载体。所以，学科评价中要充分强调教师的承载性作用，以激发师资队伍活力。

第一，引导地矿油行业特色高校关注教师全生命周期的继续教育，着眼开展对地矿油行业特色高校教师制度化、旨在掌握学术前沿动态、提高知识创新和教育创新能力的高层次培训。

第二，考察地矿油行业特色高校师资队伍的激励体系建设情况，鼓励地矿油行业特色高校遵循行业特色高校教师职业特点和发展规律，打破仅对教学、科研考核的传统模式，建立全链条的教师考评体系。

第三，引导地矿油行业特色高校开展教师在职能力考核，强调育人业绩，将教书育人、崇教爱生作为地矿油行业特色高校教师评价的重要标准。鼓励地矿油行业特色高校改进教师的教学科研评价，重点评价学术贡献、社会贡献以及支撑人才培养情况。

二、优化地矿油行业特色高校内部师资队伍建设体系

（一）建立全链条教师考评体系

高素质教师队伍是建设高质量高等教育体系的关键，对教师的考评要打破仅对教学、科研考核的传统模式，建立全链条的教师考评体系。在师资评价方面，要遵循高校教师职业特点和发展规律，破除束缚高校教师发展的思想观念和体制机制障碍，分类分层，科学评价，充分调动广大高校教师的积极性和创造性，激发高校及教师活力，建设一支高素质、专业化、创新型教师队伍，为高等教育事业发展提供制度人才支持。

第一，在实施师资考评时，①要强调专业素养与师德素养的结合，注重对教师师德素养的评价；②要将人才培养放在教师绩效考核评价的重要地位；③要改

进高校教师教学科研评价，重点评价学术贡献、社会贡献以及支撑人才培养情况；④要关注教师角色的转变，适应新兴信息技术发展，从评价教师知识传授结果转向评价教师作为大学生学习活动设计者和指导者的工作成效；⑤要坚持师资队伍的分层分类综合评价，合理制定不同层级、不同类型教师的考评指标，不仅要开展在职能力考核，强调育人业绩考核，也要关注服务行业和社会的能力与绩效。

第二，要加强激励体系建设，对教师发展形成引力。鼓励、奖励优秀教师，加强荣誉激励的作用，调动全体教师积极性；建立公平的晋升机制，让教师形成明确的职业生涯规划，有明确的奋斗目标；强调薪酬激励的基础作用，科学制定教师绩效标准，合理设计薪酬结构，提升薪酬的内、外部公平性。

第三，建立合理的末位淘汰机制，对教师发展形成推力。通过末位降级、转岗、辞退等方式，对后进教师形成推力，优化师资队伍构成，激发师资队伍活力，提升工作质量。

（二）打造行业特色突出的教学团队

由高校教师组成的高校教学团队的核心能力决定了所培养人才的职业素养和培养效果，是提高国家教育能力的关键，是培养出能促进国家经济发展及具有创新能力的新型人才的重点。

地矿油行业特色高校教学团队的核心组成要素是教师。团队成员需要具备扎实的理论功底和过硬的教学实力，还应有丰富的实践经历，能够对学生言传身教。教学团队应具备学习型组织的基本组织结构，也就是丰富的弹性结构，在团队建设中，可以随时随地根据政策的出台、地区的需要做出调整。同时，一个教学团队要想发挥出最大化的团队效应，就要充分考虑到学校学科、专业、课程的多样化设置和团队成员在年龄结构、职称等级、科研能力上的最优组合，这有利于教学团队的多样化和异质性。

在选拔团队领导者时，首先，教学团队的领导者应具有过人的教学本领，建设教学团队的根本目的是促进教学质量的改进，教学能力较强的领导者对团队教学质量的提高具有显著作用。其次，团队的领导者还应具有领导能力，能够协调团队与学校及团队内部成员的关系，不断根据环境变化调整团队的发展方向。最后，团队的领导者应该具有公信力，使团队成员能够听从其领导，消除教学团队建设中来自团队内部及团队外部的阻力。

教学团队不仅体现团队的综合性，还应体现全局性和长期性，即从整个学校乃至社会的长期发展入手。此外，在团队工作的具体实施过程中，为了科学有效地整合教学团队教师的教学资源，务必要重视团队工作的规划，率先明确团队的建设目标，树立标准化的团队建设意识，根据实际工作的推进进程和内容不断对团队规划进行必要的调整。

（三）构建面向行业需求的特色科研团队

学术带头人作为高校科研团队发展的引导者，学识渊博，具有一定的权威性，其作用是不容小觑的。因此，对于学术带头人的培养，是高校科研团队建设过程中重要的一环。除了具备高水平的专业知识，还应注重带头人的个人魅力，如他的工作作风、个人素质，一位有威望不管是知识威望、能力威望还是人品威望，愿意为团队奉献，愿意起带头作用的领导人，会带领科研团队走得越来越好，高校的整体学术水平也会越来越高。

团队中人才年龄梯队应合理化，避免"人才断层"现象，及时做好人才资源的统筹战略规划，供给后备力量。首先，建立契合科研团队需要的多人才通道，在高校明确科研目标的情况下，才能使高校科研团队自身的核心竞争力得以有效提炼。其次，建立配套的人才培训体系，高校应注意各人才通道的积极统筹，在此基础上将面向整体人才的针对性培训计划制订出来，为各种人才优势的发挥提供平台。

（四）重视青年教师专业素质的培养

（1）加强基于胜任力的青年教师岗前培养。一是对教师职业的思想认同。青年教师要始终把立德树人作为自己的根本任务，培养德智体美劳全面发展的社会主义建设者和接班人。学校可以通过先进典型宣传、先进事迹报告等形式，加强青年教师理想信念教育，提升他们的荣誉感和使命感。二是尽快融入新的环境，找到归属感。对于新入职的青年教师，初到一个陌生的环境，难免会有不适感或孤独感，迫切想融入新的环境，而提升归属感的最佳途径就是群体活动。三是了解学校的管理运行机制。来自不同教育背景的青年教师，入职后对学校各种政策规定、职务晋升、财务管理等都不甚了解，很现实的一个问题是要了解自身的责任以及如何寻求帮助。

（2）加强基于全职业生涯周期的青年教师在岗培训。随着社会的进步和发展，在职的青年教师也需要不断更新知识结构，掌握新的教学科研技能，以适应不断变化的新形势。高校应建立青年教师全职业生涯周期培养机制，帮助青年教师设定正确的职业发展目标，为青年教师职业生涯指明方向。

一是持续开展青年教师教学能力培养。一方面，要特别注重青年教师现代教育技术运用能力的培养。随着科学技术的发展，现代教育新兴技术不断涌现，这些技术有可能影响未来教学的行为和方式，学校必须及时做好培养工作，指导广大青年教师积极应对挑战。另一方面，要特别强调团队学习的重要性，学校可以根据学科方向或者课程性质（基础课、专业课等），指导青年教师组建教学技能学习研究团队，团队必须相对固定并长期坚持开展教学研究活动，促使青年教师在交流和学习中共同提高。

二是持续开展青年教师科研能力培养。通过宣讲会、交流会、论坛等形式，为青年教师搭建平台，为青年教师提供指导与服务。对于刚刚起步的青年教师，学校可以通过设立专项基金的办法，使他们尽快开展科研工作，树立学科互涉、协同发展的理念。学院层面可以定期组织本学科学术委员会专家听取青年教师科研进展报告，为青年教师科研工作"把脉问诊"。

三是持续加强青年教师领导力培养。对于新入职的青年教师，他们所需要的领导力主要是娴熟的工作技巧、有效的沟通能力、良好的人际关系等。这些能力一方面来自教师本身经验的积累，另一方面需要通过学校提供培训或者本单位的领导、同事的言传身教。学校需要遵循人才成长规律，有计划、有步骤开展领导力培养，让处在职业生涯不同阶段的青年教师都能得到最大限度的指导和帮助。

四是建立有效的激励与约束机制。为青年教师搭建充满活力、富有效率、更加开放的平台，帮助青年教师实现个人理想、抱负，激励拔尖人才脱颖而出，促进青年教师快速健康成长。因此，必须建立适度、有效的约束机制，使其成为青年教师发展的外在动力。学校根据发展需要，对本校青年教师必须具备的能力或水平提出要求，并采取相应的培养措施和约束机制。

总之，行业特色高校师资队伍建设是一个复杂的系统工程，政府部门、高校都应不断深入理解和贯彻《统筹推进世界一流大学和一流学科建设总体方案》《教育部关于深化高校教师考核评价制度改革的指导意见》《中共中央 国务院关于全面深化新时代教师队伍建设改革的意见》《人力资源社会保障部 教育部关于深化高等学校教师职称制度改革的指导意见》《深化新时代教育评价改革总体方案》等相关文件精神，系统研究新时代背景下行业特色高校面临的机遇、挑战和存在的困难，政府、行业、高校联动，建设一支思想过硬、作风过硬、专业过硬的全新师资队伍，履行好行业特色高校的历史使命，全面大力推进行业特色高校高质量发展。

参考文献

[1] 阎光才, 牛梦虎. 学术活力与高校教师职业生涯发展的阶段性特征[J]. 高等教育研究, 2014, 35(10): 29-37.

[2] 岳英. 大学教师学术活力的过程性特征及其影响机制研究[D]. 上海：华东师范大学, 2017.

[3] 胡亚敏, 王谦, 王爽, 等. "双一流"背景下高校青年教师的生态发展路径探析[J]. 高等工程教育研究, 2019, (S1): 145-146.

[4] 栗洪武. 高校教师学术能力提升的活力要素与激励机制运行模式[J]. 陕西师范大学学报（哲学社会科学版），2012, 41(6): 154-157.

[5] 闫俊凤. 我国行业特色高校发展战略研究[D]. 徐州：中国矿业大学, 2014.

[6] 张丽. 高校科研团队与学术生产力关系研究：基于中国工程院院士段正澄科研团队的案例[D]. 武汉：华中师范大学, 2020.

[7] 赵燕, 汪霞. 对我国大学教师评价制度的反思与建议[J]. 高校教育管理, 2019, 13(2): 117-124.

[8] 操太圣. "五唯"问题：高校教师评价的后果、根源及解困路向[J]. 大学教育科学, 2019, 10(1): 27-32.

[9] 尚丽丽. "双一流"建设背景下行业特色型高校学科群建设问题分析及对策研究[J]. 高校教育管理, 2019, 13(5): 36-43,51.

第五章

供给视角下行业特色高校创新型人才培养模式研究

行业特色高校是我国高等教育体系中的重要组成部分，具有行业特色背景鲜明、学科优势突出等特点，是行业高层次人才培养的主要基地。提高高等教育质量，培养创新型人才，不仅是行业特色高校的根本任务，也是行业特色高校在建设创新型国家过程中的重要使命。但是，行业特色高校在体制划转之后，学校的属性和规模都发生了较大的变化，由单科性大学逐渐发展成为多科性大学，在发展过程中逐渐失去了自己的办学特色和竞争力，致使这类高校的人才培养模式存在着学科专业发展不平衡、人才培养模式单一、个性化培养方案缺乏、重知识传授轻实践能力和创新能力培养等问题，既不能适应学生发展需求，也不能完全适应行业发展的需求。这些问题从需求侧已经很难解决，必须发挥供给侧结构性改革的作用。因此，供给视角下的人才培养模式改革是行业特色高校目前所面临的紧迫问题，对培养创新型人才具有关键作用。

第一节　行业特色高校创新型人才培养模式研究概况

一、创新型人才培养模式相关概念

（一）创新型人才及其特征

有关创新人才的研究较多，不同学者给出了不同的定义。英国《经济学人》指出，创新的实质就是基于新思维的价值创造行为，创新型人才是指能够构思和创造有价值事物的人。创新型人才是在"创新"概念的基础上形成的"创新型人才"概念，这种人才通常具有心理成熟稳定，知识体系完善，善于独立思考、发散思维、钻研和质疑等特点，并能以此为前提创造出创新性成果或具有有能于将来提出创新成果的创造潜力[1]。创新型人才不同于一般社会个体，在思想创新、精神创新、科技能力创新方面有突出的表现，是新技能的缔造者、新科学的发现者、新知识的创建者，具有发明再创造、开拓新领域的独特能力[2]。创新型人才是指在具备一般人才基本素养的基础上，具有发现问题、发挥自身优势的能力，并能在实践中综合利用、不断超越，从而解决问题取得创新成果的人[3]。总体上说，创新型人才是具有创新意识、创新精神、创新思维、创新能力、创新素质，能综合利用各种主客观条件促进新事物的产生、新理论和方法的提出，具有更好的发现问题、解决问题的能力，以及建构知识的能力和提升转化的能力，是推动人类社会持续向前发展的人才。

很多研究给出了创新型人才的标准和特征。1996 年，国际 21 世纪教育委员会提出了创新型人才的七条标准：一是有积极进取的开拓精神；二是有崇高的道德品质和对人类的责任感；三是在有急剧变化的竞争中有较强的适应能力；四是具有宽厚扎实的基础知识，有广泛联系实际问题的能力；五是有终身学习的本领，能适应科学技术综合化的发展趋势；六是有丰富多彩的个性；七是具有和他人协调与进行国际交往的能力。钟秉林[4]指出，创新型人才是立足于现实而又面向未来的创新型人才，应该具备的特征有博、专结合的充分的知识准备，高度发达的智力和能力，自由发展的个性，积极的人生价值取向和崇高的献身精神，国际视野、竞争意识和国际竞争力以及强健的体魄。薛磊和窦德强[5]从知识素质、能力素质、意识素质、人格素质等四个方面分析了创新型人才的基本素质结构，探索性地构建了创新型人才的素质模型，即创新型人才应具备创新知识、创新能力、创新素质和创新人格等基本要素。

综上所述，建立创新型人才的基本特征不仅为行业特色高校创新型人才培养指明了方向，而且明确了目标和路径。行业特色高校在创新型人才的培养实践中，不仅要注重创新知识的完善构建和创新能力的锻炼培养，而且应注重思维意识的强化训练以及创新人格的塑造[5]。

（二）人才培养模式

"人才培养模式"是教育实践领域频繁使用的术语，也是教育理论领域关注的一个焦点。加强对人才培养模式的理论研究既是时代发展的强烈呼唤，也是高等教育自身发展的迫切要求。对于人才培养模式的认识，有多种观点。例如，第一种观点认为，人才培养模式是一种过程；第二种观点认为，人才培养模式是一种方案；第三种观点认为，人才培养模式是一种样式、方式；第四种观点认为，人才培养模式是一种结构或者各种要素的组合；第五种观点认为，人才培养模式是一种机制。

刘明浚[6]在《大学教育环境论要》中不仅对人才培养模式进行了界定（即人才培养模式是指在一定的办学条件下，为实现一定的教育目标而选择或构思的教育、教学式样），还论述了人才培养模式所应该涉及的各种要素，包括课程体系、教育途径、教学方法、教学组织手段等；周泉兴[7]进一步给出了人才培养模式的内涵，即人才培养模式是在一定教育思想、教育理论指导下，为满足多方面教育需求、实现一定教育目的而形成的人才培养活动的某种结构样式和运行方式。基于这种对人才培养模式的描述，姜士伟[8]认为，教育理念（思想）是人才培养模式构成的第一要素，其他要素包括培养目标、培养过程（培养方案、培养措施）、培养制度、培养评价；吴绍芬[9]认为人才培养模式的核心要素有四个，即人才培养的教育理念、教学培养过程、培养制度和培养的质量评价体系；翟海魂[10]以"五个要素"（即培养目标、课程结构、教学内容、教学模式、质量评价）作为人才培养模式改革的基本框架；支玉成等[11]认为人才培养模式包括管理模式、交流模式、教学模式和评价模式等，而且这种人才培养模式对于培养创新型人才具有关键性的影响和作用；赵黎明和史慧[12]认为人才培养模式的构成主要包括四个要素，即目标、过程、制度、评价，它们之间既注重学习和思考相结合，又注重知识和实践相统一；董泽芳[13]从人才培养理念、专业设置模式、课程设置方式、教学组织形式、教学管理模式、教学评价方式等方面全面解析了人才培养模式的构成要素，同时强调"要创新人才培养模式，必须认真解析人才培养模式的构成要素"。

综合大多数研究者的观点，一般来说，培养目标、专业设置、课程体系、培养途径、教学运行机制、质量评价与淘汰方式等是人才培养模式必不可少的要素。

（三）创新型人才培养模式

随着科学技术的快速发展，创新型人才的教学模式已经正式纳入我国高等教育研究的领域，并且受到广大教师、学生以及教学研究者的特别青睐。创新型人才的培养，无论是在国家、产业、企业层面都有着至关重要的作用。高校教学模式必须适应人才竞争环境的要求，在重视内部教学管理创新的基础上，加强对创新型人才培养模式的构建和完善。

国内大部分高等教育研究者认为，创新型人才培养模式是指在一定的教育理念指导下，以培养学生的创新能力为培养目标，采用现代化高效的教学手段，利用丰富的组织形式，以学生学习效果为主要评价标准，建立的一套有效的激励机制的运行机制。

许多学者通过比较和借鉴，从教育观念、课程体系、教育方法和手段、教师队伍、校园文化及评价体系等方面探讨了创新型人才培养模式的构建。陈文敏等[14]揭示了创新型人才培养模式的构成要素和作用机制，认为创新型人才培养模式主要包括课程管理系统、社会实践系统、毕业设计系统、就业培训系统；武铁传[15]认为，我国高等教育应该从更新人才观念、普及素质教育、转变教学观念、改革管理体制等多方面入手来建构创新型人才培养模式；张妍等[16]在明晰创新型人才概念界定和素质特征的基础上，从教学模式、管理模式和师资队伍等三个方面探讨创新型人才培养模式的构建。

　　国内很多高校在创新型人才培养方面进行了尝试和探索，采取了一些卓有成效的措施。支玉成等[11]基于"专业工作室"这种第二课堂教学和实践平台，介绍了这种创新型人才培养模式的构建和运行，阐述了它强调因材施教、实践主线、教师引导作用和学生主体作用、自我教育、竞争与合作的运行特点及运行管理方法；陶宇炜等[17]从创客教育环境构建、创客教育课程开发、创客教育师资队伍建设、创客教育考核评价机制建立，以及政策、资金和技术支持等层面进行了创客视域下创新型人才培养模式的探索与实践；付金华等[18]从树立创新人才教育观念、深化人才培养方案改革、教学方法改革和教师队伍建设等方面，对国际化视野下高校创新型人才培养模式改革进行了研究；梁燕华等[19]从国际化教学管理体系以及相关制度建设、国际化的教学团队和师资队伍建设、学生国际化实习实践和创新能力提高三个方面探索国际化创新型人才培养模式和具体措施；董雪峰等[20]提出可从培养方案的制订、课程体系的构建、教学活动的实施、保障与评价体系等方面进行工科应用型创新人才培养模式的构建；罗凌等[21]从知识水平、工程能力、外语能力、创新精神、创新能力和创新人格六个方面构建创新型计算机专业人才胜任力模型，从"三阶递进式"人才培养方式、翻转课堂教学模式、多层次实践教学体系构建，以及学生英语应用能力培养等角度提出基于胜任力模型的创新型软件人才培养模式；华中农业大学农业资源与环境专业围绕"教研一体化"本科创新型人才培养模式展开了一系列探索与实践，构建出"教学为基础、科研为支撑，寓教于研、教研融合，教学科研互促共进、协同发展"的教研一体化创新型人才培养模式[22]。

　　国内学者在解析我国创新人才培养模式的同时，还认真梳理了国外高校创新人才培养的特点。姚聪莉和任保平[23]分析归纳了美国、英国、法国和日本四国高校的创新型人才培养模式，认为发达国家高校创新型人才培养模式的核心在于充分利用先进的教育理念，制定综合的、跨学科的课程体系；雷金屹[24]介绍了麻省理工学院模式、东京大学模式、廷伯莱克模式等几种国外典型的创新型人才培养模式，提出要增强学生对创新能力的认同感，营造宽松的学习和学术环境，提倡启发式教育，加强实践教学环节；高雪莲[25]从高等教育的内容、培养目标、教育模式、机构设置等方面分析了发达国家高等教育发展共同趋势，提出我国高等教育创新型人才培养要从改革传统教学方式、专业设置和课程设置、加强师资队伍建设等方面进行；姚正海[26]通过对国外有关大学教育培养目标阐述的分析，发现国外大都在强调人的个性全面发展的同时突出创新意识、创新能力的培养，提出我国要加强对创新型人才培养重要性的认识，构建以创新能力培养为核心的实践教育体系；张典兵[27]总结了国外高校较为成熟的四种创新人才培养模式（项目模式、课程模式、科技园模式、导师制模式），认为我国高校在创新型人才培养上应该在个性化创新型人才培养理念、个性化创新型人才培养模式、个性化创新教育体系、个性化创新人才培养保障机制等四个方面进行建立和完善；詹一虹和周雨城[28]从教育政策、培养理念、课程体系和教学方法等方面对国外高校创新人才培养现状进行了介绍，认为我国高校应该从个性化的培养理念贯穿于人才培养的全过程、重视社会实践、健全资金投入和政策保障机制、重视大学文化建设等几个方面来完善创新型人才培养；董一巍等[29]从创新驱动、创新体制、创新保障、创新文化四个维度分析了美国麻省理工学院在创新型人才培养方面的举措，提出我国高校创新型人才培养过程应当聚力发展四个创新维度，即凝聚学术自由的创新驱动力、构建与时俱进的创新教学体系、完善三位一体的创新保障体系、深化继往开来的创新文化建设。

二、供给视角下的创新型人才培养模式改革理论

（一）供给侧理论

2015 年 11 月 10 日，习近平在中央财经领导小组会议上强调指出，"在适度扩大总需求的同时，着力加强供给侧结构性改革，着力提高供给体系质量和效率"①。"供给侧"与"需求侧"是经济学领域的概念，投资、消费、出口是经济领域中的三大需求，而"供给侧"指自然资源、资本、制度、人才、创新等方面的有效供给和利用。供给侧结构性改革主张经济结构中的各个要素应当实现最优配置，从而保障经济增长顺利进行。供给侧结构性改革包括供给、结构、改革三个方面，是这三者的结合。

供给是指提升供给质量，结合行业特色高校，就是要求高校为人才培养提供优质资源。结构是指对资源的合理配置和应用，确保资源能够最大限度地发挥作用。对于行业特色高校来说，要注重对人才培养结构的优化，从培养目标、师资结构、专业设置、课程体系、知识结构、技能要求、职业素养、评价制度等方面进行调整。改革意在除旧迎新，旨在打破不利于专业发展的因素，探索新型的适合人才培养的路径。

可见，供给视角下的创新型人才培养模式改革是供给侧结构性改革的延伸，是学校作为人才培养的供给方结合企业的实际需求，通过专业、课程、评价等教育教学改革措施，实事求是地提升人才培养质量。供给侧结构性改革的最终目的

① 《习近平主持召开中央财经领导小组第十一次会议》，https://www.gov.cn/xinwen/2015-11/10/content_5006868.htm[2022-07-12]。

是提升产品质量，在教育领域中就是提升人才培养的水平。

人才是社会的第一资源，是经济社会发展的智力基础。高校作为人才培养的供给方和主要场所，是供给侧结构性改革的重要环节，对提高高校人才培养质量具有重要的意义。

（二）建构主义理论

建构主义理论（constructivism）也译作结构主义理论（structuralism），是认知心理学派中的一个分支。建构主义理论的一个重要概念是图式，图式是指个体对世界的知觉理解和思考的方式，是认知结构的起点和核心，是人类认识事物的基础。

建构主义理论的主要代表人物有：皮亚杰（Piaget）、科恩伯格（Kernberg）、斯滕伯格（Sternberg）、卡茨（Katz）、维果斯基（Vogotsgy）。

建构主义理论的内容很丰富，但其核心可以概括为：以学生为中心，强调学生对知识的主动探索、主动发现和对所学知识意义的主动建构（而不是像传统教学那样，只是把知识从教师头脑中传送到学生的笔记本上）。以学生为中心，强调的是"学"；以教师为中心，强调的是"教"。这两种教育思想、教学观念发展出两种对立的学习理论、教学理论和教学设计理论。由于建构主义所要求的学习环境得到了当代最新信息技术成果的强有力支持，这就使建构主义理论日益与广大教师的教学实践普遍地结合起来，从而成为国内外学校深化教学改革的指导思想。

（三）布鲁姆目标分类理论

布鲁姆（Bloom）是美国教育心理学家，20世纪50年代首创教育目标分类学，他将教育目标划分为认知、情感和动作技能等三个领域，共同构成教育目标体系。

认知领域的教育目标分为知识（knowledge）、理解（comprehension）、应用（application）、分析（analysis）、综合（synthesis）、评价（evaluation）等六个层次。第一层的知识指认识和记忆，这一层仅仅是对知识的记忆和陈述；第二层的理解是对知识的领会，包括对知识的解释和归纳；第三层的应用是对所学习概念、原理，能进行初步的直接应用；第四层的分析是从工程解决问题的角度，能分解问题，明确各概念之间的关系；第五层的综合是在分析的基础上，将问题分解的结果重新组合以便综合性地解决问题；第六层的评价则是根据量化的信息，做出更客观的评判，而不是凭主观的感受。

布鲁姆理论被广泛地应用在教育领域，提供评价学生学习结果的标准，以指导教师的教学工作。例如，在课程设计中，根据学习目标的要求，可分层次提出认知性问题、理解性问题、应用性问题、分析性问题、综合性问题和评价性问题，前三类问题属于初级层次的认知问题，答案一般比较明确，后三类属于高级认知问题，可以有效地激发学生思维，培养学生解决复杂问题的能力和创新能力，所有问题都可以有效地关联并支撑课程目标和毕业要求的各项指标点。

自布鲁姆的教育目标分类理论提出以来，国外很多学者也对布鲁姆的教育目标分类理论进行了研究。我国相关理论的研究可追溯到 20 世纪 80 年代，近些年，也越来越多地被用于教师的教学研究中，帮助教师更为准确地把握学生的认知水平，进而合理地组织教学活动。当前，各高等院校都在研究国家人才培养战略，积极引导学生讨论、探究，培养他们的独立思考能力。同时创新教学方法、教学内容、学习任务、评估方式，让学生主动构建知识，使他们具有明辨性思维能力。

三、典型行业特色高校创新型人才培养模式研究进展

行业特色高校是我国高等教育体系中的重要组成部分，主要指那些曾经由相关行业部门管理、主要服务于某一特定行业的高等学校，通常冠以行业的名称，如水电、地质、林业、农业、石油、矿业、煤炭、纺织、畜牧等。行业特色高校具有显著的行业背景和办学资源，在长期的办学过程中积淀了深厚的传统和特色，具有丰富的办学经验，在国民经济和社会发展中具有不可替代的重要作用。行业特色高校具有行业背景鲜明和学科优势突出的特点，培养创新型人才是行业特色高校的根本任务，也是行业特色高校在建设创新型国家过程中的重要使命。

但是，行业特色高校在体制划转之后，学校的属性和规模都发生了变化，由单科性大学逐渐发展为多学科协调发展的大学或综合性大学，过去的单一化人才培养模式已经落后于学校结构的变化。另外，一些行业型高校办学目标过高，急于求成，为达到综合性大学的评估指标而走上了以规模求发展之路，导致生源质量、师资队伍、教学实验设施等出现了与学校快速发展不相适应的问题，进而出现了学生就业难等问题。因此，人才培养模式改革是行业特色高校面临的最为紧迫的问题。

针对以上问题，很多研究者对行业特色高校人才培养模式进行了研究。王一珉等[30]对比分析了美国大学和国内综合性大学的人才培养模式，提出了行业多科性大学人才培养模式的改革思路；吴立保等[31]以南京信息工程大学为例，研究了制度变迁与行业特色高校人才培养模式变革的关系，指出行业特色高校人才培养模式改革必须创新教育理念，面向行业和地方经济社会发展培养多样化人才；张昕[32]以华北水利水电学院为例，进行了应用型人才培养模式的探索与实践，构建了"基础–实践–创新"三位一体的人才培养模式；谢辉祥等[33]从 SWOT 角度，从教育理念、学生创新能力、开放式教育资源和文化软实力四个方面入手，提出了"在综合基础上凸显行业特色"的创新人才培养模式；孟国忠[34]在分析行业特色高校培养创新型人才时代意义和行业特色高校创新人才培养质量有关特征的基础

上，给出了行业特色高校创新人才培养的基本策略和路径。未来，行业特色高校应积极关注行业前沿动态、提高人才培养质量、加强科学技术创新，从而突显服务国家战略决策、推动经济社会发展的使命担当。

四、供给视角下创新型人才培养模式的研究进展

习近平在中央财经领导小组第十一次会议上正式提出"供给侧结构性改革"这个新命题，并对供给体系的质量和效率提出了明确的要求——在适度扩大总需求的同时，着力加强供给侧结构性改革，着力提高供给体系质量和效率，增强经济持续增长动力，推动我国社会生产力水平实现整体跃升①。我国高等教育与经济发展具有高度同构性，如何适应供给侧结构性改革的需要，培养社会所需要的创新型人才是目前各级各类高校需要不断探索、必须面对的问题。高等教育适应产业供给侧结构性改革，需要进行自我调整和内部建设，优化人才培养的核心要素，使人才培养的体系结构得以优化，只有这样才能保障输出高质量的创新型、应用型和复合型人才。

当前高等教育呈现出诸多新特征，人才培养的供需关系从高校的供给主导转向社会的需求主导，高等教育的角色定位也从培养转向培养、服务和引领同步，这对高校人才培养工作提出了新要求。在这种产业供给侧结构性改革背景下，很多研究者对高校人才培养模式进行了研究。

黄成忠等[35]在分析供给侧结构性改革理论对提高高校人才培养质量的意义和目前高校人才培养模式存在问题的基础上，围绕高校的办学理念、教学改革、质量评价、创新教育、合作办学等探索了高校人才培养模式改革之路；王军锋[36]从产业供给侧结构性改革的视角，以对产业所需人才的知识、经验和技能的精准"画像"为基础，结合企业对人才选、育、留的要求探究了高校人才培养创新模式；谷月[37]分析了高校传统人才培养模式存在的问题，从加强产学研合作、培养学生创新思维和加强师资队伍建设方面阐述了供给侧结构性改革背景下创新人才培养模式的途径；郭振雪和吴彩霞[38]认为在供给侧结构性改革视角下转型高校的"重实践、重技能、重创新"人才培养模式需要从人才"供给端"高校发力，需要从师资结构、课程体系、教学内容、教学模式、质量评价体系五"硬指标"入手；贾佳等[39]探讨了供给侧结构性改革下的应用型创新型人才培养模式，认为应该从明确培养目标、开设先进专业、优化课程安排、开办评价机制等方面对原有人才培养模式进行持续的完善和创新；陈双盈[40]探究了供给侧结构性改革背景下高校本科人才的培养

---

① 《习近平主持召开中央财经领导小组第十一次会议》，https://www.gov.cn/xinwen/2015-11/10/content_5006868.htm[2022-07-12]。

模式，包括改变育人理念、完善课程和教学体系、加强教学资源信息化、加强教师队伍建设等；赵伟和武力兵[41]从产业需求导向、课程和教学模式改革、校企联合等方面阐述了产业供给侧结构性改革下高校人才培养模式的创新思路；杨柳群[42]提出高校本科创新人才培养应立足于供给侧结构性改革，即从提高供给质量出发，推进要素的创新和结构的调整，建构以创业为驱动的创新人才培养模式，同时认为结构合理的创新人才培养模式应该包含学术型创新人才、技能型创新人才和创业型创新人才。

五、供给视角下地矿油行业特色高校创新型人才培养模式的研究进展

地矿油行业特色高校主要指目前或者曾经由地矿行业部门管理，服务于地质矿产、石油和煤炭等特定行业的高校，是在特定历史时期所形成的一类高校。我国地矿油高校经过近70年的发展，形成了与地矿油行业密切相关的学科优势和鲜明的办学特色，培养了一大批优秀的行业技术领军人才，在地质矿产、资源能源开发等方面做出了巨大贡献[43]。

一些研究者从高校作为人才培养的供给侧的角度，研究分析了地质类高校应采用的创新型人才培养模式。例如，庞岚等[44]以中国地质大学（武汉）为例，研究了地质类专业的跨学科教育，提出了"1543"模式，即落实跨学科理念的人才培养目标、五纵五横跨学科路径、四种虚实结合的跨学科人才培养机构、三类有机结合的教育平台；刘佳和翁华强[45]以中国地质大学（武汉）为例，介绍了以"野外教学、科技项目超市、社会实践、毕业生服务"为主要内容的激励型地学人才培养模式；方燕和赵其华[46]以成都理工大学"地质工程创新班"为例，从培养方案设置、教学方法创新、管理模式改革等方面，提出了创新班培养模式。

一些研究者从高校作为人才培养的供给侧的角度，研究分析了矿业类高校应采用的创新型人才培养模式。宋学锋等[47]以中国矿业大学为研究对象，介绍了面向艰苦行业的"三制四维"（"三制"即书院制、导师制、学分制；"四维"即塑价值、厚基础、重交叉、强创新）创新型人才培养模式；程详[48]以安徽理工大学为研究对象，分析了矿业工程学科在创新人才培养中所存在的问题，提出了矿业工程学科创新型人才培养模式的具体改革措施，包括构建创新人才思政教育工程、完善生源选拔机制、拓展毕业生多元化发展途径、探索多层次及梯度式人才培养模式和深化课程体系改革五个方面；盛建龙等[49]以武汉科技大学采矿工程专业为研究对象，针对社会经济发展需求、行业技术进步、人才培养使命，解析了采矿工程专业创新人才培养存在的问题，提出通过"实施课程整合，优化教学模块；视角集成，强化空间思维；分段实施，理论实践互补；平台协同，提升创新能力"

的采矿工程专业创新人才培养模式；童雄等[50]介绍了"11345"人才培养模式，即基于全过程全链条校企合作协同育人，构建"教师-工程师-学生"协同育人共同体，打造优质师资、教材和课程，融通"教书与育人""课内与课外""线上与线下""教学与科研"，形成多层递进式创新训练培养模式。

一些研究者从高校作为人才培养的供给侧的角度，研究分析了石油类高校应采用的创新型人才培养模式。陈军斌等[51]以石油工程专业学科为研究对象，提出通过优化专业结构、构建跨学科课程体系、打造跨学科教师队伍构建石油工程专业创新型人才培养的新路径；杨秀芳等[52]以陕西科技大学石油工程专业为研究对象，介绍了基于科教融合的创新型人才培养模式；王卫卿等[53]以常州大学为研究对象，提出了以学科竞赛平台构建石油类创新型人才培养模式。

第二节　行业特色高校创新型人才的基本特征

深入了解创新型人才的基本特征，有助于建设创新型人才评价指标体系、准确和有效地构建创新型人才培养模式。为此，本章从学生和行业角度对地矿油高校创新型人才的素质特征进行了调查。

一、调研对象

本章以地矿油典型行业特色高校作为研究对象，并将其界定为：①曾经隶属于国家部委，其不曾与其他本科院校合并；②一级学科中工学占比最高；③获国家"双一流"建设或985工程优势学科创新平台支持；④实现国家部委与行业骨干共建，与特定行业保持紧密联系。由此，确定中国地质大学（北京）、中国地质大学（武汉）、中国矿业大学（北京）、中国矿业大学、中国石油大学（北京）、中国石油大学（华东）等六所地矿行业特色高校作为研究对象。

为了获得研究所用的数据，本章针对地矿油行业特色高校创新型人才的基本特征，设计了面向学生和企业的调查问卷。在查阅大量文献资料的基础上，结合地矿油高校人才培养的实际状况，从知识、创新潜质、能力和人格特点等四个方面设计了创新型人才的17条素质特征，见表5-1。

表 5-1　地矿油行业特色高校创新型人才的基本特征

维度	基本特征
知识	扎实而广博的专业知识
	精通学科专业的最新科学成就和发展趋势
	了解相邻学科及必要的横向学科知识

续表

维度	基本特征
创新潜质	具有理性的创新思维
	具有强烈的好奇心和创新的兴趣
	具有质疑意识和批判性精神
能力	具有提出问题、发现问题的能力
	具有较强的实践与解决问题的能力
	具有创新成果的转化能力
	具有较强的自学与探索能力
人格特点	热爱自己的专业
	具有完善的人格与良好的道德修养
	具有高度的社会责任感和家国情怀
	具有追求科学、追求真理的激情
	具有强烈的求知欲和坚忍不拔的毅力
	具有良好的沟通能力及团队合作精神
	具有健康的体魄

二、学生问卷调查结果

对学生问卷调查结果（图 5-1）进行描述性统计分析，结果如下。

（1）从知识维度看，99%以上的学生认同，创新型人才的知识水平包括：扎实而广博的专业知识、精通学科专业的最新科学成就和发展趋势、了解相邻学科及必要的横向学科知识。

（2）从创新潜质维度看，98%以上的学生认同，创新型人才的创新潜质包括：具有理性的创新思维、具有强烈的好奇心和创新的兴趣、具有质疑意识和批判性精神。

（3）从能力维度看，98%以上的学生认同，创新型人才的能力结构包括：具有提出问题、发现问题的能力，具有较强的实践与解决问题的能力，具有创新成果的转化能力，具有较强的自学与探索能力。

（4）从人格特点维度看，98%以上的学生认同，创新型人才的人格特点包括：热爱自己的专业，具有完善的人格与良好的道德修养，具有高度的社会责任感和家国情怀，具有追求科学、追求真理的激情，具有强烈的求知欲和坚忍不拔的毅力，具有良好的沟通能力及团队合作精神，具有健康的体魄。地矿油高校是学科优势高校，一流学科专业均为艰苦类专业，所以热爱自己的专业、具有健康的体魄对于创新型人才的培养非常重要。

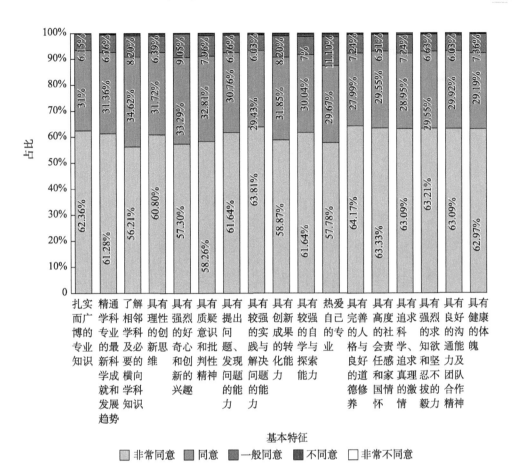

图 5-1 创新型人才的基本特征（学生视角的认同情况）

资料来源："供给视角下行业特色高校创新型人才培养模式研究"调查问卷（学生版）

三、企业问卷统计分析结果

对企业问卷调查结果（图 5-2）进行描述性统计分析，结果如下。

（1）从知识维度看，98%以上的企业认同，创新型人才的知识水平包括：扎实而广博的专业知识、精通学科专业的最新科学成就和发展趋势、了解相邻学科及必要的横向学科知识。

（2）从创新潜质维度看，96%以上的企业认同，创新型人才的创新潜质包括：具有理性的创新思维、具有强烈的好奇心和创新的兴趣、具有质疑意识和批判性精神。

（3）从能力维度看，96%以上的企业认同，创新型人才的能力结构包括：提出问题、发现问题的能力，较强的实践与解决问题的能力，具有创新成果的

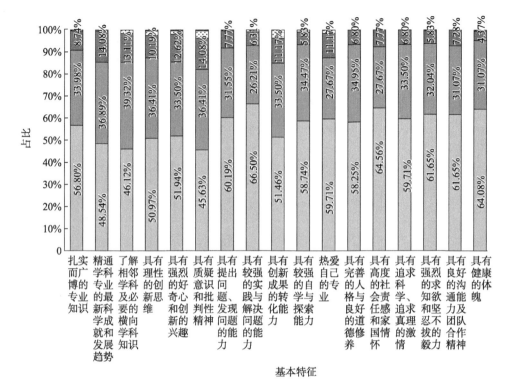

图 5-2　创新型人才的基本特征（企业视角的认同情况）

资料来源："供给视角下行业特色高校创新型人才培养模式研究"调查问卷（企业版）

本图中数据进行了四舍五入，存在比例合计不等于100%的情况

转化能力，较强的自学与探索能力。

（4）从人格特点维度看，98%以上的企业认同，创新型人才的人格特点包括：热爱自己的专业，具有完善的人格与良好的道德修养，具有高度的社会责任感和家国情怀，具有追求科学、追求真理的激情，具有强烈的求知欲和坚忍不拔的毅力，具有良好的沟通能力及团队合作精神，具有健康的体魄。

四、地矿油行业特色高校创新型人才的基本特征

结合以上调查问卷，依据创新型人才的一般特征，结合国家对创新型人才培养的要求（培养德智体美劳全面发展的社会主义建设者和接班人）、地矿油高校的人才培养理念和培养目标，以及地矿油行业产业对创新型人才的要求，从知识、创新潜质、能力、人格特点四个维度建立地矿油高校创新型人才的基本特征，见图 5-3。

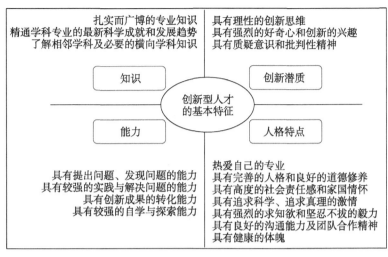

图 5-3　地矿油行业特色高校创新型人才的基本特征

第三节　行业特色高校创新型人才培养的现状及问题

新时代地质及矿业开发工作在服务国家能源资源安全、生态文明建设、防灾减灾等方面的作用更加凸显。十九届五中全会通过的《中共中央关于制定国民经济和社会发展第十四个五年规划和二〇三五年远景目标的建议》明确提出"坚持总体国家安全观，实施国家安全战略""保障能源和战略性矿产资源安全""推进能源革命，完善能源产供储销体系，加强国内油气勘探开发""全面提高资源利用效率""提高海洋资源、矿产资源开发保护水平"，这对能源资源勘探开发、紧缺战略性矿产找矿、能源和战略性矿产资源安全保障和高效利用等都提出了更高要求，而这些工作的实施迫切需要地矿油行业特色高校优势学科专业创新型人才和相关领域先进技术的支撑。

然而，世界能源供需格局、国内经济形势、产业结构的调整、优势学科专业的"艰苦性"特点等使地矿油行业特色高校优势学科专业在本科招生、创新型人才培养等方面遇到了一些问题，这些问题表现在人才培养输入端（招生生源）、人才培养过程和人才培养输出端等方面。

一、人才培养输入端视角

（一）招生模式

从人才培养输入端来看，地矿油行业特色高校的行业类优势学科专业在招生生源上存在着较大的劣势，这种劣势对创新型人才的培养非常不利。目前，地矿油高校的招生模式存在两种：专业招生模式和大类招生模式。这两种模式的优势和劣势见表 5-2。

表 5-2　地矿油高校的招生模式

专业招生模式	大类招生模式
● 传统的模式 ● 对专业划分较细，适用于专业型和应用型人才的培养 ● 难以赋予学生更多的专业选择空间，无法满足学生志愿选择要求	● 全新的人才培养模式 ● 专业培养口径相对较宽，适用于培养适应能力强、全面发展的人才 ● 充分体现了以学生为本，充分尊重学生选择的自主权，能够挖掘学生学习的潜能

（二）存在的问题

目前招生上存在的主要问题如下。

（1）地矿油行业特色高校招生面临生源短缺或者质量不高的问题。最近几年，报考地矿油行业特色高校优势学科专业（即传统地质、矿业、石油等类型的专业）的学生一志愿率较低，同时，学生对优势学科专业的学习兴趣在降低，直接表现就是这些优势专业的学生在入校后，要求转专业的学生比例较高（表 5-3），另外，优势学科专业的招生分数普遍比其他非优势学科专业的分数低。

表 5-3　2019 级学生转专业情况统计表

专业名称	2019 级学生总数/人	申请转专业人数/人	申请转专业比例	实际转专业人数/人	实际转专业比例
石油工程	48	16	33.3%	10	20.8%
资源勘查工程（能源）	49	15	30.6%	8	16.3%

资料来源：中国地质大学（北京）教务处

以中国地质大学（北京）能源学院为例，该学院拥有资源勘查工程（能源）和石油工程两个本科专业，两个专业办学历史悠久、师资力量雄厚、社会贡献突出，为我国油气勘探开发领域培养了大批人才。两个专业分别依托"地质资源与地质工程"和"石油与天然气工程"一级学科，在教育部学位与研究生教育发展中心 2017 年公布的排名中，分别位于第 1 名和第 4 名。2020 年，两个专业同时获得国家首批一流本科专业建设点。然而，从高考招生数据上可以看出，两个传统优势专业 2017~2019 年志愿率仅为 33.33%~71.74%，2018~2019 年甚至不足 50%，而一志愿率更低，只有不到 30%（表 5-4）。究其原因，主要与社会舆论导向关系密切。在当今舆论的影响下，大多数学生倾向于选择人工智能、大数据、区块链及经济金融领域等相关专业，而对油气勘探开发相关专业认识程度不够，投身这些专业学习的热情和积极性不高，从而动摇了专业人才培养的基础。

表 5-4　2017~2019 年志愿率统计表

专业名称	2017 年		2018 年		2019 年	
	志愿率	一志愿率	志愿率	一志愿率	志愿率	一志愿率
石油工程	71.74%	28.26%	33.33%	6.25%	45.83%	16.67%
资源勘查工程（能源）	66.67%	25.93%	43.64%	16.36%	50.00%	24.00%

资料来源：中国地质大学（北京）教务处

（2）基础学生拔尖创新人才的培养没有招生自主权，招收拔尖创新学生的难度越发增加。同时，由于基础学科就业的不明朗以及培养周期较长等现实性因素，拔尖 2.0 计划并未完全得到学生与家长的认可。2018 年 9 月 17 日，《教育部等六部门关于实施基础学科拔尖学生培养计划 2.0 的意见》出台。地矿油高校入选拔尖 2.0 计划的优势专业有地质学、地球物理学、海洋科学等。在目前公布的拔尖 2.0 专业中，列入本章研究对象的六所高校中，只有三个学校有拔尖 2.0 专业。

二、人才培养过程视角

从人才培养的过程来看，行业特色高校优势学科专业创新型人才培养方面的现状和问题可以从国家视角、企业视角、学生视角、教师视角来分析。

（一）国家视角

从人才培养的目标来看，地矿油高校人才培养目标与国家重大战略需求结合不够紧密。但是，《中华人民共和国国民经济和社会发展第十四个五年规划和 2035 年远景目标纲要》中提到的"加强原创性引领性科技攻关""集中优势资源攻关……油气勘探开发等领域关键核心技术""加快深海、深层和非常规油气资源利用，推动油气增储上产""推进能源资源一体化开发利用，加强矿山生态修复""围绕海洋工程、海洋资源、海洋环境等领域突破一批关键核心技术"等对地矿油高校创新型人才培养提出了很高的要求。另外，加强基础学科拔尖人才培养，也是"十四五"规划中的重要任务。因此，地矿油高校要聚焦国家重大战略需求，构建与高校办学定位相符合、充分满足行业企业需求的人才培养目标。

（二）企业视角

针对学生在高校里所具备的知识、能力、素质情况，设计了"从行业企业需求来看，地矿油行业特色高校的毕业生是否能够满足企业对人才培养的需求？"的调查问卷，结果如图 5-4 所示。描述性统计结果表明，18.93%的企业非常认同学生在高校获得的知识能够满足企业的需求，16.99%的企业非常认同学生在高校获得的能力能够满足企业的需求，19.90%的企业非常认同学生在高校获得的素质能够满足企业的需求。3%~5%的企业不认同学生在高校获得的知识、能力、素质能够满足企业的需求。

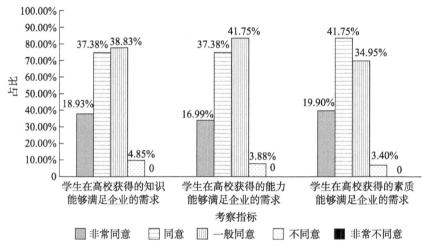

图 5-4　地矿油行业特色高校毕业生对企业需求的满足情况

资料来源："供给视角下行业特色高校创新型人才培养模式研究"调查问卷（企业版）

本图中数据进行四舍五入，存在百分比合计不等于 100%的情况

在与企业的访谈中，企业表示，高校现有人才培养体系与创新型人才培养的供给和需求存在着脱节的矛盾。学生所学知识严重落后于社会需求，知识体系陈旧，导致学生创新能力、技术攻关能力和解决复杂问题的能力不足。例如，在重庆市地质矿产勘查开发局中国地质大学（北京）就业引才对接座谈会中了解到，学生在学校学到的知识体系比较陈旧，毕业生对常规的问题和项目能够应对，但是对于复杂问题的研究能力尚未具备。在与唐山的数十家企业座谈会上了解到，企业对于创新型人才的素质特征特别看重。因此，地矿油行业急需既有较强的理论基础又有较强的创新意识和实践动手能力的综合型人才，这就需要高校在人才培养模式上进行改革，以充分满足企业需求。

（三）学生视角

（1）教学方法呆板。长期以来，部分教师固守"以教师为中心、教材为中心、教室为中心"的理念，以灌输方式传授知识为主导，教学方法缺乏启发式和探究式，缺乏师生之间的互动交流。图 5-5 是对"您所在专业的老师的课堂教学以灌输知识为主？"这一问题的调查结果，由图 5-5 可知，约 93%的学生认为老师的课堂教学以灌输知识为主。

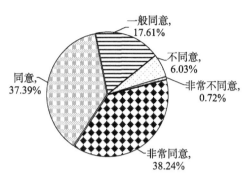

图 5-5 地矿油行业特色高校专业老师课堂教学情况

资料来源："供给视角下行业特色高校创新型人才培养模式研究"调查问卷（学生版）

本图数据进行了四舍五入，存在比例合计不等于 100% 的情况

（2）教学评价偏颇。当前，一些高校对老师的工作考核以科研论文为主，导致老师的精力主要放在了科研上，而在教学及教学研究上投入很少。从考试评价方式来看，传统成绩考试主要采用闭卷，答案多是标准化的、唯一的，其目的在于评价学生对教材或教师讲义的接受或是记忆程度，结果导致学生对知识死记硬背，考试时能得到高的分数，但考试后却没掌握任何知识。这种评价体系将相当一部分大学生训练成缺乏创新精神与创新能力的答题机器，忽略了学生的兴趣爱好的差异和能力的培养，不利于创新型人才的培养。图 5-6 是对"您所在专业大多数课程考核内容以记忆性内容为主，考查的是学生对知识的记忆能力？"这一问题的调查问卷结果，由图 5-6 可知，93% 的学生认为考试内容以记忆性知识为主。

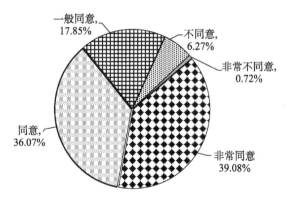

图 5-6 地矿油行业特色高校专业课程考核内容情况

资料来源："供给视角下行业特色高校创新型人才培养模式研究"调查问卷（学生版）

本图数据进行了四舍五入，存在比例合计不等于 100% 的情况

（四）教师视角

本节从地矿油行业特色高校教师的视角，设计了创新型人才培养的一些因素

（表 5-5），并调查教师对这些因素的认同感。调查结果见图 5-7。

表 5-5　教师调查问卷

问题	指标
1	更新教育观念
2	创造一个有利于学生创新精神、创新能力培养的外部环境和内部环境
3	建立以学生为中心的教学管理机制
4	提供多样化的课程模块，赋予学生在选课和选择修读方式上的自由权
5	创新教学方法
6	创造有利的实践条件
7	建设一支具有创新能力的优秀教师队伍
8	重视学生的个性素质
9	改进学生的评价方式，建立综合素质评价体系

资料来源："供给视角下行业特色高校创新型人才培养模式研究"调查问卷（教师版）

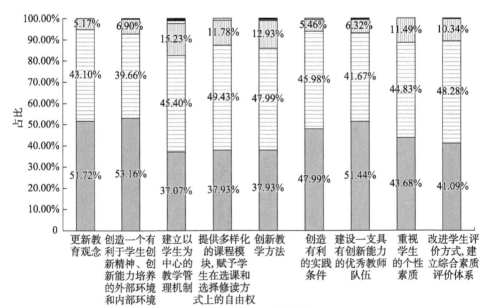

图 5-7　地矿油行业特色高校创新型人才培养的影响因素

资料来源："供给视角下行业特色高校创新型人才培养模式研究"调查问卷（教师版）

　　由图 5-7 的描述性统计结果可知，50%以上的教师非常同意创新型人才的培养需要更新教育观念，创造一个有利于学生创新精神、创新能力培养的外部环境和内部环境，建设一支具有创新能力的优秀教师队伍；37.07%和37.93%的教师非常同意建立以学生为中心的教学管理机制，提供多样化的课程模块，赋予学生在选课和选择修读方式上的自由权；41.09%的教师非常同意创新型人才的培养需要改进学生的评价方式，建立综合素质评价体系。

三、人才培养输出端视角

从人才培养的输出端（就业）来看，地矿油高校优势学科专业的毕业生在就业上存在着一些问题。首先，从供给的角度，按照国家在资源、能源等方面的战略需求，地矿油创新型人才的数量和质量均不能满足地矿油行业企业的需求。一方面，地矿油行业企业需要大量的创新型、研究型的人才；另一方面，地矿油高校的毕业生不愿意到艰苦的行业企业去工作。据统计，全国地质类本科专业布点308个，其中理科113个，工科195个，主要包括地质学、地球化学、古生物学、地球物理学、海洋科学、地球信息科学与技术、地质工程、勘查技术与工程、资源勘查工程、地下水科学与工程。地质类毕业生就业领域与专业的相关度总体呈现明显下降趋势。2012年之前，中国石油大学（华东）地质类本科生就业单位与专业的相关度都在90%以上，但2012年后，这一数据便快速下降，2017年这一数据已经下降到32.5%。其次，行业企业和高校之间尚未形成联动机制，行业产业对创新型人才的需求信号无法及时准确地传递给高校和教育部门。

第四节　典型行业特色高校创新型人才培养的
关键成功因素

基于对本章第三节中调查问卷结果的分析，从投入、过程和产出三个维度提取创新型人才培养的特征和核心要素，即一流的创新型生源、一流的培养过程、一流的创新型毕业生。地矿油高校创新型人才培养的关键成功因素可概括为三个方面，即从人才培养输入端、人才培养过程、人才培养输出端来分析行业特色高校创新型人才培养的关键成功因素。

一、地矿油高校创新型人才培养的核心要素

（一）从人才培养输入端来看

从人才培养输入端来看，地矿油高校作为一流学科建设高校，其招收的本科生应该是一流的、高选拔性的。例如，西安交通大学前校长郑南宁阐述了招生工

作的重要性,"我认为招生工作在一个学校里应该占有重要地位,因为优秀的生源是培养优秀人才的基础""把招生办公室的建设作为学科建设来抓;一年 365 天,天天是招生;要招优秀的学生,而不是优秀考生""去吸引全国最优秀的高中生"。

(二)从人才培养过程来看

从人才培养过程来看,高校要用最优质的资源培育出最优秀的人才。从教师的视角出发,针对当前地矿油高校创新型人才培养的主要影响因素(表 5-6)设计了"从高校教师角度来看,您认为以下因素对于影响创新型人才培养的重要程度如何?"这一问题的调查问卷,结果如图 5-8 所示。

表 5-6　影响创新型人才培养的因素

问题	指标
1	培养理念和目标
2	校园基础设施
3	校园人文制度环境
4	专业结构和学科设置
5	课程设置(课程结构、内容深度及广度等)
6	师资力量(数量、能力、素质、队伍结构等)
7	教师教学方式
8	科研平台(实验室及实验设备、科研经费等)
9	"第二课堂"(校园文化活动、思想教育活动、学术讲座、各类竞赛、大学生创新创业项目等)
10	学校管理体制
11	学校人才评价体系

由图 5-8 的描述性统计结果可知,在表 5-6 的影响因素中,校园人文制度环境、专业结构和学科设置、师资力量(数量、能力、素质、队伍结构等)等 3 个指标,100%的受访者认为重要;"第二课堂"(校园文化活动、思想教育活动、学术讲座、各类竞赛、大学生创新创业项目等)指标,97.7%的受访者认为重要;其他指标 99%以上的受访者认为重要。

拥有一支具有创新意识和创新能力的高素质教师队伍,是培养高素质创新型人才最重要的保障。高校教师要具备创新精神,有强烈的进取心、旺盛的求知欲、好奇心和独创精神,以自己的创新精神培养学生敏锐、流畅、开放的创新意识和创新能力,以自己勇于创新的人格魅力来感染、带动学生去创新。对地矿油高校的教师调查结果显示,高校要采取有效措施,充分调动教师工作的积极性,促进拔尖创新人才脱颖而出。要激励教师，调动教师的积极性，培养创新型人才。激励教师的措施调查结果如图 5-9 所示。

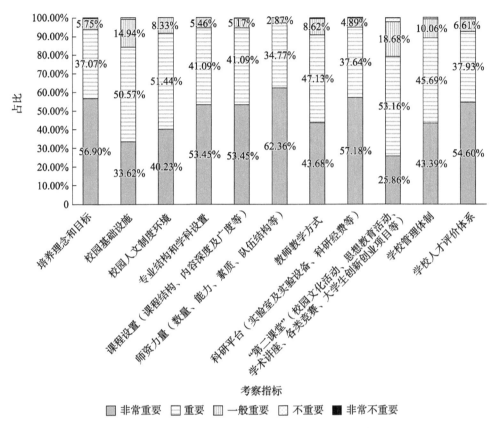

图 5-8　影响创新型人才培养的因素的重要程度

资料来源："供给视角下行业特色高校创新型人才培养模式研究"调查问卷（教师版）

（三）从人才培养输出端来看

行业特色高校通过构建创新型人才培养模式，培养具有创新意识和创新能力的毕业生，满足行业对毕业生的需求。

二、地矿油高校创新型人才培养的成功要素

基于国内一流大学的经验，以及人才培养的三个环节，将地矿油高校创新型人才培养的特征要素归纳为一流的创新型生源、一流的创新型人才培养过程、一流的创新型毕业生（图 5-10），这些要素也是创新型人才培养的关键成功因素。

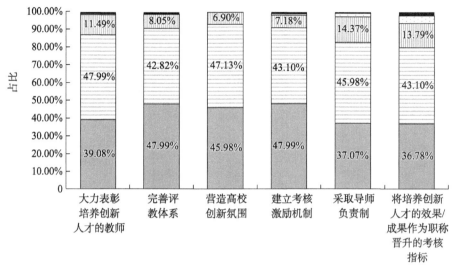

图 5-9　激励高校教师培养创新型人才的措施

资料来源:"供给视角下行业特色高校创新型人才培养模式研究"调查问卷(教师版)

本图数据进行了四舍五入,存在比例合计不等于100%的情况

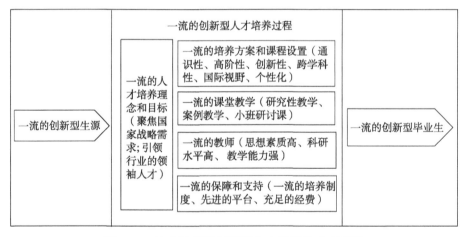

图 5-10　地矿油高校创新型人才培养的成功要素

第五节　国外典型行业特色院校创新型人才培养经验启示

在国外并没有行业特色型大学这一名称,但是国外却有它的前身——专门学院的存在。本节分别选取来自美国(科罗拉多矿业大学)、德国(弗赖贝格工业大学)、俄罗斯(圣彼得堡矿业大学)、法国(国立巴黎高等矿业学院)的四所行业特色院

校作为研究对象，全面分析其创新型人才培养现状、创新型人才培养的特征、创新型人才培养的模式类型，形成对我国行业特色高校创新型人才培养的启示。

一、国外大学人才培养比较

从培养目标、课程设置、培养制度、教学方法四个方面，对四所大学的人才培养情况进行比较。

（一）科罗拉多矿业大学[54-57]

科罗拉多矿业大学（Colorado School of Mines）成立于 1874 年，是世界一流的公立研究型大学，主要致力于工程与应用科学研究，在传统的科学和工程领域有强大的教学与科研能力，是世界上资源勘探开发、开采及利用方面研究实力最强的机构之一。科罗拉多矿业大学是为了迎合当地的采矿业而建，采矿工程专业是该校最早开设的专业之一。学校拥有丰富的实验和科研设施，在爱达荷泉（Idaho Springs）有一个实验矿山。学校生源和就业均很好，在全美具有极好的声誉。在 2016 年 QS（Quacquarelli Symonds，夸夸雷利·西蒙兹）世界大学排名中科罗拉多矿业大学荣登矿物与矿业工程学科榜首。

1. 培养目标

科罗拉多矿业大学培养学生掌握扎实的基础知识、较强的实践动手能力、解决复杂工程问题的能力及良好的职业素质。学校致力于培养学生扎实的地质学和工程学基础知识，使学生具备解决不同领域的地质工程问题的能力，包括矿产、油气资源开发中的环境问题，基础设施建设中的场地评价，污染场地修复中的水体勘察等，缓解人类工程活动同有限的地球空间存在的矛盾。

例如，石油工程专业的培养目标是为全球石油工业培养具有本科和研究生水平的石油工程创新研究工程师，使其致力于研发最先进的石油技术，并通过专业协会为行业和公共利益服务。地质工程专业培养目标是培养学生具备以下能力：能够运用数学、力学、地质学和工程学知识解决实际地质工程问题的能力；具有野外识别基本地质现象和典型岩石、矿物的能力；能够综合考虑经济、环境、社会、政治、道德、健康和安全等因素，并具备工程和实验设计的能力，具有分析和解释数据的能力；能够运用岩土物理和化学特征，结合水文地质相关理论，实现工程地质勘查、资源勘探、开采与开发，同时，具备解决人类工程活动引起的环境问题的能力；能够运用现代化手段分析和解决地质工程问题的能力；具备良好的职业素养和社会责任；具有良好的人际沟通能力；具有持续学习、自主学习的能力。

近年来，科罗拉多矿业大学通过设置专通融合的多元化课程体系、改进教学模式、促进教研结合等举措，大大提高了专业人才的培养质量和学校的社会影响力，为矿产石油行业培养了大批领军人才。

2. 课程设置

科罗拉多矿业大学以地球资源的开发利用和当今的公共政策问题为课程核心，其课程体系由通识类课程、专业基础课程和专业课程构成。

例如，科罗拉多矿业大学地质工程专业[54]的课程体系中，通识类课程包括物理学、数学、化学、力学等；专业基础课程包括地质类、工程类、管理类等课程；专业课程涵盖范围比较广，包括基础工程勘察、矿产资源开发、油气资源探采、地表地下水评估、岩土钻探技术、储层评价保护改造等，旨在培养激发学生的专业潜能，塑造多领域的专业技能，实现综合能力的培养目标。石油工程专业的课程体系也是主要由通识类课程、专业基础课程和专业课程三部分组成。通识类课程包括物理学、数学、化学、力学等；专业基础课程包括石油类、工程类、管理类等课程；专业课程涉及的内容则比较广。

3. 培养制度

科罗拉多矿业大学规定了所有课程的学时和学分，学生学习完规定的必修课程之外可以免费学习一些选修课程。此外，科罗拉多矿业大学重视教学评价和反馈，每门课程都规定了主要和次要评价点，学生在课程学习结束之后对课程学习效果进行评价，学生毕业前进行调查评价，建立反馈机制，为改善教学质量提供数据。另外，科罗拉多矿业大学重视教师教学贡献，给教师教学自由和经费支持。

4. 教学方法

科罗拉多矿业大学的课程教学采用以学生为主体的研讨式教学、案例教学、基于问题的学习等方式；重视学生实验能力的培养，鼓励学生进行探索性实验，自主设计实验方案。例如，石油工程专业的教学以学生为主体，教师通常作为引导者、共同参与者，鼓励学生进行自主探索。学生在教师的帮助和引导下，自主开展工程实验，并及时与他人分享、交流经验[53]。

（二）弗赖贝格工业大学[57-59]

弗赖贝格工业大学（Technische Universität Bergakademie Freiberg）成立于1765年，是世界上古老的工业大学之一和世界上最早的矿业大学。亚历山大·冯·洪堡、亚伯拉罕·哥特罗布·沃纳、克莱门斯·温克勒和其他许多著名的科学家都曾经在弗赖贝格工业大学学习过。弗赖贝格工业大学也以其卓越的研究闻名于世，化学元素铟和锗都是在这里被发现的。大学中的许多研究所都和工业企业有着紧密的合作。如今弗赖贝格工业大学拥有30个用于教学和展示的矿址，以及世界上历史悠久和重要的矿石收藏。大学提供的核心的学习项目是数学和自然科学、地质学和地球科学、工程学和经济学。理论学习与实验和实践的紧密结合是弗赖贝格工业大学的特征。较小的大学规模提供了良好的个人学习氛围，高师生比更保证了每一个学生都能获得教师的亲自关注。

1. 培养目标

弗赖贝格工业大学培养具有人文情怀和社会责任感的工程技术人才与具有工程技术背景的管理类人才。例如，机械制造专业是培养具备扎实的工程、数学、自然科学基础和宽厚的专业知识，具有较强的实践能力和创新意识的工程技术人才。

2. 课程设置

弗赖贝格工业大学的课程设置非常灵活，学生修满必修课后，可以选择选修课。课程设置实行模块化课程，包括基础课程和专业课程。基础课程包括公共基础课程和学科基础课程，公共基础课程可提升学生的综合素质，学科基础课程主要指数学与自然科学课程模块。专业课程包括专业基础性课程和专业深化的专门化课程，主要是指专业人才培养计划中的工程基础模块和工程应用课程模块。

3. 培养制度

高中生可以通过该校开设的部分兴趣实验课程获得学分，学分被大学承认。研究型课程的开设要求必须由教师和学生联合申请。

4. 教学方法

弗赖贝格工业大学采用研究型教学方法。

（三）圣彼得堡矿业大学[56]

圣彼得堡矿业大学（Saint-Petersburg Mining University）坐落于俄罗斯联邦城市圣彼得堡，是欧洲历史最悠久的高等矿业学校之一，也是俄罗斯第一所高等工科教育机构，以及世界上最好的宝石和矿物样品收藏地点之一。

圣彼得堡矿业大学创立于1773年，其矿业领域涵盖金属、非金属、煤和油气，学科群（学院）包括地质勘探与测绘、采矿与选矿、石油与天然气、土木与建筑、机械与自动化、能源与新技术、化学与冶金。与莫斯科大学、圣彼得堡大学等八所大学一同被列为俄罗斯联邦民族历史文化遗产，也是俄罗斯首批12所国家研究型大学之一，在极地地质勘探与测绘、稀土金属精细选矿、超高温超低温超深钻井等方面居国际领先水平，也是俄罗斯总统普京的母校。

1. 培养目标

圣彼得堡矿业大学肩负着全俄罗斯矿业、冶金、地质等领域的人才培育工作，培养专业技能扎实、具有创造力、融合文理知识、解决实际生产问题的高素质复合型人才。

2．课程设置

圣彼得堡矿业大学开设基础性人文和社会经济学课程（全校本科生的必修课，包括外语、体育、历史、文化研究、政治学、法学、心理学、教育学、社会学、哲学、经济学等）、数学和自然科学、专业专题课程。

3．培养制度

圣彼得堡矿业大学实行学分制（学分不可以转移到其他高校）。

4．教学方法

圣彼得堡矿业大学非常注重实践教学，为学生提供多方位实践基地，并联合企业建立实习基地。

（四）国立巴黎高等矿业学院[60,61]

国立巴黎高等矿业学院（MINES ParisTech）是一所法国顶尖的精英工程师"大学校"，由法国国王路易十六创办于1783年，旨在培养"矿业人才的领袖"。当时采矿业还属于高科技工业，随着历史演进、科技进步和社会转型，学院逐渐成为一所培养"通用"（généraliste）工程师的多学科交叉的大学校。

1．培养目标

作为高等专业全科工程师学院（"大学校"），学校肩负的使命是培养工程师、科学研究以及管理某些公共服务活动（图书馆及矿物标本收藏）的人才。国立巴黎高等矿业学院培养能够解决实际的复杂问题、实施工业项目，处理包括科学、社会学、经济学或伦理学问题的全才型（而非专业性）的工程师。

2．课程设置

国立巴黎高等矿业学院课程设置目标之一是学以致用，让学生借助所学的知识和理论工具去认识现实世界。学校实行通识教育与专业教育相结合，旨在使学生掌握丰富而扎实的知识。学校又与各大企业紧密合作，教学内容定期更换，以满足企业实际业务的需要和知识的更新。

国立巴黎高等矿业学院开设的教学项目多种多样，从工程师阶段到博士阶段全面覆盖。工程师阶段教学项目包括土木工程师教育、学徒制工程师培训、硕士项目、专业硕士项目和博士项目。

各类教育课程形式多样，但都是围绕几项基本原则进行设计，如与学校各研究中心的紧密联系、教师不受时间约束、个性化追踪管理、学生的素质与动机以及在法国和外国企业完成多次指导实习。学校有两项历来享有盛名的工程师阶段课程，即职系工程师课程和公民工程师课程。公民工程师课程是学院教学的核心，"公民"来源于最初学校培养学生的目标，即为当时政府的高科技产业——矿业培养科技、管理人才和高级公务员。

3. 培养制度

学制为三年，部分学生可在二年级结束后申请额外的一年时间到各大企业或者进入实验室从事科学研究。学生不仅学习数学、物理、经济、社会学等基础课程，还能获得大量的科研、企业实践机会，为将来从事管理职位或进行科学研究打下坚实的基础。来自大学和工业界的兼课教师承担课程教学和学生指导管理。国立巴黎高等矿业学院从理论和实践两个方面加强对学生的多面性教育，既重视培养学生的科学技术能力，同时还就经济、社会和世界文化新秩序等一系列问题对学生进行同步教育，包括外语教学在内。

4. 教学方法

根据学生的职业生涯规划开展小班教学，为每位学生安排导师，通过导师进行课程学习指导。

二、对我国行业特色高校人才培养的经验启示

通过分析以上四所大学的培养目标、课程设置、培养制度、教学方法，形成对我国创新型人才培养的启示。

（一）聚焦国家重大需求，构建创新型人才培养目标

地矿油行业特色高校要树立服务国家、服务人民的导向，在确定人才培养目标时，要坚持面向世界科技前沿、面向经济主战场、面向国家重大需求、面向人民生命健康，以行业发展需求为依据，以个性化培养为依据，为国家创新驱动发展提供人才。要进一步加强高校与行业的紧密合作、深度对接，推动以问题和需求为导向的人才培养模式变革。

（二）深挖自身优势资源，构建地矿油特色的课程思政体系

新时代地质及矿业开发工作在服务国家能源资源安全、生态文明建设、防灾减灾等方面的作用更加凸显，对地矿油高校的创新型人才培养提出了新的更高的要求。要深挖自身优势资源，构建地矿油特色的课程思政体系，将特色课程思政元素（如地质精神、矿业精神、石油精神）融入人才培养的全过程。

（三）立足地矿油学科特色，构建通识教育与专业培养相结合的课程体系

立足地矿油特色，构建地矿油高校的通识教育课程体系，设立地矿油特色的通识教育选修课程，如中国地质大学（北京）设立"自然文化概论"通识课程，构建地矿油特色课程体系，建立理工结合、文理交叉的跨学科课程体系。

（四）立足地矿油学科特色，建立以学生为中心的培养制度

通过灵活的课程体系实现人才培养目标，对现有教学制度进行改革，最重要的是要实施真正意义上的学分制，如由目前的学年学分制向学分制过渡。加强研究型教学，建设研究型和研讨式课程。将科教融合、产教融合融入人才培养的全过程，探索科教、产教、国内外联合育人新机制。创新评价方式，建立多样化的评价考核方式。

第六节　典型行业特色院校创新型人才培养模式优化

在积极响应供给侧结构性人才改革和党的十九届历次全会精神的时代背景下，高校招生、培养、就业一体化联动机制建设依旧面临很多挑战和机遇。对于行业特色高校来说，应该意识到招生、培养、就业一体化联动机制建设对创新型人才培养的重要性，根据招生、培养、就业联动机制建设的现状，积极推进招生、培养、就业一体化联动机制建设的路径。本部分内容从人才培养输入端——招生、培养过程、人才培养输出端——就业出发，分析行业特色高校创新型人才培养模式的优化路径。

一、人才培养输入端——招生

地矿油行业特色高校的生源来自国家的统一招生，在人才选拔上缺乏灵活性和自主权，这就需要从国家层面上制定相应的政策，增加地矿油高校在招生和人才选拔上的灵活性、创新性和自主权。因此，针对输入端即生源的问题，可以从以下方面解决。

（一）在中小学普及地矿油行业领域的科学知识

（1）使高中阶段教育助力创新型人才培养。立足地矿油高校创新型人才培养的特点和需要，将地质、矿产、石油等科普知识融入中学课堂中，培养学生的科技创新素养。作为中学也要紧扣立德树人的根本任务，主动承担社会发展和民族复兴的时代责任和历史使命，聚焦国家战略需要，教育学生从小就对地质、矿产和石油等知识和战略地位有所了解，使更多的学生关注关系国家战略发展的一些基础学科，引导学生把个人理想追求融入国家和民族事业中；同时，充分挖掘地质矿产石油行业企业的"地质精神""矿业精神""石油精神"并贯穿于大中小思政教育体系中，把知识的获取、创新人格的培育和创新能力的培养结合起来。

（2）加强高中生理想信念教育和生涯规划指导。在中小学教育中，重视培养学生的好奇心和学科兴趣，加强高校与中学教育的衔接沟通，通过开设高中学生

发展指导课程、开展咨询活动等方式，加强学生的理想信念教育和生涯规划指导，引导学生结合国家发展和自身成长，树立远大理想。

（二）依托地矿油高校的基础学科拔尖学生培养计划2.0建立多途径全方位的招生方式

地矿油行业特色高校共有三个专业入选教育部基础学科拔尖学生培养计划2.0，其中，中国地质大学（武汉）于2019年和2021年先后获批了地质学拔尖学生培养基地和地球物理学拔尖学生培养基地，中国地质大学（北京）于2020年获批了燕山书院——地质学拔尖学生培养基地（表5-7），教育行政部门可以给予这些基地招生政策上的自主权，如实施"强基计划"，允许这两个专业进行招生改革，使更多热爱地质、矿产和石油等领域的优秀高中生能够进入拔尖学生培养基地来学习。

表 5-7　基础学科拔尖学生培养计划 2.0 入选高校

名称	入选高校	入选时间	目前招生模式
地质学拔尖学生培养基地	中国地质大学（武汉）	2019 年	面向全校一年级学生进行选拔
燕山书院——地质学拔尖学生培养基地	中国地质大学（北京）	2020 年	面向全校一年级学生进行选拔
地球物理学拔尖学生培养基地	中国地质大学（武汉）	2021 年	面向全校一年级学生进行选拔

资料来源：中国地质大学（北京）教务处；中国地质大学（武汉）教务处

二、人才培养过程

人才培养模式是人才培养的核心和关键，对于创新型人才培养有着决定性的作用。人才培养模式是一种结构或者各种要素的组合，包括教育理念（思想）、培养目标、培养过程（培养方案、培养措施）、培养制度、培养评价等。其中，教育理念（思想）是人才培养模式的第一要素。

地矿油行业特色高校人才培养模式的内涵应在高等教育思想和教育观念的背景下，根据学校的办学定位和特点，为学生提供包括培养目标、课程设置、教学方式以及管理体制的教育过程。

在供给侧结构性改革视角下，创新型人才培养模式的优化需要从人才培养的"供给端"即高校发力，按照以上要素确定地矿油行业特色高校人才培养模式的优化。

（一）教育理念

地矿油行业特色高校要树立全面发展和多样化的人才观，形成"价值引领、能力培养、知识传授、创新思维养成"的人才培养理念，实现"三个转变"，即从以教师为中心向以学生为中心转变，从以教为中心向以学为中心转变，从统一模式培养向个性需求培养转变。

行业特色高校要主动适应国家经济社会发展形势，充分满足行业企业对多样化人才的需求，为国家技术创新、经济振兴培养一流的创新型、复合型和应用型的人才。

（二）培养目标

地矿油高校要聚焦国家重大战略需求，构建与高校办学定位相符合、充分满足行业企业需求的人才培养目标。要聚焦《中华人民共和国国民经济和社会发展第十四个五年规划和 2035 年远景目标纲要》中提到的"加强原创性引领性科技攻关""集中优势资源攻关……油气勘探开发等领域关键核心技术""加快深海、深层和非常规油气资源利用，推动油气增储上产""推进能源资源一体化开发利用，加强矿山生态修复""围绕海洋工程、海洋资源、海洋环境等领域突破一批关键核心技术"等对地矿油高校创新型人才培养提出的高要求，构建德智体美劳全面发展的创新型人才培养目标，提升资源能源行业人才的支持力度，提升人才的基础研究能力，为资源能源行业领域输送更多的创新型人才。另外，加强基础学科（如地质学、地球物理学、海洋科学等）拔尖人才培养，也是"十四五"规划中的重要任务。

总之，地矿油行业特色高校要主动担负社会发展和民族复兴的时代责任和历史使命，紧扣立德树人的根本任务，聚焦党和国家事业发展的重大战略需求，重构人才培养目标，做好人才培养的顶层设计，提升人才的基础研究能力，提升对资源能源行业人才的支持力度，为资源能源行业领域输送更多的创新型人才。

（三）培养体系

2018 年 9 月，习近平总书记在全国教育大会上指出要"培养德智体美劳全面发展的社会主义建设者和接班人"[①]，回答了"培养什么人、怎样培养人、为谁培养人"这一根本问题，也为新时代高校创新型人才培养提出了思路、指明了方向。行业特色高校应时刻牢记"为党育人、为国育才"的使命，把立德树人作为根本任务，坚持供给侧结构性改革，努力探索"以德为先、以智慧人、以体育人、以美化人、以劳塑人"的德智体美劳五育并举的育人模式，构建德智体美劳"五育并举"的创新型人才培养体系，培养有信仰、有担当、有家国情怀的社会主义建设者和接班人。

2021 年《政府工作报告》指出，"建设高质量教育体系""构建德智体美劳

---

① 《习近平出席全国教育大会并发表重要讲话》，https://www.gov.cn/xinwen/2018-09/10/content_5320835.htm[2022-07-12]。

全面培养的教育体系"①，这为地矿油高校创新型人才培养工作指明了方向和行动路径。

1. 以德为先，培养新时代创新型人才

高等教育的根本任务是立德树人，高校必须把立德树人的成效作为检验学校一切工作的根本标准。立德意味着德育为先，在"五育"中必须把德育摆在首位。德育是创新型人才培养的核心和灵魂，为创新型人才培养提供了方向引领和价值根基，是创新型人才培养的前提和根本环节。行业特色高校要在创新型人才培养模式下开展个性化的思想政治教育工作，通过人文关怀激发学生的创新灵感和动力，进而培养出符合社会发展和行业需求的复合型创新人才。

（1）把"大思政课"理念贯穿于创新型人才培养的全过程。习近平明确提出"'大思政课'我们要善用之，一定要跟现实结合起来"②。地矿油行业特色高校要紧密结合学校办学定位，围绕"培养什么人、怎样培养人、为谁培养人"这一根本问题，坚持立德树人，丰富思政课程内容，充分挖掘地矿油行业发展过程中形成的地质精神和地质故事、矿业精神、石油精神并融入思政课教学中，提供"高标准高质量"的课程供给资源。

（2）把"课程思政"理念贯穿于创新型人才培养的全过程。习近平总书记在全国高校思想政治工作会议上指出，"要用好课堂教学这个主渠道""使各类课程与思想政治理论课同向同行，形成协同效应"③。地矿油行业特色高校应立足学校办学历史，从创新型人才培养的供给端进行以"立德树人"为核心目标的改革，把地矿油行业发展过程中形成的中国地质精神及学校的优良传统融入课程中，构建供给视角下由德育目标、教学内容、教学方法、教学评价和教师课程思政教学能力等构成的特色课程思政体系。

（3）立足地矿油高校和行业企业构建特色课程思政体系。地矿油行业特色高校要保证"课程思政"的实施效果，必须立足学校办学定位和特色，做好课程思政的供给侧结构性改革，建立与行业特色高校办学定位相符合的特色课程思政体系。地矿油高校要立足国家战略和社会需求，深挖自身优势资源，将自身及行业特色和优良传统有机地融入思政教育体系的建设中，开发和发挥好各门课程的育人作用，落实好立德树人的根本任务。地矿油行业特色高校在长期的办学实践中

---

① 《政府工作报告——2021年3月5日在第十三届全国人民代表大会第四次会议上》，https://www.gov.cn/guowuyuan/2021zfgzbg.htm[2022-07-12]。

② 《"'大思政课'我们要善用之"（微镜头·习近平总书记两会"下团组"·两会现场观察）》，http://jhsjk.people.cn/article/32044587[2022-07-12]。

③ 《习近平：把思想政治工作贯穿教育教学全过程 开创我国高等教育事业发展新局面》，http://jhsjk.people.cn/article/28936173[2022-07-12]。

形成了区别于其他高校的优良传统、办学特色、显著风格，这种特色和风格是地矿油高校特有的内在特征。地矿油行业工作者在实践中形成的地矿油精神和文化是地矿油行业特色高校宝贵的课程思政资源，如地质人在"开发矿业"的实践过程中形成的"三光荣"精神、石油人在"开发石油"的实践过程中形成的以"爱国、创业、求实、奉献"等为核心内容的"铁人精神"，以及矿业先驱们在中国矿业开发历史过程中逐步积淀形成的以"爱国、报国、强国，不畏艰难，科技创造"为核心内容的中国矿业精神等，既是地矿油行业中的优良传统和时代精神，同时也是社会主义核心价值观的具体体现。

[典型案例]地质故事融入思政课教学[62-63]

中国地质大学（北京）把不同类型、不同历史时期的地质故事融入思政课教学之中，以地大精神、地质精神和地学文化、地学哲学等特色成果支撑教学，以富有地质特色的实践育人体系促进教学；以特色地学文化丰富教学，把地质故事和铸魂育人相融合，让地质故事在地质学子真心喜爱、终身受益的思政课中闪现，让地学文化在地质学子翻山越岭、刻苦钻研的人生中闪光。

习近平总书记指出，"深刻道理要通过讲故事来打动人、说服人"①。马克思主义的大道理，如何入脑入心，引领青年学生成长成才，是思政课教师潜心研究的重要课题。中国地质大学（北京）作为行业类高校，具有丰富的特色校本资源，地学文化滋养七十年，地质精神浸润师生报国情怀。思政课教师以马克思主义学科视角，挖掘地质行业特色资源，先后出版了《思想政治理论课视阈中的地质故事》《中国地质精神论》《地学哲学价值研究》等特色成果，在中央"马工程"教材体系的基础上，编撰了具有行业特色的思政课辅助教材体系，将教材体系精心转化为教学体系，使思政课更接地气。

中国地质大学（北京）思政课教师在不同的思政课程中融入不同类型地质故事，构建了地质故事融入思政课教学的实施路径。"基础课"教学中融入了"三光荣"精神和李四光、何长工、黄大年等杰出地质人物的生动故事，使学生感受爱校敬业、艰苦奋斗、地质报国的精神情怀；"纲要课"教学中介绍地质工作者在革命战争中的作用以及地质精神形成的历史逻辑，引导学生学会运用历史与逻辑相统一的思维方法，领悟个人命运与国家命运紧密相连的历史规律，帮助学生建立高度的历史自觉；"原理课"教学中开展马克思主义自然与社会相统一思想教育、马克思主义生态观教育、科学地球观教育，深刻领悟习近平总书记提出的"人与

---

① 《"与党和人民同呼吸，与时代共进步"——习近平总书记主持召开党的新闻舆论工作座谈会并到人民日报社、新华社、中央电视台调研侧记》，http://jhsjk.people.cn/article/28137093[2022-07-12]。

自然和谐共生"①思想的深刻内涵和建立人类命运共同体的历史必然，引导学生形成科学世界观、和谐生态文明观；"概论课"教学中重点讲授中国共产党领导地质事业发展的辉煌成就，使学生充分认识到党的领导是地质事业发展的密钥，是中国特色社会主义现代化成功的密钥，从而坚定学生"四个自信""两个维护"。"研究生公共政治课"中结合中国特色社会主义事业的发展，结合所学专业，设计研究课题，引导学生开展地质精神、资源环境难点热点问题的研究性学习，助力研究生提高研究能力和促进未来职业发展。

2. 以智慧人，培养新时代创新型人才

智育是培养创新型人才的重要环节。地质行业特色高校要在创新型人才培养模式下构建个性化的智育教育工作，以智育推动创新，以创新提升智育。

（1）构建与国家战略需求、行业发展相适应的人才培养方案。从培养理念上，要以学生发展为中心，聚焦学生的知识、能力和创新三个维度，制定明确的详细要求。从培养目标上，要聚焦国家重大需求，构建创新型人才培养目标，培养具有创新能力的人才，适应国家、地方、行业对地学类精英人才的需求。从培养内容上，一方面，地矿油高校要打破传统学科设置的限制，构建与国民经济结构相适应的、紧密对接产业链和创新链的新学科专业知识体系，将教学科研与国家战略布局的重点研究领域紧密结合，还要把研究成果融入教学内容体系；另一方面，以新工科和新文科建设为引领，按照"高阶性、创新性、挑战度"的建设标准，强化课程知识点改造，突出高阶性，打造地矿油特色"金课"。从培养方式上，加强混合式课程改革，构建新型课堂教学模式，着力推动教学方式从以"教"为中心向以"学"为中心转变。

（2）构建以学生发展为中心的多元化、个性化人才培养模式。地矿油高校要聚焦国家战略需求，以地质学、地球物理学和海洋科学列入基础学科拔尖学生培养计划 2.0 为契机，重视并加强地质学等基础学科的创新型人才培养，探索基础学科本硕博贯通培养模式，完善基础学科拔尖人才培养体系，加快培养地质行业急需的高层次人才；以新工科建设为抓手，注重多学科交叉和跨学科人才培养，形成多学科交叉的工程教育与个性化教育相结合的专业教育，关注学生创新创业能力养成，培养面向未来的卓越工程创新人才。

图 5-11 给出了面向企业的地矿油行业特色高校创新型人才培养模式的调查问卷结果。对图中数据进行描述性分析，可知：47%以上的企业非常同意采用分层次、多规格、因材施教的个性化培养模式和厚基础、宽口径、多学科交叉复合型

---

① 《努力建设人与自然和谐共生的现代化》，https://www.gov.cn/xinwen/2022-05/31/content_5693223.htm[2022-07-12]。

创新人才培养模式；40%左右的企业非常同意采用国际化、开放式的创新人才培养模式和建立高校和企业产学研合作、协同育人的模式；43.10%的企业非常同意采用面向行业、产学研结合的应用型创新人才培养模式；45.69%的企业非常同意采用以学生为中心，课内外相结合、通识教育与专业教育相结合的创新人才培养模式。

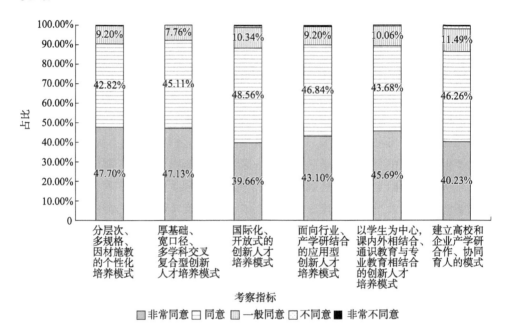

图 5-11　地矿油行业特色高校的创新型人才培养模式

资料来源："供给视角下行业特色高校创新型人才培养模式研究"调查问卷（企业版）

（3）构建地矿油高校和行业企业产教融合校企合作发展共同体。深化产教融合是推进地矿油高校创新型人才资源供给侧结构性改革的迫切要求。地矿油行业产业急需既有较强的理论基础又有较强的创新意识与实践动手能力的综合型和复合型人才，因此地矿油行业特色高校要把培养行业和企业急需的高层次人才作为供给侧结构性改革的着力点，构建具有开放式、立体式和实践性特征的产教融合校企合作共同体。

通过建立地矿油行业特色高校和行业企业的合作共赢新机制，使地矿油行业企业成为人才培养过程的投入方、参与者和分享者，促进行业企业深度参与办学，引导产业需求全方位融入人才供给，形成"产教融合，校企协同育人"的人才培养新模式。

图 5-12 给出了行业企业对校企合作建立创新型人才培养模式的认可情况。对图中数据进行描述性分析，可知：从专业设置上看，99%以上的企业认为，高校

的专业设置应与经济社会发展对人才的需求和数量相适应。这就要求地矿油行业特色高校要结合行业企业需求动态调整专业设置；从人才培养方案和课程教学内容上看，99%以上的行业企业认为，高校应与企业联合制订人才培养方案，高校的课程设置应满足行业企业需求，高校的课程内容应根据行业企业需求不断更新；从合作机制上看，99%以上的行业企业认为，高校应与企业建立可持续发展的产学合作、协同育人机制，应与企业合作建设人才培养基地，应与科研机构联合培养创新型人才，应与企业合作建立创新教育体系；从教师队伍上看，97%以上的企业认为，高校应邀请企业专家给学生授课，高校的教师应该到企业进修学习。

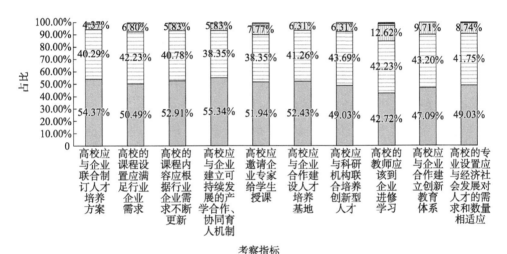

图 5-12　地矿油行业特色高校校企合作创新型人才培养模式（行业企业视角）
资料来源："供给视角下行业特色高校创新型人才培养模式研究"调查问卷（企业版）

综合以上数据分析结果，一方面，高校要吸纳行业企业深度参与人才培养的全过程，培养标准、培养目标和培养方案的制订，以及课程教学、实践环节等都要有企业参与；另一方面，高校要吸纳企业参与人才培养的评价过程，建立行业企业与高校共同参与的动态评价机制，强化地矿油行业特色高校人才培养与行业企业需求的契合度。

3. 以体育人，培养新时代创新型人才

体育是对学生进行全面发展教育的重要组成部分，在创新型人才培养中发挥着积极的作用，对于建设创新型国家具有重要的意义。体育是"五育并举"全面发展的根基，可以养德、益智、健美、助劳，不仅能增强学生的身体素质、磨炼学生的心理素质，而且可以培养学生敏锐的观察能力、判断能力、环境适应能力以及合作意识和团队精神，在创新型人才培养方面具有不可替代的重要作用。

地矿油行业特色高校具有优良的体育传统，如中国地质大学（北京）在建校之初就把体育置于治校育人的重要地位，紧密结合地质人才的特点和成长规律，逐步形成了"以人为本，文体为舟，承载德智，全面发展"的教育理念和结合专业特点的地质大体育观。新时代，地矿油行业特色高校要坚持供给侧结构性改革，重塑体育育人体系，实现体育综合育人的作用。

（1）紧密结合学校办学定位，重塑体育教育理念，关注学生身心健康，将体育融入人才培养的全过程，引导学生树立健康第一的理念，为学生全面发展赋能。

（2）发挥地质学学科优势，秉承以献身地质事业为荣、以找矿立功为荣、以艰苦奋斗为荣的"三光荣"精神，将"大体育观"与德育、美育有机结合，开设地质体育、户外运动、攀岩、定向越野、野外生存体验等课程，锻造学生强健的体魄和坚忍不拔的意志，培养学生的团队意识、规则意识和拼搏精神。

4. 以美化人，培养新时代创新型人才

美育工作是立德树人的重要载体，为创新型人才培养的全面发展奠定审美底蕴。2020 年 10 月中共中央办公厅、国务院办公厅颁发的《关于全面加强和改进新时代学校美育工作的意见》强调"美育是审美教育、情操教育、心灵教育，也是丰富想象力和培养创新意识的教育"，能够"激发创新创造活力"。

地矿油行业特色高校以地质、资源、环境为主要特色，以地球科学为主要研究对象，以大自然为实践课堂，在地质行业特色高校的人才培养和教学中开展自然美育，有着得天独厚的优势。地矿油行业特色高校应立足自身特色，坚持以美育德、立德树人，着眼课程、教材、课堂、教学方法、教师等要素，构建自然美育的教育供给体系，培养学生美的品格、美的文化、美的体魄、美的判断力、美的创造力，使学生成为具有创新精神和审美能力的人。

（1）转变观念，明确新时代自然美育的新定位与新目标。充分认识自然美育对于创新型人才培养的重要性；将自然美育融入人才培养方案，构建自然美育课程内容体系；立足自然资源和自然文化，设置"自然美育"课程，注重学科知识之间的内在互补性，在知识传授、能力训练的同时，加强对学生情感、审美、价值观的培育，激发和唤起学生的专业热情与理想，点燃学生攀登专业知识高峰的内驱动力。

（2）创新自然美育课程的教学模式和方法。发挥野外地质实习课堂"主渠道"的作用，鼓励学生在参加野外实习过程中，主动了解当地人文历史、名胜古迹、自然风光，激发学生对文化之美、自然之美的热爱，调动学生知识探求与审美探索的主动性；开展自然美育讲座，弘扬地质报国精神，传播人与自然和谐共生理念，将自然美育的育人目标与学生的学习目标相结合，内化到学生主动与自觉的学习行为中；挖掘校歌中的自然美育元素，如中国地质大学（北京）的校歌《勘探队员之歌》，是 1965 年的电影《年青的一代》中的主题曲，曾经响彻大江南北，吸引了一代代青年人走上地质报国的道路。

[典型案例]野外地质实习课程是传播自然美育的优良载体[64]

以野外地质实习课程为例，地质实习类课程需要到野外实验室去完成，此类课程不仅能够激发学生学习兴趣，提高学生实践和创新能力，提升学生科学素养，而且也是推进大学自然美育工作的有效载体和重要平台。

第一，野外地质实习课程为自然美育开展提供了直接途径和科学素材。野外地质实习课程是对自然事实和地质现象的零距离观察和客观记录，是追根溯源、探寻地球之美的自然实践活动，为自然美育提供了良好的素材支撑。例如，"周口店野外地质实习"课程是地质类高校的重要实践课程，一般持续一个多月，学生们可在位于燕山山脉、太行山脉、华北平原交界部位的实习区，用肉眼观察到四次地壳构造运动的明显特征及古风化壳、断层、褶皱等丰富的典型地质现象，还可观测到完整的纵跨元古界、古生界、中生界、新生界的华北地区浅变质岩和沉积岩系。"弹丸之地"纵览一部"天然的地质百科全书"，成就"地质工作者的摇篮"。

第二，野外地质实习课程为自然美育建设注入了历史内涵和文化底蕴。大学生徜徉山水之间，野外地质实习课程对地质景观的人文拓展和精神解读，让师生将山川湖海植于心中、历史兴衰蕴藏于胸，以深厚专业背景为基，在领略自然之美中感悟文化力量，为自然美育赋予了深厚的文化内涵。例如，北戴河野外地质实习区域地处燕山造山带东段，三次构造运动造就亿万年间沧海桑田的地质变迁。岩浆岩和变质岩造型各异的广泛分布、内外动力作用交织的海岸风貌，吸引秦皇汉武等 20 余位帝王曾踏足此地。公元 207 年，北定乌桓的曹操于古碣石写下《观沧海》名篇，而 1700 多年后的 1954 年，毛主席在"大雨落幽燕，白浪滔天"的北戴河游泳，触景生情，思接千载，写下《浪淘沙·北戴河》。"大雨落幽燕，白浪滔天……萧瑟秋风今又是，换了人间"，一代伟人的自信豪迈和雄伟气魄喷薄而出，自然美育的文化力量气贯长虹。又如，湖北秭归野外地质实习区地处长江三峡黄陵穹窿地区，涵盖扬子克拉通基底变质岩及大地构造演化、黄陵花岗岩岩石学及侵入岩构造、南华系－震旦系地层序列及演化、黄花场和王家湾金钉子剖面等众多地质现象，专业内容丰富饱满。得天独厚的是，秭归又是楚文化的发源地，是伟大爱国诗人屈原的诞生地，学生们身临其境，驻足于此，更能深入感受屈原的爱国之心、为民之情，"亦余心之所善兮，虽九死其犹未悔"，浓郁的家国情怀和积极的求索精神跨越千年依然熠熠生辉，与今日学子同频共振，将会厚植他们

"天下兴亡、匹夫有责"的爱国情怀，激励同学们树立地质报国、强国有我的人生追求。

第三，野外地质实习课程为自然美育提升赋予了灵感源泉和创新动力。野外地质实习课程贯穿着将今论古、以古论今的地学思维，不断激发和解放学生的想象力，为自然美育提供了创新的不竭源泉。野外地质实习课程的实践中能清晰感受地质时间动辄以"百万年（Ma）"为衡量单位的宏观尺度，地质年代纵跨数十亿春秋、地质过程演变纷繁复杂，海陆变迁、沧海桑田，咫尺千里、一眼万年，同一地区或同一时代叠加不同地质现象，同一地质现象也在不同地区或不同时代出现。地学理论的学以致用、科学实践的用以促学，不断启发和调动学生们丰富的想象力，使他们能够突破自身时空和认知的局限，在自然探索中源源不断地挖掘美、欣赏美、创造美。

第四，野外地质实习课程为自然美育推进诠释了时代特征和现实意义。野外地质实习课程的实践体现着山水林田湖草生命共同体的丰富内涵，为自然美育推进提供了有力抓手、标注了时代特点。置身野外地质实习中，秦皇岛、峨眉山、崂山优良的自然生态环境，渤海、巢湖、长江美丽的碧水、蓝天、白云时刻滋润着每一名学生的眼睛和心灵，使学生们直观感受到人与自然生命共同体的现实意义，认识到生态文明建设的重要地位，领会到绿色发展的重要紧迫，进而发自心底地尊重自然、热爱自然、保护自然，成为人与自然生命共同体和美丽中国的建设者和守护者。

5. 以劳塑人，培养新时代创新型人才

劳动教育是培养德智体美劳全面发展的社会主义建设者和接班人的重要环节，具有树德、增智、强体、育美的综合育人价值，在创新型人才培养方面具有重要作用，不仅可为学生成长为创新人才打下良好的身体素质基础，还具有激发创新意识、锻炼创新能力、磨炼创新精神的作用。2020年3月发布的《中共中央国务院关于全面加强新时代大中小学劳动教育的意见》强调新时代高校劳动教育"要注重围绕创新创业，结合学科和专业积极开展实习实训、专业服务、社会实践、勤工助学等"，指出了新时代高校劳动教育具有的时代特征，为高校促进劳动教育与创新型人才培养的有机融合，发挥劳动教育在创新人才培养中的特殊作用提供了重要契机。

地矿油行业特色高校在培养创新型人才的过程中，要把劳动教育理念融入人才培养的全过程，从劳动育人的目标、课程、方法多重路径考虑，构建供给视角下的劳动教育体系，强化劳动教育在高校创新型人才培养中的作用和优势，形成劳动教育和创新创业教育的合力。

（1）把劳动教育纳入人才培养方案，构建劳动教育视角下的创新型人才培养

目标和课程体系。建立劳动教育课程的目标，明确创新意识、创新思维和创新能力在劳动教育课程中的作用；充分利用地矿油行业特色高校野外实践课程，将劳动教育贯穿于实践课程中；设立劳动教育必修课程，提高学生的实践能力和创新能力。

（2）将劳动教育和创新创业教育相结合。将新时代劳动教育与创新创业教育相融合，不仅是高校人才培养模式的新探索，也是新时代大学生素质教育的新突破。地质行业特色高校要充分发挥自身的特色和优势，鼓励学生在教师带领下参与科研活动，参与野外地质考察活动，引导学生早进课题、早进实验室、早进团队，让学生亲身体验真实科研，直接触摸科技前沿，深入了解科研规律与方法，切实提升科研实践能力和创新创业能力。

（四）培养评价

学生评价制度包括：学生评价的主体、学生评价的方式和学生评价的指标。这三方面的内容由学校人才培养目标决定。

创新人才的培养是一个可持续发展的过程，对学生的评价应该延伸至毕业后的若干年，所以评价主体不仅应该是学校范围内教师的评价和学生的自我评价，还应该包括社会评价的主体。因此，创新型人才的培养必然需要多样化、柔性化的评价方式。

（五）教师队伍保障

2021 年 4 月，习近平总书记在清华大学考察时强调："教师是教育工作的中坚力量，没有高水平的师资队伍，就很难培养出高水平的创新人才，也很难产生高水平的创新成果。"[①]加强高校教师创新素质培养，提升高校教师育人能力是培养创新型人才的关键。

行业特色高校作为建设高等教育强国的重要力量，依托国家和行业发展重大需求而生，服务于特定行业，在国民经济和社会发展中具有不可替代的重要作用。在全面建设社会主义现代化国家、向第二个百年奋斗目标进军的新征程上，行业特色高校作为人才培养供给侧，应努力打造创新型师资队伍，为创新型国家建设培育优秀专门人才。

1. 牢记为党育人、为国育才使命，提高立德树人能力

办好中国特色社会主义高校必须坚持正确的政治方向。党的十八大以来，习

[①]《习近平在清华大学考察时强调　坚持中国特色世界一流大学建设目标方向　为服务国家富强民族复兴人民幸福贡献力量》，http://china.cnr.cn/news/20210420/t20210420_525466016.shtml[2022-07-12]。

近平总书记高度重视高等教育事业发展，多次强调立德树人根本任务。行业特色高校应以新时代党的教育方针为引领，深入挖掘自身文化特色，建立起政治信仰坚定、行业特色鲜明、师德水平优异的师资队伍，努力培养符合时代发展需要的社会主义建设者和接班人。

（1）提升高校教师思想政治素养，坚持育人与育己相统一。完善师德师风建设管理体系，强化教师立德树人主体意识，将立德树人贯穿于人才培养全过程，用实际行动回答"培养什么人、怎样培养人、为谁培养人"的时代命题。

（2）增强教师职业认同感教育，坚持言传与身教相统一。行业特色高校应在教师职业发展规划中强调个人发展与行业发展相结合，着力提升教师对职业本身的认同意识和服务行业的奉献精神，通过春风化雨、润物无声的方式，向学生传递正确的世界观和人生观。

（3）加强高校特色文化建设，坚持理论与实践相统一。高校文化是教师信念的来源。行业特色高校在长期发展过程中积累了具有时代特色和符合行业发展需要的文化传统，如地质行业的"三光荣"精神、石油行业的"铁人精神"等。行业特色高校应深入挖掘校园文化，增强教师责任感和使命感，激发学生胸怀家国、服务行业的敬业精神。

2. 着力提升教师专业素质，增强教学创新能力

为适应新时代人才培养的需要，高校应持续推进教师专业素质提升，建设一支政治素质过硬、业务能力精湛、育人水平高超的高素质专业化创新型高校教师队伍。

（1）保持特色，以学科发展促进教师能力提升。随着新知识、新技术的不断涌现，各学科间的交叉渗透不断加深。行业特色高校应以交叉学科的建设和发展为契机，促进高校教师不断丰富知识结构，拓宽知识广度，以适应学科融合和复合型人才培养的需要。

（2）更新理念，以信息化发展促进教师能力提升。教学创新能力的提升需要教学理念和教学手段的更新。教师由过去课堂的主讲人变成了学习过程的主导人，从知识的传授者变成了个性化学习的服务者。高校师资管理中应植入先进教育理念，帮助和引导高校教师快速转变角色，将新的教育技术运用到教学过程中，开展启发式、讨论式、研究式教学形式，激发学生创新思维能力。

（3）增进交流，以行业特色平台发展促进教师能力提升。教学能力的提升一方面需要长期实践的积累，另一方面需要高校提供交流平台。以地矿油行业特色高校为例，"全国大学青年教师地质课程教学比赛"为青年教师教学能力和业务水平提升搭建交流平台，以赛促教，推动地矿油行业特色高校青年教师教育教学水平进步。

3. 勇攀科研高峰，搭建科教融合平台，提升实践育人能力

习近平在 2021 年两院院士大会上的讲话中指出，"培养创新型人才是国家、民族长远发展的大计。当今世界的竞争说到底是人才竞争、教育竞争"①。党的十八大以来，习近平多次强调要将理论与实践相统一，这既为高校提升实践育人能力提供重要理论支持，也对高校构建和完善实践育人工作体系提出了新的更高的要求。

（1）提高科研创新能力，探索引领行业未来发展的新问题。行业特色高校应鼓励教师专注于攻克制约行业发展关键技术难关，探索推动行业进步前沿问题，取得创新性科研成果。

（2）充分发挥产教融合平台功能。行业特色高校在发展过程中与企业、科研机构、行业主管部门结合紧密，在优势学科教学资源整合、实践平台建设等方面具有独特的优势。行业特色高校应积极主动加强产学研融合，为创新型人才培养提供实践平台，培养实践能力突出人才。

（3）在科研实践中坚持知行合一。通过产学研融合，提升师生运用专业知识解决实际问题的能力，在实践过程中引导学生了解行业发展历史，对未来从事的行业建立起清晰认知，明确未来学习目标。

4. 完善岗位管理和考评激励机制，激发师资队伍创新潜力

2018 年，中共中央办公厅、国务院办公厅印发的《关于分类推进人才评价机制改革的指导意见》指出，"健全科学的人才分类评价体系""分类建立健全涵盖品德、知识、能力、业绩和贡献等要素，科学合理、各有侧重的人才评价标准"。制度是保障教师创新成果得以实现的基础，也是激发教师持续创新的动力。

（1）建立以岗位为核心的编制管理制度。高校应遵循"总量控制、科学设岗、动态管理、统筹兼顾"原则，充分考虑学科建设和教学、科研任务实际需要，按需设岗、动态管理，充分体现向重点学科、优势学科、特色学科倾斜，人岗匹配，激发用人活力。

（2）建立健全考评激励机制。制定相应激励政策，对教师在教学科研领域内取得的突出贡献，或为推动行业发展研发的新产品、新技术等，给予职称晋升、岗位晋级支持，激发教师创新潜力。

（3）建成学科优势突出、梯度鲜明的师资队伍。高校应在优势学科和重点学科上注重高层次人才选拔和培养，形成示范引领作用，提升解决行业发展重大科学问题能力，营造敢于创新、乐于创新的环境。

---

① 《在中国科学院第二十次院士大会、中国工程院第十五次院士大会、中国科协第十次全国代表大会上的讲话》，https://www.gov.cn/gongbao/content/2021/content_5616154.htm[2022-07-12]。

三、人才培养输出端——就业

地矿油行业特色高校要聚焦国家战略需求，把为国家培养创新型人才作为自己的使命，着力培养社会需求、具有家国情怀、乐于奉献的创新型人才。

（1）国家教育行政部门要加大对地矿油行业特色高校优势学科专业创新型人才培养的支持力度。一方面，通过实施基础学科拔尖学生培养计划 2.0 鼓励地矿油高校拔尖创新人才的培养；另一方面，支持地矿油高校通过给予毕业生一定的优惠政策（如户口、子女教育、工资收入等），鼓励毕业生进入地矿油行业一线企业工作。

（2）国家教育行政部门要在政策上鼓励行业企业和高校之间建立紧密融合的产学研用协同育人机制，确保行业企业和高校在人才培养上的合作共赢。一方面，地矿油高校要结合企业需求，不断给地矿油行业输送优秀人才；另一方面，地矿油高校要承担企业职工深造的职责，通过开设短期的专业培训班或实施校企联合培养工程硕士计划，提升企业人员的研究能力。

参考文献

[1] 董俊虹, 程智勇, 王润孝. 国外研究生教育模式对我国西部创新型人才培养的启示[J]. 西北大学学报(哲学社会科学版), 2006, 36(1): 79-82.

[2] 吴佩珊. 高校创新型人才培养模式的研究与实践[J]. 科技创新导报, 2019, 16(34): 229-231.

[3] 任飚, 陈安. 论创新型人才及其行为特征[J]. 教育研究, 2017, 38(1): 149-153.

[4] 钟秉林. 国际视野中的创新型人才培养[J]. 中国高等教育, 2007, (Z1): 37-40.

[5] 薛磊, 窦德强. 高校创新型人才的素质模型构建[J]. 甘肃科技纵横, 2014, 43(3): 97-99.

[6] 刘明浚. 大学教育环境论要[M]. 北京: 航空工业出版社, 1993.

[7] 周泉兴. 人才培养模式的理性思考[J]. 高等理科教育, 2006, (1): 39-43.

[8] 姜士伟. 浅析人才培养模式的概念、内涵及构成[J]. 山东省青年管理干部学院学报, 2008, 24(2): 77-80.

[9] 吴绍芬. 高校人才培养模式改革的理性思考[J]. 成才之路, 2015, (21): 22-23

[10] 翟海魂. 高校人才培养模式改革: 理念、框架和方法[J]. 浙江工商职业技术学院学报, 2013, 12(3): 1-5.

[11] 支玉成, 张英华, 李林芳, 等. 高校创新型人才培养模式研究: 基于"专业工作室"平台[J]. 科学管理研究, 2019, 37(3): 145-149.

[12] 赵黎明, 史慧. 高校人才培养模式的实证研究[J]. 天津大学学报(社会科学版), 2015, 17(3): 204-209.

[13] 董泽芳. 高校人才培养模式的概念界定与要素解析[J]. 成才之路, 2015, (15): 19-21.

[14] 陈文敏, 吴翠花, 于江鹏. 创新型人才培养模式的系统要素分析[J]. 成才之路, 2015, (26): 3-6.

[15] 武铁传. 高校建构创新型人才培养模式的依据及路径[J]. 成才之路, 2015, (21): 4-5

[16] 张妍, 覃丽君, 易金生. 论创新型人才培养模式的构建[J]. 天津市教科院学报, 2017, (6): 15-18

[17] 陶宇炜, 谢爱娟, 罗士平. 创客教育视域下高校创新型人才培养模式的探索与实践[J]. 高教论坛, 2019, (5): 96-99.

[18] 付金华, 徐洁, 黄敏. 浅谈国际化视野下高校创新型人才培养模式改革研究[J]. 智库时代, 2019, (14): 161, 190.

[19] 梁燕华, 蔡成涛, 王立辉, 等. 国际化创新型人才培养模式的探索[J]. 教育现代化, 2018, 5(4): 8-9.

[20] 董雪峰, 王明艳, 贺素霞. 基于 CDIO 模式的工科应用创新型人才培养模式研究[J]. 黄河科技学院学报, 2019, 21(5): 98-103.

[21] 罗凌, 杨有, 魏延. 基于胜任力视角的计算机专业创新型人才培养模式研究[J]. 计算机教育, 2018, (2): 28-30.

[22] 黄巧云, 刘凡, 刘震, 等. 高校"教研一体化"创新型人才培养模式的探索: 以华中农业大学农业资源与环境专业为例[J]. 华中农业大学学报(社会科学版), 2012, (5): 122-126.

[23] 姚聪莉, 任保平. 国外高校创新人才的培养及对中国的启示[J]. 中国大学教学, 2008, (9): 91-94.

[24] 雷金屹. 国外创新教育的启示[J]. 中国科技信息, 2005, (15): 528.

[25] 高雪莲. 国外创新型人才培养模式对我国高等教育改革的启示[J]. 高等农业教育, 2007, (1): 85-87.

[26] 姚正海. 关于我国高等教育培养创新型人才的思考[J]. 北京电子科技学院学报, 2007, 15(3): 47-49, 60.

[27] 张典兵. 国外高校创新人才培养模式的特色与借鉴[J]. 教育与教学研究, 2015, 29(8): 1-3.

[28] 詹一虹, 周雨城. 国外高校创新人才培养的现状、特色及启示[J]. 社会科学战线, 2017, (6): 232-238.

[29] 董一巍, 殷春平, 李效基, 等. 麻省理工学院创新型人才的培养模式与启示[J]. 高等教育研究学报, 2018, 41(1): 79-86.

[30] 王一珉, 郑秀英, 张静, 等. 我国行业特色多科性大学本科人才培养模式的改革研究[J]. 北京教育(高教版), 2010, (12): 42-44.

[31] 吴立保, 管兆勇, 郑有飞. 制度变迁视角下的行业特色型高校人才培养模式透析: 以南京信息工程大学为例[J]. 黑龙江高教研究, 2011, 29(6): 5-8.

[32] 张昕. 行业特色高校应用型人才培养模式的探索与实践[J]. 中国电力教育, 2011, (8): 14, 21.

[33] 谢辉祥, 朱宏, 覃庆国. 特色型大学创新型人才培养的策略选择[J]. 中国高校科技,

2011, (11): 78-80.

[34] 孟国忠. 关于行业特色高校创新型人才培养的思考[J]. 兰州教育学院学报, 2016, (9): 99-101, 106.

[35] 黄成忠, 林良盛, 柯婷. 供给侧改革视域下谈高校人才培养模式改革路径[J].文教资料, 2019, (18): 111-112.

[36] 王军锋. 产业供给侧改革下的高校人才培养模式创新[J]. 高教学刊, 2018, (12): 24-26.

[37] 谷月. 供给侧改革背景下高校人才培养模式创新研究[J]. 中国多媒体与网络教学学报 (电子版), 2018(10S): 103-104.

[38] 郭振雪, 吴彩霞. 供给侧改革视域下转型高校人才培养模式探析[J]. 学理论, 2018, (3): 202-205.

[39] 贾佳, 郝晶晶, 刘翠娥. 基于供给侧改革下的应用型创新人才培养模式探讨[J]. 农村 经济与科技, 2018, 29(6): 226, 228.

[40] 陈双盈. 供给侧改革背景下高校本科人才培养模式探究[J]. 西部素质教育, 2018, 4(16): 142-143.

[41] 赵伟, 武力兵. 产业供给侧改革下的高校人才培养模式创新思考[J]. 产业与科技论坛, 2019, 18(20): 145-146.

[42] 杨柳群. 基于教育供给侧改革的高校本科创新人才培养模式探究[J]. 高等教育研究学 报, 2016, 39(3): 12-16.

[43] 张平松, 鲁海峰, 胡友彪. 地矿行业特色背景高校专业学科建设的发展与思考[J]. 中 国地质教育, 2018, 27(4): 24-27.

[44] 庞岚, 吕军, 周建伟. 新工科建设背景下的地质类专业跨学科人才培养模式探析[J]. 高等工程教育研究, 2020, (1): 62-66.

[45] 刘佳, 翁华强. 高等院校激励型地学人才培养模式研究:以中国地质大学(武汉)地学人 才培养为例[J]. 中国地质教育, 2012, 21(4): 57-60.

[46] 方燕, 赵其华. 人才培养模式改革初探:以成都理工大学"地质工程创新班"为例[J]. 教育教学论坛, 2016, (14): 253-254.

[47] 宋学锋, 程德强, 石礼伟, 等. 面向艰苦行业需求的创新人才培养模式探索[J]. 煤炭 高等教育, 2022, 40(1): 1-5.

[48] 程详. "双一流"背景下矿业工程创新人才培养模式分析与探索[J]. 经济师, 2021, (8): 191, 193.

[49] 盛建龙, 叶义成, 刘晓云, 等. 矿业类创新人才培养模式研究[J]. 中国冶金教育, 2018, (4): 98-102, 104.

[50] 童雄, 李克钢, 王超, 等. 新时代"开发矿业"精神引领下矿业类创新人才"11345" 培养模式改革与实践[J]. 中国矿业, 2020, 29(S2): 44-48.

[51] 陈军斌, 牛丽玲, 赵文景. 促进学科交叉融合 创新人才培养模式[J]. 石油组织人事, 2021, (4): 59-61.

[52] 杨秀芳, 陶秀娟, 刘佳洁. 基于科教融合的石油工程创新人才培养模式构建[J]. 新课 程研究（中旬-单）, 2021, (2): 7-8.

[53] 王卫卿, 丁步杰, 王华. 以学科竞赛为平台的石油创新型人才培养模式探究[J]. 佳木斯职业学院学报, 2019, (3): 31-32.

[54] 王鹏莉. 科罗拉多矿业学院石油工程人才培养特色及其对我国工程教育的启示[J]. 化工高等教育, 2021, 38(5): 25-31.

[55] 孙平贺, 张绍和, 曹函, 等. 美国地质工程专业本科课程体系概况: 以科罗拉多矿业学院为例[J]. 中国地质教育, 2018, 27(4): 91-95.

[56] 祁蕊, 王秀芝. 国外高校矿业工程学科比较及启示: 以美国、俄罗斯、波兰、澳大利亚四所高校为例[J]. 煤炭高等教育, 2016, 34(4): 22-27.

[57] 董霁红, 许吉仁. 矿业特色本科人才培养模式国际比较[J]. 中国地质教育, 2015, 24(1): 133-138.

[58] 付晓培. 德美两国技术应用型人才培养的课程体系研究: 以机械类专业为例[D]. 上海: 华东师范大学, 2015.

[59] 弗莱贝格工业大学官方网址[EB/OL]. http://www.tu-freiberg.de/[2022-09-13].

[60] 李兴业. 巴黎高等矿业学校的办学特点[J]. 煤炭高等教育, 1997, 15(1): 83-84.

[61] 李萍, 钟圣怡, 李军艳, 等. 借鉴法国模式, 开拓工科基础课教学新思路[J]. 高等工程教育研究, 2015, (2): 20-28.

[62] 邹士享, 张秀荣, 李玉萍, 等. 思想政治理论课视阈中的地质故事[M]. 北京: 地质出版社, 2021.

[63] 韦磊, 邹世享. 中国地质精神论[M]. 北京: 中国社会科学出版社, 2014.

[64] 魏晓燕. 野外地质实习课程为自然美育赋予文化内涵[N]. 中国矿业报, 2022-01-07(4).

第六章

需求视角下典型行业创新型人才培养模式与路径研究

行业特色高校在长期办学过程中形成了与行业密切相关的办学特色和优势学科，但是行业需求视角下高等学校创新型人才培养研究和实践的不足，不仅制约行业创新发展和可持续发展，同时也导致"互联网＋"、大数据、人工智能的背景下，一些传统专业遭遇发展瓶颈。因此，本章选取石油行业这一国家支柱特色典型行业为对象，基于当前和未来石油行业的需求视角，开展石油行业创新型人才培养的现状和问题的研究，探讨石油行业创新型人才成长影响因素，建立石油行业创新型人才培养的模式，探索石油行业产教融合创新型人才培养路径，以期为石油特色高校人才培养提供依据和参考，为新技术、新产业、新业态和新模式的石油行业创新发展助力。深入研究行业特色高校高质量发展和创新型人才培养的影响因素、作用机制和模式路径，实现行业特色高校丰富内涵和可持续发展，是加快"双一流"建设的重要内容，也是促进产业转型升级和国家创新发展的根本保障。

第一节　高校培养创新型人才的意义与现状

《中共中央　国务院关于深化教育改革全面推进素质教育的决定》重点强调：我国素质教育以培养学生的创新精神和实践能力为重点。在当前背景下，急切需要培养大批的创新型、应用型人才，来服务社会主义现代化强国建设，引领未来人类社会发展的前进方向。地矿油行业特色高校具有专业底蕴深厚、行业影响深远、学科特点显著等优势，其作为我国高等学校人才培养体系的主要构成部分，在服务国家能源发展中发挥了不可取代的重要作用。目前工业发展中，新技术、新产业、新业态和新模式的形成和发展都需具有创新视野和思维的复合型人才，因此，地矿油行业企业参与人才培育过程、协同培养高素质、创新型的工程技术人才成为行业特色高校人才培养的必然要求。

一、高校培养创新型人才的意义

（一）创新型人才培养是高等教育质量发展的重要组成部分

党的十九大提出，要"加快一流大学和一流学科建设，实现高等教育内涵式发展"。刘延东在教育部直属高校工作咨询委员会全会上强调：要以全面提高人才培养能力为核心点，坚持立德树人，完善培养模式，实现全员全过程全方位育人[1]。我国高等教育的发展正迈进以质量为重点的内涵式发展阶段，在高等教育内涵式发展中，人才培养是高等教育的本质要求和根本使命。不断深化教育教学改革、改革人才培养模式是破解高等教育发展深层次矛盾、提高高等教育质量的关键[2]。2006 年，国务委员陈至立在第三届中外大学校长论坛开幕式上指出，"通过培养大批具有创新精神和创新能力的优秀人才服务于社会，通过科学发现、知识创新、技术创新和知识传播服务于社会，既是建设创新型国家的需要，也是大学自身发展的必然选择"①。新时代，迫切需要培养大批的创新创业人才，服务社会主义现代化强国建设，引领未来人类文明的发展方向。国家创新体系是以政府为主导、充分发挥市场配置资源的基础性作用、各类创新主体紧密联系和有效互动的社会系统。高校是创新型人才的主要培养基地，是知识创新的核心，高校在各类创新主体中起着基础和生力军的作用[3]。科学研究与高等教育有机结合的知识创新体系，既是国家创新体系的重要组成部分，也是国家核心竞争力的源泉[4]。我国高等教育经过跨越式发展已经步入大众化阶段，在提高公民整体素质的同时，更需要培养造就一大批拔尖创新人才，在国家各行业领域发挥核心、引领作用[5]。

（二）高等学校培养创新型人才是行业发展的迫切需求

人才培养必然要与时俱进地切入行业发展的时代需求。目前，我国在多领域中创新型人才的"短板"日益凸显[6]。尤其是当前形势下，以互联网产业化、工业智能化、工业一体化为代表，以人工智能、清洁能源、无人控制技术、量子信息技术、虚拟现实技术以及生物技术为主的全新的第四次工业革命掀起了全球范围内的革命浪潮[7]。第四次工业革命正在引领着世界范围的工业发展和产业变革，改变着全球各个行业和产业的发展模式，使得支撑工业变革和发展的高校人才培养面临着前所未有的挑战[8-10]。新技术、新产业、新业态和新模式的形成和发展迫切需要创新及创新人才，因此，也对高校培养的人才在能力上提出新的要求，也就是说，除了原有需要具备的知识、能力和素质外，还必须具备以下能力，以

---

① 《第三届中外大学校长论坛开幕　陈至立出席并讲话》，https://www.gov.cn/ldhd/2006-07/12/content_334331.htm[2022-07-12]。

应对新工业革命的挑战，包括数字化能力、信息化能力、智能化能力、综合化能力等[11, 12]。在"大众创业，万众创新"的背景下，创新型人才的培养是高校当前的一项紧迫任务。

二、国内外创新型人才培养的现状

国内外学者和众多高校已经对创新型人才的培养目标、培养模式、培养途径等做了较深入的探讨和实践。

在培养目标上，牛津大学立足于培养各行各界的领袖人物，而美国的大学关心人才培养目标并且能与时俱进地确定创新人才培养的标准[13, 14]。普林斯顿大学设有本科生培养目标的 12 项标准；哈佛大学文理学院为其本科生制定了五项标准，设计中都包含了创新型人才所需要的知识、能力和素质结构[15, 16]。

在培养模式上，自高等教育深化改革以来，为了培养创新人才，国内书院制教育模式逐渐兴起，部分高校也开始推行新的人才培养模式，由传统的院系式人才培养转向书院制模式[17-19]。目前具有示范效应的有香港中文大学、复旦大学、四川大学、西安交通大学、电子科技大学等。书院制人才培养模式以培养大学生创新意识、创新能力、学生综合素质为目标。在培养理念上注重"全才"培养，在培养模式上注重创新思维培养，在培养环节注重学思结合、知行统一，将学生的综合素质教育放在首位，全面培养大学生的"全才"发展。2009 年教育部联合中组部、财政部等共同启动实施了基础学科拔尖学生培养计划（简称"珠峰计划"或"拔尖计划 1.0"），这是以回应"钱学森之问"而推出的一项人才培养计划，旨在培养中国自己的学术大师。该计划选择了 17 所中国大学的数学、物理、化学、计算机科学、生物五个学科率先进行试点，力求在创新人才培养方面有所突破。各高校建立了合理的遴选机制、动态流动机制，以选拔有志于从事科学研究且有创新潜质的学生[20]。此后众多一流大学、省属高校开展了创新"实验班"建设。一些具有自身发展特色的高等院校，围绕"经费""师资""外部资源"等方面建设"创新实验班"[21]。

在培养途径上，国内外大学注重科学研究训练、小班教学、跨学科交流、强化实践教学与学科竞赛、国际视野培养、大师引领、产学研融合等。美国大学特别重视小型讨论班对培养创新型人才的作用，如耶鲁大学和斯坦福大学[14]。试验和实践是麻省理工学院创造型人才培养的宝典。斯坦福大学、加州理工学院、加利福尼亚大学伯克利分校等把本科生（包括低年级学生）参与研究工作视为培养创新人才的重要教学环节[22]。我国基础学科拔尖学生培养计划在培养过程中，以提升课程的前沿性和挑战性、小班化教学等促进拔尖学生深度学习，强调学术训练从而培养学术研究能力[20]。部分高校开设了跨学科课程，注重引进跨学科交叉理念，开设跨学科课程，采取相关举措鼓励学生修读跨学科课程。强化实践教学、推动创新型人才培养的方式也得到广大高校的普遍认可，包括构建以能力培养为主的实践教学体系，优化整合实验项目，推进实验教学内容的改革、改革实验教学方法和手段，提高实践教学效果等[23, 24]。大学生学科竞赛有着常规教学不可及的特殊的创新教育功能，对培养学生创新能力、优化人才培养过程、提高教学质量具有独特的和不可替代的作用。一些高校对构建大学生学科竞赛长效工作机制，形成学科竞赛系列化、全程化和品牌化进行了探索，使高校的学科竞赛成为创新型人才培养的一条有效途径[25]。培养国际视野，推行教学和研究全覆盖的国际交流，也是部分高校创新人才培养中的重要内容，一直积极拓展与国际一流大学的合作，搭建多元化的国际学术交流平台[26]。配备一流师资，各类教师都广泛参与到拔尖学生的人才培养过程中，也是高校为了培养拔尖创新人才的重要举措。清华大学"学堂计划"从设立之初便提出以拔尖人才培养未来的顶尖人才。学校为参与"学堂计划"的不同学科分别设立"清华学堂首席教授"和"清华学堂项目主任"岗位[27]。高等学校为了更好地为企业服务，坚持产学研结合，促进了创新体系的重大改革[3, 28]，提出了教育链、创新链和产业链的融合[29]，特别是行业高校在协同创新育人方面做得尤为突出[30, 31]。

三、行业需求视角下高等学校创新型人才培养研究的不足

　　我国行业特色大学在需求视角下的创新人才培养方面已经卓有成效。行业特色高校人才创新创业培养的过程中应遵循"厚基础、宽口径、强素质"的原则。将通用专业基础知识和行业应用相结合，将专业素质培养与创新精神培养相结合，将市场判断力与创业能力相结合，在"育人为本，协同发展"的办学理念指导下，与时俱进打造创新型人才培养目标，构建具有行业特色的创新创业人才培养体系。行业特色高校为我国工业体系的建设和完善做出了重要贡献，为各行业的发展壮大输送了大批人才，在办学过程中也形成了鲜明的学科特点与专一的服务面向。这些高校培养的学生岗位适配性较高，职业适应期短，上手快。行业特色高校在长期办学过程中形成了与行业密切相关的办学特色和优势学科，产教协同输送了大批优秀人才，校企融合也取得了众多领先科技成果。

　　加快推进行业特色高校改革与建设，是适应新时代发展的客观要求。行业特色高校作为行业发展的开拓者和主力军，要努力成为高等教育改革发展的推动者和示范区，为国家经济社会发展做出更大贡献。从国际比较的视角看，中国是一个人口大国而非人力资源强国，面临着创新型人才整体素质偏低、能力不高等突出问题；优秀创新型科技人才、企业经营管理人才等数量远远落后于西方发达国家，尤其是高层次创新型人才匮乏；创新型人才在城乡、区域、产业、行业间分

布不均。关于高等学校创新人才培养存在的问题，许多学者和高校进行过研究，总结起来存在以下几个方面需要深入研究的问题。

一是行业创新型人才培养的现状和问题有待深入研究。目前高校采取的各种创新人才培养的体系或措施是否满足行业创新发展的需要？目前存在有哪些问题？新技术、新产业、新业态和新模式的形成和发展迫切需要创新及创新人才，也对高校培养的人才在能力上提出新的要求，以应对新工业革命的挑战，包括数字化能力、信息化能力、智能化能力、综合化能力等，目前的培养模式和培养路径有哪些是需要继续发扬的？有哪些是需要深化改革的？有哪些是需要创新建立的？

二是影响行业创新人才培养质量的主要控制因素需要剖析。创新型人才的培养是一个十分复杂的过程，人才成长的纵向轨迹表明了基础教育、高等教育以及科研职业生涯中的培养锻造对其成长有着各自不同的重要价值。陆瑞德[32]认为影响人才培养质量有内外两部分因素，内部因素起主导作用，内部因素包括基本素质如知识、能力等，特殊素质如社交能力、信息获取能力等，以及心理素质；外部因素包括高校的管理和社会导向等。倪丽娟和陈辉[33]从学校办学的角度提出影响大学人才培养质量的五大因素，包括大学定位准确性、教学工作规范性、实践教学重视度、教学评估和教学方法的科学性等。创新型人才培养是与时俱进教育观的直接体现。当前，高等院校开展了一系列教育教学改革，通过政策支持、财务倾斜、灵活管理等手段，鼓励和培养大学生创新创业能力和素质的提高。杨艳艳[34]的研究均主要从高校培养的人才（学生或毕业生）的角度，评价人才培养质量的高低。尚无系统地对创新型人才培养质量的影响因素加以分析的研究，尤其缺乏对影响行业创新人才培养质量的主要控制因素的剖析。

三是基于行业需求视角下高等学校创新型人才培养模式有待完善。已有的创新人才培养模式如书院制主要是在综合性大学开展的，目的是在培养理念上注重"全才"培养，在培养模式上注重创新思维培养，在培养环节注重学思结合，在综合性大学中，文科、理工、工科相互交叉融合，相互促进，全面培养学生的创新思维和创新能力。基础学科拔尖学生培养计划主要针对数学、物理、化学、计算机科学、生物五个学科开展基础学科的拔尖人才培养，培养的人才主要从事基础研究，对行业的创新发展未起到主导作用。部分学校针对行业需要，开设了"创新实验班"培养计划，但这些"创新实验班"还应当依据办学定位，设置与高校定位相符合的"创新实验班"建设规划，应当制定更高的标准，要引领前瞻性问题、战略性问题、全局性问题研究，培养创新应用型的复合人才，争取在国际上拥有相关领域更多的话语权[35]。在"互联网＋"、大数据、人工智能的背景下，一些传统专业遭遇发展瓶颈。因此，在"创新实验班"的实施基础上，要对自身学校的专业进行剖析与分析，研究优势专业如何通过"创新实验班"的设立打造优势更为突出的专业品牌影响力；对于传统专业，要通过"创新实验班"寻求创新发展的可能性。

四是基于行业需求视角的高等学校创新型人才培养路径需要系统性梳理。创新型人才培养路径很多，包括科学研究训练、小班教学、跨学科交流、强化实践教学与学科竞赛、国际视野培养、大师引领、产学研融合等，但基于行业需求视角下的创新人才培养路径并不明确，需要系统梳理行业需要的创新人才培养路径。行业是国家强大的重要支柱。行业的高质量发展离不开拥有主要行业服务面向的行业特色高校人才供给，行业企业在拓宽人才来源渠道、定制人才培养路径等方面的研究和实践相对薄弱，大大制约了其转型升级和追赶超越的步伐。

第二节　典型行业创新人才与企业需求的契合关系

近年来，我国进入经济转型升级阶段，新技术、新产业不断兴起，企业要不断更新产业技术以跟随时代发展，对创新人才的需求和要求也随之越来越高，而传统的育人模式未能按照市场的需求来培养应用型人才，导致当前的就业市场出现高校人才培养规格与企业需求不匹配的困境。

一、典型行业创新人才的供需关系

（一）典型行业人才需求概况

随着中国经济结构的自我调整优化、中国深化改革红利的不断释放，以及"一带一路"倡议、长江经济带发展、京津冀协同发展等的提出和实施，国土资源行业处于格局调整期和技术创新期，市场对优秀的地矿油专业人才需求仍然较高。对企业的问卷和走访调研结果显示（图6-1），地矿油企业对创新人才的需求度达到90%以上。

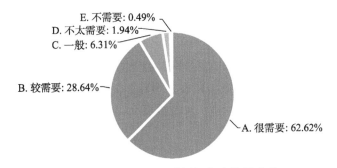

图6-1　地矿油企业对创新人才的需求度

资料来源：问卷调查

　　国家"十三五""十四五"规划中都体现出对地矿油行业创新人才的需求，如建设现代能源体系、强化水安全保障、拓展蓝色经济空间、积极应对全球气候变化等都与地矿油行业有着密切的关联。同时，业内专家表示，"一带一路"建设也给地质工作带来新的就业前景：其一，对"一带一路"共建国家的基础地质调查工作，为国家重大区域发展提供技术支撑和信息服务。其中周边国家重要成矿带对比研究与编图、陆上丝绸之路经济带境外矿产资源潜力评价、海上丝绸之路经济带境外矿产资源潜力评价、全球多尺度地球化学填图、全球资源环境卫星遥感解译与应用、全球重点地区地质矿产合作战略调查、全球能源资源综合研究与信息服务等地质工作内容都是地质学新的就业机遇；其二，"一带一路"共建国家城市的基础建设、垃圾处理、污水处理尚有很大的改善空间，城市地质、环保地质是转型升级的主要方向；其三，在"一带一路"倡议中，国家将打造六条经济走廊和海上战略支点，而六条经济走廊所涵盖的成矿区带需要完善的成矿理论体系，选择以铜、铜-金、铜-钼、铅-锌-银和铀为主攻矿种，开展产出环境、形成作用、成矿规律和找矿潜力的研究[①]。因此，对地质人才的需求在不断增加。

　　随着石油行业度过市场寒冬，其对人才的需求也在逐年增加。2014年石油价格受国际形势和金融危机影响，价格由每桶115美元跌至50美元，价格下跌了一半以上，使得世界石油行业的经济效益下滑，石油行业进入市场寒冬，油田所属单位不得不通过裁员减招来降低用工成本，截至2016年末，全球石油行业一共裁掉了440 131人，全球石油行业的就业市场日渐萎靡。直至2017年石油价格显示出了窄幅回升，部分石油石化企业在人才招聘人数上也有所增加。

　　伴随着油价回暖，油企经营业绩改善，以及我国油气勘探开发力度的继续加强，"三桶油"（中石油、中石化、中海油）的人才吸纳能力在进一步扩大。国内主要油气生产主体纷纷展开大规模招聘，吸纳人才，积蓄力量继续前进。中石油2020年度秋招人数5661人，创下2014年油价暴跌后的最高值；2021年度招聘人数5281人，保持基本稳定；2022招聘人数再现大幅度提升，达7027人，比上一年增长了33%。中石化2022年招聘1.1万人左右，这是其连续第三年校招规模保持1万人以上。中海油方面，2022年招聘人数也从上一年的2000人增长至2300人左右，多出了大约300个名额。同时，中石油面向全球招贤纳士，岗位涉及地质勘探、物探、测井、油气田开发、新能源等12个重点专业领域，学位要求都在博士及以上。

---

　　① 《"一带一路"，点燃地质工作新梦想》，https://www.cgs.gov.cn/xwl/ddyw/201603/t20160309_298851.html[2022-07-12]。

　　人才是企业发展的第一资源，在 2021 年 7 月召开的领导干部会议上，中石油强调要大力实施人才强企工程，以一流的人才队伍引领建设世界一流企业，为企业高质量发展和基业长青提供人才保证。可见，在国家战略推动下，油气勘探开发力度将继续提升，这意味着石油人将迎来更大的工作量，对石油学科的创新人才需求量在不断增大。

（二）典型行业人才供给概况

　　地矿油等能源类专业人才需求量大，但供需矛盾突出。2021 年以来，能源类行业毕业生供需比为 1∶6.54，明显高于平均供需比，毕业生规模远不能满足国家社会经济发展的需求，而能源类专业人才的培养规模却在缩小。例如，2016~2019 年，矿业类专业招生计划数下降约 1.9%（图 6-2），招生院校数也有所减少，从 2016 年的 99 所下降至 2019 年的 88 所。矿业类专业的对口工作通常较为艰苦，很多考生都不愿意填报此类专业，因此部分学校缩减了该类专业的招生计划。

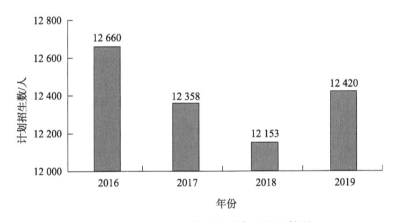

图 6-2　2016~2019 年矿业类专业招生情况

　　与此同时，也存在进校后学生不愿意进入主干专业学习的问题，转专业人数增加，硕博报考人数下降。例如，地质、采矿、矿物加工等专业，近年来硕博报考人数均呈下降趋势，2005~2013 年考研上线分数线为 340 分，现在降到了 260 分，报考人数仍然不够，需要从其他学校调剂（最好的硕博生源为本校学生）。

　　毕业后不愿意进入地矿油行业工作的人数也在逐年增多，例如，中国石油大学（北京）2014~2020 年的就业工作报告数据显示（图 6-3），本科生进入石油石化相关企业人数占比已经从 2014 年的 58.02% 降至 2020 年的 19.54%，2014~2015 年硕士研究生进入石油石化相关企业人数达 55% 以上，2018 年降至 25.50%，至 2020 年才回升至 40% 以上。

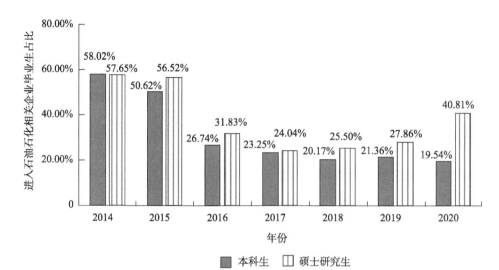

图 6-3　中国石油大学（北京）2014~2020 年进入石油石化相关企业毕业生占比

　　地矿油专业的毕业生就职岗位与所学专业相关度较低，如长江大学 2019 届各专业毕业研究生就职岗位与所学专业相关度分布显示（图 6-4），会计学、专门史、内科学、地质资源与地质工程、学前教育学、思想政治教育、护理、马克思主义基本原理、建筑与土木工程、电子与通信工程专业的毕业生就业岗位与所学专业相关度都达到了 100%，矿物学、岩石学、矿床学，矿产普查与勘探、地球探测与信息技术、石油与天然气工程、地图学与地理信息系统、地质工程等地矿油专业的毕业生就业岗位与所学专业相关度都不足 90%。东北石油大学 2019 届主要专业本科毕业生就业岗位与所学专业相关度也显示出同样的规律（图 6-5），海洋油气工程、石油工程、资源勘查工程等地矿油行业专业的相关度远低于其他专业，甚至不足 70%。长此以往，能源类创新型人才的短缺将会给行业稳定发展和转型升级带来巨大挑战。

二、学生创新能力与企业需求的契合关系

　　通过对 31 家地矿油相关企业发放并回收问卷 206 份，调研典型行业创新型人才培养的现状及企业对行业特色高校培养的学生的满意度。问卷结果显示，企业普遍认为创新型人才应该精通对口专业的前沿学科动态和发展趋势、具有标新立异的思维方式、力行敢做的实践能力以及成果转化的执行能力，同时，企业对行业特色人才输入的需求度占比达 91% 以上。在企业对地矿油高等学校毕业生的能力素质评价中，对入职学生的专业知识强表示认可的占 82.04%，对实践应用能力强表示认可的占 71.85%，对科技研发能力强表示认可的占 67.96%，对创新能力强

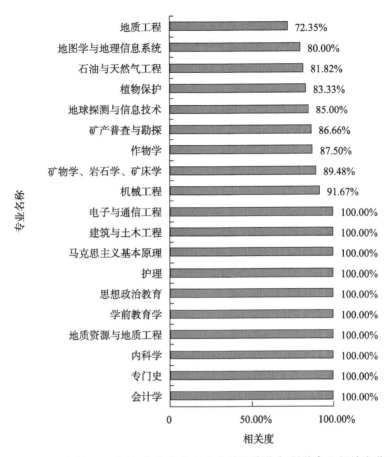

图 6-4 长江大学 2019 届各专业毕业研究生就职岗位与所学专业相关度分布

表示认可的占 64.08%（图 6-6）。调研结果显示出地矿油高校毕业生的专业知识水平可以达到企业要求，但是创新实践应用能力仍需要进一步提高，学生的创新能力与企业的需求在契合度上存在落差。

三、创新能力与企业需求存在契合度落差的原因分析

学生创新能力与企业需求不匹配的原因主要在于学生对创新实践的运用度不足、高校对行业动态的掌握度不足、企业对产学合作的参与度不足、学科专业设置固化、课程体系内容单一、联合培养形式单一等方面。

（一）学生对创新实践的运用度有待提高

在传统教育影响下，高校学生一直难以走出应付考核考试的学习误区，忽略了对自身创新思维的培养、实践应用能力的训练、可迁移素质的养成，在进入实

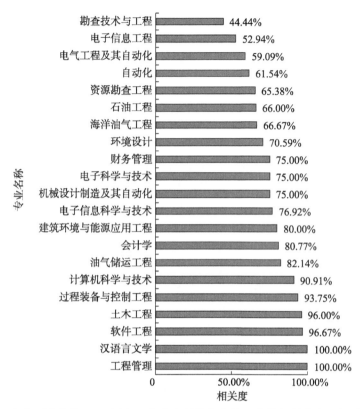

图 6-5　东北石油大学 2019 届主要专业本科毕业生就职岗位与所学专业相关度分布

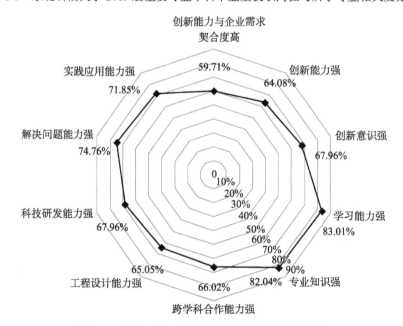

图 6-6　企业对地矿油高校毕业生的能力认可度

际岗位时就会出现适应性和主导性缺失的落差感。学生的发展也受限于传统教育的有限资源和环境的固化框架，学生需要在实验、实践中夯实知识、消化理论、强化技能，但传统教育脱离实际生产需求，重论文、轻设计、缺实践，缺乏对工程学科所需的应用实践和创新兴趣的培育，实践课程安排较少，如中国石油大学（北京）资源勘查工程专业总学分在 191 分，但实践课学分只有 35 分左右，仅仅占总学分的 18.32%。而各地应用型高校人才培养计划中，经管专业的实践教学环节学分占总学分比例均不低于 30%，国际贸易、旅游专业、市场营销等专业的实践学分达到了总学分的 38.13%。同时，现有的专业实验课也多是以验证性实验为主，综合性、开发性、创新性的实验相对较少。若地矿油行业特色高校延续传统的教育方式，就很难培养出具有专才教育特质、服务于行业发展前沿的应用型创新人才。

（二）高校对行业动态的掌握度有待提高

国家在自然资源开采和治理体系上的现代化，对地矿油工程体系的要求也不断提高，大数据分析、机器学习、"互联网+"、遥感等高新技术都在各工程中综合集成与应用发展，地矿油企业对创新人才的需求目标也在不断更新，既需要学生有经济学、管理学等通识教育的知识基础，也需要学生掌握计算机语言以及多项专业软件的应用，以满足现代化自然资源开发与管理的综合性工作要求。但地矿油高校专业特色明显，主要师资力量都集中在专业课程建设中，在人文通识教育和新兴技术方面的师资力量薄弱，尤其供主干专业学生选择的有关于数据分析、云计算等计算机技术相关课程甚少。此外，服务于地矿油行业的软件开发和器材制造公司对于同时掌握石油类专业知识和计算机技术的双修技术人才也有所需求，而高校的培育方式还是以单学科培育为主，对人才培育的学科建设还不完善。

在对企业的调研中，认为地矿油特色高校提供的一些科研成果有很多或较多能够在企业中进行转化实行的仅占不到 37%（图 6-7），可以看出，地矿油高校人才培养方案固化，课程体系和专业设置长期保持原状，在科研技术和研究方向上未能准确精细地掌握企业发展进度，未能认识到学生培养模式和人才规格结构需要跟随行业动态不断更新。

（三）企业对产学合作的参与度有待提高

校企联合培养、产学研合作已经在国家和社会各界的大力支持下推广实施，但校企实际合作中仍存在制度体系不完善、合作时间不固定、协作类型形式单一等问题。目前，多数企业基于安全生产和直接盈利任务的压力，以及基地设备价格昂贵或存在危险性，在校企联合培育过程中只接受在校学生在企业内进行实习、实训，为学生提供的实践平台和参与项目比较局限，实践活动主要停留在观摩和简单操作层面，既没有与高校联合开发适用于学生的实践课程，也未能给学生提

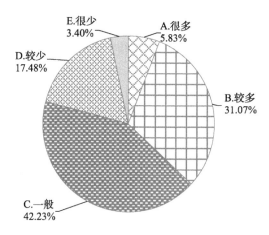

图 6-7　企业对高校提供的科研成果进行转化实行的认可度

本图数据进行了四舍五入，存在比例合计不等于 100% 的情况

供基于企业实际问题的学习研究机会，导致培养出的人才创新能力与企业实际需求之间存在落差。加之培养投资大、培养周期长，学生短时间内无法为企业带来实质效益，使得企业参与行业高校人才培养的通道不畅、积极性不高，在创新人才联合培养上就不能互惠共赢。

（四）学科专业设置固化，无法匹配行业变化

高等学校所设置的专业是以学科为依托，根据社会需求和职业分工，对人才进行功能差异性培养的基本单位。地矿油行业在不断进行技术更新，对于高校的学科建设也在不断提出新的要求，但高校的专业设置较为固化，很少根据社会发展需求进行专业调整。例如，中国石油大学（北京）在 2014 年对本科的部分专业进行调整，将地质工程专业改名为资源勘查工程，勘查技术与工程专业分为勘查技术与工程（物探）和勘查技术与工程（测井）两门专业，但其中的资源勘查工程专业所学课程与原地质工程相差无几。学校又于 2019 年开设了本科的地质学专业，但地质类专业不仅包括矿产形成的原因、矿物特征、分布规律、资源储量等基础理论和勘探方法，还包括地质学基本原理和方法，以及其在水文、工程、环境、灾害等不同领域的交叉结合应用，学校的相关专业类型教师较少，课程教学成果和报考学生人数都相对较少。

（五）课程体系内容单一，脱离生产前沿需求

国家自然资源治理体系和治理能力的现代化，对地矿油工程体系不断提出更高要求，其技术综合集成及应用发展，并将大数据分析、云计算、"互联网+"、移动 GIS（geographic information system，地理信息系统）等技术融合并充实到自然

资源管理中，都将成为大的发展趋势。例如，地矿测学科群在新时期生态文明建设和国土空间治理体系和治理能力现代化的背景下，对创新型人才培养目标就提出了要求：既要具备系统的现代自然资源学、经济学、管理学知识和理论，生态文明建设、人本主义、土地伦理等理论，建立"山水林田湖草城"生命共同体的理念，新时期资源环境开发保护方式转变以及系统保护、修复、治理新思维；也要具备自然资源和国土空间信息获取、加工、分析、应用核心技能，能够综合利用测绘、遥感（remote sensing，RS）、GIS、全球定位系统（global positioning system，GPS）、全球导航卫星系统（global navigation satellite system，GNSS）、计算机系统等高新技术，以满足现代自然资源管理综合性工作需求。但地矿油高校行业特色明显，师资力量集中在专业课程建设中，在人文教育和新兴技术方面的师资力量薄弱，尤其可供主干专业学生选择的有关于数据分析、云计算等计算机技术相关课程甚少。

（六）联合培养形式单一，覆盖学生不够全面

地矿油高校现有的校企联合培养方式主要有企建工作站和订单式培养两种类型。企建工作站如博士后工作站，是由高校和企业共同派出培养人才对博士后进行培养，而博士后则依据企业实际情况选择科研课题，1985~2018 年，我国已在数百家企业成立了博士后工作站，累计培养博士 30 000 多人，其中包括七位中国科学院院士，目前我国油田企业规模最大的博士后工作站是胜利油田博士后工作站。而订单式培养模式的典型代表就是高校以企业需求为依据，为企业定向培养合适人才。例如，高校为企业培养工程硕士研究生，与企业联合办学、依据企业需求在高校内部设立相关专业。但对于本科学生和学术型硕士，地矿油高校相较其他综合类高校就缺少了与企业共建培养的环节，或培养模式不完善，如湖北文理学院的校企联合培养应用型本科人才的"211"培养模式，用两年时间完成通识教育课程、学科基础课程，用一年时间完成专业核心课程以提高专业理论素养，再用一年时间完成专业实践以加强专业应用能力，而地矿油高校最后一年是以学生完成毕业设计为主要目标，能够进入企业实习实践的机会相对较少。

第三节 典型行业创新型人才成长的影响因素

个人、教育和环境都对创新型人才成长产生重要的影响，本节内容结合创新领军人才的成长规律，主要从个人成长和高等教育两个方面来分析影响石油行业创新型人才成长的因素。

一、创新人才的成长规律

创新领军人才的成长具有一定的规律性。美国科学社会学家朱克曼[36]（Zucherman）对1901~1972年的92位美国诺贝尔奖获得者的生平进行了深入分析，提出诺贝尔奖获得者的成长具有以下几个规律：良好的社会经济出身，优秀的家庭学习传统；求学名校，师从名师；青年早慧，成就卓著；优势积累效应等。中国学者曹聪[37]对1955~2001年当选的中国科学院院士的成长规律进行了深入研究，他将这些科技精英的成长规律概括为以下几点：良好的社会经济出身，优秀的家庭学习传统；求学名校，师从名师，海外求学；机构与个人优势积累的相互促进；爱国主义情结等。学者宋成一等[38]在总结江苏省领军人才队伍现状的基础上提出了创新领军人才成长的五大规律：共生效应规律；师承效应规律；累积效应规律；马太效应规律；海归回流效应规律。中国科学院前院长白春礼[39]院士对杰出科技人才的成长历程的研究发现（图6-8），杰出科技人才的成长轨迹呈现如下规律：①少年时代家庭稳定的经济条件与良好的学习传统支持和激励科技人才成长；②接受良好的高等教育有助于成才；③留学对科技人才成长具有重要作用；④传统优势学科更易汇集科技人才；⑤年老一代主要根据国家需要决定自己的职业，年轻一代则主要依据知识兴趣选择科研职业。其中接受优秀本科教育、高质量科研训练、出国留学对创新人才成长显得尤为重要。

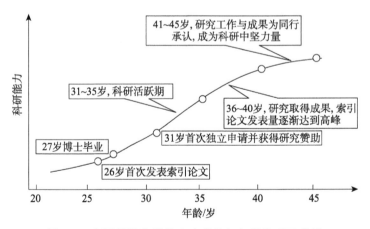

图6-8　中国科学院科技人才成长与年龄关系示意图

资料来源：白春礼.《杰出科技人才的成长历程——中国科学院科技人才成长规律研究》（2007年）

优秀本科教育是创新人才成长的基础。2007年中国科学院、中国工程院院士增选名单中，中国科学院29名增选院士中18人来自高校，中国工程院33名新增院士中17人来自高校。在这29名中国科学院院士中本科就读于国家"211工程"

或者"985工程"重点建设高校的有24人。课题组对改革开放后接受高等教育的68名院士的调研数据也显示，本科就读于国家"985工程"重点建设高校和"211工程"重点建设高校的占到63.2%。这在很大程度上说明本科阶段学校的综合实力、学术氛围、师资力量等因素对于优秀人才的成长起着基础性的作用，基础知识教育的广度和深度在很大程度上决定了优秀人才发展的后劲。

出国留学是直接进入国际学术前沿的捷径。在这29名中国科学院院士中，9位有出国留学经历，2位曾在国外高校做过访问学者。而从改革开放后接受高等教育的68名院士的出国留学经历来看，55名在国外有半年以上留学的经历，占全部院士的81%，这说明，在发达国家接受高水平教育或培训，是促进我国中青年科学家在研究工作中取得成功的重要途径。通过派遣优秀的师资和学生到国外一流高校学习与交流，可以快速、直接地借鉴对方的先进成果，促进高水平拔尖创新人才的成长。

二、个人成长对创新人才培养的影响

地矿油行业特色类高校以培养学科领域专有人才、助力国家行业发展为目标，为国家经济发展做出巨大贡献。本部分通过对50位典型石油行业（中石油、中石化、中海油）的创新型人才成长轨迹进行梳理，发掘典型创新型人才的共性特质。以下面几位石油石化的领军创新人物为例。

王德民，油气开发工程专家，中国工程院院士。1960年毕业于北京石油学院（现中国石油大学）钻采系，在大庆石油会战中从事科技研究工作；1965年首次研制了用钢丝起下的分层测试工艺；1978年，他组织研究的"偏心配水工艺"获得全国科学大会奖；1985年，主持完成的"大庆油田高产稳产注水开发技术"研究获国家科学技术进步特等奖；1994年6月当选为中国工程院院士。其高考成绩数学100分、物理98分、化学96分，大学全优。工作后和工厂里的技术人员一起，从事油田生产、科研工作，并以"创新—成果应用—再创新—再应用"作为工作目标，提出"拿奖不是重要的，关键要看你的科研成果能不能在油田生产中推广和应用，能不能多采油"，可看出其具备扎实基础知识、参与企业实践、开拓创新精神、扎根科研一线的能力与素养。

金之钧，石油地质专家，中国科学院院士。1982年毕业于山东矿业学院（现山东科技大学）。曾任中国石化石油勘探开发研究院院长，现任北京大学能源研究院院长。金之钧在复合成烃、碳酸盐岩溶蚀、"突发式"成藏等方面取得了重要研究成果，建立了"源–盖控烃、斜坡–枢纽富集"油气选区评价方法。2004年和2006年分别获国家科学技术进步二等奖。2013年，当选为中国科学院院士。他表示"石油地质也是跨学科、多元化的，要把自己的知识结构打牢，同时也要提高自己的综合素质""世界是三元的，过渡带是存在的，要善于抓住这些'灰色地带'，这是我们创新突破的关键所在"，提出对待科技工作，要"不唯上、不唯书、只唯实"，用基础资料，通过严谨论证，得出真实结果。可见其勇于突破创新、崇尚务实求真的精神品质。

贾承造，石油地质与构造地质学家，中国科学院院士。1975 年从新疆工学院（现新疆大学）地质系毕业，1987 年获得南京大学博士学位，2000 年被聘任为中石油总地质师，2002 年兼任中国石油勘探开发研究院院长，2003 年当选为中国科学院院士。贾承造对中国最大盆地塔里木盆地进行了多学科、多层次、多方位的综合研究，查明了盆地内部结构，确定了盆地类型，提出了特提斯构造带北缘盆地群及其富气的概念，并指出该盆地群从中亚卡拉库姆盆地向东到塔里木、柴达木盆地是一个统一的大气区，在世界上首次总结和建立了前陆冲断带超高压大气田形成理论，有力地指导了库车坳陷天然气勘探，奠定了塔里木盆地构造地质学与油气勘探理论的基础。贾承造认为：坚定不移地走科技自主创新之路。在中国石油发展历史上，自主创新是石油工业崛起和发展的源泉和动力，科技自主创新是提升整体实力的必由之路，破解世界级难题需要自主创新。

曾恒一，海洋石油工程专家，中国工程院院士。1956 年毕业于重庆南开中学，1961 年毕业于上海交通大学。现任中海油副总工程师，国家能源深水油气工程技术研发中心主任。几十年来一直从事海上油气田开发工程的前期研究、设计及建造工作。曾获得多项国家级奖与省部级奖，为我国海洋石油的发展做出了重大贡献。在"十五"期间积极推进我国海洋石油深水发展战略的研究，为实现我国深水技术跨越式发展做了大量的前期工作。作为国家 863 计划领域专家指导并参与了"浅水大型浮式生产装置关键技术研究"的课题，取得原创性成果，首次提出了"大型浮体浅水效应"概念，为优化设计开拓了新思路并得到了成功的应用。是海洋石油工业的发展为曾恒一提供了施展才华的机遇，加上他本人的理想、志向和勤奋，使他充分发挥了潜力，成为劳动模范、优秀共产党员和年轻的海洋石油工程专家。

关兴亚，石油化工专家，中国工程院院士，中石化上海石油化工研究院技术咨询、教授级高级工程师。于 1955 年从复旦大学化学系毕业后进入化学工业部沈阳化工研究院乙炔化学研究室工作；1957~1960 年在化学工业部上海化工研究院石油化学工艺室工作；1960~1981 年担任上海石油化工研究院研究二室主任；1981~1988 年担任上海石油化工研究院副总工程师；1988~1995 年担任上海石油化工研究院副总工程师、教授级高级工程师；1995 年当选中国工程院院士。关兴亚从 20 世纪 60 年代初开始长期从事丙烯腈生产工艺及催化剂的研究开发。20 世纪 70 年代在中国建成 12 套丙烯腈中小型生产装置，填补了中国在氨氧化领域的技术空白。20 世纪 80 年代初在中石化领导下，组织了研究、设计、高校和工厂等部门参加的丙烯腈成套技术国产化的攻关，开发出 MB-82、MB-86、MB-98 和 SAC-2000 催化剂、流化床反应器、丙烯腈产品分离和乙腈回收等新工艺。关兴亚在烯烃氧化领域的研究中，成绩显著，研制和开发的几代丙烯腈催化剂，多次获国家级及省部级奖，并取得多项中外专利发明，技术成果都得到了广泛的工业应用。

通过对典型行业的创新型人才成长轨迹进行梳理，认为专业知识、创新实践能力、道德素质与性格是创新型人才的必备素养（图 6-9）。

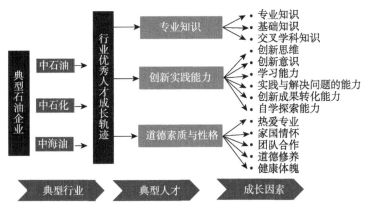

图 6-9　典型行业创新型人才成长影响因素

同时，根据企业调研问卷，企业认为具有健康的体魄，具有良好的沟通能力及团队合作精神，具有强烈的求知欲和坚韧不拔的毅力，具有追求科学、追求真理的激情，具有高度的社会责任感和家国情怀，具有完善的人格与良好的道德修养，热爱自己的专业，具有较强的自学与探索能力，具有创新成果的转化能力，具有较强的实践与解决问题的能力，具有提出问题、发现问题的能力，具有质疑意识和批判性精神，具有强烈的好奇心和创新的兴趣，具有理性的创新思维，了解相邻学科及必要的横向学科知识，精通学科专业的最新科学成就和发展趋势，具有扎实而广博的专业知识是创新人才应具备的能力与素养，认同度达 90%以上（图 6-10）。因此，要契合企业发展需求，迭代升级人才培养方案，在原有培养"专才"的基础上进一步培养适应时代特征的兼具创新意识和高新技术的复合型人才。

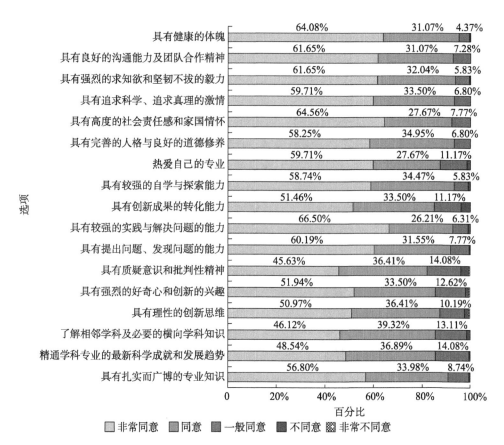

图 6-10　企业认为能源领域学生应具有的素质能力

三、高等教育对创新人才培养的影响

高等院校或科研组织的治理和管理体制会直接影响到创新人才是否有足够的资源可供使用，人才考评与使用制度也可以使创新人才在不断的科研实践中快速成长，高等院校或科研组织的科研环境更影响着创新人才的工作动力和信心调整。

曹聪的著作《中国的科学精英》收集了 1955~2001 年当选的 970 名中国科学院院士的背景资料，进行统计分析，并对其中部分院士进行访谈，探讨了作为中国拔尖创新人才的中国科学院院士的成长规律[37]。他指出，老一辈的中国科学精英的成长过程表现出了这样几个特征：良好的社会经济出身，优秀的家庭学习传统；求学名校，师从名师，海外求学；机构与个人优势积累的相互促进；爱国主义情结等。他认为，接受高等教育或获得学位在中国科学院院士的成长过程中发挥着重要的作用，14 所重点大学培养了 70.5%的中国科学院院士。因此，进入中国的重点大学或著名大学接受高等教育是中国科学精英成才的主要途径。

　　为了解在高校教师视角下各类因素对于创新型人才培养的重要程度，对地矿油高校内的 348 位教师进行了问卷调研，其中认为高等教育中培养理念和培养目标、专业结构和学科设置、课程设置、师资力量、科研平台等因素重要及非常重要的占 90%以上（图 6-11），可见在创新人才培养过程中专业设置、课程体系、人才规划占据了十分重要的地位。

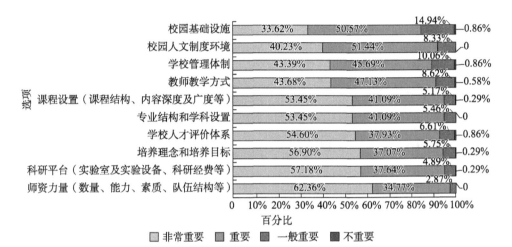

图 6-11　地矿油高校教师视角下各类因素对于创新型人才培养的重要程度
本图数据进行了四舍五入，存在比例合计不等于 100%的情况

　　对企业的调研结果显示，企业对"产学合作，校企协同"的人才培养模式也表示认可（图 6-12），希望高校可以与企业联合制订人才培养方案，在课程设置上应满足行业企业需求，专业设置应与经济社会发展对人才的需求和数量相适应，课程内容应根据行业企业需求不断更新。同时，高校应与企业建立可持续发展的产学合作、协同育人机制，邀请企业专家给学生授课，与企业合作建设人才培养基地，与科研机构联合培养创新型人才，与企业合作建立创新教育体系。

四、改革人才培养评价体系

　　本部分以企业对创新人才能力素养需求作为评价基准分析基本构成要素，构建了创新型人才成长与培养评价体系（图 6-13）。在梳理研究生培养质量评价相关文献、典型行业创新人才成长规律，以及对企业和教师的问卷基础上，紧密结合国家对一流研究生人才的培养目标要求，依据以上基本原则和所要关注的重点问题，建立了个人能力素养、高校培养体系、校企协同机制三个一级评价指标。围绕每一个一级指标，又根据不同属性内涵，细分为 13 个二级指标，分别为：知识结构、创新意识、实践能力、道德品格、个人素养、环境氛围、教学模式、教学资

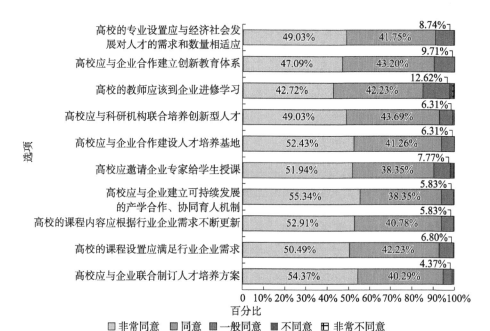

图 6-12　企业需求视角下应采取的创新型人才培养措施

本图数据进行了四舍五入，存在比例合计不等于100%的情况

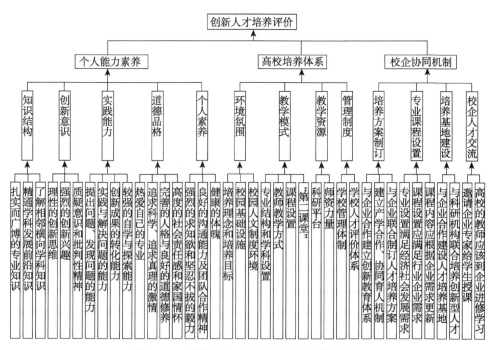

图 6-13　创新型人才成长与培养评价体系

源、管理制度、培养方案制订、专业课程设置、培养基地建设、校企人才交流。为便于评估单位操作与实际量化数据的获取，实践中又将上述二级指标进一步细分为 38 个三级指标，并运用层次分析法，通过比较和一定的运算，得出各个元素的权重（表 6-1）。

表 6-1　创新人才培养评价指标体系权重表

一级指标	权重	二级指标	权重	三级指标	权重
1.个人能力素养	0.2970	1.1 知识结构	0.4208	1.1.1 扎实而广博的专业知识	0.6
				1.1.2 精通学科发展前沿知识	0.2
				1.1.3 了解相邻横向学科知识	0.2
		1.2 创新意识	0.2261	1.2.1 理性的创新思维	0.5396
				1.2.2 强烈的创新兴趣	0.1634
				1.2.3 质疑意识和批判性精神	0.2970
		1.3 实践能力	0.1585	1.3.1 提出问题、发现问题的能力	0.3333
				1.3.2 实践与解决问题的能力	0.1667
				1.3.3 创新成果的转化能力	0.3333
				1.3.4 较强的自学与探索能力	0.1667
		1.4 道德品格	0.0974	1.4.1 热爱自己的专业	0.1429
				1.4.2 追求科学、追求真理的激情	0.2857
				1.4.3 完善的人格与良好的道德修养	0.2857
				1.4.4 高度的社会责任感和家国情怀	0.2857
		1.5 个人素养	0.0974	1.5.1 强烈的求知欲和坚忍不拔的毅力	0.2
				1.5.2 良好的沟通能力及团队合作精神	0.4
				1.5.3 健康的体魄	0.4
2.高校培养体系	0.5396	2.1 环境氛围	0.1056	2.1.1 培养理念和培养目标	0.6
				2.1.2 校园基础设施	0.2
				2.1.3 校园人文制度环境	0.2
		2.2 教学模式	0.3722	2.2.1 专业结构和学科设置	0.3641
				2.2.2 教师教学方式	0.2042
				2.2.3 课程设置	0.3420
				2.2.4 "第二课堂"	0.0897
		2.3 教学资源	0.3722	2.3.1 科研平台	0.25
				2.3.2 师资力量	0.75
		2.4 管理制度	0.1501	2.4.1 学校管理体制	0.25
				2.4.2 学校人才评价体系	0.75
3.校企协同机制	0.1634	3.1 培养方案制订	0.4155	3.1.1 与企业合作建立创新教育体系	0.25
				3.1.2 建立产学合作、协同育人机制	0.25
				3.1.3 与企业联合制订人才培养方案	0.50

续表

一级指标	权重	二级指标	权重	三级指标	权重
3.校企协同机制	0.1634	3.2 专业课程设置	0.2926	3.2.1 专业设置满足经济社会发展需求	0.1634
				3.2.2 课程设置应满足行业企业需求	0.5396
				3.2.3 课程内容应根据企业需求更新	0.2970
		3.3 培养基地建设	0.1849	3.3.1 与企业合作建设人才培养基地	0.5
				3.3.2 与科研机构联合培养创新型人才	0.5
		3.4 校企人才交流	0.1070	3.4.1 邀请企业专家给学生授课	0.8
				3.4.2 高校的教师应该到企业进修学习	0.2

注：本表数据进行了四舍五入，存在运算不等的情况

（一）方法介绍

层次分析方法是美国著名数学家萨蒂教授在 20 世纪 70 年代提出的。该方法能把定性因素定量化，并能在一定程度上检验和减少主观影响，使评价更趋科学化。该方法通过风险因素间的两两比较，形成判断矩阵，从而计算同层风险因素的相对权重。该方法主要有以下两个步骤。

（1）确定判断矩阵。首先明确分析问题，划分和选定有关风险因素，然后建立风险因素分层结构，假设同层共有 n 个因素 $A_1, A_2, \cdots, A_n$，对所有因素进行成对比较，如将 A_i 和 A_j 比较。若 A_i 和 A_j 相比得 a_{ij}，则 A_i 和 A_j 相比的判断为 $a_{ij}=1/a_{ij}$，从而可以得到一个 $n \times n$ 的判断矩阵 $A=\left(a_{ij}\right)_{n \times n}$。

（2）计算矩阵 A 的最大特征值对应特征向量。对于矩阵 A，先算出其最大特征值 $\lambda_{\max}$，然后求出其相应的特征向量 W，即 $AW=\lambda_{\max}W$，这时的 W 分量即相应 n 个因素的权重，同时矩阵 A 需要满足一致性检验。

（二）指标权重计算

创新型人才成长的规律与路径是一个具有多层次性、多指标的复合过程，在这个复合体系中，各层次、各指标的相对重要性各不相同，利用层次分析法构造判断矩阵对单层指标进行权重计算，以此确定所有指标因素相对于总指标的相对权重。

1. 一级指标权重

创新人才培养评价（表 6-2）：一致性比例为 0.0088；对"创新人才培养评价"的权重为 1.0000；$\lambda_{\max}$ 为 3.0092。

2. 二级指标权重

（1）个人能力素养（表 6-3）：一致性比例为 0.0124；对"创新人才培养评价"

的权重为 0.2970；λ_{max} 为 5.0554。

表 6-2　创新人才培养评价指标体系一级指标权重表

指标	个人能力素养	高校培养体系	校企协同机制	指标权重
个人能力素养	1	0.5	2	0.2970
高校培养体系	2	1	3	0.5396
校企协同机制	0.5	0.3333	1	0.1634

表 6-3　创新人才培养评价指标体系二级指标——个人能力素养权重表

指标	知识结构	创新意识	实践能力	道德品格	个人素养	指标权重
知识结构	1	2	3	4	4	0.4208
创新意识	0.5	1	2	2	2	0.2261
实践能力	0.3333	0.5	1	2	2	0.1585
道德品格	0.25	0.5	0.5	1	1	0.0974
个人素养	0.25	0.5	0.5	1	1	0.0974

（2）高校培养体系（表 6-4）：一致性比例为 0.0227；对"创新人才培养评价"的权重为 0.5396；λ_{max} 为 4.0606。

表 6-4　创新人才培养评价指标体系二级指标——高校培养体系权重表

指标	环境氛围	教学模式	教学资源	管理制度	指标权重
环境氛围	1	0.3333	0.3333	0.5	0.1056
教学模式	3	1	1	3	0.3722
教学资源	3	1	1	3	0.3722
管理制度	2	0.3333	0.3333	1	0.1501

（3）校企协同机制（表 6-5）：一致性比例为 0.0266；对"创新人才培养评价"的权重为 0.1634；λ_{max} 为 4.0710。

表 6-5　创新人才培养评价指标体系二级指标——校企协同机制权重表

指标	培养方案制订	专业课程设置	培养基地建设	校企人才交流	指标权重
培养方案制订	1	2	2	3	0.4155
专业课程设置	0.5	1	2	3	0.2926
培养基地建设	0.5	0.5	1	2	0.1849
校企人才交流	0.3333	0.3333	0.5	1	0.1070

3. 三级指标权重

（1）知识结构（表 6-6）：一致性比例为 0.0000；对"创新人才培养评价"的权重为 0.1250；λ_{max} 为 3.0000。

表 6-6　创新人才培养评价指标体系三级指标——知识结构权重表

指标	扎实而广博的专业知识	精通学科发展前沿知识	了解相邻横向学科知识	指标权重
扎实而广博的专业知识	1	3	3	0.6
精通学科发展前沿知识	0.3333	1	1	0.2
了解相邻横向学科知识	0.3333	1	1	0.2

（2）创新意识（表 6-7）：一致性比例为 0.0088；对"创新人才培养评价"的权重为 0.0672；λ_{max} 为 3.0092。

表 6-7　创新人才培养评价指标体系三级指标——创新意识权重表

指标	理性的创新思维	强烈的创新兴趣	质疑意识和批判性精神	指标权重
理性的创新思维	1	3	2	0.5396
强烈的创新兴趣	0.3333	1	0.5	0.1634
质疑意识和批判性精神	0.5	2	1	0.2970

（3）实践能力（表 6-8）：一致性比例为 0.0000；对"创新人才培养评价"的权重为 0.0471；λ_{max} 为 4.0000。

表 6-8　创新人才培养评价指标体系三级指标——实践能力权重表

指标	提出问题、发现问题的能力	实践与解决问题的能力	创新成果的转化能力	较强的自学与探索能力	指标权重
提出问题、发现问题的能力	1	2	1	2	0.3333
实践与解决问题的能力	0.5	1	0.5	1	0.1667
创新成果的转化能力	1	2	1	2	0.3333
较强的自学与探索能力	0.5	1	0.5	1	0.1667

（4）道德品格（表 6-9）：一致性比例为 0.0000；对"创新人才培养评价"的权重为 0.0289；λ_{max} 为 4.0000。

表 6-9　创新人才培养评价指标体系三级指标——道德品格权重表

指标	热爱自己的专业	追求科学、追求真理的激情	完善的人格与良好的道德修养	高度的社会责任感和家国情怀	指标权重
热爱自己的专业	1	0.5	0.5	0.5	0.1429
追求科学、追求真理的激情	2	1	1	1	0.2857
完善的人格与良好的道德修养	2	1	1	1	0.2857
高度的社会责任感和家国情怀	2	1	1	1	0.2857

（5）个人素养（表 6-10）：一致性比例为 0.0000；对"创新人才培养评价"的权重为 0.0289；λ_{max} 为 3.0000。

表 6-10　创新人才培养评价指标体系三级指标——个人素养权重表

指标	强烈的求知欲和坚忍不拔的毅力	良好的沟通能力及团队合作精神	健康的体魄	指标权重
强烈的求知欲和坚忍不拔的毅力	1	0.5	0.5	0.2
良好的沟通能力及团队合作精神	2	1	1	0.4
健康的体魄	2	1	1	0.4

（6）环境氛围（表 6-11）：一致性比例为 0.0000；对"创新人才培养评价"的权重为 0.0570；$\lambda_{\max}$ 为 3.0000。

表 6-11　创新人才培养评价指标体系三级指标——环境氛围权重表

指标	培养理念和培养目标	校园基础设施	校园人文制度环境	指标权重
培养理念和培养目标	1	3	3	0.6
校园基础设施	0.3333	1	1	0.2
校园人文制度环境	0.3333	1	1	0.2

（7）教学模式（表 6-12）：一致性比例为 0.0172；对"创新人才培养评价"的权重为 0.2008；$\lambda_{\max}$ 为 4.0458。

表 6-12　创新人才培养评价指标体系三级指标——教学模式权重表

指标	专业结构和学科设置	教师教学方式	课程设置	"第二课堂"	指标权重
专业结构和学科设置	1	2	1	4	0.3641
教师教学方式	0.5	1	0.5	3	0.2042
课程设置	1	2	1	3	0.3420
"第二课堂"	0.25	0.3333	0.3333	1	0.0897

（8）教学资源（表 6-13）：一致性比例为 0.0000；对"创新人才培养评价"的权重为 0.2008；$\lambda_{\max}$ 为 2.0000。

表 6-13　创新人才培养评价指标体系三级指标——教学资源权重表

指标	科研平台	师资力量	指标权重
科研平台	1	0.3333	0.25
师资力量	3	1	0.75

（9）管理制度（表 6-14）：一致性比例为 0.0000；对"创新人才培养评价"的权重为 0.0810；$\lambda_{\max}$ 为 2.0000。

表 6-14   创新人才培养评价指标体系三级指标——管理制度权重表

指标	学校管理体制	学校人才评价体系	指标权重
学校管理体制	1	0.3333	0.25
学校人才评价体系	3	1	0.75

（10）培养方案制订（表 6-15）：一致性比例为 0.0000；对"创新人才培养评价"的权重为 0.0679；λ_{max} 为 3.0000。

表 6-15   创新人才培养评价指标体系三级指标——培养方案制订权重表

指标	与企业合作建立创新教育体系	建立产学合作、协同育人机制	与企业联合制订人才培养方案	指标权重
与企业合作建立创新教育体系	1	1	0.5	0.25
建立产学合作、协同育人机制	1	1	0.5	0.25
与企业联合制订人才培养方案	2	2	1	0.50

（11）专业课程设置（表 6-16）：一致性比例为 0.0088；对"创新人才培养评价"的权重为 0.0478；λ_{max} 为 3.0092。

表 6-16   创新人才培养评价指标体系三级指标——专业课程设置权重表

指标	专业设置满足经济社会发展需求	课程设置应满足行业企业需求	课程内容应根据企业需求更新	指标权重
专业设置满足经济社会发展需求	1	0.3333	0.5	0.1634
课程设置应满足行业企业需求	3	1	2	0.5396
课程内容应根据企业需求更新	2	0.5	1	0.2970

（12）培养基地建设（表 6-17）：一致性比例为 0.0000；对"创新人才培养评价"的权重为 0.0302；λ_{max} 为 2.0000。

表 6-17   创新人才培养评价指标体系三级指标——培养基地建设权重表

指标	与企业合作建设人才培养基地	与科研机构联合培养创新型人才	指标权重
与企业合作建设人才培养基地	1	1	0.5
与科研机构联合培养创新型人才	1	1	0.5

（13）校企人才交流（表 6-18）：一致性比例为 0.0000；对"创新人才培养评价"的权重为 0.0175；λ_{max} 为 2.0000。

表 6-18　创新人才培养评价指标体系三级指标——校企人才交流权重表

指标	邀请企业专家给学生授课	高校的教师应该到企业进修学习	指标权重
邀请企业专家给学生授课	1	4	0.8
高校的教师应该到企业进修学习	0.25	1	0.2

（三）结果分析

通过分析可知，在创新人才培养评价指标体系中，一级指标下的高校培养体系占据了重要位置，其权重值为 0.5396，个人能力素养和校企协同机制次之，其权重值分别为 0.2970、0.1634。其中个人能力素养下的二级指标中，知识结构最为重要，其权重值为 0.4208，创新意识权重值为 0.2261，其次是实践能力、道德品格和个人素养；高校培养体系下的二级指标中，教学模式和教学资源显得更加重要，权重值均为 0.3722，其次是管理制度和环境氛围；校企协同机制下，培养方案制订权重最高，权重值为 0.4155，专业课程设置次之，权重值为 0.2926，再者是培养基地建设、校企人才交流，权重值分别为 0.1849、0.1070。因此，应以优化高校培养体系为培养创新人才的主要路径，优化培养理念和培养目标，不断更新课程、学科、专业设置，加强师资力量，创建科研平台；同时加强学生个人能力素养相关教育，与企业建立可持续发展的产学合作、协同育人机制，联合培养创新型人才。

第四节　典型行业创新型人才培养的模式

在行业人才培养现状和问题调研的基础上，结合人才成长因素的分析，以中国石油大学（北京）地质类专业为例，基于石油行业目前和将来的创新人才的需求，形成行业需要视角下的石油行业特色高校创新人才培养模式。

一、形成价值引领机制

通过在校内专业课程中深挖思政元素、教学名师领衔主讲专业核心课程、与油田企业共建课程思政实践基地等方式，形成校内-校外联动的多通道价值引领机制，着力培养学生爱国奉献精神，如图 6-14 所示。

通过创立校内-校外联动的多通道价值引领机制，解决专业课程如何对学生进行价值塑造，培养学生爱国奉献精神的问题。一方面，在校内理论课程教学环节，深挖专业课程思政元素，通过课程思政典型案例引导学生"学石油、爱石油、奉献石油"，并通过教学名师领衔主讲专业核心课程，发挥言传身教作用，引导学生

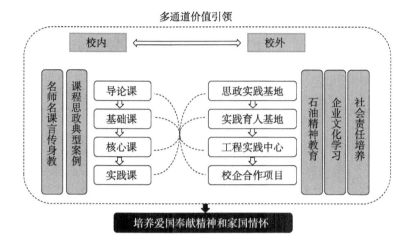

图 6-14　校内–校外联动的多通道价值引领机制

将国家能源发展与个人价值实现有机统一；另一方面，在校外实践教学环节，依托国家级校外人才培养基地建设课程思政实践基地，将石油精神教育、企业文化学习、社会责任培养等融入油田现场实训实习，增强学生社会责任感，培养学生艰苦奋斗、奉献石油的家国情怀。

具体可以通过明确课程教学目标、挖掘课程文化内涵、优化课程教学方式、促进课程文化濡化，进而满足教育主体、内容、方式以及环境的发展需求，为高校思政教育质量提供保障。

（一）明确课程教学目标，满足教育主体的刚性和弹性需求

高校课程育人的目标是"大思政"育人体系建设的基本方向，是为党和国家培养能担大任，堪当重任，紧跟时代发展的人才。因此，高校在对学生进行教育引导时要充分考虑将教育主体对思政教育刚性需求和对专业知识弹性需求的有机结合，让青年大学生符合时代发展需求。其中，思政教育刚性需求和专业知识弹性需求是对经济学领域中刚性与弹性需求的延伸。在经济学领域，刚性需求指的是在商品供求关系中受价格影响较小的需求；弹性需求与其相反。所以，思政教育刚性需求指的就是高校教育教学是根本。在对学生进行专业知识传授时一定要注重对大学生思想的引导，实现育人先育德。此外，高校在对学生进行专业知识传授和思政教育引领时，要注意教育主体在关系上的弹性需求。随着时代的发展，教育需求主体更加勇于表达自我，需要一个相对平等的教育关系。所以，在高校教育供给主体与受教育需求主体应当保持"主导"与"主动"合作互动的弹性发展关系，实现教育与自我教育有机结合，满足新时代大学生实现"时代新人"培养目标的有效教育需求。

（二）挖掘课程文化内涵，实现教育内容的一体和多元并重

高校课程育人的内容是"大思政"育人体系建设的核心要素。高校应当守好"思政课程"作为大学生思想教育的主阵地，同时从其他专业类课程中挖掘蕴含的思政教育资源，实现大学生思政教育引导过程中课程育人体系的一体多元化。除了课程育人体系的一体多元化设置，在思政及其他专业课程的内容上，高校也应当积极探索一体多元化的立体式教学内容。具体来说，一体多元化的立体式教学内容指的是高校教师在课程教学过程中应当将理论与实践相结合，做好今昔对比，从横向和纵向上构建立体化教学内容，满足学生基于课本、超脱课本的多元化需求，提升学生的学习兴趣。总而言之，高校思政教育内容应当在预设式的教学框架和内容的基础上，因事而化，充分地与现实生活中发生的可见、可感的重大事件相结合，突出教育内容的学理性和实践现实意义，才能更好地符合新时代大学生成长发展的实际需求，保证教育效果最优化。

（三）优化课程教学方式，促进教育方式的个性和共性融合

高校思政教育方式是"大思政"育人体系建设的重要手段。工欲善其事必先利其器，高校思政教育方式对教育质量有着较大影响。高校思政教育应当积极探索符合新时代大学生的教育方式，避免事倍功半的现象发生。目前，高校思政教育方式上的主要供需矛盾就是教育方式中话语体系表达过于传统保守，情理交融欠缺，导致思政教育的感化力较弱。高校思政教育方式应当在话语表达体系上突破传统限制，满足新时代大学生对思政教育的个性化需求，增加表达的生活性，实现高校思政教育情理交融，切实提升高校思政教育的效果。例如，类似于以复旦大学陈果、南京航空航天大学徐川为代表开设的"网红思政课"受到了青年大学生的认可，证明了在课程教学过程中，将文本内容和生活化的网络用语相结合具备可行性。因此，高校思政教育要注重日常生活化表达、网络用语中蕴含的教育价值，将其与文本内容相结合，促进个性和共性的融合，以大学生喜闻乐见的方式进行课程讲授，提升教育质量，做到事半功倍。

（四）促进课程文化濡化，推动教育环境的传承和创新辅成

高校思政教育环境是"大思政"育人体系建设的关键因素。当今，高校思政教育环境建设的过程中受到了较大的外部阻力。而环境是文化的一部分，如何通过中国特色社会主义文化拨乱反正是高校教育环境建设的解题方向。水无源则竭，木无本则折，延续千年的中华文化是新文化的来源。高校思政教育应当针对学科特点与规律，深入挖掘学科蕴含的文化资源，并结合中华优秀传统文化、革命文化、社会主义先进文化，当引导学生正确认识古新文化的辩证关系，推动教育环境的传承创新。例如，高校可以坚持"以人为本"的教育理念，围绕课程文化，

开展主题实践活动、志愿服务活动，提升学生的参与度，增强学生社会责任意识，在实践教育中感受课程文化的美。由此可见，通过学科课程中所蕴含的文化育人元素，构建充分反映中国特色和时代特征的思政教育环境，搭建师生在观念上的互动交融的桥梁，让师生感受古新文化的发展关系，实现润物细无声般的教育。

二、整合优质教学资源

以服务国家重大需求为驱动，针对能源产业发展的新需求和新工科发展的新态势，通过深度科教融合和校企联合，将新理论和新技术研究成果（如深层、深水、非常规等油气新领域的前沿成果及大数据、人工智能等新技术）及时融入课程教学内容，与时俱进地建设优质教学资源（图6-15），以拓展学生服务国家重大需求的核心知识。

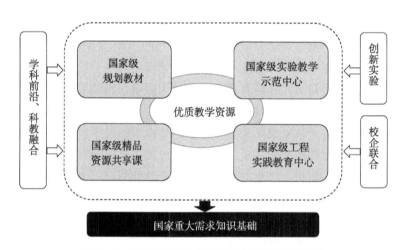

图 6-15   面向产业需求的优质教学资源的构建

中国石油大学（北京）资源勘查工程专业在教学改革中对教学内容进行了以下优化。①最新科研成果融入教材：出版《沉积岩石学》《石油地质学》《油矿地质学》第五版等国家级规划教材。②最新科研成果进课程：制作丰富的具有挑战性的实训资源库，建成"沉积岩石学""石油地质学""油矿地质学""油气田勘探"等四门国家级精品资源共享课。③科研成果进实验：基于最新科研成果持续增设创新性实验（如地下非常规油气运移），建设国家级实验教学示范中心。④科研战场建教学实践基地：通过校企联合，将团队教师的科研"主战场"（如大港油田）建设为国家级工程实践教育中心和校外人才培养基地。通过打造面向产业需求的一体化优质教学资源，拓展学生服务国家重大需求的核心知识，解决专业课程如何适应行业快速发展、培养学生服务国家重大需求的问题。

三、创建多元教学模式

针对传统的以知识传授为主的讲座式"讲-听"模式对于学生高阶思维和关键能力培养不足的问题，构建"问题导向自学—思维导引讲授—项目研究实训—多向互动研讨—多维综合考核"多元融合的课程教学模式（图 6-16），实现课程教学由知识传授向知识、思维、能力全方位培养的转变。

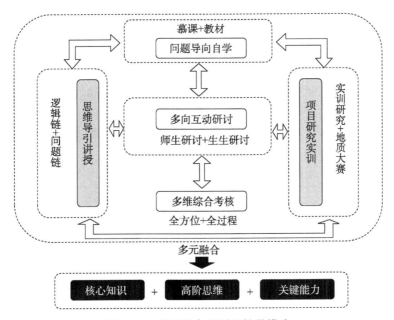

图 6-16　多元融合的课程教学模式

（一）课外问题导向自学与课堂教学设计优化的结合

课前引导学生依据慕课、教材等材料进行自主学习并完成预习测试，教师根据测试结果进一步优化课堂教学设计。这不仅可有效锻炼学生自主学习能力，还有助于教师有的放矢地进行课堂教学以提高教学效果。

（二）课内思维导引讲授、项目研究实训及多向互动研讨的结合

课内理论环节实施思维导引讲授。思维导引讲授不同于传统的"单向传递"知识，而是教师通过构建问题链，进行层层递进的问题解析，引导学生思考（学习中思考、思考中学习），进行互动交流，得到合理认识，融知识建构与思维训练于一体。教师通过思维导引帮助学生建构知识，学生在知识建构的同时得到思维训练（逻辑思维和辩证思维），提升创新意识和高阶思维。

结合理论教学，实施项目研究实训。通过创新性实践环节及全国油气地质大

赛，指导学生进行研究式学习。学生在教师的指导下，应用精选的油田实际资料，针对油田生产的实际问题进行分析和研究（自主研究和合作研究），绘制地下地质图件，撰写研究报告，达到知行统一，使学生在实践锻炼中建构知识并提升分析和解决复杂问题的高阶思维、综合能力与创新意识。

针对实训研究成果及学科前沿调研，设置单独的研讨环节，实施多向互动研讨。学生在课前完成研究报告或读书报告并制作 PPT，课上汇报研究成果（研究方法及创新认识），然后进行多向互动讨论，即师生之间、学生之间的研讨交流及辩论，以培养学生对深奥理论的理解力、学术质疑意识以及语言表达能力。

（三）多维综合考核

针对考核方式单一特别是能力考核不够的问题，构建多维度过程考核与具有较大挑战性的综合性期末考试相结合的多元化考核体系，以全方位考核学生知识—能力—素质的达成度。其中，过程考核成绩和期末考试成绩各占 50%（表 6-19）。

表 6-19　全过程考核与综合性期末考试结合的多元化考核体系

	考核项目	比例	考核目标
过程考核	平时测验成绩（含考勤）	10%	考核课前自主学习能力、课堂表现、知识和技能等
	实验（3 个）	5%	考核动手能力等
	实训（10 个）	10%	考核专业技能、动手能力、分析和解决复杂地质问题的能力、创新思维能力、团队合作能力、工作积极性等
	课程报告（实训、读书报告）	10%	考核文献查阅和综述等自主学习能力、成果总结能力、协作能力等
	宣讲答辩	5%	考核表达和交流能力、综合素质等，其中生-生互评占 2%
	期中测试	10%	考核知识、专业技能、利用知识解决相关问题的能力
期末成绩	期末考试	50%	考核核心知识掌握程度（15%），以及分析和解决复杂工程问题的综合能力（应用给定资料对地下地质体进行综合表征与评价）（35%）

过程考核涵盖了前述各教学环节，包括平时测验成绩（含考勤）、实验、实训、课程报告（实训、读书报告）、宣讲答辩、期中测试等，主要考核学生专业知识和技能、学习态度、自主学习能力、表达能力、团队协作能力等；期末考试中纯知识性考题仅占 30%，应用题占 70%，要求学生应用给定的资料对地下地质体进行综合表征与评价，以考核学生分析和解决复杂工程问题的高阶思维和综合能力。

第五节　典型行业创新型人才培养的路径

以地矿油行业需求为基础，实施"请进来，走出去"战略，形成政府协调、校企多主体共同参与的人才培养机制，构建产学研用一体化的多层次工程实践创新能力培养路径体系，以培养学生的复杂工程创新能力，契合企业的人才需求。

一、加强政府协调，形成协同育人机制

（一）以政府为主导，统筹创新人才培养机制

充分发挥市场配置资源的基础性作用、各类创新主体紧密联系和有效互动的社会系统。目前，我国基本形成了政府、企业、科研院所及高校、技术创新支撑服务体系四角相倚的创新体系。在行业特色高校创新人才培养的过程中，政府应在总体上对于行业特色高校的创新人才培养进行规划和引导，直接参与创新人才培养的全过程，引导企业和行业作为主体参与高校的创新人才培养。

（二）加强政府协调，整合创新人才培养资源

以校企双方互利共赢为理念，协同创新，打通企业参与人才培养的通道。高校与高校、高校与科研院所、地方政府和行业企业等力量的协同创新，围绕科学前沿和国家重大战略需求，依托高校学科优势，跨学科跨专业融合，将理论与技术集成，创新与优势资源重组融合，提高产学融合度，实现创新能力提升和创新成果产出的叠加协同效应。构建产学研用一体化的多层次工程实践创新能力培养体系。构建教师互培、互聘机制，完善人才激励措施，使技术、知识、管理等要素参与利益分配，充分激发人才的潜能和投入的积极性。鼓励企业参与高校的人才培养，使高校的人才培养与社会需求接轨。高校完善分类管理、建立多元化的评价体系和质量监控体系，建立起高校工程教育与行业企业的联系机制，不断增强人才培养对产业发展的适应度。

（三）加强政策导向，推进创新成果产业转化

根据"鼓励创新，服务需求，科教结合，特色发展"的指导原则，深化"引企入教"改革，鼓励企业参与高等教育的办学过程和教育教学改革，以企业为主体推进协同创新和成果转化，加快基础研究成果向产业技术转化。对于特色行业高校，依照"一对一"或"多对一"支持的方式，促进学校在传统专业改造升级、新专业发展、学科建设、科研创新基础上的创新人才的培养质量的提升。对于取得明显成效的校企协同的企业，加强宣传，同时给予税收减免、利润分配、土地使用、员工待遇、员工培训等方面的优惠政策。

（四）保障经费支持，加大创新项目投入力度

政府应该充当好行业院校和各行业部门之间的桥梁，并对于经费紧张的院校及时给予经济支持，或者设立专项基金或专项项目，开展校企深度合作的项目研

究，或设立专门机构，进一步支持、鼓励企业在特色行业高校创新人才培养等方面的投入，并按照实际支持力度大小给予一定比例的奖励。

（五）开展有效监督，确保创新组织正常运转

通过监督和反馈，对行业特色高校与企业产学协同创新组织运行过程和运行结果进行监督，确保协同创新组织正常运转。建立并完善政产学研合作的动力促进机制、信息沟通机制、利益分配机制、风险评估机制、监督反馈机制等，确保长效运行模式，促进知识资本与风险资本的紧密结合，建立政府主导、高校为主体、企业深度参与的创新合作模式，把学校和企业看作建立在双赢基础上的利益共同体，企业通过合作获得高校的技术支持，企业为人才培养提供创新实训基地。促进与行业领域及企业技术有效集成与应用，使更多的科技成果转化为生产力，为加快实施创新驱动发展战略提供助力。

二、紧跟企业需求，构建知识思维体系

以中国石油大学（北京）为例，其把握创新能力培养方向，构建"基础知识—逻辑思维—综合知识—批判思维—前沿理论—创造思维"的知识与思维螺旋式上升培养新体系（图 6-17）。

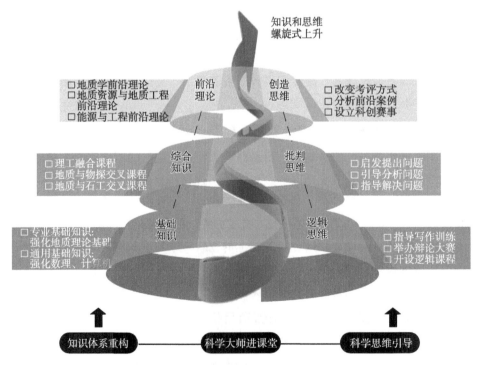

图 6-17　知识与思维螺旋式上升培养体系

（1）重塑"本—硕—博分层递进、重知识、强能力"的新培养方案。实现基础知识—综合知识—前沿理论的多层递进。在本科生阶段注重基础知识培养，硕士阶段注重创新知识和解决复杂工程问题综合知识培养，博士阶段注重构建前沿知识理论体系。构建学科前沿—理工融合—学科交叉的新课程体系。将油气地质领域中的前沿理论和科研成果融入课程体系。开设学科前沿课程"地质资源与地质工程学科前沿"等、理工融合课程"盆地流体地质学"等、学科交叉课程"油气地质大数据与智能工程"等三类共55门。

（2）开展导引式、启发式、探究式思维训练与引导，实现逻辑思维—批判思维—创造思维的螺旋上升。开设研讨课和方法论课程，通过国内外经典文献阅读和案例研讨，使学生充分探究油气地质科学问题和发展趋势，创新课程思维训练新方法。课程教学以问题为导向，层层递进，引导学生学中思、思中学，融知识建构与思维训练于一体，创新课外思维训练新模式。为培养发现问题、分析问题和解决问题的科研思维，举办全员参与的大学生学术论坛及研究生自由学术报告会。

（3）邀请科学大师进课堂、进讲坛，开拓能源战略—创新发展—国际视野的新眼界。"科学大师进课堂"院士、国际学术大师讲授创新思维和前沿进展。创立高端学术论坛"蟒山讲坛"，中国科学院院士应邀作专题报告。

三、把握行业动态，优化人才培养模式

创新人才培养强调"以学生为本"，以需求导向教育为方向，以校企合作、产教协同育人机制为保障，持续跟进社会发展、产业动态和企业需求，不断更新专业设置、人才规格和课程体系，以培养出企业所需的创新型人才。

（一）学科专业与社会发展相衔接，形成科学合理的专业结构

高等学校所设置的专业是以学科为依托，根据社会需求和职业分工，对人才进行功能差异性培养的基本单位。高校的专业设置与社会发展彼此影响，一方面高校的学科布局受社会产业结构的制约，产业布局的升级和调整控制人才的需求方向，从而要求高校专业的设置和优化随之变化；另一方面，专业结构对社会产业发展具有支撑作用，不同专业培养出不同类型的应用型人才，影响着社会产业转型和升级的效果。因此，高校在专业设置上应该采取动态调整机制，遵循市场需求逻辑，顺应社会经济发展与行业升级调整对不同类型人才的现实和潜在需要，结合专业设置规律，在专业设置上进行增减、合并、优化、转型等，以形成在规模、种类和布局上与社会发展相匹配的、科学合理的专业结构。

（二）人才规格与产业动态相衔接，构建适应产业的培养模式

高校的人才培养规格是国家进行供需结构优化与改革的一项重要内容，人才

规格调整的成效能够在社会人力资源配置和相关行业的升级转型中发挥作用。同时，企业的产业结构调整和转换升级也直接影响了人才需求的制定，决定了高校制订人才规划方案、规划人才培育模式、拓展人才培养渠道的调整方向。因此，地矿油高校在培养应用型创新人才的能力体系设计中，应该以生产现场的实际需求作为导向，以契合企业的知识、技能需求作为核心目标，更加重视实践教学环节；在人才素质规划上需要及时了解和跟进行业的发展动态，以"厚基础、宽口径、强能力、高素质、多样化"作为素质培养的基础目标，对行业的未来人才需求趋势做出准确的判断，在培养模式上注重学生能"学到什么知识、获得什么能力、达到什么标准"，促进学生提升适应企业发展的综合素质能力，以适应行业对人才的多样化要求，实现教育链和产业链、人才链和创新链的良性互动。

（三）课程设置与企业需求相衔接，打造匹配需求的课程体系

高校需要保障以培养岗位能力为抓手、以促进学生就业为导向，充分考虑专业自身的服务面向和学科特点，根据企业对创新型、应用型人才的需求不断升级优化课程设置，构建行业急需、优势突出、特色显著的专业课程体系。地矿油高校在培养创新型人才的课程体系设置上还需要注重课程属性的多样性，着眼破解人才培养供给侧与企业需求侧不匹配的矛盾关系，在教学内容里融入现代化企业的职业要求规范，重视适应岗位的技能教学，培养学生的职业化素养与精神；在教学方式上，以小组合作、案例探究、课外实践等途径，增强学生发现问题、解决问题的创新实践能力，培养学生自主学习、主动钻研的思维意识。

四、深化校企合作，促进能力需求契合

创新人才培养需要高校与科研院所、地方政府和行业企业等力量协同创新。如图 6-18 所示，校企/政校企深度合作人才培养需要校内建立校企合作机制，校外建立政校企合作机制，共建实践教学平台，共同参与教学过程，从而建立政府主导、高校为主体、企业深度参与的创新合作模式，围绕科学前沿和国家重大战略需求，依托高校学科优势，跨学科跨专业融合，将理论与技术集成，创新与优势资源重组融合，促进与行业领域及企业技术有效集成与应用，使更多的科技成果转化为生产力，为加快实施创新驱动发展战略提供助力。

在校企/政校企深度合作人才培养模式的基础上，提出"促进三个融合"的创新人才培养路径，将提升能力需求契合度作为培养目标，从企业和行业需求的角度深度参与创新人才的全过程，激发学生的革新立异的思维意识，着力培养知识素养高、实践能力强、有创新精神的复合应用型人才。

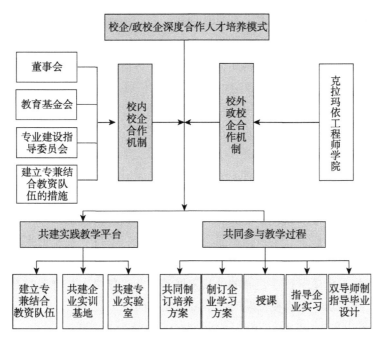

图 6-18 校企/政校企深度合作人才培养模式

（一）开设应用实践的创新项目，促进"研–用"相融合

地矿油高校需要强化实践教学的重要性，围绕对口产业的前沿动态和国家重大战略需要，依托高校学科特点和专业优势，在课程体系设置和实践教学环节中为学生设立应用型创新项目。一方面，为学生开放双向和自主的申报途径，配备教师团队进行指导和给予一定经费支持，团队可根据项目内容需求跨学院、跨专业、跨年级进行组建，引导项目参与者深入研究，在实际操作中将理论与技术集成，从而达到理论教学与技能教学的相互支撑、课内课外彼此补充的教育目的，促进研究与应用的有机融合。另一方面，合理调配和整合高等教育与科技创新领域的优势资源，以科研项目、"互联网+""双创"项目为载体，支持鼓励学生将项目内容深化细化，实现学生应用能力提升和科研成果产出的叠加协同效应，同时注重项目申报、中期检查、结题验收、项目归档等全过程的科学规范性，全面培养学生的问题解决能力和项目实战能力。在项目考核中发掘有科研潜力的团队进行重点培养，助力学生发表高端学术论文、申请发明专利，甚至成立实体公司，加强学生科研成果的转化力度，从而促进学校在传统专业改造升级、新专业发展、学科建设优化基础上的创新人才培养质量的提升。

（二）发挥企业育人的主体作用，促进"产–学"相融合

根据"鼓励创新，服务需求，科教结合，特色发展"的指导原则，需要深化

"引企入教"改革，让企业深入参与教学环节，实现地矿油企业由人才需求侧转向人才供给侧，推进校企合作项目的协同创新和成果转化，加快基础研究成果向产业技术转化，促进产业与学科知识相融合。一方面，地矿油学校需以优势学科为基础，整合校企双方优势资源建立"校企联合培养创新班"，校企共同研究、制订和实施人才培育计划，学校根据企业需求调整优化学科结构，开设交叉学科、前沿学科课程，为学生营造开放、自主的学习环境；在教学过程中完善企业教师与专业教师并行的教学指导机制，由科研能力强、学术成果多的企业员工担任学生的技术导师，以一对一或一对多的形式指导学生完成科创项目和毕设项目。另一方面，需要充分利用校企共建专业，建立长期稳定的创新实习实训基地，聘请行业领域专家担任指导教师，把实践教学环节延伸到工程现场，以提升学生的工程思维、工程伦理意识、实践操作能力和创新思维；支持学生去企业顶岗实习，完成相关的学习任务，拓展学生学习和理解企业理念；由企业开设行业发展前沿课程，为在校学生展示行业领域的最新发展动态，引导学生及时掌握企业急需和市场需求，帮助学生明确在校期间的学习研究方向。

（三）搭建实践类型的学科赛事，促进"训-创"相融合

大学生学科竞赛是提升学生创新思维和问题解决能力的主要载体，是培育创新型、应用型、复合型人才的有效手段。地矿油行业特色高校需要坚持"以赛促学、以赛促教"的人才培养理念，构建专业技能、科技创新和学科论坛相结合的学科竞赛体系，通过参加项目实操训练来拓宽学生的科学视野、培养学生的项目实战能力，促进学生创新意识与实践能力相结合。同时，企业也可以将产业中的前沿技术项目融入各类学科赛事中，为学生提供实际生产中的项目资料和问题需求，并以资金奖励或资助形式鼓励学生参与学科竞赛和各类高水平会议，协助学生发表高水平论文和申请发明专利，从而发掘潜力团队和优势技术，形成科研成果转化的良性闭环，推动创新人才培养和经济效益的有效对接。

例如，第五届全国油气地质大赛由中国石油教育学会、中国石油学会石油地质专业委员会、中国地质学会石油地质专业委员会、中国地质学会地质教育研究分会、中国石油大学（北京）主办，西南石油大学、中国石油西南油气田分公司联合承办。大赛赛题来源于油田现场实际地震、测井、岩心及各种分析化验资料，由企业专家和学校教师共同拟定，赛题具有很强的预测性和多解性，给参赛选手提供了很大的发挥空间。大赛以开放性、多样性、实践性和创新性教育相结合，搭建由"技能大赛—研究生学术论坛—知识竞赛"组成的多维度、全方位、全过程的育人平台；"技能大赛"以油气地质与地球物理的基本知识和技能应用为基础，提出综合评价方案，覆盖了地震资料构造解释、沉积相分析、石油地质综合评价以及油藏评价等油气地质核心研究方向，侧重考查参赛选手地质技能及创新能力。

大赛推进了油气地质类专业教育教学综合改革，促进了校企、校校、师生、生生之间的沟通交流，激发了学生自主学习动力，提高学生动手能力、团队协作能力和口头表达能力，为石油、地质高校学生全面发展、成长成才提供了有力保障。往届全国油气地质大赛中的赛题已作为案例纳入研究生课堂教学，提升了大赛的意义和学生受益面，大大提高了研究生工程实践与创新能力。

　　以提升能力需求契合度为目的，不断优化行业特色高校创新人才培养模式，既是立足于高校优化改革人才培养机制的理论基础，也是基于创新型人才提升就业质量的现实背景。优化创新人才培养模式、提升能力需求契合度，可以有效促进行业特色高校毕业生就业质量的提高，满足企业对创新型人才专业素养和技能的需求，促进人才培养在高校供给侧和企业需求侧的全面融合。

参考文献

[1] 刘延东. 深化高等教育改革走以提高质量为核心的内涵式发展道路[J]. 国内高等教育教学研究动态, 2012, (15): 1.

[2] 杜玉波. 全面推进素质教育 培养高素质创新人才[J]. 中国高教研究, 2012, (1): 1-4.

[3] 吴树青. 深化高等教育改革增强创新能力促进创新型人才培养[J]. 清华大学教育研究, 2007, 28(5): 1-7.

[4] 朱崇实. 研究型大学与创新型人才培养[J]. 国家教育行政学院学报, 2006, (9): 89-95.

[5] 罗维东. 以提高质量为核心 走内涵发展特色发展之路[J]. 中国高等教育, 2008, (2): 24-26.

[6] 张杰. 服务国家战略 培养创新型人才[N]. 人民政协报, 2019-08-28(003).

[7] 林健. 第四次工业革命浪潮下的传统工科专业转型升级[J]. 高等工程教育研究, 2018, (4): 1-10, 54.

[8] Badran I. Enhancing creativity and innovation in engineering education[J]. European Journal of Engineering Education, 2007, 32(5): 573-585.

[9] 陈以一, 李晔, 陈明. 新工业革命背景下国际工程教育改革发展动向[J]. 高等工程教育研究, 2014, (6): 1-5, 19.

[10] 吴岩. 勇立潮头, 赋能未来: 以新工科建设领跑高等教育变革[J]. 高等工程教育研究, 2020, (2): 1-5.

[11] 林健. 第四次工业革命浪潮下的传统工科专业转型升级[J]. 高等工程教育研究, 2018, (4): 1-10, 54.

[12] Travaglioni M, Ferazzoli A, Petrillo A, et al. Digital manufacturing challenges through open innovation perspective[J]. Procedia Manufacturing, 2020, 42: 165-172.

[13] Facione P A. Critical thinking: a statement of expert consensus for purposes of educational assessment and instruction[R]. Millbrae: The California Academic Press, 1990.

[14] 眭依凡. 大学: 如何培养创新型人才: 兼谈美国著名大学的成功经验[J]. 中国高教研究, 2006, (12), 3-9.

[15] Bentinck-Smith W. The Harvard Book[M]. Boston: Harvard University Press, 1982.

[16] 朱崇实. 研究型大学与创新型人才培养[J]. 国家教育行政学院学报, 2006, (9): 89-95.

[17] 王剑敏. 古代书院制的精髓及对我国现代高等教育的启示[J]. 扬州大学学报(高教研究版), 2014, 18(6): 26-31.

[18] 唐国华, 江丽, 李晨韵. 大学书院制: 创新型人才培养模式的有益探索[J]. 教育观察(上半月), 2016, (7): 4-7.

[19] 蔡俊兰. 继承与创新: 香港中文大学书院制研究[J]. 高教探索, 2017, (5): 94-100.

[20] 李曼丽, 苏芃, 吴凡, 等. "基础学科拔尖学生培养计划"的培养与成效研究[J]. 清华大学教育研究, 2019, 40(1): 31-39.

[21] 薄建柱. 创新型人才培养视角下的大学生创新"实验班"运行模式[J]. 华北理工大学学报(社会科学版), 2019, 19(5): 76-79.

[22] 雷文 R. 大学工作[M]. 王芳, 陆成东, 高欢, 等译. 北京: 外文出版社, 2004: 1-10.

[23] 张放平. 强化实践教学推动创新型人才培养[J]. 中国高等教育, 2007, (17): 29-31.

[24] 张友琴, 王萍, 朱昌平, 等. 以大学生创新性实验计划为契机培养创新型人才[J]. 实验技术与管理, 2011, 28(7): 167-170, 212.

[25] 王晓勇, 俞松坤. 以学科竞赛引领创新人才培养[J]. 中国大学教学, 2007, (12): 59-60.

[26] 钟秉林. 国际视野中的创新型人才培养[J]. 中国高等教育, 2007, (3): 37-40.

[27] 袁驷, 张文雪. "清华学堂人才培养计划"改革与探索[J]. 中国大学教学, 2014, (3): 9-13.

[28] 张辉, 吴宝华, 牟宏晶. 行业特色型高校产学协同创新路径研究[J]. 黑龙江教育(高教研究与评估版), 2019, (6): 8-11.

[29] 李滋阳, 李洪波, 范一蓉. 基于"教育链-创新链-产业链"深度融合的创新型人才培养模式构建[J]. 高校教育管理, 2019, 13(6): 95-102.

[30] 陈冬霞, 吴胜和, 柳广弟, 等. 利用行业优势培养资源勘查专业学生工程实践创新能力[J]. 中国地质教育, 2018, 27(1): 40-42.

[31] 董成立, 左利云, 单宋来. 浅析行业特色高校开展校企科技合作提升创新能力探索与实践[J]. 科技资讯, 2019, 17(36): 138-139.

[32] 陆瑞德. 影响高校人才培养质量的因素分析[J]. 江南大学学报(教育科学版), 2007, 27(4): 24-27.

[33] 倪丽娟, 陈辉. 制约大学人才培养质量的因素分析[J]. 黑龙江教育(高教研究与评估), 2007, (9): 40-41.

[34] 杨艳艳. 论高等院校创新型人才培养的质量评价指标体系构建[J]. 河南广播电视大学学报, 2018, 31(4): 99-102.

[35] 薄建柱. 创新型人才培养视角下的大学生创新"实验班"运行模式[J]. 华北理工大学学报(社会科学版), 2019, 19(5): 76-79.

[36] 朱克曼 H. 科学界的精英: 美国的诺贝尔奖金获得者[M]. 周叶谦, 冯世刚, 译. 北京: 商务印书馆, 1979: 382-396.

[37] 曹聪. 中国的科学精英及其政治社会角色[J]. 当代中国研究, 2007, (1): 1-12.

[38] 宋成一, 王进华, 赵永乐. 领军人才的成长特点、规律与途径: 以江苏为例[J]. 科技与经济, 2011, 24(6): 92-95.

[39] 白春礼. 杰出科技人才的成长历程: 中国科学院科技人才成长规律研究[M]. 北京: 科学出版社, 2007: 105-112.

第七章

新时代行业特色高校的评估体系研究

　　行业特色高校指具有行业背景、服务面向及相应学科特色的大学。潘懋元先生曾对行业特色型大学下过定义，行业特色型大学"是指以行业为依托，围绕行业需求，针对行业特点，为特定行业培养高素质专门人才的大学或学院。特色型大学是与市场、产业、行业和岗位群密切联系的大学，依据普通院校本科办学的基本规律，围绕学科建设，针对行业、岗位与技能需要设置专业，以培养专业性（型）高级人才"[1]。我国较早的行业特色高校是 1896 年北洋铁路总局创办的北洋铁路官学堂，1921 年合并为交通大学。新中国为适应国民经济恢复和发展需要，从 1952 年院系调整开始，建立了包括农、林、水、地、矿、油、电、化、建、交等在内的 300 多所行业特色高校。后来，管理体制改变，高校学科结构改变，学校发展方式改变，但行业特色高校始终存在，而且在高校中占有十分重要的地位，为我国经济和社会建设做出了突出贡献[2]。根据《国务院关于调整撤并部门所属学校管理体制的决定》（国发〔1998〕21 号）的意见，对原机械工业部、煤炭工业部、冶金工业部、化学工业部、国内贸易部、中国轻工总会、中国纺织总会、国家建筑材料工业局、中国有色金属工业总公司等九个部门所属的 93 所普通高等学校、72 所成人高等学校以及 46 所中等专业学校和技工学校的管理体制进行调整，即部属高校管理体制统一交由教育部管理。在原计划经济背景下，国务院行业主管部门办学模式已经形成了的一套长期有效的专门化的评价体系有着鲜明的特点：一是部委直属管理，行业定向指导；二是高校内科技、教学培养两个环节，都是上联主管部委，下串行业系统内各单位；三是毕业生定向分布在特定的系统内工作，形成大批量校友集群；四是科研集中于行业内。

　　进入新时代，行业特色高校将承担着更为重要的使命。首先，肩负着建设世界一流大学的重要使命。新时代的本质是中华民族强起来的时代，对于高等教育而言，就是要建设高等教育强国。高等教育强国必须有世界一流大学。我国"双一流"建设高校入选标准之一是"具有重大的行业或区域影响"，行业特色高校建设是一流大学建设的重要组成部分。其次，肩负着向应用型转型、培养应用型人才的重要使命。随着经济增长方式的转变，为满足科技创新的需要，国家需要大批应用型人才，行业特色高校正是培养应用型人才的"重镇"。最后，肩负为各行各业培养高素质人才的重要使命。社会的发展需要各行各业都得到大力发展，社会需求多元，行行出状元。行业所需要的人才大多来自行业特色高校[2]。因此行业特色高校承担着重要使命，需要大力发展。按照教育部发布的《2020年全国高等学校名单》，截至2020年6月30日，全国高等学校共3005所，其中普通高等学校2740所。在这20年统一办学模式下，全国3000多所高校归口到教育部后，正在逐步形成一套市场化背景下的普适性的评价体系。按照过去20年的发展速度，预测到2050年，再经历近30年的发展，原行业高校特色的痕迹将全部转为专业特色。届时，全国统一的高校专业指标评价体系真正具有普适性，一把尺子衡量所有高校。

因此，在这个转轨过渡期，我们需要针对历史存量影响和增量主导，建立一套特殊的评价体系，区别对待行业特色高校，再采用通用评价体系增加历史存量的后摄影响。同样道理，就我国高校整体办学模式来说，由老体制向国际接轨转变中，3000多所高校所需要的评价体系，也是要有异于国际知名的四大排行榜，增加了具有显著特色的指标。

第一节　行业特色高校研究概述

一、概述及内涵

我国的行业特色高校起源于20世纪50年代。当时我国亟须培养大批高级专门技术人才以服务各行各业的发展，为此隶属于各部委的行业性高校应运而生。经过多年的发展，行业特色院校覆盖了关系国计民生的所有关键行业领域，既有农业、林业、水利、地质、矿业、石油等基础行业，也有建筑、交通、电力、通信、化工等应用行业。1998年我国对高等教育领域进行了管理体制改革，除少数学校继续由各部委与教育部共建外，绝大多数行业特色高校逐步划入办学所在地实行省级管理[2]。长期以来，行业特色高校将服务行业作为办学重点，在与行业企业的相互联系中，自身独特的办学特色与学科优势日益彰显，为国家经济发展，尤其是行业的改革与企业的进步输送了大批优秀技术和管理人才[3]。在2017年1月教育部、财政部、国家发展和改革委员会印发的《统筹推进世界一流大学和一流学科建设实施办法（暂行）》中，公布了140所"双一流"建设高校名单[4]，而在其中，"双一流"学科建设高校多数为行业特色高校。在"双一流"建设中，行业特色高校承担着服务区域经济社会发展和服务行业升级发展的重担，必须要面对新挑战，抢抓机遇，强化特色优势，实现一流发展；同时，行业特色高校需要对学科特色建设进行方向凝练、路径分析和制度保障，以特色课程群建设推动教学改革，以特色交叉科研引领学科建设深化，以特色国际化建设拓宽办学视野。

二、发展特征

　　行业特色高校根源于行业，科研创新和参与国家创新体系、创新项目建设的平台也在行业。针对自身学科结构特点，就行业关键共性技术的发展方向主动探索，使学科专业结构始终体现行业的最新发展方向和经济社会发展的需求，从而为国民经济建设提供具有前瞻性的人才与技术支撑。2015年10月24日，国务院印发《统筹推进世界一流大学和一流学科建设总体方案》，要求"到2020年，若干所大学和一批学科进入世界一流行列，若干学科进入世界一流学科前列。到2030年，更多的大学和学科进入世界一流行列，若干所大学进入世界一流大学前列，一批学科进入世界一流学科前列，高等教育整体实力显著提升。到本世纪中叶，一流大学和一流学科的数量和实力进入世界前列，基本建成高等教育强国"。该方案将国内的高校分为拥有多个国内领先、国际前沿高水平学科的大学，拥有若干处于国内前列、在国际同类院校中居于优势地位的高水平学科的大学，拥有某一高水平学科的大学；要求"高校要根据自身实际，合理选择一流大学和一流学科建设路径，科学规划、积极推进"[5, 6]。

　　强化办学特色、突出学科优势，是多数高校的一流发展路径。地方行业特色高校更是如此，其本身围绕某个行业，拥有一个或若干个高水平优势学科，具有较好的发展基础。以江苏省为例，2017年9月，教育部公布的"双一流"建设名单中，江苏有15所高校的43个学科跻身世界一流学科建设行列[7]。据统计，在全国第四轮学科评估中，江苏排名前10%的学科数共33个，16个一流学科属于行业特色型学科。

　　所有入选"双一流"建设的学科均进入ESI（Essential Science Indicators，基本科学指标数据库）全球排名前1%学科。如果说专门学院的发展模式是效仿苏联，那行业特色高校则是扎根中国土地，彰显着中国特色的高校发展模式。特色发展使地方行业特色高校在"双一流"建设竞争中找到差异化发展途径，通过特色发展突出学科优势，强化办学特色，树立良好的行业声誉和社会影响力，提升学校的综合办学实力。

（一）普适性

　　人才培养、科学研究、社会服务、文化传承创新是高校的四大基本职能。行业特色高校因为其独特性，其职能也与普通高校有所区别。第一，人才培养。行业特色高校有突出实践、强调应用、注重服务的传统，学生知识能力结构贴近行业需求，是行业领域高层次人才培养的主要基地，其毕业生都活跃在原行业领域，成为行业领域的管理中坚和技术骨干，使学校与行业发展血脉相连。第二，科学研究。行业特色高校为行业科技进步提供重要技术支撑，其教师都有着深厚的行业背景和行业情怀，更加熟悉行业的生产实际和操作流程，科学研究更贴近企业生产一线和科学技术前沿。第三，社会服务。行业特色高校为行业发展持续提供专家咨询和高新技术服务，并得到行业和社会广泛认可。第四，文化传承创新。在办学历程中行业特色高校将行业精神融入学校精神，造就了独特的校园文化，成为学校高质量发展的灵魂和文化名片。

（二）特殊性

行业特色高校与一般高校的区别体现在各个方面。

（1）办学历史悠久。从时间跨度来看，我国行业特色高校大多具有悠长的办学历史，最早可追溯到 20 世纪 50 年代。行业特色高校为适应国民经济发展的需求，全面学习苏联的办学模式，由综合性大学变为行业特色型大学，为新中国的工业化、现代化等各个方面打下了坚实的基础和做出了卓越贡献。从主管部门的变更来看，行业特色高校原隶属于行业部门主管，后划转教育部或地方政府管理。

（2）行业学科优势突出。行业特色高校的学科专业主要围绕行业的产业链而设置，在长期办学过程中已形成与行业紧密联系的学科专业体系和学科优势。从学科类型来看，行业特色高校可分为农林类、医药类、产业类、资源类、语言类、体育艺术类、财经类、政法类等；从学科专业水平来看，一些具有行业特色的优势学科的综合实力和竞争能力达到国内甚至国际先进水平，在国内外有较高的学术影响。

（3）服务于生产实践。行业特色高校的课程设置紧紧面向行业需求，精准为行业提供智力供给，因而行业特色高校的课程建设，特别是教材开发行业企业均深度参与。行业特色高校的贡献重点于不在理论创新，而在于技术创新。通过技术创新，服务生产实践，提高行业的生产和服务水平。

（4）培养行业应用型人才。行业特色高校定位于为行业培养专业性的应用型人才，此类人才需具有丰富扎实的理论功底，又要具有解决行业发展实际问题的能力。为此，行业特色高校多瞄准行业发展需要，构建集实践性、系统性、开放性于一体的实践教学体系。

（5）毕业生行业就业优势明显。行业特色高校为本行业、本系统输送了大批的行业骨干人才和领军人物，形成了行业特色高校与行业水乳交融、携手共进的局面。

三、发展概况与问题

（一）行业特色被严重弱化

行业特色高校多是从国内高水平大学分离出来，或是多所大学相同学科、专业合并而来，因此有着扎实良好的发展基础。20 世纪 90 年代中国高等教育综合化体制改革之前，地方行业特色高校隶属于国务院某个部委，改革后则划归地方政府管辖，成为普通地方高校。解除了行业隶属关系之后，走上了综合化发展道路，合并、升格成为当时改革的标志性特征。摆脱苏联模式，学习欧美经验，多科性、综合性大学成为当时的发展潮流[8]。这一时期，除管理体制改变导致行业特色高校与原隶属行业部门的关系开始疏离之外，其行业特色也逐渐被综合化浪潮淹没，与行业部门签订共建协议成为彰显高校行业特色的主要途径。成为地方普通高校的身份转变同时带来了资源获取渠道的转变，资源获取上的差距在一定程度上抑制了学校的发展[9]。直到 2007 年，特色发展才重新回归，在此之前特色优势学科的发展已受到一定阻滞。

（二）学科布局综合性不强

行业特色高校原有学科门类较少，专业设置较窄，优势学科单一，大多集中在与某些行业密切相关的几个学科，其他学科的发展则相对滞后。特色优势学科未能形成引领效应，弱势学科也未能发挥其补充、融合效应。这成为某些高校特色学科不强，新增学科发展缓慢的重要原因。此外，有些学科随着行业发展形势而成为"热门"，众多高校竞相建设，少数高水平大学由于其较高的影响力、强大的资源投入和优秀的师资力量，使得原先某些具有特色学科优势的地方行业特色高校逐渐失去了优势。

（三）人才培养特色不明显

行业特色高校不同于综合性大学，也不同于高职高专院校，人才培养不仅需要有坚实的理论知识基础，还需要有适应满足行业发展、地方经济发展需求的实践能力和创新能力。比如，新中国成立初期崇尚培养专门人才，随着高等教育的发展，综合性人才成为培养主流，行业特色高校的学生培养特色也在这一时期被弱化。面对"双一流"建设的新形势，如何正确定位人才培养特色是每个行业特色高校人才培养方案的难点和重点。

（四）行业特色高校自身发展需要寻求突破

行业特色型大学主要是指 20 世纪 50 年代院校调整时出现的，由行业管理的高等学校。这些学校长期依托于行业，主要服务于行业；在长期办学过程中，形成了与行业密切相关的办学优势和学科特色，是推动行业发展的重要力量[10]。行业特色高校是我国高等教育体系中的特殊群体[11]，在长期办学过程中形成了与行业密切相关的办学特色和优势学科，与国家国防、地质、冶金、机械、电子等行业产业共同发展进步，产教协同输送了大批优秀人才，校企融合取得了众多领先科技成果。地矿油高校是行业特色高校的典型代表，在培养行业人才和科技创新方面为国家经济建设和社会发展做出了重要贡献。然而，近年来，它们也在改革发展过程中出现了不少问题，如学科发展不平衡、人才培养体系滞后等。地矿油高校如何实现高质量发展，是当前教育界和学术界应当关注的问题。

（五）当前缺乏客观的行业特色高校评估体系

要促进特色行业高等教育良性可持续发展，办成高质量行业特色高校，需要建立一个以地质、矿业、石油为代表的行业特色高校评估体系，以对行业特色高校发展状况进行客观评估，发现行业特色高校存在的主要问题及其形成原因，进而为行业特色高校学科建设提供新的发展思路，为改进高校教学评估实践，改善学科格局，提高地质、矿业、石油为代表的行业特色高校学科发展水平，建设一流大学提供政策建议。

四、构建完善行业特色高校评估体系的紧迫性

（1）内涵式发展的紧迫性。行业特色高校因其在学科专业设置、人才培养、科学研究、服务面向等方面的特殊性，现有评估体系中设置了与行业特色高校契合度不高或无关的评估指标，这不仅会误导其拼命补齐所谓短板，而且难以客观展示其办学成效。进入新时代，注重规模的传统外延式发展模式已经不适应我国高等教育发展的需要。通过厘清行业特色高校的特点特征，构建相应的评估体系，有助于引导其办出特色，成为高等教育改革发展的推动者和示范区，支撑高等教育的内涵建设。

（2）加快推动产业转型升级的紧迫性。新时代，我国经济转型发展，新信息技术突飞猛进，各行各业发生了重大变化，对学校发展提出了新要求。以工业发展为例，在工业发展中发生了许多重大变化，突出表现在三个方面。一是新业态不断涌现。由于信息技术革命、产业升级、消费者需求倒逼等多种原因，新业态不断涌现，如智能工业机器人、电子商务、数字员工、现代物流、3D（3 dimensions，三维）打印、生物医药、汽车服务、观赏农业、快递业、在线教育、家政服务、养老服务等。因此，行业特色高校要根据新业态，适时调整学科专业，以培养新业态所需人才。二是技术发展神速。相对而言，理论是比较稳定的，技术创新发展、变化很快。行业特色高校要关注本行业的技术发展，洞察前沿，不断调整人才培养目标、教学内容和方法。三是现在高水平行业的研发能力、技术创新水平超过大学。行业特色高校源于行业，其人才培养、科学研究、社会服务也都根植于行业，没有行业特色高校的高质量发展，产业升级和经济高质量发展将失去动力。研究和完善中国行业特色高校评估标准与评估体系，使其充分发挥"指挥棒"

作用，有助于引导行业特色高校更加聚焦行业、服务行业，成为行业发展的开拓者和主力军，为国家经济社会发展做出更大贡献，促进产业转型升级和国家创新发展。

（3）加快形成中国行业特色高校评估体系的紧迫性。"双一流"建设是党中央审时度势、慎重抉择的重大战略决策，构建具有中国特色的多元评价体系，是适应新时代高等教育新发展，保障"双一流"建设顺利实施的有力举措[12]。行业特色高校不仅是我国高等教育体系的重要组成部分，也是"双一流"建设的主力。以行业特色高校为切入点，进一步完善中国特色的"双一流"建设评价体系，加快形成中国行业特色高校评估体系，为一流大学评价贡献中国方案。

第二节　国内外研究概况及发展动态分析

一、国内外研究概况

国外对高校评估的研究主要集中在专业自我评估和学位论文质量评估上。大多数学者认为，自我评估是一所大学的集体反思性实践，是为了改进其符合特定标准的工作或学习的进度，强化高校教学工作绩效，对其所处的管理环境体现出一定的估值和作用。学生学习成果评估是一种正式的、系统的方法，用于收集有关项目质量的证据，进而帮助教师和其他利益相关者提高教师专业质量。当然，也有学者侧重学位论文质量，他们通过对学位论文研究发现，学位论文应具有创新性、严密性和独立性的要求。

截至目前，国内与行业特色高校评估体系相关和类似的研究主要集中在"双一流"建设、行业特色高校研究、高校学科建设研究、行业特色高校学科评估、自我评估和评估结果等方面。

有关"双一流"建设中对学科发展影响的探究是众多专家重视的核心内容。郑波[13]、蔡宗模等[14]、侯晓苏[15]等多位专家对"双一流"建设出现的问题和带来的影响开展深入探究，他们指出，"双一流"建设是国内高等教育改革的重要方式，然而在执行中依旧出现明显的问题和不足，并对此提出了建议。杨震[16]提出，当前要辩证对待"双一流"发展，罗向阳[17]、刘益东[18]提出创建一流和本土化相融合的发展方式，并对"以绩效为杠杆"的发展理念进行了思索。杨兴林等[19]在《"双一流"建设笔谈》中指出，高等教育需要强化发展基础学科创新力度，应用类和基础学科对于国家高等教育建设来说格外关键，为了寻求头衔过度关注应用学科而轻视基础学科的方式不合理。任瑜和赵阳[20]分析了其他国家一流大学的学科比例，指出在国内工科能力相对好的学校，基础性学科发展效果并不好的状况。

　　行业特色高校发展的相关分析主要汇聚在行业特色高校的发展历史、定义内容和特点、主要利用和各行各业之间的紧密关系来明确具体学校的本质属性、根据现实特点进行深入分析。潘懋元和车如山[21]、罗维东[7]、钟秉林等[22]指出，行业特色高校具有明显的行业特点。李爱民和周光礼[8]、徐晓媛[23]对我国行业特色高校发展历史展开了回顾评析与思考。此外，关于行业特色高校办学特色的研究包括有关学科优势领域的特点[24]、关于人才培养优势方面的特色[25]、关于产学研优势方面的特色[26]。周南平和蔡媛梦[1]对行业特色高校划转后遭遇的问题进行了分析。李枫和赵海伟[27]提出特色发展问题。赵辉[28]指出了划转所造成的问题以及风险一般源自定位含糊、学科限制和办学效益缩减等。在关于行业特色高校发展战略及措施的分析方面，大部分专家学者从高校发展战略层面指出合理的方案以及举措，一般汇聚在科学定位[29]、特色发展[30]、人才培育模式改革[31]、协同创新[32]、转型升级等。任瑜和赵阳[20]综合分析行业特色高校发展过程中面临的问题和困境，并结合国家政策环境和高校自身因素，提出解决问题的对策建议。

　　关于学科的分析大部分汇聚在学科建设上，一般是大学学科建设定义、现实情况、主要路径以及方式分析、合理的对策分析。大学学科建设定义主要存在下面几类理论：刘开源和耿丹[33]从学科内容角度着手，指出学科建设是主要以学科学术属性为重点，汇聚学科方向、学科梯队、学科基地以及项目建设于一体的整体性建设。田定湘[34]从目标角度着手，指出学科建设是根据相应的学科方向，对学术人员以及条件开展计划和建设，最终获得人才培育和科学分析的整体能力。学科建设情况一般选择某一个学科或以某一所高校作为研究对象进行研究，深入探究此学科或高校学科综合发展的情况，提出合理的意见，如宋俊成[35]针对高校的思想政治学科进行了深入分析。建设路径与方式相关分析主要集中在：学科方向、团队建设、内部结构、未来规划、组织设定和监管。例如，康翠萍[36]将学科建设定义为知识形态、组织形态、活动形态三种形态构成的动态发展统一体，由此进行学科建设的政策构建。刘海涛[37]则运用战略管理的方法寻找学科建设的有效路径。相关对策分析通常汇聚在下面几个部分：学科建设经费、市场引导、科研项目驱动、激励制度和教师团队建设、管理制度、未来发展计划、具体定位、发展方向、人才团队组建、资源平台建设等。其中，李艳华[38]就应用激励和约束的策略来调动主体的参与热情，达到实现资源的最大化利用的目的。刘献君[2]针对行业特色高校自身的特殊性，提出了其在发展中面临诸多矛盾和问题。任瑜和赵阳[20]阐述了南京信息工程大学立足特色学科优势，在平台搭建、师资建设、人才培养、国际合作方面着力打造基于学科的国际化战略。

　　行业特色高校评估研究主要集中在教学课程评估、学科评估、本科专业评估、学位论文评估和自我评估等方面。李艳华[38]、陈丽媛等[39]根据教育部关于普通高校本科专业评估指标体系中的优秀标准来阐述如何加强专业建设。王秀华[40]从研究性教学内涵出发，基于研究性教学课程的评估原则，构建了研究性教学课程评估指标体系。严汝建等[41]基于第三轮学科评估的某一学科的各参评学校信息和多所高水平行业特色高校的三次学科评估结果数据，提出了学科建设应坚持系统思维、瞄准内涵寻找突破、加强质量意识、建立宽松氛围、开放合作共享的观点。聂继凯[42]结合层次分析法，建构了包括教学环境、教学内容等七个一级指标和教学设施、多方法组合、过程设置等 23 个二级指标且附带权重的高校研究性教学评估指标体系，并获得了指标中蕴含的多因素复合作用过程、多主体协同互动、包容型需求等若干重要发现，据此有针对性地提出了后续优化高校研究性教学评估指标体系九个方面的建议。

目前，在地质、矿业、石油行业特色高校评估方面的研究较为少见，接近于空白。王银宏[43]以中国地质大学（北京）为例，提出了在新形势下行业特色大学创建世界一流学科的思考，应围绕"双一流"建设目标，加强学科布局的顶层设计和战略规划，突出人才战略，推进学科平台建设，创新和完善学校管理体制机制，进一步提升学校核心竞争力。学者崔琰琳在《解读两地办学高校的世界大学排名——以地矿油高校为例》一文中，对两地办学的地矿油高校进入四大世界大学排名情况进行了梳理与总结，但崔琰琳只是分析了 U.S.News 世界大学排名、ARWU（ShanghaiRanking's Academic Ranking of World Universities，软科世界大学学术排名）、THE 世界大学排名（泰晤士高等教育世界大学排名，Times Higher Education World University Rankings）、QS 世界大学排名评估指标所存在的问题，并未提出解决评估指标存在的问题的方法。

可见，目前关于地质、矿业、石油为代表的行业特色高校研究有待完善和不断发展，同时大部分评估指标体系存在重结论轻诊断、评估内容界际不清、人才评估思路陈旧、针对性不强等问题。针对评估指标体系的理论探讨则着力于评估指标设计原则、评估指标体系构成等方面的定性阐释，忽视评估指标体系的系统性建构及其实证性权重计算。因此，基于系统论建构一个可操作化且附带权重的高校研究性教学评估指标体系是十分必要的。

二、国内外高校评估系统分析

当前世界著名的世界大学排名有 ARWU、THE 世界大学排名、QS 世界大学排名和 U.S.News 世界大学排名四种，这四个全球极具影响力的世界大学排名指标体系能够在一定程度上反映一流大学的本质特征，是世界各国评估和对比大学的重要手段之一，其指标体系的二级指标可归为声誉、文献、师资与教学、国际化和科研收入五类。

U.S.News 世界大学排名设置了学校声誉、科学研究和学术人才三个一级指标，以及 11 个二级指标，考察内容也相对全面，但强调大学的科研水平，文献指标权重高达 65%。见表 7-1。

表 7-1　U.S.News 世界大学排名评估指标体系及内涵

一级指标	二级指标	权重
学校声誉	全球声誉	25%
	地区声誉	
科学研究	论文发表篇量	65%
	出版著作数量	
	归一化引用指数	
	总引用指数	
	1%高被引论文比率	
	10%高被引论文比率	
	国际合作	
学术人才	授予博士学位数	10%
	教师博士率	

ARWU 设置了四个一级指标，包括人才培养、科学研究、师资队伍和办学资源。ARWU 的指标都是客观性指标（表 7-2），以学术为导向，注重高水平科研成果，但对科研成果的考察仅注重文献的数量，而没有关注文献被引频次等可以反映科研影响力的指标。

表 7-2　ARWU 评估指标体系及内涵

指标类别	重要指标	权重
人才培养	教育教学质量	35%
科学研究	科研项目成果	35%
师资队伍	队伍层次结构	25%
办学资源	办学经费数量	5%

THE 世界大学排名指标体系设置了五个一级指标，包含教育质量、国际化、科学研究、教师质量和社会服务，以及 13 个二级指标，考察的内容相对全面，如表 7-3 所示，但 THE 世界大学排名过于重视高校科研实力，教育质量和科学研究两项指标权重达 60%，在国际化、社会服务等方面有所缺失。

表 7-3　THE 世界大学排名评估指标体系及内涵

指标类别	重要指标	权重
教育质量	课堂教学和学习环境	30.0%
国际化	国际师资和学生比例	5.0%
科学研究	科研项目收入和声誉	30.0%
教师质量	学术论文引用及影响	32.5%
社会服务	横向收入和成果转化	2.5%

QS 世界大学排名指标体系包含六个一级指标，分别是同行评议、雇主评估、师生比、人均被引论文次数、国际教师比例和国际学生比例，侧重于考察高校的声誉，并不能全面评估，如表 7-4 所示。

表 7-4　QS 世界大学排名评估指标体系及内涵

指标类别	重要指标	权重
同行评议	学术声誉	40%
雇主评估	毕业生质量	10%
师生比	教学质量	20%
人均被引论文次数	研究实力	20%
国际教师比例	国际化程度	5%
国际学生比例	国际化程度	5%

可以看出，声誉指标受到 THE、QS 以及 U.S.News 三大评估机构的重视，而 ARWU 更侧重于客观指标，师资与教学指标在 ARWU 中的权重较大，而在 QS、THE 及 U.S.News 中的权重相对较小。多维度评估大学是国际主流，但评估指标设置及权重存在较大差异，在评估指标中，文献和声誉指标的权重值较高，国际化和科研收入指标权重较低，目前国外的高校评估指标考察的内容尚未形成共识。

在国内现存高校评估体系中，除了影响力较大的 ARWU 外，还有中国大学排行榜（China University Rankings，CNUR）、武书连高校排行榜、校友会大学评估、武汉大学中国科教评估。这些评估体系通过使用一些主观、客观指标和来自大学或者公共部门的数据，对大学按照各自之间的相对水平进行质量评定，其对学科评估只是简单地叠加，忽视质量追求数量，而且存在商业化评估现象，并不客观。总体来说，国内缺乏官方评估体系，现存排行榜并不能客观分析大学教育、科研、管理等办学现状，更不要提找出问题以促进大学提高教育质量、科研能力、管理水平与办学效益。

三、行业特色高校的评估目的、原则与理念

（一）评估目的

一是服务国家重大战略需求、引领行业高质量发展。促进行业特色高校高质量发展，提高服务国家重大战略需求、引领行业高质量发展的能力。习近平在考察清华大学时强调，"一个国家的高等教育体系需要有一流大学群体的有力支撑，一流大学群体的水平和质量决定了高等教育体系的水平和质量"①。作为高等教育生态体系和"双一流"建设的重要组成部分，行业特色型大学的高质量发展具有独特性和典型性，因此，我们需要准确把握新时代行业特色高校发展历史方位，深入探索和思考行业特色高校高质量发展之路。

二是服务我国高校"分类发展、办出特色、争创一流"的大格局。突出评价的诊断与改进功能，通过评价帮助行业特色高校对标对表、精准研判其建设的成效与不足，全方位展示行业特色高校的办学成效，引导其走内涵式高质量发展之路。

三是丰富和完善具有中国特色的大学评价制度，服务社会。社会服务是高校最为基本的三大职能之一。《国家中长期教育改革和发展规划纲要（2010—2020年）》中明确指出，"增强社会服务能力。高校要牢固树立主动为社会服务的意识，全方位开展服务"。行业特色高校立足区域，又与市场、产业、行业有着密切联系。行业特色高校的服务面向较为明确，因此服务能力是其鲜明的特点，也是其发展的优势所在。通过完善具有中国特色的大学评价制度、全方位展示评价结果，满足社会、行业等对行业特色高校办学成效的知情需求。

（二）评估原则与理念

行业特色高校的评估的原则坚持以下几点：第一，科学性原则，避免主观性。第二，系统性原则，具有确定属性的逻辑结构。第三，可行性原则，客观可信。第四，启发性原则，以评促建。

对于行业特色高校的评估理念需要考虑到以下几点。

一是强化立德树人。坚持守正创新，以"立德树人成效"为根本标准，以"质量、成效、特色、贡献"为价值导向，以"定量与定性评价相结合"为基本评价方法。

二是赋值中国特色。立足我国国情和行业特色高校实际，将人才培养、科学研究、社会服务、文化传承创新等通用指标置于新时代行业特色高校发展环境中

---

① 《习近平在清华大学考察：坚持中国特色世界一流大学建设目标方向　为服务国家富强民族复兴人民幸福贡献力量》，http://www.gov.cn/xinwen/2021-04/19/content_5600661.htm[2022-07-12]。

并予以再定义、再赋值、再充实，使之中国化、行业化。树立中国标准，彰显中国特色。

三是突出行业引领力。针对行业特色高校的特点，以行业显示度、行业贡献度、行业支撑度、行业引领度和行业认可度为二级指标，开展行业特色高校建设一流大学评价，实现世界标准和行业特点相结合、增量与存量相结合、学术水平与服务效果相结合、投入与产出相结合。

四是强调以评促建。按照"分类发展、办出特色、争创一流"的大格局，将评价工作重心聚焦评价数据采集与挖掘、问题梳理分析与对策研究，既解决通用性评价指标导致的高校同质化、功利化、指标化等问题，更要通过评价发现问题，引导和促进我国行业特色高校分类发展、特色发展。

四、构建行业特色高校的评估的思路与方法

本章在广泛查阅、挖掘国内外研究成果，认识党的十九大提出的"加快一流大学和一流学科建设，实现高等教育内涵式发展"的新时代背景和特色行业高校发展要求基础上，探索地质、矿业、石油为代表的行业特色高校特点和在"双一流"动态监测与评估中的特殊性，充分调研行业专家意见，并结合我国地质、矿业、石油为代表的行业特色高校实际情况，提出行业特色高校评估的实施策略，建立一个客观的、专业化的行业特色高校评估体系，为行业特色高校"双一流"建设和定量评估提供有力的实际参考资料。本章拟构建以地质、矿业、石油为代表的行业特色高校评估体系指标，共包含一级、二级、三级指标，其中一级指标有五个，包括人才培养水平、学校建设水平、科学研究水平、社会服务能力、国际化水平；各一级指标下设二级指标若干，各二级指标下设三级指标。

（一）评估指标体系构建

基于目前已有的评价体系（如学科评估、"双一流"动态监测、本科教学工作审核评估、影响较为广泛的第三方评价排行榜等）以及行业特色高校特点，收集当前国内外最具影响力的大学评估指标，同时通过访谈、调研有关高校的发展规划专家等，力争博采众长，使评价指标尽可能全面、可操作。重点从行业特色高校依托行业、服务行业、支撑行业转向带动行业、引领行业高质量发展的角度来设计评价指标。在办学定位方面，是否突出行业特色；在人才培养方面，是否面向行业培养了行业需要的高素质人才；在科学研究方面，是否以解决行业难题为导向，在基础及应用研究、成果转化方面取得突出成果；在社会服务方面，是否能为行业发展持续提供专家咨询和高新技术服务，并得到行业和社会广泛认可；在文化传承创新方面，是否将行业精神融入学校精神，塑造独特的校园文化。

（二）评估方法选择

本章主要采用文献调研法、定性与定量结合法、专家访谈法、层次分析法进行探讨和研究。

（1）文献调研法。通过对国内外文献和资料调研，对国内外高校发展理论和研究现状进行归纳总结，分析目前行业特色高校的特点，以及高校评估的研究动态和评估体系的影响因素，并进行文献综述，为本章提供研究理论基础和支点，并在此基础上提出本章研究内容和思路。

（2）定性与定量结合法。行业特色高校评估体系关系到各种影响其改革和发展的内外部影响因素，利用定性与定量结合法，分析评估体系各层级指标和同一层级各项指标的权重数量关系。

（3）专家访谈法。通过行业特色高校和教育部门专家访谈，充分了解各专家对高校评估政策和评估指标体系的意见与建议，在整合新时代行业特色高校评估政策、实践经验和各专家建议的基础上，凝练出行业特色高校评估体系的各级指标，确定各级指标的因素组成。

（4）层次分析法。运用层次分析法对行业特色高校评估体系中各因素进行筛选，确定各因素在各层级中的权重，有利于构建准确、合理的指标体系和评估体系。

本章主要特色在于运用定性和定量相结合的方法进行科学问题探究。两者之间具有互为补充和强化对方的功效。

（1）在分析地质、矿业、石油为代表的行业特色高校评估体系的各类组成因素时，需要定性研究，利用这种客观定性研究为定量研究提供理论依据。而完全依靠定性研究，显然不具有多大的说服力。所以将各因素和评估体系的指标进行量化、具体化，就需要通过定量研究。例如，本章通过问卷调查、专家访谈等方式，从访谈中获取有用信息，概括生成理论维度，从而为评估体系验证性的定量研究的问卷编制提供参考。

（2）在定性研究中穿插定量研究有利于揭露更多隐匿的内容，能更清楚、明确地梳理评估体系中各层级及同层级中各因素之间的多重关系，确保行业特色高校评估体系的有效性和实用性。同时通过反馈机制及时调整体系内容使评估体系的运行得到优化。

（三）评估结果解读

行业特色高校承担了人才培养、学科研究、服务社会和文化传承创新等多重职责，与教师、学生、校友、政府、行业企业、协会等利益相关者联系紧密，这种复杂性决定了评估结果需要多维度呈现，不能简单地用得分或排名来呈现。评估体系是高校发展的"指挥棒",科学的评估体系是检验行业特色高校改革发展成效的有效工具。针对不同类型、不同规模、不同发展基础的高校开展分类评估、动态评估、诊断评估是大学评估的必然趋势。行业特色高校在我国高等教育体系中地位独特、特色鲜明,是高等教育改革发展的推动者和示范区,肩负着实现高等教育内涵式发展的使命,承担着支撑行业高质量发展的任务,成为我国建设世界一流大学和世界一流学科的重要组成部分。评价指标体系的构建,既能动态化、全方位展示行业特色高校的建设成效,又更注重诊断发现行业特色高校存在的显性和隐性问题,为科学评价行业特色高校一流大学建设成效提供可视化、可度量、可操作、可推广的评价指标体系。

(1)总结行业特色高校在"双一流"动态监测与评估的普遍性和特殊性。不同行业特色高校有着不同于其他高校的特点,在"双一流"动态监测与评估中展现出特殊性。要构建一个符合以地质、矿业、石油为代表的行业特色高校实际情况的有效评估系统,首先得对地质、矿业、石油为代表的行业特色高校的普遍性和特殊性进行研究。行业特色高校是在 20 世纪中期院系调整阶段产生的由行业部门管理的地质、矿产、石油等高校。行业特色高校长久依靠行业部门管理,为行业发展服务,显示出与行业紧密关联的学科特点以及优势,为满足社会经济进步对有关人才的急切需要、加快产业发展做出一定的贡献。由于其和行业之间建立了紧密的关系,其优势学科体现出突出的产业特征,成为国内高等学校中重要且鲜明的群体,所以在"双一流"动态监测与评估中,在行业人才培养、为国内产业发展贡献行业科技成果,以及建设出一批有自己行业优势的特色学科等方面具有明显的特殊性。

(2)确定行业特色高校评估依据、目标和原则。首先,在对地质、矿业、石油为代表的行业特色高校进行评估之前,需要明确评估的目标是什么,有何依据,按什么原则进行评估。探究行业特色高校评估的理论依据,包括高等学校战略发展理论、行业特色高校理论、"双一流"建设战略及指导思想等,确定评估目标和评估原则。其次,评估指标体系的构建要遵循一致性原则,具有系统性、全面性,还要具有导向性,客观反映高等教育发展规律和改革趋势,符合自身的发展标准,同时,评估指标体系要具有可行性,应简明扼要,保证数据来源的客观、规范、准确,保证评估结果客观可信。最后,评估结果应具有多方面可用性。只有构建合理的专业自评估指标体系,才能促进行业特色高校的建设与发展,实现其评估的真正目的。

(3)确定行业特色高校评估指标及权重。通过对行业特色高校特点及各种高校评估政策和理论的研讨,结合地质、矿业、石油为代表的特色行业高校专家及汇总教育各主体的意见和建议，确定行业特色高校评估指标，在确定评估指标权重方面，先通过邀请以地质、矿业、石油为代表的特色行业高校专家，以及高等教育管理、科学实践研究和人力资源研究等领域的专家、教授参与问卷咨询。专家、教授根据所收到的问卷，结合相关知识和经验，进行指标赋分。收回赋值后的问卷后，运用层次分析法对该评估体系中各因素进行筛选，确定各因素在各层级中的权重，并突出核心指标和普通指标在评估中的不同占比。

（4）构建行业特色高校评估体系。在确定评估指标及权重后，给出地质、矿业、石油为代表的行业特色高校具体评估方法、步骤和注意事项，并对构建好的评估体系进行结果测试分析，与国内外影响力较大的评估体系作对比，若评估结果差异较大，需要分析原因是否合理，若不合理，需要对其进一步完善。

评估体系最后要达到三个目标，指标遴选能体现"双一流"建设内涵，权重分配能凸显地质、矿业、石油为代表的特色高校人才培养根本性任务，科学监测评估能提升办学竞争力水平。

（5）行业特色高校评估的实施策略。根据上面所建立的合理、科学的评估体系，利用定性和定量相结合的方法，在动态分析、横向比较、纵向比对的基础上，不断明确以地质、矿业、石油为代表的特色高校内涵发展的重点和路径，针对学科结构布局的优化、优势创新能力的强化、一流师资的打造以及师生活力的激发等方面，提出以地质、矿业、石油为代表的行业特色高校评估的具体实施策略，对提升内涵发展措施的效度要起到积极作用。

第三节　地矿油行业特色高校评估指标体系建立

一、评估指标筛选

（一）行业特色高校评估目标与原则

地矿油行业特色高校评估不仅涉及定量分析，还涉及定性分析，这些分析指标按照一定规律形成多层次结构，并且具有较强的不确定性，导致地矿油行业特色高校评估是一类跨层次、多指标，同时无法直接定量分析的评估体系，为了使研究较为客观，本章采用文献调研法、定性与定量结合法、专家访谈法、层次分析法等进行探讨和研究。本章将行业特色高校办学质量评估划分为五个维度，并通过专家修正，以确保指标覆盖评估对象的基本属性内容。为提升评估的有效性和可靠性，在构建指标体系过程中遵循以下原则：①科学性原则，主要是指避免主观选用指标，确保指标的可靠性和合理性，同时形成的行业特色高校评估指标体系应具有较好的完整性和代表性；②系统性原则，以行业特色高校的范围、属性和内涵作为界定的依据，将行业特色高校的办学质量作为一个系统进行分析，得到的评估指标体系应该是一个具有确定属性的逻辑结构；③可行性原则，选取的评估指标应该简明扼要，要能保证数据来源的客观、规范、准确，以使最终评估结果客观可信；④启发性原则，通过该指标体系对行业特色高校进行系统分析后，要能充分识别行业特色高校的现状与不足，能基于评估结果找出改进方法。

（二）指标筛选

本章在梳理行业特色高校相关研究文献的基础上，根据行业特色高校高质量发展的核心任务和指标选择的相关原则，结合 ARWU、THE 世界大学排名、QS 世界大学排名、U.S.News 世界大学排名等主流高校评估体系的评估指标，提取形成了包含有五个一级指标、33 个二级指标、121 三级指标的指标库。接着通过访谈调研 111 位特色行业高校干部、174 位特色行业科研与教育专家、134 位特色高校一线教师、197 位特色高校学生，对指标库各级指标进行打分，形成专家"排序意见"，排除删减了分值较低或者交叉重复的 16 个二级指标及 59 个三级指标。最终构建了以人才培养水平、学校建设水平、科学研究水平、社会服务能力、国际化水平为一级指标的评估指标体系。在一级指标下，又细分为 17 个二级指标，并根据二级指标的含义，选定 62 个具体的三级指标。

（1）人才培养水平。地矿油行业特色高校的主要工作和职能是为能源等特色行业实行人才培养，通过为行业输送相关人才以帮助行业达到可持续、高质量甚至是转型发展。因此，培养高层次的专业创新型人才是行业特色高校的根本使命。人才培养水平可从生源质量、培养质量、培养数量三个维度考察。其中生源质量指的是高校对生源的吸引力，反映高校在学子和家长心中的认可度和信赖度，可由录取分数线客观衡量。培养质量由本科生就业率、研究生就业率、特色行业人才输送比、全国竞赛获奖学生人数、省级竞赛获奖学生人数、市级竞赛获奖学生人数、特色学科竞赛项目获奖数等定量指标构成，同时还包含用人单位评估满意度。培养数量的衡量则是从本科生考取硕士人数、研究生考取博士人数、在读本科生数以及在读研究生数几个方面考虑，如表 7-5 所示。

表 7-5　行业特色高校人才培养水平评估指标构成

一级指标	二级指标	三级指标
人才培养水平	生源质量	本科生新生录取分数线
		研究生录取分数线
	培养质量	本科生就业率
		研究生就业率
		用人单位评估满意度

续表

一级指标	二级指标	三级指标
人才培养水平	培养质量	特色行业人才输送比
		全国竞赛获奖学生人数
		省级竞赛获奖学生人数
		市级竞赛获奖学生人数
		特色学科竞赛项目获奖数
	培养数量	本科生考取硕士人数
		研究生考取博士人数
		在读本科生数
		在读研究生数

（2）学校建设水平。学校建设水平衡量的是行业特色高校的培养条件，考察行业特色高校为学生提供的资源质量，可分为硬件设施建设、师资队伍建设、学科建设、信息化建设、校园文化建设，如表 7-6 所示。其中硬件资源用硬件设施建设水平衡量，下设特色专业实验实习场所面积、教科研仪器设备值、省级以上科研基地数、特色行业实习实训支出等四个三级指标。

表 7-6　行业特色高校学校建设水平评估指标构成

一级指标	二级指标	三级指标
学校建设水平	硬件设施建设	特色专业实验实习场所面积
		教科研仪器设备值
		省级以上科研基地数
		特色行业实习实训支出
	师资队伍建设	特色专业专任教师人数
		具有博士学位教师数
		具有高级职称教师数
		双师双能型教师人数
		教师薪酬开支
	学科建设	硕博专业学位授权数
		省级以上重点学科数
		已认证的特色行业专业数
		特色专业集中实践学时数
学校建设水平	信息化建设	网络出口宽带
		数字课程比例
		数字化校园管理系统
		信息服务教室、实验室面积

续表

一级指标	二级指标	三级指标
学校建设水平	校园文化建设	理想信念、爱国主义、公民道德教育
		校风建设
		校园人文环境建设

（3）科学研究水平。科学研究水平着眼于行业特色高校在传播新知识和新观念方面的作用，行业特色高校属于应用型大学，承担的人才培养职能远比科研重要，因此有别于综合性大学的评估，本章把教研产出纳入了评估，如表7-7所示。

表 7-7 行业特色高校科学研究水平评估指标构成

一级指标	二级指标	三级指标
科学研究水平	科研产出	国内引文数据库论文及引用
		国外引文数据库论文及引用
		学术著作引用数
		国家级基金项目数
		专利授权数
		人文社会科学奖
		科学与技术奖
	教研产出	省级以上教研成果奖
		出版教材数

（4）社会服务能力。行业特色高校的社会服务能力评估由社会人才培养培训、科技服务、信息服务、资源共享服务与社会影响力共同进行评估。行业特色高校承担着帮助行业创新、发明和咨询的能力，本章用联合研发、技术入股组建公司、转让技术成果指标来衡量行业特色高校在特色行业中的科技服务情况。具体如表7-8所示。

表 7-8 行业特色高校社会服务能力评估指标构成

一级指标	二级指标	三级指标
社会服务能力	社会人才培养培训	合作办学
		成人教育种类
社会服务能力	科技服务	联合研发
		技术入股组建公司
		转让技术成果
	信息服务	基础信息服务

续表

一级指标	二级指标	三级指标
社会服务能力	信息服务	一般信息服务
		高层次信息服务
	资源共享服务	学校设施共享
		支教、基层服务
	社会影响力	社会/校友捐赠
		ESI 全球前 1%学科
		国家级杰出人才数
		社会杰出校友人数

注：ESI 即 Essential Science Indicators，基本科学指标数据库

（5）国际化水平。高水平的行业特色大学建设，要对标世界一流大学和一流学科，加强科教研交流，积极拓展国际合作布局。可通过国际交流与国际协作两个指标对行业特色高校的国际化水平进行衡量，如表 7-9 所示。

表 7-9　行业特色高校国际化水平评估指标构成

一级指标	二级指标	三级指标
国际化水平	国际交流	国际交换学生数
		国际交换教师数
		每年受邀参与国际会议师生数
	国际协作	与国际学者共同发表研究论文比例
		合作项目占比

二、层次分析法概述

层次分析法是美国萨蒂教授于 20 世纪 70 年代提出的一种定性和定量相结合的分析研究系统的方法。结合本章应用层次分析法分析系统问题思路：首先是把行业特色高校的评估按逻辑关系进行分层分解，形成上下从属关系，下层指标最大限度地涵盖上层指标的含义，并保持指标的相互独立性；其次对每一层指标进行对比分析，确定影响上层指标的相对重要程度，并依据主观判断进行量化；最后通过综合计算各层指标因素相对重要性的权值，将量化结果作为评估方案权重指标体系。

三、评估指标权重确定

（一）建立递阶层次结构模型

根据指标体系，以行业特色高校评估为目标层，人才培养水平、学校建设水

平、科学研究水平、社会服务能力、国际化水平为准则层，其余三级指标为方案层，构建层次结构模型。

（二）构建判断矩阵

评估指标体系建立后，对同一层次的指标进行两两比较，对比较结果，根据两个因素相对重要程度，建立判断矩阵。量化比较采用"1~9"标度法。"9"代表极度重要，"9"～"1"则重要程度递减，逐渐递减到"1"（同等重要），其倒数为重要程度相反的表达。利用表 7-10 确定的各层级行业特色高校评估指标分别构建各层级两两判断矩阵，以一级指标为例，构建的判断矩阵 P 如下。

表 7-10　判断矩阵 P

指标	学校建设 水平 A	人才培养 水平 B	科学研究 水平 C	社会服务 能力 D	国际化 水平 E
学校建设水平 A	1	1	1	1/3	5
人才培养水平 B	1	1	1	1	5
科学研究水平 C	1	1	1	1	5
社会服务能力 D	3	1	1	1	3
国际化水平 E	1/5	1/5	1/5	1/3	1

注：其他指标的判断矩阵以此类推。该矩阵满足 $x_{ii}=1$，$x_{ij}=1/x_{ji}$，其中 $i \neq j$

（三）权重及一致性检验

根据判断矩阵，求出其最大特征根 $\lambda_{\max}$ 所对应的特征向量 W。方程如下：$PW=\lambda_{\max}W$。

所求特征向量 W 经归一化，即为各评估因素的重要性排序，也就是权重分配。

在确定了各个指标要素层的权重时，需要保持指标的统一性，可类比为西方经济学的偏好一致性，即各专家在进行判断时，对各个指标权重的判断不会出现自相矛盾的情况。例如，指标 A1、A2、A3 间，假若指标 A1 比 A2 重要，指标 A2 比 A3 重要，如果符合逻辑一致性，则不会出现指标 A1 和 A3 相比，A3 重要的情况。但是，当指标数量不断增加时，将会出现逻辑矛盾的情况。对判断矩阵而言，如果此矩阵有一致性，那么它的最大特征根 $\lambda_{\max}$ 和矩阵阶数一样。

为了检验矩阵是否具有一致性，可建立一致性检验指标 CI 及 RI，如此便可更好地判断矩阵 P 与一致性存在多大的偏离程度。

以 P 矩阵作为例子，对五个一级指标进行两两比较之后，求出判断矩阵：

$$P=[X_{ij}]$$

具体步骤如下。

（1）根据列来归一化处理 P 矩阵的所有元素：

$$X_{ij} = \frac{X_{ij'}}{\sum\limits_{k=1}^{n} X_{ij'}}$$

（2）对归一化之后的各个要素按照行进行求和：

$$X_{i'} = \sum\limits_{j=1}^{n} X_{ij'}$$

（3）再归一化处理求和之后的向量：

$$X_{i'} = \frac{X_{i''}}{\sum\limits_{i=1}^{n} X_{i''}}$$

（4）进而求出矩阵形式，即矩阵向量：

$$W = (X_{i''})$$

以上得到的权重分配是否合理，还需要对判断矩阵进行一致性检验。检验使用公式为：$CR = \dfrac{CI}{RI}$。式中，CR 为判断矩阵的随机一致性比率；CI 为判断矩阵的一致性指标，它由下式给出：$CI = \dfrac{\lambda_{\max} - n}{n-1}$；RI 为判断矩阵的平均随机一致性指标，1~9 阶的判断矩阵的 RI 值见表 7-11。

表 7-11　平均随机一致性检验标准值表

n	1	2	3	4	5	6	7	8	9
RI	0	0	0.52	0.89	1.12	1.26	1.36	1.41	1.46

当判断矩阵 P 的 CR < 0.1 时或 $\lambda_{\max} = n$，CI = 0 时，认为 P 具有满意的一致性，否则需调整 P 中的元素以使其具有满意的一致性。

（四）指标权重确定

本部分选取十名拥有高级职称，超过五年工作经验的行业特色高校教育领域、科研领域以及用人单位专家学者展开调研。在填写调查表时，对指标进行解释说明，并充分征询被调查人员的意见。依照以上计算公式，对回收的调查表进行整理计算，CI、CR 均小于 0.1，具有较为满意的一致性。指标权重计算结果如表 7-12 所示。

表 7-12　行业特色高校评估指标权重表

一级指标	权重	二级指标	权重	组合权重	三级指标	权重	组合权重
人才培养水平	0.3509	生源质量	0.1547	0.0543	本科生新生录取分数线	0.6390	0.0347
					研究生录取分数线	0.3610	0.0196
		培养质量	0.7344	0.2577	本科生就业率	0.1032	0.0266
					研究生就业率	0.0947	0.0244
					用人单位评估满意度	0.3414	0.0880
					特色行业人才输送比	0.2204	0.0568
					全国竞赛获奖学生人数	0.0780	0.0201
					省级竞赛获奖学生人数	0.0528	0.0136
					市级竞赛获奖学生人数	0.0322	0.0083
					特色学科竞赛项目获奖数	0.0772	0.0199
		培养数量	0.1109	0.0389	本科生考取硕士人数	0.3028	0.0118
					研究生考取博士人数	0.1851	0.0072
					在读本科生数	0.1928	0.0075
					在读研究生数	0.3193	0.0124
学校建设水平	0.1371	硬件设施建设	0.0898	0.0123	特色专业实验实习场所面积	0.2527	0.0031
					教科研仪器设备值	0.1595	0.0020
					省级以上科研基地数	0.3195	0.0039
					特色行业实习实训支出	0.2683	0.0033
		师资队伍建设	0.3592	0.0492	特色行业专任教师人数	0.3546	0.0174
					具有博士学位教师数	0.1517	0.0075
					具有高级职称教师数	0.1535	0.0076
					双师双能型教师人数	0.2205	0.0108
					教师薪酬开支	0.1196	0.0059
		学科建设	0.3372	0.0462	硕博专业学位授权数	0.2879	0.0133
					省级以上重点学科数	0.2941	0.0136
					已认证的特色行业专业数	0.2549	0.0118
					特色专业集中实践学时数	0.1632	0.0075
		信息化建设	0.1350	0.0186	网络出口宽带	0.2933	0.0054
					数字课程比例	0.2172	0.0040
					数字化校园管理系统	0.2630	0.0049
					信息服务教室、实验室面积	0.2264	0.0042
		校园文化建设	0.0788	0.0108	理想信念、爱国主义、公民道德教育	0.5017	0.0054
					校风建设	0.2796	0.0030
					校园人文环境建设	0.2187	0.0024

续表

一级指标	权重	二级指标	权重	组合权重	三级指标	权重	组合权重
科学研究水平	0.2221	科研产出	0.5774	0.1282	国内引文数据库论文及引用	0.0654	0.0084
					国外引文数据库论文及引用	0.0820	0.0105
					学术著作引用数	0.0583	0.0075
					国家级基金项目数	0.2360	0.0303
					专利授权数	0.1582	0.0203
					人文社会科学奖	0.1210	0.0155
					科学与技术奖	0.2792	0.0358
		教研产出	0.4226	0.0939	省级以上教研成果奖	0.6905	0.0648
					出版教材数	0.3095	0.0291
社会服务能力	0.2132	社会人才培养培训	0.2659	0.0567	合作办学	0.7571	0.0429
					成人教育种类	0.2429	0.0138
		科技服务	0.2373	0.0506	联合研发	0.3219	0.0163
					技术入股组建公司	0.1839	0.0093
					转让技术成果	0.4942	0.0250
		信息服务	0.1276	0.0272	基础信息服务	0.4012	0.0109
					一般信息服务	0.1797	0.0049
					高层次信息服务	0.4191	0.0114
		资源共享服务	0.1210	0.0259	学校设施共享	0.6667	0.0172
					支教、基层服务	0.3333	0.0086
		社会影响力	0.2482	0.0529	社会/校友捐赠	0.0828	0.0044
					ESI全球前1%学科	0.2520	0.0133
					国家级杰出人才数	0.4026	0.0213
					社会杰出校友人数	0.2625	0.0139
国际化水平	0.0766	国际交流	0.5000	0.0383	国际交换学生数	0.2691	0.0103
					国际交换教师数	0.2619	0.0100
					每年受邀参与国际会议师生数	0.4690	0.0180
		国际协作	0.5000	0.0383	与国际学者共同发表研究论文比例	0.4881	0.0187
					合作项目占比	0.5119	0.0196

注：本表数据经过了四舍五入，存在运算不等的情况

第四节 地矿油行业特色高校评估指标体系的优化及说明

一、专家反馈建议

评估指标体系建立后，本章课题组针对指标设计的合理性、可操作性等咨询

了 26 位特色行业高校专家、教学工作者、学生、教育部门专家、特色行业研究机构专家、地矿油特色企业人力资源负责人、一线从业人员，获得以下反馈。

（1）三级指标中的特色专业集中实践学时数，人文社会科学奖，支教、基层服务等指标的设置未充分考虑数据获取时的可操作性，实际评估时找不到高校相关数据。

（2）指标体系太过侧重定量评估，未能有效结合质量与数量维度。

（3）未能充分考虑与"双一流"评估指标的相容共生问题，部分指标在"双一流"评估指标中的比重与专家认为的重要程度有差异，部分占比较大的"双一流"评估指标未采用。

（4）缺乏特色高校未来发展评估指标，建议修改指标体系，一级评估指标增加"发展潜力"，下设规划完成、对目标的理解与解读、对目标的分解与实现、各行动主体的参与性等子目标。

二、指标体系优化

本章课题组经探讨，并与专家取得共识，对指标体系进行修改，如表 7-13 所示。

表 7-13　优化后的行业特色高校评估指标权重表

一级指标	二级指标	三级指标	权重	评估说明
人才培养水平（33%）	生源质量	本科生新生录取分数线	3.27%	按录取分数线打分
		研究生录取分数线	1.84%	按录取分数线打分
	培养质量	本科生就业率	4.55%	专家打分
		研究生就业率	4.50%	专家打分
		用人单位评估满意度	6.28%	专家打分
		特色行业人才输送比	5.34%	专家打分
		全国竞赛获奖学生人数	1.08%	专家打分
		省级竞赛获奖学生人数	0.87%	专家打分
		市级竞赛获奖学生人数	0.59%	专家打分
		特色学科竞赛项目获奖数	1.47%	专家打分
	培养数量	本科生考取硕士人数	1.11%	专家打分
		研究生考取博士人数	0.68%	专家打分
		在读本科生数	0.71%	专家打分
		在读研究生数	0.70%	专家打分
学校建设水平（15%）	硬件设施建设	特色专业实验实习场所面积	0.34%	专家打分
		教科研仪器设备值	0.22%	专家打分
		省级以上科研基地数	0.43%	专家打分
		特色行业实习实训支出	0.36%	专家打分

续表

一级指标	二级指标	三级指标	权重	评估说明
学校建设 水平 （15%）	师资队伍建设	特色行业专任教师人数	1.88%	专家打分
		具有博士学位教师数	0.82%	专家打分
		具有高级职称教师数	0.83%	专家打分
		双师双能型教师人数	1.19%	专家打分
		教师薪酬开支	0.64%	专家按行业水平打分
	学科建设	硕博专业学位授权数	1.46%	专家打分
		省级以上重点学科数	1.49%	专家打分
		已认证的特色行业专业数	1.29%	专家打分
		特色专业集中实践学时数	0.83%	专家打分
	信息化建设	网络出口宽带	0.60%	专家打分
		数字课程比例	0.44%	专家打分
		数字化校园管理系统	0.53%	专家打分
		信息服务教室、实验室面积	0.46%	专家打分
	校园文化建设	理想信念、爱国主义、公民道德教育	0.59%	专家打分
		校风建设	0.33%	专家打分
		校园人文环境建设	0.26%	专家打分
科学研究水平 （18%）	科研产出	国内引文数据库论文及引用	0.07%	专家打分
		国外引文数据库论文及引用	0.08%	专家打分
		学术著作引用数	2.01%	专家打分
		国家级基金项目数	2.45%	专家打分
		专利授权数	1.64%	专家打分
		人文社会科学奖	1.26%	专家打分
		科学与技术奖	2.90%	专家打分
	教研产出	省级以上教研成果奖	5.25%	专家打分
		出版教材数	2.35%	专家打分
社会服务能力 （18%）	社会人才培养培训	合作办学	3.62%	专家打分
		成人教育种类	1.16%	专家打分
	科技服务	联合研发	1.37%	专家打分
		技术入股组建公司	0.79%	专家打分
		转让技术成果	2.11%	专家打分
	信息服务	基础信息服务	0.92%	专家打分
		一般信息服务	0.41%	专家打分
		高层次信息服务	0.96%	专家打分
	资源共享服务	学校设施共享	1.46%	专家打分
		支教、基层服务	0.73%	专家打分
	社会影响力	社会/校友捐赠	0.37%	专家打分
		ESI 全球前 1%学科	1.13%	专家打分
		国家级杰出人才数	1.80%	专家打分
		社会杰出校友人数	1.17%	专家打分

续表

一级指标	二级指标	三级指标	权重	评估说明
国际化水平 （8%）	国际交流	国际交换学生数	1.08%	专家打分
		国际交换教师数	1.45%	专家打分
		每年受邀参与国际会议师生数	1.87%	专家打分
	国际协作	与国际学者共同发表研究论文比例	1.95%	专家打分
		合作项目占比	1.67%	专家打分
发展潜力 （8%）	"十三五"发展 规划实现度	规划完成度	3.20%	专家打分
	"十四五"发展 规划可行性	对目标的理解与解读	1.20%	专家打分
		对目标的分解与实现	1.20%	专家打分
		各行动主体的参与性	2.40%	专家打分

注：本表数据经过四舍五入，存在运算不等的情况

三、专家打分区分度说明

地矿油行业特色高校评估指标体系的建立在于提供和展示特色高校办学与发展衡量标准，着力于指引特色高校客观认识自身发展现状，在此基础上建立适合自身的发展路径并实现高质量转型发展，每个指标的打分区间的描述（每个分数区间代表不同的广度、强度和深度）如表 7-14 和表 7-15 所示。

表 7-14　相关分数区分度说明

分数区间	相关分数区分度说明
<60 分（基本满足）	一般指标（特色指标）在全体高校（特色高校）处于较低阶段，反映出该指标仅能基本满足现阶段发展
60~70 分（正常展示）	一般指标（特色指标）在全体高校（特色高校）中处于 100~200 名，反映出该指标能正常满足学校发展、学生培养、科研水平等
70~80 分（反映良好）	一般指标（特色指标）在全体高校（特色高校）中位于 50~100 名，能反映出该指标处于较为良好阶段
80~90 分（优秀示范）	一般指标（特色指标）在全体高校（特色高校）中位于 10~50 名，反映出该指标方向能起到优秀示范作用
90~100 分（创新标兵）	一般指标（特色指标）在全体高校（特色高校）中位于前 10 名，反映出该指标方向属于标兵

表 7-15　地矿油高校专家打分表

一级指标	二级指标	三级指标	权重	地质大学得分	矿业大学得分	石油大学得分
人才培养水平 （33%）	生源质量	本科生新生录取分数线	3.27%	78.0	77.6	76.4
		研究生录取分数线	1.84%	77.5	78.4	77.0
	培养质量	本科生就业率	4.55%	89	86	92
		研究生就业率	4.50%	93	94	96
		用人单位评估满意度	6.28%	91	94	92

续表

一级指标	二级指标	三级指标	权重	地质大学得分	矿业大学得分	石油大学得分
人才培养水平（33%）	培养质量	特色行业人才输送比	5.34%	83	88	80
		市级及以上竞赛获奖学生人数	2.54%	80	79	80
		特色学科竞赛项目获奖数	1.47%	81	82	79
	培养数量	本科生考取硕士人数	1.11%	85	88	79
		研究生考取博士人数	0.68%	90	79	82
		在读本科生数	0.71%	79	77	77
		在读研究生数	0.70%	82	79	83
学校建设水平（15%）	硬件设施建设	特色专业实验实习场所面积	0.34%	95	88	92
		教科研仪器设备值	0.22%	85	71	80
		省级以上科研基地数	0.43%	86	93	87
		特色行业实习实训支出	0.36%	82	79	70
	师资队伍建设	特色行业专任教师人数	1.88%	78	91	77
		具有博士学位教师数	0.82%	72	90	71
		具有高级职称教师数	0.83%	76	77	77
		双师双能型教师人数	1.19%	73	73	73
		教师薪酬开支	0.64%			
	学科建设	硕博专业学位授权数	1.46%	80	85	81
		省级以上重点学科数	1.49%	82	82	82
		已认证的特色行业专业数	1.29%	85	85	83
		特色专业集中实践学时数	0.83%	82	85	88
	信息化建设	网络出口宽带	0.60%	78	79	78
		数字课程比例	0.44%	79	80	80
		数字化校园管理系统	0.53%	82	82	84
		信息服务教室、实验室面积	0.46%	86	84	84
	校园文化建设	理想信念、爱国主义、公民道德教育	0.59%	83	84	91
		校风建设	0.33%	83	88	90
		校园人文环境建设	0.26%	87	82	89
科学研究水平（18%）	科研产出	国内外引文数据库论文及引用	0.15%	72	78	75
		学术著作引用数	2.01%	79	76	79
		国家级基金项目数	2.45%	91	76	85
		专利授权数	1.64%	76	89	69
		人文社会科学奖	1.26%	81	80	80
		科学与技术奖	2.90%	77	82	73
	教研产出	省级以上教研成果奖	5.25%	86	83	85
		出版教材数	2.35%	77	75	78
社会服务能力（18%）	社会人才培养培训	合作办学	3.62%	89	81	85
		成人教育种类	1.16%	81	89	74
	科技服务	联合研发	1.37%	62	65	68
		技术入股组建公司	0.79%	71	70	76
		转让技术成果	2.11%	76	76	78

续表

一级指标	二级指标	三级指标	权重	地质大学得分	矿业大学得分	石油大学得分
社会服务能力（18%）	信息服务	基础信息服务	0.92%	73	73	73
		一般信息服务	0.41%	71	72	71
		高层次信息服务	0.96%	75	74	74
	资源共享服务	学校设施共享	1.46%	79	73	82
		支教、基层服务	0.73%	78	76	76
	社会影响力	社会/校友捐赠	0.37%	63	65	62
		ESI 全球前 1%学科	1.13%	77	79	77
		国家级杰出人才数	1.80%	86	82	81
		社会杰出校友人数	1.17%	82	81	88
国际化水平（8%）	国际交流	国际交换学生数	1.08%	60	55	79
		国际交换教师数	1.45%	68	61	75
		每年受邀参与国际会议师生数	1.87%	69	65	75
	国际协作	与国际学者共同发表研究论文比例	1.95%	74	70	72
		合作项目占比	1.67%	71	73	76
发展潜力（8%）	"十三五"发展规划实现度	规划完成度	3.20%	81	79	73
	"十四五"发展规划可行性	对目标的理解与解读	1.20%	75	75	75
		对目标的分解与实现	1.20%	75	75	75
		各行动主体的参与性	2.40%	75	75	75
		总评		83.5	84.2	84.4

注：本表数据经过四舍五入，存在运算不等的情况

第五节　评估体系的应用及评价改革建议

一、三所高校概述

（一）中国地质大学（北京）概况

中国地质大学（北京）坐落于名校荟萃的北京市海淀区学院路，是享誉海内外的著名高等学府。学校是教育部直属并与自然资源部共建的全国重点大学，2010年，入选教育部首批"全国毕业生就业典型经验高校"；2014年，时任国务院副总理刘延东同志来校视察，对学校就业工作给予了高度评价；2016年，获评首批"北京地区高校示范性创业中心"，并入选第二批"全国高校实践育人创新创业基地"；2017年进入国家"双一流"大学建设行列。

在人才培养水平方面，截至 2020 年 10 月 31 日，中国地质大学（北京）2020届毕业生总计 4247 人，其中本科毕业生 2060 人，硕士毕业生 1860 人，博士毕业

生 327 人。全校毕业生总体就业率为 91.41%，其中本科生就业率 89.13%，硕士研究生就业率 93.17%，博士研究生就业率 95.72%。截至 2020 年 12 月 31 日，全日制在校生 16 466 人，其中本科生 8389 人、硕士研究生 6177 人，博士研究生 1682 人，留学生和港澳台侨学生 218 人。

截至 2021 年，中国地质大学（北京）培养出的杰出人才若干，中国科学院院士、中国工程院院士 25 人；国家"973"项目首席科学家 4 人；"国家高层次人才特殊支持计划"获得者 6 人；国家级教学名师获得者 1 人；全国优秀教师 2 人；国家级百千万人才工程入选者 8 人；国家杰出青年科学基金获得者 13 人；优秀青年科学基金获得者 13 人；教育部跨世纪优秀人才培养计划、新世纪优秀人才支持计划入选者 28 人，省部级以上劳动模范 200 余人。特别地，2008 年 3 月，中国地质大学校友温家宝任国务院总理。

在学校建设水平方面，截至 2021 年 12 月，中国地质大学（北京）占地面积 525 843 平方米，在周口店、北戴河、平泉建有实习基地，有 16 个学院、41 个本科招生专业，16 个一级学科博士学位授权点，34 个一级学科硕士学位授权点，15 个专业学位授权类别。中国地质大学（北京）作为一所以地质、资源、环境为主要特色的研究型大学，涵盖理、工、文、管、经、法等多个学科。地质学、地质资源与地质工程两个学科入选国家"双一流"建设学科，两个学科在第四轮学科评估中获得 A+。地球科学、工程学、环境与生态学、材料科学、化学、计算机科学、一般社会学七个学科领域进入 ESI 世界前 1%，有 10 个专业入选一流本科专业建设点。

在师资力量方面，截至 2021 年 12 月，中国地质大学（北京）拥有一支高水平师资队伍，学校有教职工 1676 人，其中专任教师 980 人，教授 289 人，副教授 382 人，博士生导师 401 人，中国科学院院士 12 人，中国工程院院士 2 人，国家"973"项目首席科学家 3 人，"创新人才推进计划"中青年科技创新领军人才 4 人，国家级百千万人才工程入选者 8 人，国家杰出青年科学基金获得者 13 人，优秀青年科学基金获得者 13 人，教育部跨世纪优秀人才培养计划、新世纪优秀人才支持计划入选者 28 人。学校专任教师中 3 人获"何梁何利科技进步奖"，13 人获李四光地质科学奖，9 人获黄汲清青年地质科学技术奖，39 人获"中国地质学会青年地质科技奖"（其中金锤奖 8 人，银锤奖 31 人）；全国优秀教师 2 人，国家级教学名师 1 人，北京市优秀教师 16 人，北京市教学名师 27 人；此外，200 多位国内外著名学者被学校聘为特聘教授或兼职教授。

在科研水平方面，中国地质大学（北京）是国家地学研究的重要基地。学校加强科学布局和组织策划，在科研项目、高水平学术成果、科研获奖、科研人才培养、科研平台建设及知识产权和成果转化等方面成绩显著。在青藏高原地质演化、非传统同位素地球化学、地质过程与成矿作用、超深钻探和极地研究等方面取得了重要成果，在 *Nature*、*Science*、*Nature Geoscience* 等国际顶级期刊上发表了多篇论文。近五年，学校以第一完成单位获得国家级科技奖 1 项，省部级科技奖 24 项。2021 年，国家自然科学基金获批 118 项，历史上首次破百。学校拥有地质过程与矿产资源国家重点实验室、国家岩矿化石标本资源共享平台，以及教育部、自然资源部重点实验室、工程中心和省部级科研平台 19 个。学校将推进大学科融合、大科学计划、大科学装置、大科技项目、大资源平台、大自然文化、大校区建设等"七大"建设，推动传统地学向地球系统科学转型升级。

在教研水平方面，学校建成 11 门国家级精品课程，建有 2 个国家级实验教学示范中心、1 个国家级虚拟仿真实验教学中心。学生参加各类学科竞赛、志愿服务、社会实践、创新创业和文艺体育比赛成绩优异。

中国地质大学（北京）国际交流与合作活跃，已与美国加利福尼亚大学洛杉矶分校、科罗拉多矿业大学，加拿大滑铁卢大学，英国爱丁堡大学、伯明翰大学，德国汉诺威大学、波茨坦地学中心，澳大利亚悉尼大学、麦考瑞大学等一批世界一流大学和高水平研究机构签订合作协议，与超过 60 个国家和地区的 200 多所院校及科研机构有交流合作关系，获批高等学校学科创新引智基地（"111 计划"）4 项，执行多项国家级引智项目，1 名外籍专家荣获中国政府友谊奖。学校依托"中非高校 20+20 合作计划"，在纳米比亚大学建有孔子学院。

（二）中国矿业大学（北京）概况

中国矿业大学（北京）是教育部直属的全国重点高校、国家"世界一流学科建设高校"、国家"211 工程"和"985 工程优势学科创新平台项目"建设高校，为全国首批产业技术创新战略联盟高校、北京高科大学联盟和"一带一路"矿业高校联盟发起高校，教育部与原国家安全生产监督管理总局共建高校。

中国矿业大学（北京）作为特色鲜明的高水平大学，在上级主管部门、煤炭能源行业和社会各界的支持下，通过长期发展和建设，已经形成了以工科为主、以矿业为特色，理工文管等多学科协调发展的学科专业体系和多科性大学的基本格局。在煤炭能源的勘探、开发、利用，资源、环境和生产相关的矿建、安全、测绘、机械、信息技术、生态恢复、管理工程等领域形成了优势品牌和鲜明特色。

在人才培养方面，中国矿业大学（北京）2020 届毕业生共计 3784 人。其中本科生 1919 人，占比 50.71%；硕士研究生 1721 人，占比 45.48%；博士研究生 144 人，占比 3.81%。据学校 2020 届各培养层次签约毕业生就业行业分布情况，本科、硕士、博士毕业生在地勘行业的签约占比分别为 27.74%、31.25%、31.25%，在能源行业的签约占比分别为 8.12%、9.75%、7.72%。

在学校建设方面，2019 年 4 月学校官网显示，中国矿业大学（北京）拥有 8 个国家级特色专业，8 个北京市高等学校特色专业项目，4 个专业通过工程教育专业认证；1 个国家级实验教学示范中心，2 个国家级工程实践教育中心；7 个北京市级校外人才培养基地，3 个北京市实验教学示范中心，1 个北京市示范性校内创新实践基地。

在院系设计方面，2021 年 6 月学校官网显示，中国矿业大学（北京）设有研究生院和 12 个学院，32 个本科招生专业。

在师资力量方面，2021 年 6 月学校官网显示，中国矿业大学（北京）有各类教职工 1062 人。专任教师中，有教授 206 人，副教授 282 人；博士生导师 227 名，硕士生导师 269 名，拥有博士学位的教师比例达 80% 以上。教师队伍中，学校有中国科学院院士 1 名，中国工程院院士 4 名，"全国高校黄大年式教师团队" 1 个。先后有 5 人担任国务院学位委员会学科评议组成员，7 人被评为国家有突出贡献的中青年专家，3 人入选 "国家高层次人才特殊支持计划" 科技创新领军人才，9 人获国家杰出青年科学基金，3 人获优秀青年科学基金，7 人入选 "国家高层次人才特殊支持计划" 青年拔尖人才，2 人被评为 "全国优秀教师"，1 人获全国教材建设先进个人奖，1 人入选 "国家高层次人才特殊支持计划" 教学名师，36 人获评 "北京市人民教师""北京市优秀教师" 等荣誉称号。学校推行创新型研究生教育和研究型本科教育，打造能源工业精英教育教学体系，培养了一批能源行业的领军人才。新中国成立后，培养出我国煤炭系统第一位中国科学院、中国工程院院士，第一位硕士、博士；编著了我国第一本数学工具书《数学手册》。先后有 8 篇博士论文入选全国百篇优秀博士论文。本科毕业生深造率多年保持在 55% 以上。学校现有 1 个国家级实验教学示范中心，2 个国家级工程实践教育中心，3 个教育部虚拟教研室试点。19 个专业入选国家级一流本科专业建设点，10 个专业入选北京市一流本科专业建设点，2 个专业入选北京高校重点建设一流专业，83% 的专业入选国家和北京市一流专业。获国家级教学成果奖 2 项，北京市教学成果奖 29 项。1998 年以来，学校学生在省级以上国内外高水平科技竞赛中获奖千余人次。

在学科设置方面，2021 年 6 月学校官网显示，中国矿业大学（北京）有 17 个一级学科博士点，33 个一级学科硕士点，18 个硕士专业学位授权点，16 个博士后科研流动站；有 1 个一级学科国家重点学科，8 个二级学科国家重点学科，1 个国家重点培育学科；矿业工程、安全科学与工程 2 个学科为国家 "双一流" 建设学科，城市工程地球物理、城市地下空间工程 2 个学科入选北京高校高精尖学科建设名单。

（三）中国石油大学（北京）概况

中国石油大学（北京）一校两地（北京、克拉玛依），北京昌平校区坐落在风景秀丽的军都山南麓，占地面积 700 余亩[①]；克拉玛依校区位于新疆维吾尔自治区克拉玛依市，占地面积 7000 余亩。学校是一所石油特色鲜明、以工为主、多学科协调发展的教育部直属的全国重点大学，是设有研究生院的高校之一。1997 年，首批进入国家"211 工程"建设高校行列；2006 年，成为国家"优势学科创新平台"项目建设高校。2017 年，进入国家一流学科建设高校行列，全面开启建设中国特色世界一流大学的新征程。

经过多年的建设发展，学校形成了石油特色鲜明，以工为主、多学科协调发展的学科专业布局。石油石化等重点学科处于国内领先地位，并在国际上形成了一定影响。截至 2022 年，根据 ESI 数据，学校有六个学科进入 ESI 排行前 1%，分别是化学、工程学、材料科学、地球科学、计算机科学和环境/生态学，其中工程学进入 ESI 全球前 1‰，环境/生态学于 2021 年 1 月首次进入 ESI 全球前 1%。围绕石油石化产业结构，构建起由石油石化主体学科、支撑学科、基础学科和新兴交叉学科组成的石油特色鲜明的学科专业布局，实施了"攀登计划""提升计划""培育计划"，分别建设石油与天然气工程、地质资源与地质工程等石油石化优势学科，化学、材料科学与工程等基础支撑学科，新能源、新材料和人工智能等新兴交叉学科。

中国石油大学（北京）始终把人才培养作为根本任务，坚持"人才培养质量是学校生命线"的理念。半个多世纪以来，学校为国家培养了二十余万名优秀专门人才，为国家石油石化工业的发展奠定了人才基础，被誉为"石油人才的摇篮"。截至 2022 年，学校有在校全日制本科生 12 163 人（克拉玛依校区全日制本科生 3754 人）、硕士研究生 6346 人、博士研究生 1714 人、留学生 671 人，在校生总数 2 万余人。毕业生受到社会和用人单位普遍欢迎，就业率持续保持高位。

学校坚持把人才作为第一资源，深入实施人才强校战略，建立了一支高水平的师资队伍，形成国内油气学科领域人才高地。2022 年官网数据显示，学校有教职工 1806 人（其中克拉玛依校区 318 人），其中，具有正高职称的有 322 人，具有副高职称的有 523 人。学校建成了一支拥有 5 名两院院士为中流砥柱，38 人次国家级领军人才为主力，43 人次国家级青年人才为生力军的高水平师资队伍，高层次人才总人次占专任教师总数的 8.4%。学校有国家自然科学基金创新研究群体 2 个，教育部、国家外国专家局"高等学校学科创新引智基地"7 个，国家级教学

---

① 1 亩≈666.67 平方米。

团队 3 个，"全国高校黄大年式教师团队" 1 个。

学校坚持把科学研究作为强校之路，按照"搭建大平台、承担大项目、凝聚大团队、取得大成果、做出大贡献"的思路，不断提高科技创新能力和综合科研水平。截至 2022 年，学校人均科研项目数、科研经费，特别是科研获奖居全国高校前列。学校有油气资源与工程、重质油 2 个全国重点实验室，11 个国家级科技创新平台分室，油气生产安全与应急技术重点实验室、非常规油气国际合作联合实验室等 28 个省部级科技创新平台以及 19 个中石油重点实验室分室。油气学科领域研究优势突出，在非常规、深水、深地、清洁能源、管网安全等领域持续产出重大成果，在油气智能化、氢能、储能、CCUS（carbon capture utilization and storage，碳捕获利用与封存）等新兴研究领域取得快速发展，入选国家储能技术产教融合创新平台。"十三五"期间，学校获国家科技奖励 18 项，其中以第一完成单位获国家技术发明奖二等奖 6 项，并列全国高校第 8 位。

学校坚持走"政产学研"相结合的办学道路。2013 年 10 月，教育部与五大石油公司签署了共建石油大学的协议。截至 2022 年学校先后与 144 个省市区政府、企事业单位签订了全面合作协议，特别是探索建立了产学研联合培养人才的新机制、新模式。现有 76 家石油石化企业在校设置企业奖助学金；13 家石油石化企业在校建立了育才厅；与 40 家企业博士后科研工作站联合招收博士后；在 202 家石油石化企业设立了研究生工作站或联合培养基地；在 103 家企业建立了学生实习基地；在 69 家石油石化企业建立了社会实践基地。积极探索政产学研协同育人机制。学校与克拉玛依市联合建立克拉玛依工程师学院，与三大石油公司在京研究院联合建立北京工程师学院，着力实施本科卓越计划和专业学位研究生培养，在高等工程教育领域迈出了新步伐。

中国石油大学（北京）重视国际交流与合作，通过实施国际化战略，国际交流与合作领域和范围不断拓宽，国际影响不断扩大。2022 年 7 月官网显示，学校先后与美国、法国、英国、加拿大、日本等发达国家的 196 所高校和多家公司建立起了多层次、多领域、多渠道的交流合作关系。与国外大学或公司联合建设了 10 个国际联合实验室；与厄瓜多尔基多圣弗朗西斯科大学联合建立了孔子学院；平均每年举办或参与近十场国际性学术会议。2018 年学校发起成立了世界能源领域高校合作组织——世界能源大学联盟，成员包括来自中国、美国、英国、加拿大、德国、法国等 17 个国家的 31 所能源领域高校。学校积极参与"一带一路"建设，与共建"一带一路"国家的 60 多个高校、企业和机构建立了合作关系。2017 年学校入选北京市外国留学生"一带一路"奖学金项目；获批"丝绸之路"中国政府奖学金项目；入选首批北京市"一带一路"国家人才培养基地项目。2019 年在全国中国政府奖学金高校中首批获批"中非友谊"奖学金项目和"中非友谊"中国政府奖学金进修生培训项目。

在校园文化建设方面，学校坚持把加强和改进党建与思想政治工作作为学校持续快速健康发展的坚强保证，把坚持正确的政治方向贯穿于学校工作的各方面，贯穿于人才培养的全过程。秉承石油文化传统，形成了石油特色鲜明的校园文化氛围。"实事求是、艰苦奋斗"的校风、"勤奋、严谨、求实、创新"的学风、"为学为师，立德立言"的教风、"厚积薄发，开物成务"的校训以及"实事求是，艰苦奋斗，爱国奉献，开拓创新"的中石大精神，是中石大文化的精髓。2014年，获得北京市党的建设和思想政治工作先进普通高等学校提名奖。

二、三所高校综合评估

2020年5月，中国地质大学（北京）在"2020软科中国大学排名"中位列第70位。2020年8月，2020软科世界大学学术排名发布，中国地质大学（北京）首次跻身全球500强。在"2020软科中国大学排名"中，中国地质大学（北京）2019年以高被引论文398篇居顶尖成果排行第83名，以2020年新生高考成绩得分62.5分居生源质量排行第83名，以论文质量1.145 FWCI(field weighted citation impact，领域权重引用影响力）居科研质量排行第75名，以高被引学者16人居顶尖人才排行第52名。中国地质大学（北京）2019年以留学生比例0.80%居学生国际化排行第260名，以论文数量7795篇居科研规模排行第71名，以科研经费10.58亿元居第89名。

中国地质大学（北京）先后和西安地质矿产研究所、华北油田、中国石油勘探开发研究院、云南省有色地质局等40余家地矿单位签订了合作协议，校企协商、沟通，共建校外教学班（基地）。学校对校外教学班（基地）设置规范的教学实施流程，建立教学班（基地）管理制度，如上课考勤制度、课堂教学管理制度、任课教师管理制度、教学质量检查实施细则等，做到课程安排有计划、有组织，保证授课时间和教师的稳定性，并选派业务知识背景强、工程技术知识丰富的教师担任指导教师，组织集体备课、师生互动等，探讨工程硕士培养模式和工作方法，分别按照校内组班授课、个别分散授课和全日脱产授课等多种方式，保证课程安排有序和优质，使广大工程硕士能够全身心投入学习中。

近年来，学校在工程硕士专业人才培养方面建立健全完整的管理体制和运行机制，不断强化特色和质量意识，成效显著。2000届工程硕士林会喜已经在国家级刊物上发表论文14篇，参与的"陆相断陷盆地隐蔽油气藏形成机制与勘探"项目提出"断坡控砂、复式输导、相势控藏"的理论，研究成果荣获国家科技进步一等奖。2002 届工程硕士宋锋先后主持参与了 24 项科研与生产项目，其中包括矿产资源战略研究、矿产资源规划、数据库建设、资源经济与矿产地质研究项目，主持编写各种综合研究与生产报告 14 份，发表论文五篇。学校将不断完善工程硕士培养模式，适应市场的需求突出专业学位教育的职业性、应用性及灵活性，突出规模质量效益，满足社会需求，稳步提高工程硕士人才培养质量。

2020 年 5 月，中国矿业大学（北京）在"2020 软科中国大学排名"中位列第 71 位。2020 年 8 月，2020 软科世界大学学术排名发布，中国矿业大学（北京）首次跻身全球 1000 强。在"2020 软科中国大学排名"中，中国矿业大学（北京）2019 年以高被引论文 437 篇居顶尖成果排行第 74 名，2020 年新生高考成绩得分排名在 100 名以外，以论文质量 0.943 FWCI 居科研质量排行第 192 名，以高被引学者 7 人居顶尖人才排行第 93 名。2020 年论文数量 10 044 篇。

2020 年 5 月，中国石油大学（北京）在"2020 软科中国大学排名"中位列第 57 位。中国石油大学（北京）2019 年以高被引论文 393 篇居顶尖成果排行第 85 名，2020 年新生高考成绩得分排名在 100 名以外，以论文质量 0.790 FWCI 居科研质量排行第 296 名，以高被引学者 9 人居第 78 名。中国石油大学（北京）2020 年以留学生比例 3.1%居学生国际化排行第 86 名，2020 年论文数量为 4158 篇。

三、发展薄弱点与改进意见

（一）发展薄弱点

1. 中国地质大学（北京）

中国地质大学（北京）特色专业地质类就业前景很好，可以将其称为周期性学科行业。作为行业类高校，以地质学为特色＋重点，相比之下其他理工科专业发展力量弱，师资力量较特色专业相差较大，科研水平也与特色专业不在等同的水平线上。另外，学校规模不大，会导致许多高难度的实验内容受到限制。中国地质大学（北京）对其特色主打的专业进行科学的设计及规划在高速发展的互联网时代显得尤为重要，综合实习地点的选择、实习内容及大纲的确定等，对该专业学生的全方位的培养，尤其是科研实践能力的提高甚至毕业论文的完成都极为重要。

中国地质大学（北京）于 2015 年在国内乃至国际率先创办地质学（旅游地学）[44]专业，该专业是中国地质大学（北京）新办特色专业，实践性和应用性非常强，在原有的基础上大力加强旅游地学学科建设、学科基地的建设，提高其综合实力，这也是对学生综合科研能力培养的重要教学环节。旅游地学专业课程设置应该考虑地学与旅游两大领域的相关课程和延伸课程，因此综合实习内容相应地也应该涵盖这两个大的方面。但是地质学科作为六大基础学科，其重要性不言自明，中国地质大学（北京）的综合实力是不错的，更应该响应时代号召，完成对其自身的改革与发展。

2. 中国矿业大学（北京）

中国矿业大学（北京）整体学科实力并不弱，且煤炭特色浓厚，这虽然有利于发挥学科建设的特色，但也容易使得学科发展产生局限性。中国矿业大学（北京）是以工科为主的综合院校，土木、测绘、电气、计算机、经管发展势头强劲，学科评估不错，但其赖以支撑的主流学科就业却非主流。中国矿业大学（北京）目前受制于特色学科发展现状和大环境的影响，因此应该将发展战略目光放得尽可能长远，重视、发展新工科，走综合性大学道路。

虽然煤炭是立校之本，但是近几年来特别是我国经济进入新常态后，我国的矿业发展已经呈现出一些新的迹象、新的趋势。而这些新变化，有可能演变成为今后矿业发展的方向。面对错综复杂的经济形势，中国矿业大学（北京）更应该积极响应号召，总结矿业发展的成功经验，面对新一轮科技革命和产业变革机遇，进一步加快推动矿业理论、制度、技术和装备创新，为矿业发展注入新动能。面对矿业发展呈现出新趋势、新特点，要善于运用自身的优势依靠创新驱动发展，积极探寻矿业以及学校振兴的新途径、新模式。

3. 中国石油大学（北京）

中国石油大学（北京）的主干学科是石油相关的，如石工、化学、储运、勘查等专业，大部分专业偏向理工科，是一所具有专业领域优势的高校，综合实力仍有待发展。中国石油大学（北京）今后的发展基本方针是"立足于石油，面向海洋，走向新能源"，可见海洋与新能源是今后石油大学的新鲜血液。学校势必要迎合时代发展的趋势做专业转型，向新能源和综合性大学转型。此外，目前能源紧缺，整个社会开始关注并重视石油这一重要能源。石油行业高素质人才的稀缺日益突出，石油、石化行业对人才的需求正在逐步加大。

中国石油大学（北京）于 2017 年进入国家"双一流"建设高校行列，石油工程专业在全国同类专业中排名第一。学校应加大对实力的增强和知名度的提高等相关问题的重视，使得在原有的优势专业的基础上可以吸引到更多慕名而来的人才，进一步推进学校向综合性大学转型的脚步，同时不断拉动石油产业的发展。

中国石油大学（北京）作为石油、石化行业科学研究的重要基地，应当在原有的良好的科研条件和稳固而又广阔的科研市场上，更进一步地加强基础理论研究、应用研究等方面的实力。该校目前已初步建立起具有其特色的科技创新体系，在十多个研究领域居国内领先水平，其中一些还达到国际先进水平。截至 2022 年，学校有油气资源与工程、重质油 2 个全国重点实验室，11 个国家级科技创新平台分室，油气生产安全与应急技术重点实验室、非常规油气国际合作联合实验室等 28 个省部级科技创新平台以及 19 个中石油重点实验室分室。学校已取得不错的成绩，应当紧随时代发展的脚步，在原有的石油相关专业的良好基础上不断自我发展，在互联网时代形成自我特色。

（二）改进建议

第一，强化主干学科优势，加强"知识+技能"复合型人才培养。在学科建设方面，行业特色高校要强化主干学科优势，建设优势特色学科生态群，根据所在行业技术和产业需求，设置基础性和交叉学科专业，注重基础应用性研究，以特色优势学科为核心，辐射带动其他学科建设。在"知识+技能"复合型人才培养方面，优化培养方案，加大校企联动，通过企业订单式人才培养，校企线上线下特色课堂等创新人才培养方式，提高学生培养质量。此外，可借助校友形象资源、育人资源、教学资源、智力资源、产业资源、信息资源、媒体资源和财力资源等优势，为推动学校产学研用等方面合作提供积极助力。

第二，教学科研融合发展，合理分配科研与教学业绩考核。对行业特色高校来说，合理分配教学业绩与科研业绩在绩效工资分配、职称（职务）评聘和岗位晋级考核等方面的比重，引导教师合理平衡教学与科研间的关系。促进教学活动和科学研究活动协调发展，是改变课程体系和课程内容滞后现状的重要举措，只有重视教学业绩，把教研成果提高到和科研成果同等级别上来，才能促进教学、教材与时俱进。此外，应创新人才培养模式，建立地矿油高校人才培养目标、教学内容和方法的动态调整机制。同时，加强产学研教育和人才培养的平台建设，推进高校和相关企业联合培养人才。

第三，加强师资队伍建设，提高国际化水平。行业特色高校的高质量发展，需要重视一流师资队伍的建设，一方面，积极引进所在行业的领军人才和专家骨干；另一方面，建立动态的师资队伍结构，深化改革薪酬激励机制，避免人才流失。特色专业需要的是"知识+技能"型人才，不能停留在纸上谈兵，要贴近产业，构建一支技术能力较强的专业型教师队伍。首先，加大建设投入，积极吸引一批具有地矿油特色行业一线工作经验或背景的技术人才加入到人才培养队伍中去。其次，积极推进"双师型"教师队伍建设。最后，每学期选派部分年轻教师到各大企业兼职锻炼，不断获取专业技能，提升一线工作经验。此外，行业特色高校的教师应具有一定的国际视野，学习国外先进的技术，因此，要着力拓展资源，搭建交流平台，加大教师出国访学支持力度，鼓励教师积极与世界一流大学或研究机构开展实质性交流合作，为提高教育教学和科学研究的国际化发展创造机遇。

第四，立足区域发展，提高服务国家和社会需求的能力。行业特色高校要提高为社会培养人才、推动科研成果转化和开拓高校发展新道路的水平，需要立足全国各地区发展战略和社会经济，合理运用各地区区域、产业、政策优势，聚力社会服务职能差异化发展，突出自我特色，努力实现服务地方社会经济发展，提高服务国家和社会需求的能力。同时寻求地方政府、企事业单位以及其他高校的经费、师资、场地等各方面支持，以实现多赢。在人才培养方面，如与地方企业合办博士后工作站，大学生见习基地等，由政府提供经费支持，企业提供场地和实践导师支持，特色高校提供教育资源、培养方案等支持。在推动科研成果转化方面，坚持与企业协同创新。例如，积极承担相关国家重大研究课题的规划和设计，加强特色学科的科研创新平台建设；建立高水平产业联盟，吸纳各区域特色高校、特色行业企事业单位、科研单位，推动共享交流，加强所在行业的前沿技术创新等。

四、评价改革建议

根据使用课题组建立的行业特色高校评估体系对三所样本高校进行的评估，提出以下几点建议。

（一）强化高校分类评估，为特色发展提供有力支撑

根据特色高校的办学定位、人才培养目标、服务何种产业等因素关注学科特色和内涵建设、遵循教育规律、突出质量导向，分类考虑，不同级别不同层次使用不同策略，体现"共性"和"特色"的统一，评估指标体系要动态、开放、多元、包容，评估指标的选取要既考虑共性标准，也兼顾不同类型、不同层次的特色发展，充分体现分类评估、分类引导、特色发展、差异发展的思想，为特色发展提供有力支撑。

（二）建立官方行业特色评估体系与评估现况反馈与检查改进机制

一是建立官方认可的地矿油行业特色高校评估机制，由有关教育行政部门牵头，引入教育、科研、产业认可的评估体系，完善评估要素框架，其中评估指标的挑选和权重的确定是综合评估最基础、最重要的内容，也是构建行业特色高校评估体系的关键环节。二是建立评估现况反馈机制，评估结果公正客观，能达成多方共识，能对行业特色高校现况改进情况进行指导和检查，并在政策制定、资源配置、招生规模、学科专业建设等方面予以充分支持。三是建立评估现况改进机制，地方政府和高校能根据评估建议调整教学投入、改善教学条件、改革培养计划、扎实推进学校高质量发展工作的持续进行，并确保改进成效。

参考文献

[1] 周南平, 蔡媛梦. "双一流"建设中地方行业特色型高校的发展思考[J]. 江苏高教, 2020, (2): 49-54.

[2] 刘献君. 行业特色高校发展中需要处理的若干关系[J]. 中国高教研究, 2019, (8): 14-18.

[3] 王帮俊, 李爱彬. 行业特色高校的高质量发展: 内涵、路径与研究展望[J]. 煤炭高等教育, 2020, 38(5): 1-6.

[4] 高超锋. 新时代高校创新创业实践育人协同机制设计[J]. 科教导刊(电子版), 2019, (35): 63.

[5] 陈治亚. 行业特色型大学发展的路径探析[J]. 中国高等教育, 2011, (22): 16-18.

[6] 刘军伟, 冯征, 吕勇, 等. 地方行业高校特色一流学科建设路径探析: 以武汉科技大学为例[J]. 研究生教育研究. 2017, (4): 72-76.

[7] 罗维东. 新时期行业特色高校发展的趋势分析及对策思考[J]. 中国高教研究, 2009, (3): 1-3.

[8] 李爱民, 周光礼. 高水平行业特色型大学组织特质研究: 基于北京16所高校的实证调查[J]. 中国高教研究, 2017, (1): 27-31.

[9] 周统建. 地方行业高校如何推进"双一流"建设: 以入选"双一流"建设名单的江苏四所行业特色大学为例[J]. 中国高校科技, 2019, (Z1): 20-24.

[10] 王建华. "双一流"建设与大学的综合化[J]. 北京教育(高教), 2020, (12): 37-43.

[11] 陈大胜. "双一流"建设视域下行业大学如何推进跨学科学术组织变革[J]. 江苏高教, 2020, (11): 61-65.

[12] 郝芳. "双一流"建设背景下行业特色型大学发展战略路径的探索与实践[J]. 中国高等教育, 2020, (10): 17-19.

[13] 郑波. 围绕"双一流"建设创新我国高等教育管理体制机制[J]. 北京教育(高教), 2016, (3): 8-11.

[14] 蔡宗模, 吴朝平, 杨慷慨. 全球化视野下的"双一流"战略与地方院校的抉择[J]. 重庆高教研究, 2016, 4(1): 24-32.

[15] 侯晓苏. 浅析双一流建设视角下的高校发展规划[J]. 教育现代化, 2016, (21): 243-244, 248.

[16] 杨震. "双一流"大学计划该如何实现[R]. 社区教育, 2015, (26): 77-78.

[17] 罗向阳. "双一流"建设: 误区、基点与本土化[J]. 现代教育管理, 2016, (10): 12-17.

[18] 刘益东. 论"双一流"建设中的学术文化困境[J]. 教育科学, 2016, 32(3): 55-60.

[19] 杨兴林, 刘爱生, 刘阳, 等. "双一流"建设笔谈[J]. 重庆高教研究, 2016, 4(2): 115-127.

[20] 任瑜, 赵阳. "双一流"背景下行业特色型高校的发展问题及对策探析[J]. 桂林师范高等专科学校学报, 2019, 33(2): 74-77.

[21] 潘懋元, 车如山. 特色型大学在高等教育中的地位与作用[J]. 大学教育科学, 2008, (2): 11-14.

[22] 钟秉林, 王晓辉, 孙进, 等. 行业特色大学发展的国际比较及启示[J]. 高等工程教育研究, 2011, (4): 4-9, 81.

[23] 徐晓媛. 对我国行业特色高校发展的回顾评析与思考[J]. 教育与职业, 2013, (11): 24-26.

[24] 王亚杰. 行业特色型大学还是学科特色型大学[J]. 高等工程教育研究, 2018, (6): 82-86.

[25] 刘国瑜. 建设高教强国进程中行业特色高校的改革与发展[J]. 国家教育行政学院学报, 2008, (10): 52-54, 58.

[26] 席桢. 行业背景院校本科人才培养特色研究[D]. 武汉: 武汉理工大学, 2012.

[27] 李枫, 赵海伟. 高水平行业特色高校发展的探索[J]. 江苏高教, 2012, (1): 66-67.

[28] 赵辉. 划转院校改革发展的实践与思考[J]. 煤炭高等教育, 2002, 20(6): 35-37.

[29] 马建. 行业特色型高水平大学建设的思考与路径选择[J]. 中国高等教育, 2009, (7): 7-8.

[30] 封希德, 赵德武. 建设高水平行业特色型大学的思考[J]. 中国高等教育, 2009, (7): 9-10.

[31] 王骥, 李北群, 张永宏, 等. 行业高校人才协同培养的体系构建与机制设计[J]. 中国高校科技, 2016, (3): 34-35.

[32] 位威. 行业特色型高校参与协同创新的思考与定位[J]. 科技与创新, 2015, (21): 113-114.

[33] 刘开源, 耿丹. 高等学校学科建设的实践探索[J]. 鞍山师范学院学报, 2003, 5(1): 100-102.

[34] 田定湘. 论高校德育保障体系的建构[D]. 武汉：华中师范大学, 2003.

[35] 宋俊成. 高校思想政治教育学科建设研究: 以学科政策内容分析为视角[D]. 大连: 大连理工大学, 2015.

[36] 康翠萍. 高校学科建设的三种形态及其政策建构[J]. 高等教育研究, 2015, 36(11): 37-41.

[37] 刘海涛. 战略管理: 高校学科建设与发展的有效路径[J]. 教育评论, 2017, (1): 12-16.

[38] 李艳华. 基于激励与约束机制的学科建设资源共享研究[J]. 现代教育科学, 2015, (5): 75-77, 98.

[39] 陈丽媛, 杨建华, 高磊. 一流大学学术大师的指标表现及其引育机制研究: 基于国际比较的视野[J]. 上海交通大学学报(哲学社会科学版), 2019, 27(3): 70-79.

[40] 王秀华. 高校研究性教学课程评价体系构建研究[J]. 高等理科教育, 2012, (2): 91-95.

[41] 严汝建, 许兆新, 陈潜心, 等. 基于特色高校的学科评估结果分析而想到的[J]. 理论界, 2014, (3): 182-185.

[42] 聂继凯. 高校研究性教学评估指标体系研究[J]. 教育现代化, 2019, (103): 179-181.

[43] 王银宏. 行业特色大学创建世界一流学科的思考: 以中国地质大学（北京）为例[J]. 科技成果管理与研究, 2018, (9): 19-20, 35.

[44] 新华社. 习近平在清华大学考察时强调坚持中国特色世界一流大学建设目标方向　为服务国家富强民族复兴人民幸福贡献力量[J]. 思想政治工作研究, 2021, (5): 14-16.

结　束　语

习近平提出，"坚持把完善和发展中国特色社会主义制度，推进国家治理体系和治理能力现代化作为全面深化改革的总目标"①。高校是我国创新人才培养的重要阵地，担负着为国家培养担当民族复兴大任时代新人的历史使命，其治理体系与治理能力现代化是国家治理体系与治理能力现代化的重要组成部分，同时也是深化高等教育领域综合改革的必然要求。2019年我国高等教育毛入学率超过50%，标志着我国高等教育已从大众化阶段进入普及化阶段。高等教育普及化阶段，行业特色高校如何通过治理进行改革以实现其高质量发展，是高等教育研究的难点和热点。

地矿油行业特色高校是我国行业特色高校的重要组成部分，其办学历程与能源资源的行业发展及时代背景息息相关，是我国能源资源行业的主要人才培养单位，历史上曾对我国的经济建设和社会发展做出了突出贡献。如何立足历史，充分发挥自身优势，在紧密结合国家经济发展战略需求的前提下，走出一条特色发展之路，是新时期地矿油行业特色高校转型升级过程中面临的一项巨大挑战和考验。

新时期以来，地矿油行业特色高校的治理体系不断完善，师资队伍建设水平不断提高，高水平科研成果不断涌现，创新型人才培养成效初显，但仍然存在诸多问题需要进一步改善。本书系统研究了地矿油行业特色高校的办学规律性以及高质量发展过程中面临的困境，指出现阶段主要存在国家资源保障不足、人才储备逐渐减少、创新人才培养体系滞后、师资建设队伍滞后、学科交叉融合度偏低、科研创新能力不足、内部治理结构不完善、战略发展规划落地难等一系列问题，并提出了相应对策建议，以期进一步完善其治理体系并促进其治理能力现代化，从而真正实现内涵式高质量发展。

随着我国"双碳"工作的不断推进，行业企业转型升级亟待来自地矿油行业特色高校的创新型人才支撑和前沿科技引领；同时经济社会的快速发展和四个自信的精神引领以及生态文明建设的深入推进，高校的社会服务功能和文化传承功能也在不断凸显。新发展阶段，地矿油行业特色高校需进一步加快治理改革的步伐，以习近平生态文明思想为指引，加快学科布局调整，提升创新人才培养质量，

---

① 《习近平：切实把思想统一到党的十八届三中全会精神上来》，http://cpc.people.com.cn/n/2014/0101/ c64094- 23995311.html[2022-07-12]。

走特色化办学之路，以满足国家战略发展的需要和社会发展的多样化需求，加快推动我国从高等教育大国到高等教育强国的历史性跨越，为我国生态文明建设保驾护航。

多所地矿油兄弟院校行政领导、一线教学科研教师以及能源资源行业企业人员认真填写了问卷调查，为本书项目研究提供了第一手宝贵的研究材料和基础信息。项目实地调研及专家访谈中，多名高校管理人员及学者专家对项目研究给予了积极肯定，并提出了许多非常中肯的建议。在基金项目开题、中期及结题成果评审中，各评审专家在充分肯定的同时，提出了许多宝贵意见。撰写过程中，各位执笔人参阅了大量中外文献，并在章末列出，但难免挂一漏万，在此一并谨致谢意。

刘大锰
2023 年 8 月于中国地质大学（北京）